软件开发视频大讲堂

U0143813

SQL Server 从入门到精通

（第 5 版）

明日科技　编著

清华大学出版社

北　京

内 容 简 介

《SQL Server 从入门到精通（第 5 版）》从初学者角度出发，通过通俗易懂的语言、丰富多彩的实例，详细介绍了 SQL Server 开发所必需的各方面技术。全书分为 4 篇共 19 章，内容包括数据库基础、SQL Server 数据库环境搭建、创建与管理数据库、操作数据表、SQL 基础、SQL 函数的使用、SQL 数据查询基础、SQL 数据高级查询、视图的使用、存储过程、触发器、游标的使用、索引与数据完整性、SQL 中的事务、维护 SQL Server 数据库、数据库的安全机制、Visual C++ + SQL Server 实现酒店客房管理系统、C# + SQL Server 实现企业人事管理系统和 Java + SQL Server 实现学生成绩管理系统。所有知识都结合具体实例进行介绍，涉及的程序代码给出了详细的注释，读者可以轻松领会 SQL Server 2022 的精髓，快速提升开发技能。

另外，本书除了纸质内容，还配备了数据库在线开发资源库，主要内容如下：

☑ 同步教学微课：共 90 集，时长 14 小时　　　☑ 技术资源库：412 个技术要点
☑ 技巧资源库：192 个开发技巧　　　　　　　　☑ 实例资源库：117 个应用实例
☑ 项目资源库：20 个实战项目　　　　　　　　　☑ 源码资源库：124 项源代码
☑ 视频资源库：467 集学习视频　　　　　　　　 ☑ PPT 电子教案

本书既适合作为软件开发入门者的自学用书，也适合作为高等院校相关专业的教学参考书，还可供开发人员查阅和参考。

本书封面贴有清华大学出版社防伪标签，无标签者不得销售。

版权所有，侵权必究。举报：010-62782989，beiqinquan@tup.tsinghua.edu.cn。

图书在版编目（CIP）数据

SQL Server 从入门到精通/明日科技编著. —5 版. —北京：清华大学出版社，2023.5
（软件开发视频大讲堂）
ISBN 978-7-302-63263-4

Ⅰ．①S…　Ⅱ．①明…　Ⅲ．①关系数据库系统　Ⅳ．①TP311.138

中国国家版本馆 CIP 数据核字（2023）第 058776 号

责任编辑：贾小红
封面设计：刘　超
版式设计：文森时代
责任校对：马军令
责任印制：杨　艳

出版发行：清华大学出版社
　　　　　网　　　址：http://www.tup.com.cn，http://www.wqbook.com
　　　　　地　　　址：北京清华大学学研大厦 A 座　　　　邮　　编：100084
　　　　　社 总 机：010-83470000　　　　　　　　　　　邮　　购：010-62786544
　　　　　投稿与读者服务：010-62776969，c-service@tup.tsinghua.edu.cn
　　　　　质量反馈：010-62772015，zhiliang@tup.tsinghua.edu.cn
印 装 者：三河市君旺印务有限公司
经　　销：全国新华书店
开　　本：203mm×260mm　　　印　　张：28　　　字　　数：760 千字
版　　次：2012 年 9 月第 1 版　　2023 年 6 月第 5 版　　印　　次：2023 年 6 月第 1 次印刷
定　　价：99.80 元

产品编号：101097-01

如何使用本书开发资源库

本书赠送价值 999 元的"数据库在线开发资源库"一年的免费使用权限，结合图书和开发资源库，读者可快速提升编程水平和解决实际问题的能力。

1. VIP 会员注册

刮开并扫描图书封底的防盗码，按提示绑定手机微信，然后扫描右侧二维码，打开明日科技账号注册页面，填写注册信息后将自动获取一年（自注册之日起）的数据库在线开发资源库的 VIP 使用权限。

数据库
开发资源库

读者在注册、使用开发资源库时有任何问题，均可咨询明日科技官网页面上的客服电话。

2. 纸质书和开发资源库的配合学习流程

数据库开发资源库中提供了技术资源库（412 个技术要点）、技巧资源库（192 个开发技巧）、实例资源库（117 个应用实例）、项目资源库（20 个实战项目）、源码资源库（124 项源代码）、视频资源库（467 集学习视频），共计六大类、1332 个学习资源。学会、练熟、用好这些资源，读者可在最短的时间内快速提升自己，从一名新手晋升为一名数据库开发工程师。

《SQL Server 从入门到精通（第 5 版）》纸质书和"数据库在线开发资源库"的配合学习流程如下。

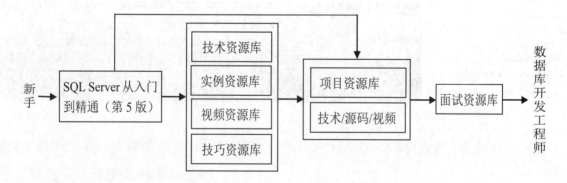

3. 开发资源库的使用方法

在学习到本书某一章节时，可利用实例资源库对应内容提供的大量热点实例和关键实例，巩固所学编程技能，提升编程兴趣和信心。

开发过程中，总有一些易混淆、易出错的地方，利用技巧资源库可快速扫除盲区，掌握更多实战技巧，精准避坑。需要查阅某个技术点时，可利用技术资源库锁定对应知识点，随时随地深入学习。

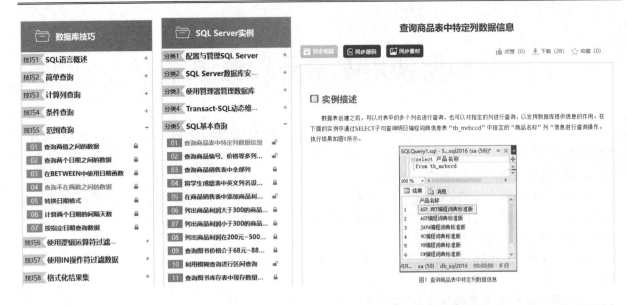

学习完本书后，读者可通过项目资源库中的 SQL Server 数据库项目全面提升个人的综合编程技能和解决实际开发问题的能力，为成为 SQL Server 数据库开发工程师打下坚实的基础。

另外，利用页面上方的搜索栏，还可以对技术、技巧、实例、项目、源码、视频等资源进行快速查阅。

万事俱备后，读者该到软件开发的主战场上接受洗礼了。本书资源包中提供了各种主流数据库相关的面试真题，是求职面试的绝佳指南。读者可扫描图书封底的"文泉云盘"二维码获取。

🗒 **数据库面试资源库**
⊞ 📄 第1部分 MySQL 企业面试真题汇编
⊞ 📄 第2部分 Oracle 企业面试真题汇编
⊞ 📄 第3部分 SQL Server 企业面试真题汇编

前　言

Preface

丛书说明： "软件开发视频大讲堂"丛书第1版于2008年8月出版，因其编写细腻、易学实用、配备海量学习资源和全程视频等，在软件开发类图书市场上产生了很大反响，绝大部分品种在全国软件开发零售图书排行榜中名列前茅，2009年多个品种被评为"全国优秀畅销书"。

"软件开发视频大讲堂"丛书第2版于2010年8月出版，第3版于2012年8月出版，第4版于2016年10月出版，第5版于2019年3月出版，第6版于2021年7月出版。十五年间反复锤炼，打造经典。丛书迄今累计重印680多次，销售400多万册，不仅深受广大程序员的喜爱，还被百余所高校选为计算机、软件等相关专业的教学参考用书。

"软件开发视频大讲堂"丛书第7版在继承前6版所有优点的基础上，进行了大幅度的修订。第一，根据当前的技术趋势与热点需求调整品种，拓宽了程序员岗位就业技能用书；第二，对图书内容进行了深度更新、优化，如优化了内容布置，弥补了讲解疏漏，将开发环境和工具更新为新版本，增加了对新技术点的剖析，将项目替换为更能体现当今IT开发现状的热门项目等，使其更与时俱进，更适合读者学习；第三，改进了教学微课视频，为读者提供更好的学习体验；第四，升级了开发资源库，提供了程序员"入门学习→技巧掌握→实例训练→项目开发→求职面试"等各阶段的海量学习资源；第五，为了方便教学，制作了全新的教学课件PPT。

SQL Server 是由美国微软公司开发并发布的一种性能优越的关系型数据库管理系统（relational database management system，RDBMS），因其具有良好的数据库设计、管理与网络功能，又与 Windows、Linux、Docker 及 Azure 云紧密集成，所以成为数据库开发的首选。

本书内容

本书提供了从 SQL Server 入门到数据库开发高手所必需的各类知识，共分为4篇，大体结构如下图所示。

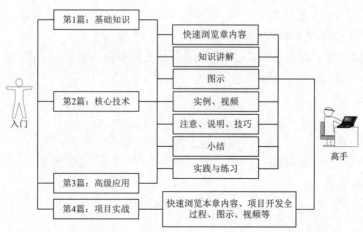

第 1 篇：**基础知识**。本篇介绍了数据库基础、SQL Server 数据库环境搭建、创建与管理数据库、操作数据表等基础知识，并结合大量的图示、实例、视频等帮助读者快速掌握 SQL Server 数据库，为以后的学习奠定坚实的基础。

第 2 篇：**核心技术**。本篇介绍了 SQL 基础、SQL 函数的使用、SQL 数据查询基础、SQL 数据高级查询、视图的使用等。学习完这一部分内容，读者能够了解和熟悉 SQL 及常用的函数，使用 SQL 操作 SQL Server 数据库中的视图，掌握 SQL 查询、子查询、嵌套查询、连接查询的用法等。

第 3 篇：**高级应用**。本篇介绍了存储过程、触发器、游标的使用、索引与数据完整性、SQL 中的事务、维护 SQL Server 数据库、数据库的安全机制等。学习完这一部分内容，读者能够使用索引优化数据库查询；使用存储过程、触发器、游标、事务等编写 SQL 语句，不仅可以优化查询，还可以提高数据访问速度；更好地维护 SQL Server 及其安全。

第 4 篇：**项目实战**。本篇分别使用 Visual C++、C#、Java 3 种主流开发语言，结合 SQL Server 数据库实现了 3 个大中型、完整的管理系统。读者可运用软件工程的设计思想，初步尝试大型软件项目的实践开发。本书中基本按照编写系统分析→系统设计→数据库与数据表设计→公共类设计→创建项目→实现项目→项目总结的过程进行介绍，带领读者一步步亲身体验项目开发的全过程。

本书特点

☑ **由浅入深，循序渐进**：本书以零基础入门读者和初、中级程序员为对象，让读者先从 SQL Server 基础讲起，接着讲解 SQL Server 的核心技术，然后介绍 SQL Server 的高级应用，最后结合当下流行的 Visual C++、C#、Java 3 种语言开发了 3 个完整项目。讲解过程步骤详尽，版式新颖，让读者在阅读中一目了然，从而快速掌握书中内容。

☑ **微课视频，讲解详尽**：为便于读者直观感受程序开发的全过程，书中重要章节配备了视频讲解（共 90 集，时长 14 小时），使用手机扫描正文小节标题一侧的二维码，即可观看学习，便于初学者快速入门，感受编程的快乐，获得成就感，进一步增强学习的信心。

☑ **基础示例+实践练习+项目案例，实战为王**：通过例子学习是最好的学习方式，本书核心知识的讲解通过"一个知识点、一个示例、一个结果、一段评析、一个综合应用"的模式，详尽透彻地讲述了实际开发中所需的各类知识。全书共计有 264 个应用实例，41 个实践与练习，3 个项目案例，为初学者打造"学习 1 小时，训练 10 小时"的强化实战学习环境。

☑ **精彩栏目，贴心提醒**：本书根据学习需要在正文中设计了很多"注意""说明""技巧"等小栏目，让读者在学习的过程中更轻松地理解相关知识点及概念，更快地掌握技术的应用技巧。

读者对象

☑ 初学编程的自学者　　　　　　　　☑ 编程爱好者
☑ 大、中专院校的老师和学生　　　　☑ 相关培训机构的老师和学员
☑ 做毕业设计的学生　　　　　　　　☑ 初、中级程序开发人员
☑ 程序测试及维护人员　　　　　　　☑ 参加实习的"菜鸟"级程序员

本书学习资源

本书提供了大量的辅助学习资源，读者需刮开图书封底的防盗码，扫描并绑定微信后，获取学习权限。

☑　**同步教学微课**

学习书中知识时，扫描章节名称处的二维码，可在线观看教学视频。

☑　**在线开发资源库**

本书配备了强大的数据库开发资源库，包括技术资源库、技巧资源库、实例资源库、项目资源库、源码资源库、视频资源库。扫描右侧二维码，可登录明日科技网站，获取数据库开发资源库一年的免费使用权限。

数据库
开发资源库

☑　**学习答疑**

关注清大文森学堂公众号，可获取本书的源代码、PPT 课件、视频等资源，加入本书的学习交流群，参加图书直播答疑。

读者扫描图书封底的"文泉云盘"二维码，或登录清华大学出版社网站（www.tup.com.cn），可在对应图书页面下查阅各类学习资源的获取方式。

清大文森学堂

致读者

本书由明日科技程序开发团队组织编写。明日科技是一家专业从事软件开发、教育培训及软件开发教育资源整合的高科技公司，其编写的教材既注重选取软件开发中的必需、常用内容，又注重内容的易学及相关知识的拓展，深受读者喜爱。其编写的教材多次荣获"全行业优秀畅销品种""中国大学出版社优秀畅销书"等奖项，多个品种长期位居同类图书销售排行榜的前列。

在本书编写的过程中，我们以科学、严谨的态度，力求精益求精，但书中难免有疏漏和不妥之处，敬请广大读者批评指正。

感谢您选择本书，希望本书能成为您编程路上的领航者。

"零门槛"学编程，一切皆有可能。

祝读书快乐！

编　者
2023 年 5 月

目 录

Contents

第1篇 基 础 知 识

第 2 篇　核 心 技 术

第 3 篇　高 级 应 用

第 4 篇 项 目 实 战

第 *1* 篇

基础知识

本篇介绍了数据库基础、SQL Server 数据库环境搭建、创建与管理数据库、操作数据表等基础知识，并结合大量的图示、实例、视频等，帮助读者快速掌握 SQL Server 数据库，为进一步学习奠定坚实的基础。

基础知识

数据库基础 —— 数据库的一些基础理论知识，了解即可

SQL Server数据库环境搭建 —— SQL开发第一步，必须熟练掌握

创建与管理数据库 —— 数据库的创建、修改和删除操作，这是数据库管理员必备的技能，要熟练掌握

操作数据表 —— 数据处理的核心内容，重难点是表的约束及关系的创建与维护

第 1 章

数据库基础

本章主要介绍数据库的相关概念，包括数据库系统简介、数据库的体系结构、数据模型和常见关系数据库。通过本章的学习，读者应该掌握数据库系统、数据模型、数据库三级模式结构以及数据库规范化等概念，以及常见的关系数据库。

本章知识架构及重难点如下：

1.1 数据库系统简介

数据库系统（database system，DBS）是由数据库及其管理软件组成的系统，人们常把与数据库有关的硬件和软件统称为数据库系统。

1.1.1 数据库技术的发展

数据库技术是应数据管理任务的需求而产生的。随着计算机技术的发展，人们对数据管理技术不断地提出更高的要求。数据管理先后经历了人工管理阶段、文件系统阶段和数据库系统阶段。

1．人工管理阶段

20 世纪 50 年代中期以前，计算机主要用于科学计算。当时硬件和软件设备都很落后，数据基本依赖于人工管理。人工管理数据具有如下特点。

☑ 数据不保存。

☑ 使用应用程序管理数据。

☑ 数据不共享。

☑ 数据不具有独立性。

2．文件系统阶段

20 世纪 50 年代后期到 60 年代中期，硬件和软件技术都有了进一步发展，有了磁盘等存储设备和专门的数据管理软件（文件系统）。该阶段具有如下特点。

☑ 数据可以长期保存。

☑ 由文件系统管理数据。

☑ 共享性差，数据冗余大。

☑ 数据独立性差。

3．数据库系统阶段

20 世纪 60 年代后期以来，计算机开始应用于管理系统，而且规模越来越大，应用越来越广泛，数据量急剧增长，对共享功能的要求越来越强烈。此时使用文件系统管理数据已经不能满足要求，为了解决一系列问题，出现了数据库系统来统一管理数据。数据库系统满足了对多用户、多应用共享数据的需求，和文件系统相比具有明显的优点，标志着管理技术的飞跃。

1.1.2 数据库系统的组成

数据库系统是采用数据库技术的计算机系统，是由数据库（数据）、数据库管理系统、数据库管理员（database administrator，DBA）（人员）、支持数据库系统的硬件和软件（应用开发工具、应用系统等）、用户 5 部分构成的运行实体，如图 1.1 所示。其中，数据库管理员是对数据库进行规划、设计、维护和监管等的专业管理人员，在数据库系统中起着非常重要的作用。

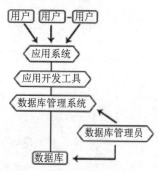

图 1.1 数据库系统的组成

1.2 数据库的体系结构

数据库具有严谨的体系结构，如图 1.2 所示，这样可以有效地组织、管理数据，提高数据库的逻辑独立性和物理独立性。数据库领域公认的标准结构是三级模式结构。

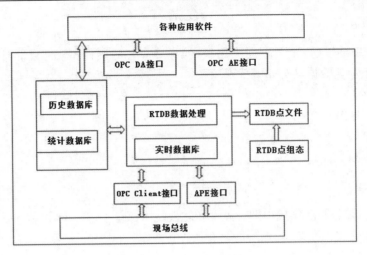

图 1.2　数据库体系结构

1.2.1　数据库三级模式结构

数据库系统的三级模式结构是指模式、外模式和内模式，如图 1.3 所示，下面分别进行介绍。

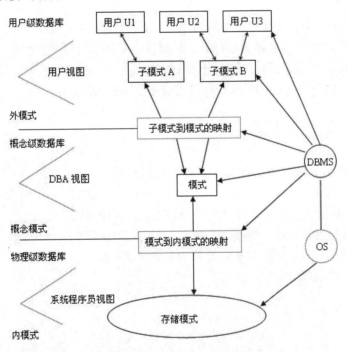

图 1.3　数据库三级模式结构

1.　模式

模式也称逻辑模式或概念模式，是数据库中全体数据的逻辑结构和特征的描述，是所有用户的公共数据视图。模式处于三级结构的中间层，一个数据库只有一个模式。

注意

定义模式时，不仅要定义数据的逻辑结构，而且要定义数据之间的联系，以及与数据有关的安全性、完整性要求。

2．外模式

外模式也称用户模式，它是数据库用户（包括应用程序员和最终用户）能够看见和使用的局部数据的逻辑结构与特征的描述，是数据库用户的数据视图，是与某一应用有关的数据的逻辑表示。外模式是模式的子集，一个数据库可以有多个外模式。

说明

外模式是保证数据安全性的一个有力措施。

3．内模式

内模式也称存储模式，一个数据库只有一个内模式。它是数据物理结构和存储方式的描述，是数据在数据库内部的表示方式。

1.2.2　三级模式之间的映射

为了能够在内部实现数据库的 3 个抽象层次的联系和转换，数据库管理系统在三级模式之间提供了两层映射。

1．外模式/模式映射

一个模式可以有任意多个外模式，称为子模式。对于子模式，数据库系统有一个子模式到模式的映射。当模式改变时，由数据库管理员对子模式到模式的映射做相应的改变，使外模式保持不变。这样，依据数据外模式编写的应用程序就不用修改，保证了数据与程序的逻辑独立性。

2．模式到内模式的映射

数据库中只有一个模式和一个内模式，所以模式到内模式的映射是唯一的，它定义了数据库的全局逻辑结构与存储结构之间的对应关系。当数据库的存储结构改变时，由数据库管理员对模式到内模式的映射做相应改变，使模式保持不变，应用程序也相应地不做变动。这样，就保证了数据与程序的物理独立性。

1.3　数　据　模　型

数据模型是一种对客观事物抽象化的表现形式。它对客观事物加以抽象，通过计算机来处理现实

5

世界中的具体事物。它客观地反映了现实世界，易于理解，与人们对外部事物描述的认识相一致。

1.3.1　数据模型的概念

数据模型是数据库系统的核心与基础，是关于描述数据与数据之间的联系、数据的语义、数据一致性约束的概念性工具的集合。

数据模型通常由数据结构、数据操作和完整性约束 3 部分组成。

- ☑　数据结构：是对系统静态特征的描述。描述对象包括数据的类型、内容、性质和数据之间的相互关系。
- ☑　数据操作：是对系统动态特征的描述。具体来说，是对数据库中各种对象实例的操作。
- ☑　完整性约束：是完整性规则的集合。它定义了给定数据模型中数据及其联系所具有的制约和依存规则。

1.3.2　常见的数据模型

常见的数据库数据模型主要有层次模型、网状模型和关系模型，下面分别进行介绍。

1. 层次模型

用树状结构表示实体类型及实体间联系的数据模型称为层次模型，它具有以下特点。

- ☑　每棵树有且仅有一个无双亲节点，称为根。
- ☑　树中除根外，所有节点有且仅有一个双亲。

2. 网状模型

用有向图结构表示实体类型及实体间关系的数据模型称为网状模型。用网状模型编写应用程序极其复杂，数据的独立性较差。网状模型示例图如图 1.4 所示。

3. 关系模型

关系模型以二维表来描述数据，每个表有多个字段列和记录行，每个字段列有固定的属性（如数字、字符、日期等）。关系模型数据结构简单、清晰，具有很高的数据独立性，是目前数据库主流的数据模型。

关系模型的基本术语如下。

关系：一个二维表就是一个关系。

- ☑　元组：二维表中的一行，即表中的记录。
- ☑　属性：二维表中的一列，用类型和值表示。

域：每个属性取值的变化范围，如性别的域为{男，女}。

关系中的数据约束如下。

- ☑　实体完整性约束：约束关系的主键中属性值不能为空值。
- ☑　参照完整性约束：关系之间的基本约束。
- ☑　用户定义的完整性约束：反映了具体应用中数据的语义要求。

关系模型示例图如图 1.5 所示。

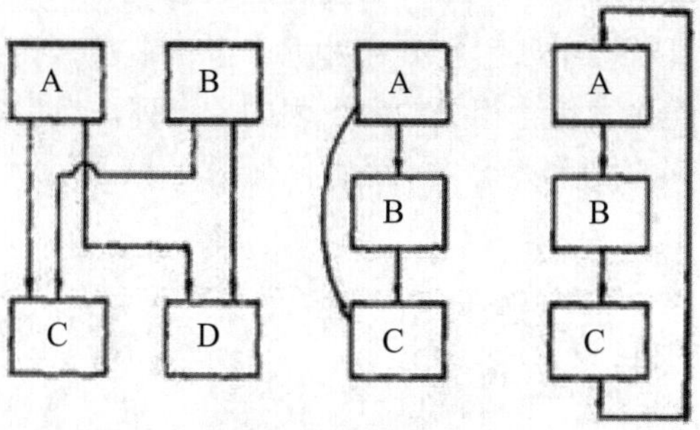

学生信息表

学生姓名	年级	家庭住址
张三	2000	成都
李四	2000	北京
王五	2000	上海

成绩表

学生姓名	课程	成绩
张三	数学	100
张三	物理	95
张三	社会	90
李四	数学	85
李四	社会	90
王五	数学	80
王五	物理	75

图 1.4　网状模型

图 1.5　关系模型

1.3.3　关系数据库的规范化

关系数据库的规范化理论认为：关系数据库中的每一个关系都要满足一定的规范。根据满足规范的条件不同，可以分为 5 个等级：第一范式（1NF）、第二范式（2NF）、……第五范式（5NF）。其中，NF 是 Normal Form 的缩写。一般情况下，只要把数据规范到第三个范式，就可以满足需要。

- ☑ 第一范式（1NF）：在一个关系中，消除重复字段，且各字段都是最小的逻辑存储单位。
- ☑ 第二范式（2NF）：若关系模型属于第一范式，则关系中每一个非主关键字段都完全依赖于主关键字段，不能只部分依赖于主关键字的一部分。
- ☑ 第三范式（3NF）：若关系模型属于第一范式，且关系中所有非主关键字段都只依赖于主关键字段。第三范式要求去除传递依赖。

1.3.4　关系数据库的设计原则

数据库设计是指对于一个给定的应用环境，根据用户的需求，利用数据模型和应用程序模拟现实世界中该应用环境的数据结构与处理活动的过程。

数据库设计原则如下。

（1）数据库内数据文件的数据组织应获得最大限度的共享、最小的冗余度，消除数据及数据依赖关系中的冗余部分，使依赖于同一个数据模型的数据达到有效的分离。

（2）保证输入、修改数据时数据的一致性与正确性。

（3）保证数据与使用数据的应用程序之间的高度独立性。

1.3.5　实体与关系

实体是指客观存在并可相互区别的事物。实体既可以是实际的事物，也可以是抽象的概念或关系。实体之间有以下 3 种关系。

- ☑　一对一关系：是指表 A 中的一条记录确实在表 B 中有且只有一条相匹配的记录。在一对一关系中，大部分相关信息都在一个表中。
- ☑　一对多关系：是指表 A 中的行可以在表 B 中有许多匹配行，但是表 B 中的行只能在表 A 中有一个匹配行。
- ☑　多对多关系：是指关系中每个表的行在相关表中具有多个匹配行。在数据库中，多对多关系的建立是依靠第 3 个表（称作连接表）实现的，连接表包含相关的两个表的主键列，然后从两个相关表的主键列分别创建与连接表中的匹配列的关系。

1.4　常见关系数据库

关系数据库建立在关系数据库模型基础上，通过集合代数等概念和方法来处理数据。这里简单介绍 Access 数据库、SQL Server 数据库、Oracle 数据库和 MySQL 数据库。

1.4.1　Access 数据库

Microsoft Access 是当前流行的关系型数据库之一，其核心是 Microsoft Jet 数据库引擎。在通常情况下，安装 Microsoft Office 时选择"默认安装"，Access 数据库即会安装到计算机上。

Microsoft Access 是一个非常容易掌握的数据库管理系统，利用它可以创建、修改、维护数据库和数据库中的数据，并且可以利用向导来完成对数据库的一系列操作。Access 能够满足小型企业客户/服务器解决方案的要求，是一种功能较完备的系统。Access 几乎包含数据库领域的所有技术和内容，对于初学者学习数据库知识非常有帮助。

1.4.2　SQL Server 数据库

SQL Server 是微软公司开发的一个大型关系数据库，它为用户提供了一个安全、可靠、易管理和高端的客户/服务器数据库平台。

SQL Server 数据库的主要特点是操作简单，以客户/服务器为设计结构，支持多个不同的开发平台、企业级的应用程序、XML、数据仓库、虚拟根、用户自定义函数和全文搜索，以及具有文档管理功能、索引视图、存储过程、触发器、事务和分布式查询功能等。

SQL Server 数据库经过微软公司的大力发展和创新，经历了多个版本的升级，目前最新版本为 SQL

Server 2022。

1.4.3　Oracle 数据库

Oracle 是美国 Oracle 公司（甲骨文）提供的以分布式数据库为核心的一组软件产品，也是目前世界上使用最为广泛的关系型数据库之一。它具有完整的数据管理功能，同时兼顾了数据的大量性、数据保存的持久性、数据的共享性和数据的可靠性。

Oracle 在并行处理、实时性、数据处理速度方面都有较好的性能。在一般情况下，大型企业会选择 Oracle 作为后台数据库处理海量数据。

1.4.4　MySQL 数据库

MySQL 是目前最为流行的开放源代码的数据库，是完全网络化的、跨平台的关系型数据库系统。MySQL 由瑞典的 MySQL AB 公司开发，由 David Axmark 和 Michael "Monty" Widenius 于 1995 年建立，目前属于 Oracle 公司。它的象征符号是一只名为 Sakila 的海豚，代表着 MySQL 数据库在速度、能力、精确性方面的优秀品质。

MySQL 数据库可以称得上是目前运行速度最快的 SQL 数据库。除了具有许多其他数据库不具备的功能和选择，MySQL 数据库还完全免费，用户可以直接从网上下载使用，不必支付任何费用。

1.5　小　　结

本章简单介绍了数据库的基本概念、数据库系统的组成、数据库三级模式结构及映射、关系数据库的规范化及设计原则等知识。通过本章的学习，读者可以对当下主流的数据库有一个系统的了解，为进一步的学习奠定基础。

1.6　实践与练习

（答案位置：资源包\TM\sl\1\实践与练习\）

1．数据库技术的发展经历了哪 3 个阶段？

2．数据模型通常是由哪 3 部分组成的？

3．下面哪些是关系数据库？

（1）Access；　　　　　　　　　　　　　（2）SQL Server；

（3）Oracle；　　　　　　　　　　　　　（4）XML。

第 2 章

SQL Server 数据库环境搭建

本章主要对 SQL Server 数据库的环境安装、配置及卸载进行详细讲解。通过本章内容的学习，读者将对 SQL Server 2022 有一个全面的认识。

本章知识架构及重难点如下：

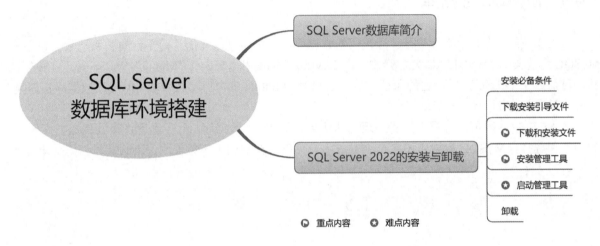

2.1 SQL Server 数据库简介

SQL Server 是由微软公司开发的一个大型关系型数据库系统，它为用户提供了一个安全、可靠、易管理和高端的客户/服务器数据库平台。

SQL Server 数据库的中心数据都存放在一台中心计算机上，该计算机被称为服务器。用户通过客户机应用程序访问服务器上的数据库，在被允许访问数据库之前，SQL Server 首先对来访的用户请求做安全验证，只有验证通过后才开始处理请求，并将处理的结果返回客户机应用程序。

2.2 SQL Server 2022 的安装与卸载

SQL Server 是数据库服务器工具，从最初的 SQL Server 2000，逐渐发展到如今的 SQL Server 2022，深受广大开发者的喜爱。从 SQL Server 2005 版本开始，SQL Server 数据库的安装与配置过程基本类似。

这里以目前最新的 SQL Server 2022 版本为例讲解 SQL Server 数据库的安装与配置过程。

2.2.1　SQL Server 2022 安装必备条件

安装 SQL Server 2022 之前，首先要了解安装的必备条件。检查计算机的软硬件配置是否满足 SQL Server 2022 的安装要求，具体如表 2.1 所示。

表 2.1　安装 SQL Server 2022 的必备条件

名　　称	说　　明
操作系统	Windows 10 TH1 1507 或更高版本、Windows Server 2016 或更高版本
处理器	x64 处理器：1.4 GHz，建议使用 2.0 GHz 或速度更快的处理器
RAM	最小 2 GB，建议使用 4 GB 或更大的内存
可用硬盘空间	至少 6 GB 的可用磁盘空间

注意

SQL Server 2022 数据库只支持在 x64 处理器上安装，不支持 x86 处理器。它既可以安装在 32 位操作系统中，也可以安装在 64 位操作系统中，唯一的区别是在 32 位操作系统中有部分功能不支持。建议在 64 位操作系统中安装 SQL Server 2022 数据库。

2.2.2　下载 SQL Server 2022 安装引导文件

安装 SQL Server 2022 数据库，首先需要下载其安装文件。微软官方网站提供了 SQL Server 2022 的安装引导文件，下载步骤如下。

说明

微软官方网站只提供最新版本的 SQL Server 下载，当前最新版本为 SQL Server 2022，如果后期版本进行更新，可以直接下载使用；另外，本书适用于 SQL Server 2005 及之后的所有版本，包括 2008、2012、2014、2016、2017、2019 等，如果要下载安装以前版本的 SQL Server 数据库，可以在 https://msdn.itellyou.cn/网站中的"服务器"菜单下进行下载。

（1）在浏览器中输入 https://www.microsoft.com/zh-cn/evalcenter/download-sql-server-2022，进入网页后，单击 EXE 下载下的"64 位版本"链接，下载安装引导文件，如图 2.1 所示。

说明

Developer 版是微软官方提供的一个全功能免费 SQL Server 2022 版本，允许用户在非生产环境下用来开发和测试数据库。学习过程中可以使用该版本。

（2）下载完成的 SQL Server 2022 安装引导文件是一个名称为 SQL2022-SSEI-Eval.exe 的可执行文

件，如图 2.2 所示。

图 2.1　单击"64 位版本"进行下载

图 2.2　SQL2022-SSEI-Eval.exe 文件

2.2.3　下载和安装 SQL Server 2022 安装文件

通过安装引导文件来下载 SQL Server 2022 的安装文件，具体步骤如下。

（1）双击 SQL2022-SSEI-Eval.exe 文件，进入 SQL Server 2022 的安装界面，如图 2.3 所示。该界面中有 3 种安装类型，但这里选择"基本"选项来安装 SQL Server 2022。

（2）进入 Microsoft SQL Server 许可条款界面，单击"接受"按钮，如图 2.4 所示。

（3）进入指定 SQL Server 安装位置窗口，在该窗口中可以指定 SQL Server 的安装位置，并且显示了所选磁盘的剩余空间大小和要下载的安装包大小，如图 2.5 所示，单击"安装"按钮。

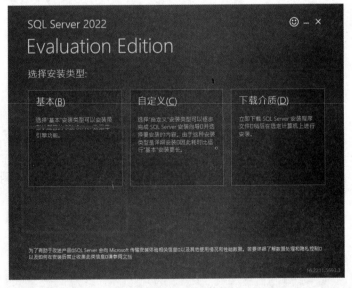

图 2.3　在安装界面单击"基本"按钮

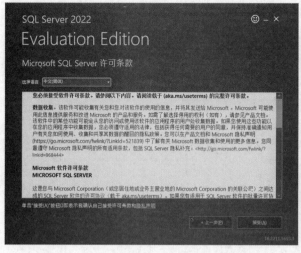 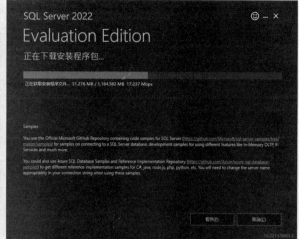

图 2.4　接受 Microsoft SQL Server 许可条款　　　　　图 2.5　下载 SQL Server 2022 安装文件

（4）等待下载安装程序包，如果出现了如图 2.6 所示的界面，则说明安装成功，单击"自定义"
按钮。

图 2.6　安装成功

（5）接下来安装数据库实例，进入"Microsoft 更新"界面，在该界面中保持默认设置，如图 2.7
所示，然后单击"下一步"按钮。

（6）进入"安装规则"界面，计算机检测在运行安装程序时可能会发生的问题，单击"下一步"
按钮，如图 2.8 所示。

（7）进入"安装类型"界面，选择第一项"执行 SQL Server 2022 的全新安装"，然后单击"下一
步"按钮，如图 2.9 所示。

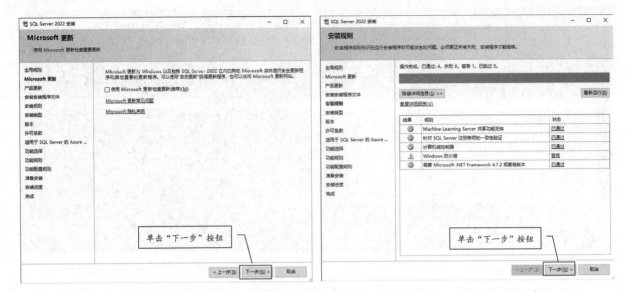

图 2.7　"Microsoft 更新"界面　　　　　　　　图 2.8　"安装规则"界面

图 2.9　"安装类型"界面

（8）进入"版本"界面，选择安装的 SQL Server 2022 版本，这里选择第一项"指定可用版本"，在下拉框中选择"Evaluation"选项，然后单击"下一步"按钮，如图 2.10 所示。

（9）进入"许可条款"界面，选中"我接受许可条款和隐私声明"复选框，然后单击"下一步"按钮，如图 2.11 所示。

（10）进入"功能选择"界面，按照图 2.12 所示选择要安装的功能，并设置好实例根目录后，单击"下一步"按钮。

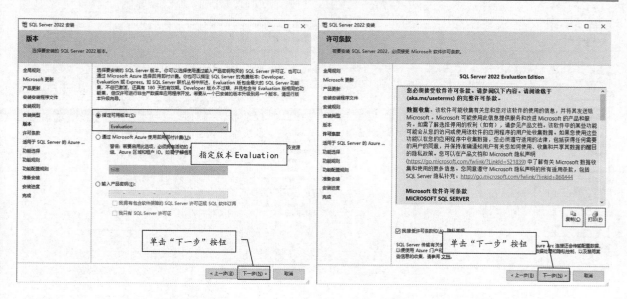

图 2.10　"版本"界面　　　　　　　　　　图 2.11　"许可条款"界面

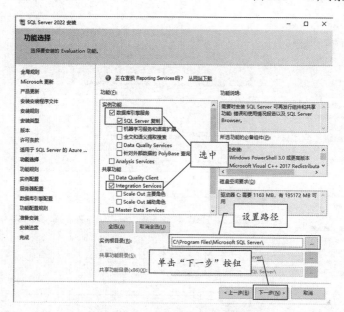

图 2.12　"功能选择"界面

（11）进入"实例配置"界面，选中"命名实例"单选按钮，在其后文本框中设置实例名称，单击"下一步"按钮，如图 2.13 所示。

（12）进入"服务器配置"界面，如图 2.14 所示。保持默认不变，单击"下一步"按钮。

（13）进入"数据库引擎配置"界面，在该界面中选择混合模式，并设置密码，然后单击"添加当前用户"按钮，如图 2.15 所示。最后，单击"下一步"按钮。

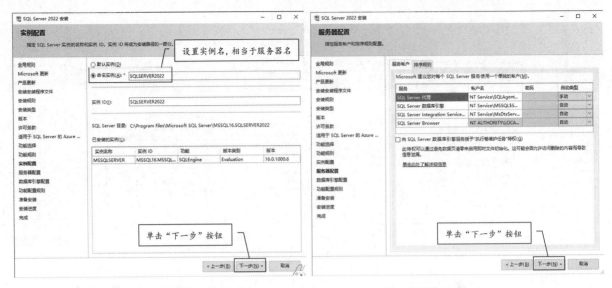

图 2.13　"实例配置"界面　　　　　　　　图 2.14　"服务器配置"界面

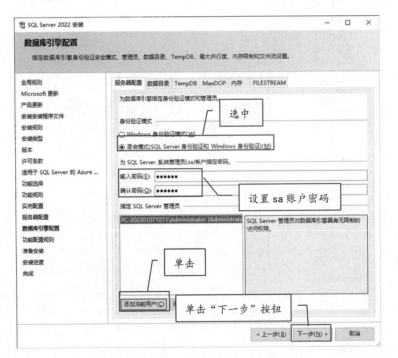

图 2.15　"数据库引擎配置"界面

　　（14）进入"准备安装"界面，该界面中显示了即将安装的 SQL Server 2022 功能。单击"安装"按钮，如图 2.16 所示。

　　（15）进入"安装进度"界面，如图 2.17 所示，在该界面中将显示 SQL Server 2022 的安装进度。等待安装完成关闭即可，如图 2.18 所示。

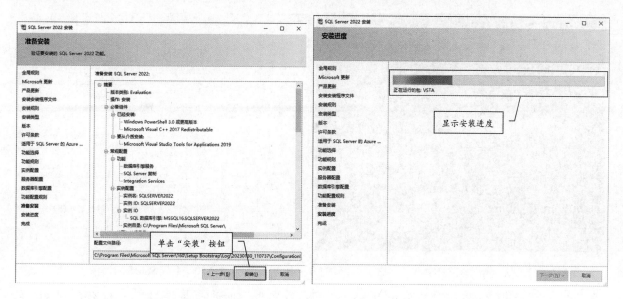

图 2.16　"准备安装"界面　　　　　　　　　　图 2.17　"安装进度"界面

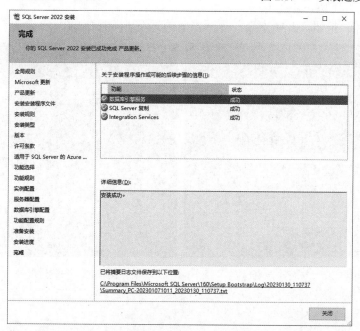

图 2.18　"完成"界面

2.2.4　安装 SQL Server Management Studio 管理工具

安装了 SQL Server 2022 服务器后,要使用可视化工具管理 SQL Server 2022,还需要安装 SQL Server Management Studio 管理工具,步骤如下。

(1)回到 SQL Server 2022 的安装引导界面,如图 2.19 所示。

单击"安装 SSMS"按钮,即可打开下载 SSMS 安装包的网页,如图 2.20 所示。

图 2.19　单击"安装 SSMS"按钮　　　　　　图 2.20　下载 SSMS 安装包

（2）双击下载完成的 SSMS-Setup-CHS.exe 可执行文件，进入安装向导窗口，在该窗口中可以设置安装的路径，如图 2.21 所示。

（3）单击"安装"按钮，开始安装并显示安装的进度，如图 2.22 所示，等待安装完成即可。

图 2.21　安装向导窗口　　　　　　　　图 2.22　安装进度窗口

说明

安装完 SQL Server 数据库和管理工具后，系统可能会提示重新启动，按照提示重启系统即可正常使用。

2.2.5　启动 SQL Server 管理工具

安装完成 SQL Server 2022 和 SQL Server Management Studio 后，就可以启动了，具体步骤如下。

（1）选择"开始"/Microsoft SQL Server Tools 19/Microsoft SQL Server Management Studio 19 命令，

打开"连接到服务器"对话框，如图 2.23 所示。

 说明

服务器名实际上就是安装 SQL Server 2022 时设置的实例名。

（2）在"连接到服务器"对话框中选择服务器名（通常为默认）和身份验证方式。如果选择的是"Windows 身份验证"，可以直接单击"连接"按钮；如果选择的是"SQL Server 身份验证"，则需要输入安装 SQL Server 2022 数据库时设置的登录名和密码，其中登录名通常为 sa，密码由用户自己设置。单击"连接"按钮，即可进入 SQL Server 2022 的管理器，如图 2.24 所示。

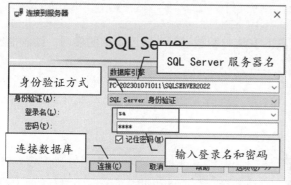

图 2.23　"连接到服务器"对话框　　　　图 2.24　SQL Server 2022 的管理器

2.2.6　SQL Server 2022 的卸载

当 SQL Server 2022 被损坏而导致无法使用时，可以将其卸载。卸载 SQL Server 2022 的步骤如下。

（1）在 Windows 操作系统中，选择"控制面板"/"程序"/"程序和功能"命令，在打开的窗口中选择 Microsoft SQL Server 2022 选项。

（2）鼠标右键单击"Microsoft VSS Writer for SQL Server 2022"，在出现的选项列表中单击"卸载"，如图 2.25 所示，弹出如图 2.26 所示的提示框。

图 2.25　添加或删除程序　　　　　　　图 2.26　确认卸载对话框

（3）单击"是"按钮，即可根据向导卸载 SQL Server 2022 数据库。

 说明

　　SQL Server 2022 在安装过程中，会安装很多组件，因此通过上面的方式只能卸载 SQL Server 2022 的主要组件，并不能完全卸载干净。如果要完全卸载，由于涉及很多组件和注册表项，建议采取重装系统的方式。

2.3　小　　结

　　本章主要讲解了 SQL Server 2022 及其管理工具的安装与卸载过程。通过本章的学习，读者能够熟练操作 SQL Server 2022 的安装及卸载过程。

第 3 章

创建与管理数据库

数据库，顾名思义就是存储数据的仓库，它是程序开发中非常重要的一部分内容。在开发项目程序时，数据一般都需要通过数据库进行存储，如大家所熟知的 SQL Server、MySQL、Oracle 数据库等。本章将对 SQL Server 数据库的基本概念、命名规则及其管理方法（包括 SQL Server 数据库的创建、修改及删除等操作）进行详细讲解。

本章知识架构及重难点如下：

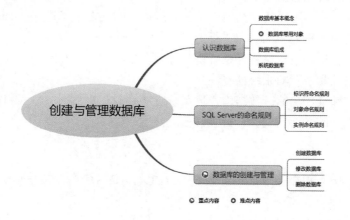

3.1 认识数据库

Microsoft SQL Server 数据库同 Microsoft 的其他数据库类似，主要用于存储数据及其相同的对象（如视图、索引、存储过程和触发器等），以便随时对数据库中的数据及其对象进行访问和管理。本节将对数据库的基本概念、数据库对象等知识进行详细的介绍。

3.1.1 数据库基本概念

数据库（database）是按照一定数据结构来组织、存储和管理数据的仓库，是存储在一起的相关数据的集合。其优点主要体现在以下几个方面。

- ☑ 减少数据的冗余度，节省数据的存储空间。
- ☑ 具有较高的数据独立性和易扩充性。

☑ 实现数据资源的充分共享。

下面介绍与数据库相关的几个概念。

1．数据库系统

数据库系统是采用数据库技术的计算机系统，是由数据库（数据）、数据库管理系统（软件）、数据库管理员（人员）、硬件平台（硬件）和软件平台（软件）5 部分构成的运行实体。

2．数据库管理系统

数据库管理系统（database management system，DBMS）是数据库系统的一个重要组成部分，是位于用户与底层数据之间的一种数据管理软件，其主要具有如下功能。

☑ 数据存取的物理构建：为数据模式的物理存取和构建提供有效的存取方法与手段。

☑ 数据操纵功能：为用户使用数据库中的数据提供方便，如查询、插入、修改、删除等以及简单的算术运算和统计。

☑ 数据定义功能：用户可以通过数据库管理系统提供的数据定义语言（data definition language，DDL）方便地对数据库中的对象进行定义。

☑ 数据库的运行管理：数据库管理系统统一管理数据库的运行和维护，以保障数据的安全性、完整性、并发性和故障的系统恢复性。

☑ 数据库的建立和维护功能：数据库管理系统能够完成初始数据的输入和转换、数据库的转储和恢复、数据库的性能监视和分析等任务。

3．关系数据库

关系数据库是支持关系模型的数据库。关系模型由关系数据结构、关系操作集合和完整性约束 3 部分组成。

☑ 关系数据结构：在关系模型中数据结构单一，现实世界的实体以及实体间的联系均用关系来表示，实际上关系模型中的数据结构就是一张二维表。

☑ 关系操作集合：关系操作分为关系代数、关系演算以及具有关系代数和关系演算双重特点的语言（SQL）。

☑ 完整性约束：包括实体完整性、参照完整性和用户定义的完整性。

3.1.2　数据库常用对象

在 SQL Server 数据库中，表、字段、索引、视图和存储过程等具体存储数据或对数据进行操作的实体都被称为数据库对象。常用的几种数据库对象如下。

1．表

表是包含数据库中所有数据的数据库对象，由行和列组成，用于组织和存储数据。

2．字段

表中每列称为一个字段，字段具有自己的属性，如字段类型、字段大小等，其中字段类型是字段最重要的属性，它决定了字段能够存储哪种数据。

SQL 规范支持 5 种基本字段类型：字符型、文本型、数值型、逻辑型和日期时间型。

3．索引

索引是一个单独的、物理的数据库结构。它是依赖于表建立的，在数据库中索引使数据库程序无须对整个表进行扫描，就可以在其中找到所需的数据。

4．视图

视图是从一张或多张表中导出的表（也称虚拟表），是用户查看数据表中数据的一种方式。表中包括几个被定义的数据列与数据行，其结构和数据建立在对表的查询基础之上。

5．存储过程

存储过程（stored procedure）是一组为了完成特定功能的 SQL 语句集合（包含查询、插入、删除和更新等操作），经编译后命名存储在 SQL Server 服务器端的数据库中，由用户通过指定存储过程名执行。当这个存储过程被调用执行时，这些操作也会同时执行。

3.1.3　数据库组成

SQL Server 数据库主要由文件和文件组组成。数据库中的所有数据和对象（如表、存储过程和触发器）都被存储在文件中。

1．文件

文件主要分为以下 3 种类型。
- ☑ 主要数据文件：存放数据和数据库的初始化信息。每个数据库有且只有一个主要数据文件，默认扩展名是.mdf。
- ☑ 次要数据文件：存放除主要数据文件以外的所有数据文件。有些数据库可能没有次要数据文件，也可能有多个次要数据文件，默认扩展名是.ndf。
- ☑ 事务日志文件：存放用于恢复数据库的所有日志信息。每个数据库至少有一个事务日志文件，也可以有多个事务日志文件，默认扩展名是.ldf。

2．文件组

文件组是 SQL Server 数据文件的一种逻辑管理单位，它将数据库文件分成不同的文件组，方便对文件的分配和管理。

文件组主要分为以下两种类型。
- ☑ 主文件组：包含主要数据文件和任何没有明确指派给其他文件组的文件。系统表的所有页都分配在主文件组中。
- ☑ 用户定义文件组：主要是在 CREATE DATABASE 或 ALTER DATABASE 语句中，使用 FILEGROUP 关键字指定的文件组。

说明

　　每个数据库中都有一个文件组作为默认文件组运行，默认文件组包含在创建时没有指定文件组的所有表和索引页。在没有指定的情况下，主文件组作为默认文件组。

　　对文件进行分组时，一定要遵循如下文件和文件组的设计规则。

☑ 文件只能是一个文件组的成员。

☑ 文件或文件组不能由一个以上的数据库使用。

☑ 数据和事务日志信息不能属于同一个文件或文件组。

☑ 日志文件不能作为文件组的一部分。日志空间与数据空间分开管理。

注意

　　系统管理员在进行备份操作时，可以备份或恢复个别的文件或文件组，而不用备份或恢复整个数据库。

3.1.4　系统数据库

　　SQL Server 数据库在安装时默认创建 4 个系统数据库（master、tempdb、model 和 msdb）。下面分别进行介绍。

☑ master 数据库：是 SQL Server 中最重要的数据库，记录 SQL Server 实例的所有系统级信息，包括实例范围的元数据、端点、链接服务器和系统配置设置。

☑ tempdb 数据库：是一个临时数据库，用于保存临时对象或中间结果集。

☑ model 数据库：用作 SQL Server 实例上创建的所有数据库的模板。对 model 数据库进行的修改（如数据库大小、排序规则、恢复模式和其他数据库选项）将应用于以后创建的所有数据库。

☑ msdb 数据库：用于 SQL Server 代理计划警报和作业。

3.2　SQL Server 的命名规则

　　SQL Server 为了完善数据库的管理机制，设计了严格的命名规则。用户在创建数据库及数据库对象时必须严格遵守 SQL Server 的命名规则。本节将对标识符、对象和实例的命名规则进行详细的介绍。

3.2.1　标识符命名规则

　　在 SQL Server 中，服务器、数据库和数据库对象（如表、视图、列、索引、触发器、过程、约束和规则等）都有标识符，数据库对象的名称被看成该对象的标识符。大多数对象要求带有标识符，但有些对象（如约束）中标识符是可选项。

对象标识符是在定义对象时创建的，标识符随后用于引用该对象，下面分别对标识符格式及标识符分类进行介绍。

1．标识符格式

在定义标识符时必须遵守以下规定。

（1）标识符的首字符必须是下列字符之一。

☑　统一码（Unicode）2.0 标准中定义的字母，包括拉丁字母 a～z 和 A～Z，以及来自其他语言的字符。

☑　下画线"_"、符号"@"或者数字符号"#"。

在 SQL Server 中，某些处于标识符开始位置的符号具有特殊意义。以"@"符号开始的标识符表示局部变量或参数；以一个数字符号"#"开始的标识符表示临时表或过程，如表"#gzb"就是一张临时表；以双数字符号"##"开始的标识符表示全局临时对象，如表"##gzb"则是全局临时表。

误区警示

> 某些 SQL 函数的名称以@@符号开始，为避免混淆这些函数，建议不要使用以@@开始的名称。

（2）标识符的后续字符可以是以下 3 种。

☑　统一码 2.0 标准中定义的字母。

☑　来自拉丁字母或其他国家/地区脚本的十进制数字。

☑　"@"符号、美元符号"$"、数字符号"#"或下画线"_"。

（3）标识符不允许是 SQL 的保留字。

（4）不允许嵌入空格或其他特殊字符。

例如，要为明日科技公司创建一个工资管理系统，则可以将其数据库命名为 MR_Salary。名字除了要遵守命名规则以外，最好还能准确表达数据库的内容，本例中的数据库名称是以每个字的大写字母命名的，其中还使用了下画线"_"。

2．标识符分类

SQL Server 将标识符分为以下两种类型。

☑　常规标识符：符合标识符的格式规则。

☑　分隔标识符：包含在双引号（""）或者方括号（[ ]）内的标识符。该标识符可以不符合标识符的格式规则，如[MR GZGLXT]，MR 和 GZGLXT 之间含有空格，但因为使用了方括号，所以视为分隔标识符。

注意

> 常规标识符和分隔标识符包含的字符数必须在 1～128，对于本地临时表，标识符最多可以有 116 个字符。

3.2.2　对象命名规则

SQL Server 数据库对象的名字由 1～128 个字符组成，不区分大小写。使用标识符也可以作为对象的名称。

在一个数据库中创建了一个数据库对象后，数据库对象的完整名称应该由服务器名、数据库名、拥有者名和对象名 4 个部分组成，其语法格式如下：

```
[ [ [ server. ] [ database ] .] [ owner_name ] .] object_name
```

服务器、数据库和所有者的名称即所谓的对象名限定符。当引用一个对象时，不需要指定服务器、数据库和所有者，可以利用句号标出它们的位置，从而省略限定符。

对象名的有效格式如下：

```
server.database.owner_name.object_name
server.database..object_name
server..owner_name.object_name
server...object_name
database.owner_name.object_name
database..object_name
owner_name.object_name
object_name
```

指定了所有 4 个部分的对象名被称为完全合法名称。

误区警示

不允许存在 4 个部分名称完全相同的数据库对象。在同一个数据库中可以存在两个名为 EXAMPLE 的表格，但前提必须是这两个表的拥有者不同。

3.2.3　实例命名规则

SQL Server 数据库提供了以下两种类型的实例。

- ☑　默认实例：此实例由运行它的计算机的网络名称标识。使用以前版本 SQL Server 客户端软件的应用程序可以连接到默认实例。但是，一台计算机上每次只能有一个版本作为默认实例运行。
- ☑　命名实例：计算机可以同时运行任意一个 SQL Server 命名实例。实例通过计算机的网络名加上实例名以<计算机名>\<实例名>格式进行标识，即 computer_name\instance_name，但该实例名不能超过 16 个字符。

3.3　数据库的创建与管理

在 SQL Server 中，数据库主要用来存储数据及数据库对象（如表、索引等）。本节主要介绍如何创建、修改和删除数据库。

3.3.1 创建数据库

在 SQL Server 创建用户数据库之前，用户必须设计好数据库的名称以及它的所有者、空间大小和存储信息的文件与文件组。

1．以界面方式创建数据库

下面在 SQL Server Management Studio 中创建数据库 db_database，具体操作步骤如下。

（1）启动 SQL Server Management Studio，连接到 SQL Server 数据库服务器上。

（2）右击"数据库"选项，在弹出的快捷菜单中选择"新建数据库"命令，如图 3.1 所示。

（3）进入"新建数据库"对话框，如图 3.2 所示。在列表框中填写数据库名"db_Test"，单击"确定"按钮，成功添加数据库。

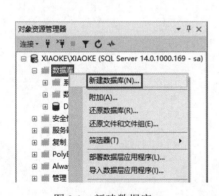

图 3.1 新建数据库   图 3.2 创建数据库名称

☑ "常规"选项卡：用于设置新建数据库的名称。

☑ "选项"和"文件组"选项卡：定义数据库的一些选项，显示文件和文件组的统计信息。这里均采用默认设置。

说明

SQL Server 默认创建了一个 PRIMARY 文件组，用于存放若干个数据文件。但日志文件没有文件组。

（4）单击"所有者"后面的"浏览"按钮 ，在弹出的列表框中选择数据库的所有者。数据库所有者是对数据库具有完全操作权限的用户，这里选择"默认值"选项，表示数据库所有者为用户登录

Windows 操作系统使用的管理员账户，如 Administrator。

 说明

SQL Server 数据库的数据文件有逻辑名和物理名。逻辑名是在 SQL 语句中引用文件时使用的名称，物理名用于操作系统管理。

（5）在"数据库名称"文本框中输入新建数据库的名称"db_Test"，数据库名称设置完成后，系统自动在"数据库文件"列表中产生一个主要数据文件（初始大小为 8 MB）和一个日志文件（初始大小为 8 MB），同时显示文件组、自动增长和路径等默认设置，用户可以根据需要自行修改这些默认的设置，也可以单击右下角的"添加"按钮添加数据文件。这里主要数据文件和日志文件均采用默认设置。

2. 使用 CREATE DATABASE 语句创建数据库

语法如下：

```
CREATE DATABASE database_name
[ ON
 [ PRIMARY ] [ <filespec> [ ,...n ]
 [ , <filegroup> [ ,...n ] ]
 [ LOG ON { <filespec> [ ,...n ] } ]
]
[ COLLATE collation_name ]
[ WITH <external_access_option> ]
]
[;]
To attach a database
CREATE DATABASE database_name
ON <filespec> [ ,...n ]
FOR { ATTACH [ WITH <service_broker_option> ]
| ATTACH_REBUILD_LOG }
[;]
<filespec> ::=
{
(
NAME = logical_file_name ,
FILENAME = { 'os_file_name' | 'filestream_path' }
 [ , SIZE = size [ KB | MB | GB | TB ] ]
 [ , MAXSIZE = { max_size [ KB | MB | GB | TB ] | UNLIMITED } ]
 [ , FILEGROWTH = growth_increment [ KB | MB | GB | TB | % ] ]
) [ ,...n ]
}
<filegroup> ::=
{
FILEGROUP filegroup_name [ CONTAINS FILESTREAM ] [ DEFAULT ]
<filespec> [ ,...n ]
}
<external_access_option> ::=
{
 [ DB_CHAINING { ON | OFF } ]
 [ , TRUSTWORTHY { ON | OFF } ]
}
<service_broker_option> ::=
{
ENABLE_BROKER
```

```
|NEW_BROKER
|ERROR_BROKER_CONVERSATIONS
}
Create a database snapshot
CREATE DATABASE database_snapshot_name
ON
 (
NAME = logical_file_name,
FILENAME = 'os_file_name'
) [ ,...n ]
AS SNAPSHOT OF source_database_name
[;]
```

参数说明如下。

☑ database_name：新数据库的名称。数据库名称在 SQL Server 的实例中必须唯一，并且必须符合标识符规则。

☑ ON：指定显式定义用来存储数据库数据部分的磁盘文件（数据文件）。当后面是以逗号分隔的、用以定义主文件组的数据文件的<filespec>项列表时，需要使用 ON。主文件组的文件列表后可跟以逗号分隔的用以定义用户文件组及其文件的<filegroup>项列表（可选）。

☑ PRIMARY：指定关联的<filespec>列表定义主文件。在主文件组的<filespec>项中指定的第一个文件将成为主文件。一个数据库只能有一个主文件。

☑ LOG ON：指定显式定义用来存储数据库日志的磁盘文件（日志文件）。LOG ON 后跟以逗号分隔的用以定义日志文件的<filespec>项列表。如果没有指定 LOG ON，将自动创建一个日志文件，其大小为该数据库的所有数据文件大小总和的 25%或 512 KB，取两者之中的较大者。不能对数据库快照指定 LOG ON。

☑ COLLATE：指明数据库使用的校验方式。collation_name 可以是 Windows 的校验方式名，也可以是 SQL 校验方式名。如果省略此子句，则数据库使用当前的 SQL Server 校验方式。

☑ NAME：指定文件在 SQL Server 中的逻辑名。当使用 FOR ATTACH 选项时，就不需要使用 NAME 选项。

☑ FILENAME：指定文件在操作系统中存储的路径和文件名。

☑ SIZE：指定数据库的初始容量大小。如果没有指定主文件的大小，则 SQL Server 默认其与模板数据库中的主文件大小一致，其他数据库文件和事务日志文件则默认为 1 MB。指定大小的数字 SIZE 可以使用 KB、MB、GB 和 TB 作为后缀，默认的后缀为 MB。SIZE 中不能使用小数，其最小值为 512 KB，默认值是 1 MB。主文件的 SIZE 不能小于模板数据库中的主文件。

☑ MAXSIZE：指定文件的最大容量。如果没有指定 MAXSIZE，则文件可以不断增长直到充满磁盘。

☑ UNLIMITED：指明文件无容量限制。

☑ FILEGROWTH：指定文件每次增容时增加的容量大小。增加量可以用以 KB、MB 作后缀的字节数或以%作后缀的被增容文件的百分比来表示。默认后缀为 MB。如果没有指定 FILEGROWTH，则默认值为 10%，每次扩容的最小值为 64 KB。

【例 3.1】用 CREATE DATABASE 命令创建一个名为 MingRi 的数据库，如图 3.3 所示。（**实例位置：资源包\TM\sl\3\1**）

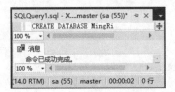

图 3.3 创建一个名称为 MingRi 的数据库

代码如下：

```
CREATE DATABASE MingRi          --使用 CREATE DATABASE 命令创建一个名称为 MingRi 的数据库
```

注意

在创建数据库时，所要创建的数据库名必须是系统中不存在的，如果存在相同名称的数据库，在创建数据库时系统将报错。另外，数据库的名称也可以是中文名称。

【例 3.2】在 SQL Server 管理器中，使用 CREATE DATABASE 命令创建名为 mrkj 的数据库。其中，主数据文件名是 mrkj.mdf，初始大小是 10 MB，最大存储空间是 100 MB，增长大小是 5 MB。而日志文件名是 mrkj.ldf，初始大小是 8 MB，最大的存储空间是 50 MB，增长大小是 8 MB，如图 3.4 所示。（实例位置：资源包\TM\sl\3\2）

图 3.4 自定义选项创建数据库

代码如下：

```
create database mrkj                    --创建数据库 mrkj
on                                      --主数据文件
(name=mrdat,                            --name 文件名，filename 文件路径
filename='G:\sql\mrkj.mdf',             --指定主数据文件的路径
size=10,                                --文件大小
maxsize=100,                            --最大值
filegrowth=5)                           --标识增量
log on                                  --事务日志文件
(name='mingrilog',                      --name 文件名，filename 文件路径
filename='G:\sql\mrkj.ldf',             --指定事务日志文件的路径
size=8mb,                               --文件大小
maxsize=50mb,                           --最大值
filegrowth=8mb )                        --增长率
```

3.3.2　修改数据库

数据库创建完成后，用户在使用过程中可以根据需要对其原始定义进行修改。修改的内容主要包括以下几项。

- ☑　更改数据库文件。
- ☑　添加和删除文件组。
- ☑　更改选项。
- ☑　更改跟踪。
- ☑　更改权限。
- ☑　更改扩展属性。
- ☑　更改镜像。
- ☑　更改事务日志传送。

1．以界面方式修改数据库

下面介绍如何更改数据库的所有者，具体操作步骤如下。

（1）启动 SQL Server Management Studio，连接到 SQL Server 服务器上，在"对象资源管理器"对话框中展开"数据库"节点。

（2）右击需要更改的数据库，在弹出的快捷菜单中选择"属性"命令，如图 3.5 所示。

（3）进入"数据库属性"对话框，如图 3.6 所示。通过该对话框可以修改数据库的相关选项。

图 3.5　选择"属性"命令

图 3.6　"数据库属性"对话框

（4）打开"数据库属性"对话框中的"文件"选项卡，单击"所有者"后的"浏览"按钮▢▢，弹出"选择数据库所有者"对话框，如图 3.7 所示。

（5）单击"浏览"按钮，弹出"查找对象"对话框，如图 3.8 所示。通过该对话框选择匹配对象。

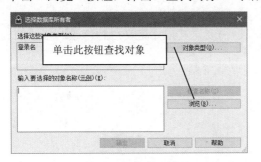

图 3.7　"选择数据库所有者"对话框　　　　图 3.8　"查找对象"对话框

（6）在"匹配的对象"列表框中选择数据库的所有者 sa 选项，单击"确定"按钮，完成数据库所有者的更改操作。

2．使用 ALTER DATABASE 语句修改数据库

SQL 中修改数据库的命令为 ALTER DATABASE。语法格式如下：

```
ALTER DATABASE database_name
{ADD FILE<filespec>[,…n][TO FILEGROUP filegroup_name]
|ADD LOG FILE<filespec>[,…n]
|REMOVE FILE logical_file_name
|ADD FILEGROUP filegroup_name
|REMOVE FILEGROUP filegroup_name
|MODIFY FILE<filespec>
|MODIFY NAME=new_dbname
|MODIFY FILEGROUP filegroup_name{filegroup_property|NAME=new_filegroup_name}
|SET<optionspec>[,…n][WITH<termination>]
|COLLATE<collation_name>
}
```

参数说明如下。

☑　ADD FILE：指定要增加的数据库文件。

☑　TO FILEGROUP：指定要增加文件到哪个文件组。

☑　ADD LOG FILE：指定要增加的事务日志文件。

☑　REMOVE FILE：从数据库系统表中删除指定文件的定义，并且删除其物理文件。文件只有为空时才能被删除。

☑　ADD FILEGROUP：指定要增加的文件组。

☑　REMOVE FILEGROUP：从数据库中删除指定文件组的定义，并且删除其包含的所有数据库文件。文件组只有为空时才能被删除。

☑　MODIFY FILE：修改指定文件的文件名、容量大小、最大容量、文件增容方式等属性，但一次只能修改一个文件的一个属性。使用此选项时应注意，在文件格式 filespec 中必须用 NAME 明确指定文件名称，如果文件大小已经确定，那么新定义的 SIZE 必须比当前的文件容量大；FILENAME 只能指定在 tempdbdatabase 中存在的文件，并且新的文件名只有在 SQL Server 重新启动后才起作用。

☑ MODIFY FILEGROUP：修改文件组属性，其中属性 filegroup_property 的取值可以为 READONLY，表示指定文件组为只读，要注意的是主文件组不能指定为只读，只有对数据库有独占访问权限的用户才可以将一个文件组标志为只读；取值为 READWRITE，表示使文件组为可读写，只有对数据库有独占访问权限的用户才可以将一个文件组标志为可读写；取值为 DEFAULT，表示指定文件组为默认文件组，一个数据库中只能有一个默认文件组。

☑ SET：设置数据库属性。

☑ ALTER DATABASE 命令可以修改数据库大小、缩小数据库、更改数据库名称等。

【例 3.3】将一个大小为 10 MB 的数据文件 mrkj 添加到 MingRi 数据库中，该数据文件的大小为 10 MB，最大的文件大小为 100 MB，增长速度为 2 MB，MingRi 数据库的物理地址为 G 盘文件夹下。（实例位置：资源包\TM\sl\3\3）

SQL 语句如下：

```
ALTER DATABASE Mingri          --更改数据库
ADD FILE                       --添加文件
(
NAME=mrkj,                     --文件名
Filename='G:\mrkj.ndf',        --路径
size=10MB,                     --大小
Maxsize=100MB,                 --最大值
Filegrowth=2MB                 --标识增量
)
```

【例 3.4】使用系统存储过程 sp_renamedb 将数据库名称 mrkj 更名为 mrsoft，如图 3.9 所示。（实例位置：资源包\TM\sl\3\4）

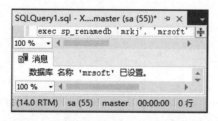

图 3.9　将数据库名称 mrkj 更名为 mrsoft

代码如下：

```
exec sp_renamedb 'mrkj', 'mrsoft'          --数据库重命名
```

注意

只有属于 sysadmin 固定服务器角色的成员才可以执行 sp_renamedb 系统存储过程。

3.3.3　删除数据库

如果用户不再需要某一数据库，只要满足一定的条件即可将其删除。删除之后，相应的数据库文件及其数据都会被删除，并且不可恢复。

删除数据库时必须满足以下条件。

☑ 如果数据库涉及日志传送操作，在删除数据库之前必须取消日志传送操作。

☑ 若要删除为事务复制发布的数据库，或删除为合并复制发布或订阅的数据库，必须首先从数据库中删除备份。如果数据库已损坏，不能删除备份，可以先将数据库设置为脱机状态，然后再删除数据库。

☑ 如果数据库上存在数据库快照，必须首先删除数据库快照。

1. 以界面方式删除数据库

下面介绍如何删除数据库 MingRi，具体操作步骤如下。

（1）启动 SQL Server Management Studio，连接到 SQL Server 中的数据库。在"对象资源管理器"中展开"数据库"节点。

（2）右击要删除的数据库 MingRi 选项，在弹出的快捷菜单中选择"删除"命令，如图 3.10 所示。

（3）在弹出的"删除对象"对话框中单击"确定"按钮，即可删除数据库，如图 3.11 所示。

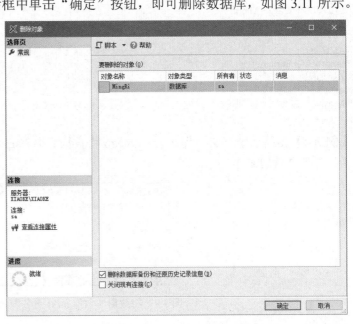

图 3.10　选择"删除"命令　　　　　　　图 3.11　"删除对象"对话框

注意

系统数据库（msdb、model、master、tempdb）无法删除。卸载数据库后应立即备份 master 数据库，因为卸载数据库会更新 master 数据库中的信息。

2. 使用 DROP DATABASE 语句删除数据库

语法格式如下：

```
DROP DATABASE database_name [ ,...n ]          --如果有多个要删除的数据库，用逗号隔开
```

其中，database_name 是要删除的数据库名，中括号内为有多个数据库的情况。

另外，如果删除正在使用的数据库，系统将出现错误。

例如，不能在"学生档案管理"数据库中删除"学生档案管理"数据库，SQL 代码如下：

```
Use  学生档案管理                              --使用学生档案管理数据库
Drop database  学生档案管理                    --删除正在使用的数据库
```

删除学生档案管理数据库的操作没有成功，系统会报错，运行结果如图 3.12 所示。

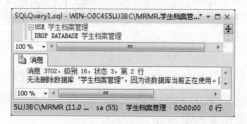

图 3.12　删除正在使用的数据库时系统报错

使用 DROP DATABASE 命令还可以批量删除数据库。例如，将"m1""m2""m3"这 3 个数据库批量删除。要删除的数据库间用逗号隔开，代码如下：

```
Drop database m1,m2,m3
```

3.4　小　　结

本章主要讲解了 SQL Server 数据库的组成，以及 SQL Server 数据库的创建、修改和删除操作。其中，讲解 SQL Server 数据库的创建、修改和删除时，分别用了使用向导和使用 SQL 语句两种方法，这部分内容是本章学习的重点，一定要熟练掌握。

3.5　实践与练习

（答案位置：资源包\TM\sl\3\实践与练习\）

1. 使用 CREATE DATABASE 语句创建一个名称为 mrsoft 的数据库。
2. 使用系统存储过程 sp_renamedb 将 mrsoft 数据库修改为"明日科技"。
3. 使用 DROP DATABASE 语句删除"明日科技"数据库。

第 4 章

操作数据表

本章主要介绍使用管理器创建数据表、修改数据表、删除数据表和数据表约束、关系的创建。通过本章的学习，读者不仅可以熟悉 SQL Server 数据表的组成，掌握创建和管理数据表的方法，还可以熟悉数据表的约束，以及关系的创建与维护。

本章知识架构及重难点如下：

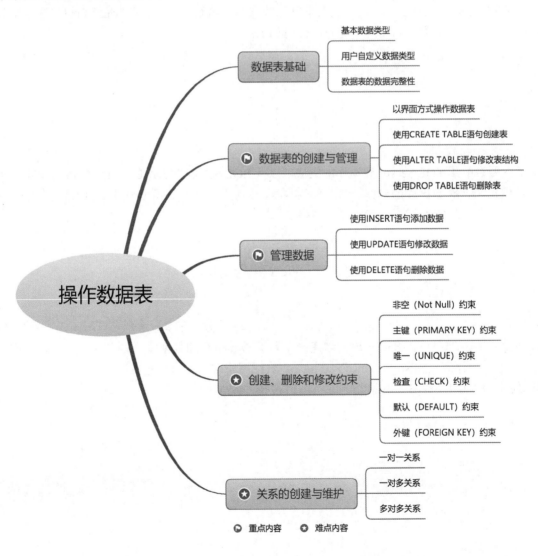

4.1　数据表基础

在创建数据表的过程中，需要为数据列选定数据类型，用于定义各列允许的数据值。SQL Server 提供了基本数据类型和用户自定义数据类型，下面分别对其进行介绍。

4.1.1　基本数据类型

基本数据类型按数据的表现方式及存储方式的不同分为整数数据类型、货币数据类型、浮点数据类型、日期/时间数据类型、字符数据类型、二进制数据类型、图像和文本数据类型。具体介绍如表 4.1 所示。

表 4.1　基本数据类型

分　类	数 据 特 性	数 据 类 型
整数数据类型	常用的一种数据类型，可以存储整数或者小数	BIT
		INT
		SMALLINT
		TINYINT
货币数据类型	用于存储货币值，使用时在数据前加上货币符号，不加货币符号的情况下默认为"￥"	MONEY
		SMALLMONEY
浮点数据类型	用于存储十进制小数	REAL
		FLOAT
		DECIMAL
		NUMERIC
日期/时间数据类型	用于存储日期类型和时间类型的组合数据	DATETIME
		SMALLDATETIME
		DATA
		DATETIME(2)
		DATETIMESTAMPOFFSET
字符数据类型	用于存储各种字母、数字符号和特殊符号	CHAR
		NCHAR(n)
		VARCHAR
		NVARCHAR(n)
二进制数据类型	用于存储二进制数据	BINARY
		VARBINARY
图像和文本数据类型	用于存储大量的字符及二进制数据（Binary Data）	TEXT
		NTEXT(n)
		IMAGE

4.1.2 用户自定义数据类型

用户自定义数据类型并不是真正的数据类型，它只是提供了一种加强数据库内部元素和基本数据类型之间一致性的机制。通过使用用户自定义数据类型能够简化对常用规则和默认值的管理。

在 SQL Server 中，创建用户自定义数据类型有两种方法：一是使用管理器，二是使用 SQL 语句，下面分别进行介绍。

1．使用管理器创建用户定义数据类型

在数据库中，创建用来存储邮政编码信息的 postcode 用户定义数据类型，数据类型为 bigint，长度为 8000。

操作步骤如下。

（1）打开 SQL Server Management Studio 管理工具，连接到 SQL Server 服务器上。

（2）在"对象资源管理器"中，依次展开"数据库"/"选择指定数据库"/"可编程性"/"类型"节点。

（3）在下拉列表中选择"用户定义数据类型"，右击，在弹出的快捷菜单中选择"新建用户定义数据类型"命令。在打开的窗口中设置用户定义数据类型的名称、依据的系统数据类型以及是否允许 NULL 值等，如图 4.1 所示，还可以将已创建的规则和默认值绑定到该用户定义的数据类型上。

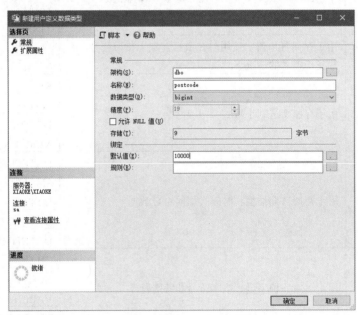

图 4.1　新建用户定义数据类型

（4）单击"确定"按钮，完成创建工作。

2．使用 SQL 语句创建用户自定义数据类型

在 SQL Server 中，使用系统数据类型 sp_addtype 创建用户自定义数据类型。

语法如下：

```
sp_addtype[@typename=]type,
[@phystype=]system_data_type
[,[@nulltype=]'null_type']
[,[@owner=]'owner_name']
```

参数说明如下。

☑ [@typename=]type：指定待创建的用户自定义数据类型的名称。用户定义数据类型名称必须遵循标识符的命名规则，而且在数据库中唯一。

☑ [@phystype=]system_data_type：指定用户定义数据类型依赖的系统数据类型。

☑ [@nulltype=]'null_type'：指定用户定义数据类型的可空属性，即用户定义数据类型处理空值的方式。取值为 NULL、NOT NULL 或 NONULL。

在 db_Test 数据库中，创建用来存储邮政编码信息的 postcode 用户自定义数据类型。在查询分析器中运行的结果如图 4.2 所示。

SQL 语句如下：

```
USE db_Test
EXEC sp_addtype postcode,'char(8) ','not null'
```

创建用户定义数据类型后，就可以像系统数据类型一样使用用户自定义数据类型。例如，在 db_Test 数据库的表中创建新的字段，为字段指定数据类型时，就可以在下拉列表框中选择刚刚创建的用户数据类型 postcode 了，如图 4.3 所示。

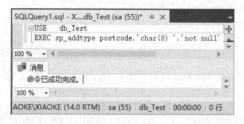

图 4.2　用户自定义 postcode 类型　　　　图 4.3　创建字段时使用了数据类型 postcode

根据需要，还可以修改、删除用户数据类型。SQL Server 提供系统存储过程 sp_droptype，该存储过程从 systypes 删除别名数据类型。

4.1.3　数据表的数据完整性

表列中除了具有数据类型和大小属性之外，还有其他属性。其他属性是保证数据库中数据完整性和表的引用完整性的重要部分。数据完整性是指列中每个事件都有正确的数据值。数据值的数据类型必须正确，并且数据值必须位于正确的域中。引用完整性是指表之间的关系得到正确维护。一个表中的数据只应指向另一个表中的现有行，不应指向不存在的行。

SQL Server 提供多种强制数据完整性的机制，下面分别对其进行介绍。

1. 空值与非空值

表的每一列都有一组属性，如名称、数据类型、数据长度和为空性等，列的所有属性即构成列的定义。列可以定义为允许空值或不允许空值即非空值。

☑ 允许空值（NULL）：在默认情况下，列允许空值，即允许用户在添加数据时省略该列的值。

☑ 不允许空值（NOT NULL）：不允许在没有指定列默认值的情况下省略该列的值。

2．默认值

如果在插入行时没有指定列的值，那么默认值将指定列中所使用的值。默认值可以是任何取值为常量的对象，如内置函数或数学表达式等。下面介绍两种使用默认值的方法。

☑ 在 CREATE TABLE 中使用 DEFAULT 关键字创建默认定义，将常量表达式指派为列的默认值，这是标准方法。

☑ 使用 CREATE DEFAULT 语句创建默认对象，然后使用 sp_bindefault 系统存储过程将它绑定到列上，这是一个向前兼容的功能。

3．特定标识属性

数据表中如果某列被指派特定标识属性（IDENTITY），系统将自动为表中插入的新行生成连续递增的编号。因为标识值通常唯一，所以标识列常定义为主键。

IDENTITY 属性适用于 INT、SMALLINT、TINYINT、DECIMAL（P，0）、UMERIC（P，0）数据类型的列。

注意

> 一个列不能同时具有 NULL 属性和 IDENTITY 属性，二者只能选其一。

4．约束

约束是用来定义 SQL Server 自动强制数据库完整性的方式。使用约束优先于使用触发器、规则和默认值。SQL Server 中共有以下 5 种约束。

☑ 非空（NOT NULL）：使用户必须在表的指定列中输入一个值。每个表中可以有多个非空约束。

☑ 检查（Check）：用来指定一个布尔操作，限制输入表中的值。

☑ 唯一性（Unique）：使用户的应用程序必须向列中输入一个唯一的值，值不能重复，但可以为空。

☑ 主键（Primary key）：建立一列或多列的组合以唯一标识表中的每一行。主键可以保证实体完整性，一个表只能有一个主键，同时主键中的列不能接受空值。

☑ 外键（Foreign key）：外键是用于建立和加强两个表数据之间的链接的一列或多列。当一个表中作为主键的一列被添加到另一个表中时，链接就建立了，其主要目的是控制存储在外键表中的数据。

4.2 数据表的创建与管理

本节将分别以界面方式和 SQL 语句方式介绍如何创建、修改和删除数据表。

4.2.1　以界面方式操作数据表

1. 创建数据表

在 SQL Server Management Studio 中创建数据表 mrkj，具体操作步骤如下。

（1）启动 SQL Server Management Studio，连接到 SQL Server 中的数据库上。

（2）右击"表"选项，在弹出的快捷菜单中选择"新建"/"表"命令，如图 4.4 所示。

（3）进入添加表界面，如图 4.5 所示，在列表框中填写所需要的字段名，单击"保存"按钮，添加表成功。

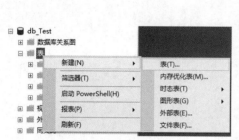

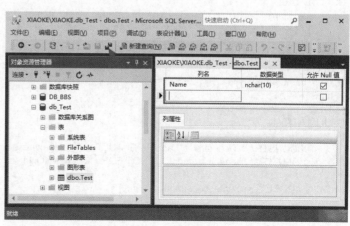

图 4.4　新建表　　　　　　　　　　　　　　　图 4.5　创建数据表字段名

2. 修改数据表

更改表的字段具体操作步骤如下。

（1）启动 SQL Server Management Studio，连接到 SQL Server 中的数据库上，在"对象资源管理器"中展开"数据库"下面的"表"节点。

（2）右击需要更改的表选项，在弹出的快捷菜单中选择"设计"命令，如图 4.6 所示。

（3）进入表设计界面，如图 4.7 所示，通过该对话框可以修改数据表的相关选项。修改完成后，单击"保存"按钮，修改成功。

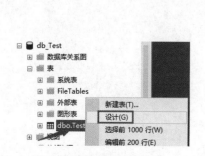

图 4.6　选择"设计"命令　　　　　　　　　　图 4.7　修改表字段

3．删除数据表

删除表具体操作步骤如下。

（1）启动 SQL Server Management Studio，连接到 SQL Server 中的数据库上，在"对象资源管理器"中展开"数据库"下面的"表"节点。

（2）右击需要删除的表选项，在弹出的快捷菜单中选择"删除"命令，如图 4.8 所示。

（3）进入"删除对象"对话框，如图 4.9 所示，通过该窗口可以删除数据表的相关选项。单击"确定"按钮，删除成功。

图 4.8　选择"删除"命令

图 4.9　删除表

4.2.2　使用 CREATE TABLE 语句创建表

使用 CREATE TABLE 语句创建表，其基本语法如下：

```
CREATE TABLE
[ database_name . [ schema_name ] . | schema_name . ] table_name
        ( { <column_definition> | <computed_column_definition>
                | <column_set_definition> }
[ <table_constraint> ] [ ,...n ] )
<column_definition> ::=
column_name <data_type>
[ FILESTREAM ]
[ COLLATE collation_name ]
[ NULL | NOT NULL ]
[
        [ CONSTRAINT constraint_name ] DEFAULT constant_expression ]
    | [ IDENTITY [ ( seed ,increment ) ] [ NOT FOR REPLICATION ]
]
[ ROWGUIDCOL ] [ <column_constraint> [, ...n ] ]
[ SPARSE ]
<computed_column_definition> ::=
column_name AS computed_column_expression
```

```
[ PERSISTED [ NOT NULL ] ]
[
[ CONSTRAINT constraint_name ]
{ PRIMARY KEY | UNIQUE }
        [ CLUSTERED | NONCLUSTERED ]
        [
            WITH FILLFACTOR = fillfactor
          | WITH ( <index_option> [ , ...n ] )
        ]
| [ FOREIGN KEY ]
        REFERENCES referenced_table_name [ ( ref_column ) ]
        [ ON DELETE { NO ACTION | CASCADE } ]
        [ ON UPDATE { NO ACTION } ]
        [ NOT FOR REPLICATION ]
| CHECK [ NOT FOR REPLICATION ] ( logical_expression )
[ ON { partition_scheme_name ( partition_column_name )
        | filegroup | "default" } ]
]
<column_set_definition> ::=
column_set_name XML COLUMN_SET FOR ALL_SPARSE_COLUMNS
< table_constraint > ::=
[ CONSTRAINT constraint_name ]
{
{ PRIMARY KEY | UNIQUE }
        [ CLUSTERED | NONCLUSTERED ]
                (column [ ASC | DESC ] [ ,...n ] )
        [
            WITH FILLFACTOR = fillfactor
          |WITH ( <index_option> [ , ...n ] )
        ]
        [ ON { partition_scheme_name (partition_column_name)
            | filegroup | "default" } ]
| FOREIGN KEY
                ( column [ ,...n ] )
        REFERENCES referenced_table_name [ ( ref_column [ ,...n ] ) ]
        [ ON DELETE { NO ACTION | CASCADE | SET NULL | SET DEFAULT } ]
        [ ON UPDATE { NO ACTION | CASCADE | SET NULL | SET DEFAULT } ]
        [ NOT FOR REPLICATION ]
| CHECK [ NOT FOR REPLICATION ] ( logical_expression )
}
```

CREATE TABLE 语句的参数及其说明如表 4.2 所示。

表 4.2　CREATE TABLE 语句的参数及其说明

参　　数	说　　明
database_name	在其中创建表的数据库的名称。database_name 必须指定现有数据库名。如果未指定，则 database_name 默认为当前数据库
schema_name	新表所属架构的名称
table_name	新表的名称。表名必须遵循标识符规则。除了本地临时表名（以单个数字符号（#）为前缀的名称）不能超过 116 个字符外，table_name 最多可包含 128 个字符
<column_definition>	列定义
column_name	表中列的名称。列名必须遵循标识符规则并且在表中是唯一的

续表

参　数	说　明
computed_column_expression	定义计算列的值的表达式
PERSISTED	指定 SQL Server 数据库引擎将在表中物理存储计算值，而且当计算列依赖的任何其他列发生更新时对这些计算值进行更新
ON{<partition_scheme>|filegroup|"default"}	指定存储表的分区架构或文件组
<table_constraint>	表约束
CONSTRAINT	可选关键字，表示 PRIMARY KEY、NOT NULL、UNIQUE、FOREIGN KEY 或 CHECK 约束定义的开始
constraint_name	约束的名称。约束名称必须在表所属的架构中唯一
NULL | NOT NULL	确定列中是否允许使用空值
PRIMARY KEY	是通过唯一索引对给定的一列或多列强制实体完整性的约束。每个表只能创建一个 PRIMARY KEY 约束
UNIQUE	一个约束，该约束通过唯一索引为一个或多个指定列提供实体完整性。一个表可以有多个 UNIQUE 约束
CLUSTERED | NONCLUSTERED	指示为 PRIMARY KEY 或 UNIQUE 约束创建聚集索引还是非聚集索引。PRIMARY KEY 约束默认为 CLUSTERED，UNIQUE 约束默认为 NONCLUSTERED
column	用括号括起来的一列或多列，在表约束中表示这些列用在约束定义中
[ASC | DESC]	指定加入表约束中的一列或多列的排序顺序。默认值为 ASC
WITH FILLFACTOR = fillfactor	指定数据库引擎存储索引数据时每个索引页的填充程度。用户指定的 fillfactor 值可以为 1～100 的任意值。如果未指定值，则默认值为 0
partition_scheme_name	分区架构的名称，该分区架构定义将已分区表的分区映射到的文件组。数据库中必须存在该分区架构
partition_column_name	指定对已分区表进行分区依据的列
FOREIGN KEY REFERENCES	为列中的数据提供引用完整性的约束。FOREIGN KEY 约束要求列中的每个值在引用的表中对应的被引用列中都存在
(ref_column [,... n])	FOREIGN KEY 约束引用的表中的一列或多列
ON DELETE { NO ACTION | CASCADE | SET NULL | SET DEFAULT }	指定如果已创建表中的行具有引用关系，并且被引用行已从父表中删除，对这些行采取的操作。默认值为 NO ACTION
NO ACTION	数据库引擎将引发错误，并回滚对父表中相应行的删除操作
CASCADE	如果从父表中删除一行，则从引用表中删除相应行
SET NULL	如果父表中对应的行被删除，则组成外键的所有值都将设置为 NULL。若要执行此约束，外键列必须为空值
SET DEFAULT	如果父表中对应的行被删除，组成外键的所有值都将设置为默认值。若要执行此约束，所有外键列都必须有默认定义
ON UPDATE { NO ACTION | CASCADE | SET NULL | SET DEFAULT }	指定在发生更改的表中，如果行有引用关系且引用的行在父表中被更新，则对这些行采取什么操作。默认值为 NO ACTION
CHECK	一个约束，该约束通过限制可输入一列或多列中的可能值来强制实现域完整性。计算列上的 CHECK 约束也必须标记为 PERSISTED

<table>
<tr><td colspan="2" align="right">续表</td></tr>
<tr><th>参　　数</th><th>说　　明</th></tr>
<tr><td>logical_expression</td><td>返回 TRUE 或 FALSE 的逻辑表达式。别名数据类型不能作为表达式的一部分</td></tr>
<tr><td>NOT FOR REPLICATION</td><td>在 CREATE TABLE 语句中，可为 IDENTITY 属性、FOREIGN KEY 约束和 CHECK 约束指定 NOT FOR REPLICATION 子句</td></tr>
</table>

【例 4.1】使用 CREATE TABLE 语句创建数据表 mingri，ID 字段为 int 类型并且不允许为空；Name 字段长度为 50 的 varchar 类型；Age 字段为 int 类型。（**实例位置：资源包\TM\sl\4\1**）

SQL 语句如下：

```
USE db_Test                          --打开数据库
CREATE TABLE [dbo].[mingri](         --创建表
    [ID] [int] NOT NULL,             --字段 ID，int 类型，不能为空
    [Name] [varchar](50) ,           --Name 字段，varchar 类型
    [Age] [int]                      --Age 字段，int 类型
)
```

4.2.3　使用 ALTER TABLE 语句修改表结构

使用 ALTER TABLE 语句可以修改表的结构，语法如下：

```
ALTER TABLE [ database_name . [ schema_name ] . | schema_name . ] table_name
{
    ALTER COLUMN column_name
    {
        [ type_schema_name. ] type_name [ ( { precision [ , scale ]
            | max | xml_schema_collection } ) ]
[ COLLATE collation_name ]
        [ NULL | NOT NULL ]
| {ADD | DROP }
 { ROWGUIDCOL | PERSISTED| NOT FOR REPLICATION | SPARSE   }
    }
| [ WITH { CHECK | NOCHECK } ]
| ADD
    {
        <column_definition>
      | <computed_column_definition>
      | <table_constraint>
| <column_set_definition>
    } [ ,...n ]
    | DROP
    {
        [ CONSTRAINT ] constraint_name
        [ WITH ( <drop_clustered_constraint_option> [ ,...n ] ) ]
        | COLUMN column_name
    } [ ,...n ]
```

ALTER TABLE 语句的参数及其说明如表 4.3 所示。

表 4.3　ALTER TABLE 语句的参数及其说明

参　　数	说　　明
database_name	创建表时所在的数据库的名称

续表

参 数	说 明
schema_name	表所属架构的名称
table_name	要更改的表的名称
ALTER COLUMN	指定要更改命名列
column_name	要更改、添加或删除的列的名称
[type_schema_name.] type_name	更改后的列的新数据类型或添加的列的数据类型
precision	指定的数据类型的精度
scale	指定的数据类型的小数位数
max	仅应用于 varchar、nvarchar 和 varbinary 数据类型
xml_schema_collection	仅应用于 xml 数据类型
COLLATE collation_name	指定更改后的列的新排序规则
NULL | NOT NULL	指定列是否可接受空值
[{ADD | DROP} ROWGUIDCOL]	指定在指定列中添加或删除 ROWGUIDCOL 属性
[{ADD | DROP} PERSISTED]	指定在指定列中添加或删除 PERSISTED 属性
DROP NOT FOR REPLICATION	指定当复制代理执行插入操作时，标识列中的值将增加
SPARSE	指示列为稀疏列。稀疏列已针对 NULL 值进行了存储优化，不能将稀疏列指定为 NOT NULL
WITH CHECK | WITH NOCHECK	指定表中的数据是否用新添加的或重新启用的 FOREIGN KEY 或 CHECK 约束进行验证
ADD	指定添加一个或多个列定义、计算列定义或者表约束
DROP { [CONSTRAINT] constraint_name | COLUMN column_name }	指定从表中删除 constraint_name 或 column_name。可以列出多个列或约束
WITH <drop_clustered_constraint_option>	指定设置一个或多个删除聚集约束选项

【例 4.2】向 mingri 数据表中添加 Sex 字段。（实例位置：资源包\TM\sl\4\2）

SQL 语句如下：

```
USE db_Test
ALTER TABLE mingri
ADD Sex char(2)
```

【例 4.3】删除 mingri 数据表中的 Sex 字段。（实例位置：资源包\TM\sl\4\3）

SQL 代码如下：

```
USE db_Test
ALTER TABLE mingri
DROP COLUMN Sex
```

4.2.4　使用 DROP TABLE 语句删除表

使用 DROP TABLE 语句可以删除数据表，其语法如下：

```
DROP TABLE [ database_name . [ schema_name ] . | schema_name . ]
        table_name [ ,...n ] [ ; ]
```

参数说明如下。

☑　database_name：要在其中删除表的数据库的名称。

☑　schema_name：表所属架构的名称。

☑　table_name：要删除的表的名称。

【例 4.4】删除 db_Test 数据库中的 mingri 数据表。（实例位置：资源包\TM\sl\4\4）

SQL 语句如下：

```
USE db_Test
DROP TABLE mingri
```

<h1 style="text-align:center">4.3　管 理 数 据</h1>

对于数据库使用，设计好数据表只是一个框架，只有添加完数据的数据表才可以称为一个完整的数据表。

4.3.1　使用 INSERT 语句添加数据

INSERT 语句实现向表中添加新记录的操作。该语句向表中插入一条新记录或者插入一个结果集，其语法如下：

```
INSERT [ INTO]
table_or_view_name
VALUES
(expression) [,…n]
```

参数说明如下。

☑　table_or_view_name：接收数据的表或视图的名称。

☑　VALUES：引入要插入数据值的列表。

☑　expression：一个常量、变量或表达式。表达式不能包含 SELECT 或 EXECUTE 语句。

【例 4.5】利用 INSERT 语句向数据表 Employee 添加数据。（实例位置：资源包\TM\sl\4\5）

SQL 语句如下：

```
USE db_Test
INSERT INTO Employee
(ID,Name,Sex,Age)VALUES(12,'雨涵','女',24,null)
```

【例 4.6】如果向表中添加所有的字段，可以省略插入数据的列名。（实例位置：资源包\TM\ sl\4\6）

SQL 语句如下：

```
USE db_Test
INSERT INTO Employee
VALUES(13,'雨欣','女',24,NULL)
```

运行结果如图 4.10 所示。

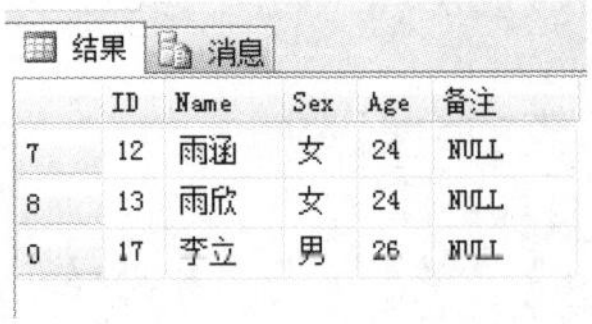

	ID	Name	Sex	Age	备注
7	12	雨涵	女	24	NULL
8	13	雨欣	女	24	NULL
0	17	李立	男	26	NULL

图 4.10　INSERT 语句添加数据

4.3.2　使用 UPDATE 语句修改数据

修改数据表中不符合要求的数据或错误的字段时，使用 UPDATE 语句进行修改。

UPDATE 语句修改数据的语法如下：

```
UPDATE table_or_view_name
[ FROM{ <table_source> } [ ,...n ] ]
SET
{ column_name = { expression | DEFAULT | NULL }
[ WHERE <search_condition>]
```

UPDATE 语句的参数及其说明如表 4.4 所示。

表 4.4　UPDATE 语句的参数及其说明

参　数	说　明
table_or_view_name	要更新行的表或视图的名称
FROM <table_source>	指定表、视图或派生表源为更新操作提供条件
expression	返回单个值的变量、文字值、表达式或嵌套 select 语句（加括号）
DEFAULT	指定用列定义的默认值替换列中的现有值
WHERE	指定条件限定更新的行。根据使用的 WHERE 子句的形式，有两种更新形式，分别为：❶ 搜索更新，指定搜索条件来限定要删除的行。❷ 定位更新，使用 CURRENT OF 子句指定游标。更新操作发生在游标的当前位置
<search_condition>	为要更新的行指定需要满足的条件。搜索条件可以是连接基的条件。对搜索条件中可以包含的谓词数量没有限制

【例 4.7】将 Employee 表中所有员工的年龄加两岁。（实例位置：资源包\TM\sl\4\7）

SQL 语句如下：

```
USE db_Test
UPDATE Employee
SET Age=Age+2
```

【例 4.8】将 Employee 表中"肖一子"的性别修改为女。（实例位置：资源包\TM\sl\4\8）

SQL 语句如下：

```
USE db_Test
UPDATE Employee
SET Sex='女'
WHERE Name='肖一子'
```

运行结果如图 4.11 所示。

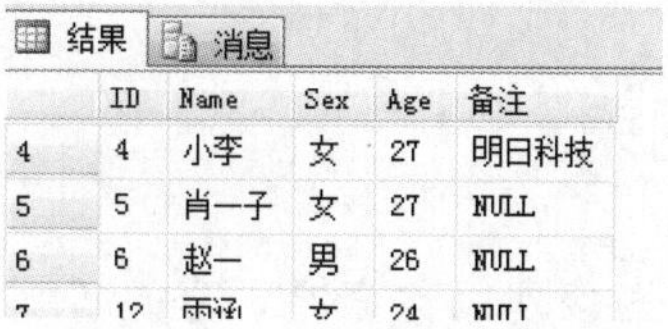

	ID	Name	Sex	Age	备注
4	4	小李	女	27	明日科技
5	5	肖一子	女	27	NULL
6	6	赵一	男	26	NULL

图 4.11 UPDATE 语句修改数据

4.3.3 使用 DELETE 语句删除数据

DELETE 语句用于从表或视图中删除行。语法如下：

```
DELETE
[ FROM <table_source> [ ,...n ] ]
[ WHERE { <search_condition> } ]
```

DELETE 语句的参数及其说明如表 4.5 所示。

表 4.5 DELETE 语句的参数及其说明

参 数	说 明
FROM <table_source>	指定表、视图或派生表源为删除操作提供条件
WHERE	指定限制删除行数的条件。如果没有提供 WHERE 子句，则 DELETE 删除表中的所有行。基于 WHERE 子句中指定的条件，有两种形式的删除操作，分别为：❶ 搜索删除，指定搜索条件以限定要删除的行；❷ 定位删除，使用 CURRENT OF 子句指定游标。删除操作在游标的当前位置执行。这比使用 WHERE search_condition 子句限定要删除的行的搜索 DELETE 语句更为精确。如果搜索条件不唯一标识单行，则搜索 DELETE 语句删除多行
<search_condition>	指定删除行的限定条件。对搜索条件中可以包含的谓词数量没有限制

【例 4.9】 删除 Employee 表中 ID 为 17 的员工的信息。（**实例位置：资源包\TM\sl\4\9**）

SQL 语句如下：

```
USE db_Test
DELETE FROM Employee WHERE ID=17
```

说明

在 DELETE 语句中如果不指定 WHERE 子句时，则删除表中的所有记录。

4.4 创建、删除和修改约束

约束是 SQL Server 提供的自动强制数据完整性的一种方式，它定义列的取值规则，是强制完整性的标准机制。

4.4.1　非空（NOT Null）约束

列的为空性决定表中的行是否可为该列包含空值。空值（或 NULL）不同于零（0）、空白或长度为零的字符串（如 " "）。NULL 的意思是没有输入。出现 NULL 通常表示值未知或未定义。

（1）创建非空约束。在用 CREATE TABLE 创建表时，使用 NOT NULL 关键字指定非空约束，其语法格式如下：

```
[CONSTRAINT    <约束名>]   NOT NULL
```

（2）修改非空约束。修改非空约束的语法如下：

```
ALTER TABLE table_name
alter column column_name column_type    null | not null
```

参数说明如下。

- ☑　table_name：修改非空约束的表名。
- ☑　column_name：修改非空约束的列名。
- ☑　column_type：修改非空约束的类型。
- ☑　null | not null：修改为空或者非空。

【例 4.10】修改 mingri 表中的非空约束，SQL 语句及运行结果如图 4.12 所示。（实例位置：资源包\TM\sl\4\10）

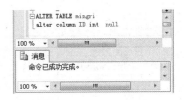

图 4.12　非空约束

```
USE db_Test                              --打开数据库
ALTER TABLE mingri                       --更改表
alter column ID int null                 --更改 ID 字段属性
```

4.4.2　主键（PRIMARY KEY）约束

通过定义 PRIMARY KEY 约束创建主键，用于强制表的实体完整性。一个表只能有一个 PRIMARY KEY 约束，并且 PRIMARY KEY 约束中的列不能接受空值。PRIMARY KEY 约束保证数据的唯一性，因此经常对标识列定义这种约束。

图 4.13　主键约束

1．创建主键约束

（1）在创建表时创建主键约束。

【例 4.11】创建数据表 Employee5，并将字段 ID 设置主键约束，SQL 语句及运行结果如图 4.13 所示。（实例位置：资源包\TM\sl\4\11）

```
USE db_Test                              --打开数据库
CREATE TABLE [dbo].[Employee5](          --创建表
    [ID] [int] CONSTRAINT PK_ID PRIMARY KEY,    --ID 字段，设为主键约束
    [Name] [char](50) ,
    [Sex] [char](2),
    [Age] [int]
)
```

说明

　　例 4.11 的代码中，CONSTRAINT PK_ID PRIMARY KEY 为创建一个主键约束，PK_ID 为用户自定义的主键约束名称，主键约束名称必须是合法的标识符。

　　（2）在现有表中创建主键约束的语法如下。

```
ALTER TABLE table_name
ADD
CONSTRAINT constraint_name
PRIMARY KEY [CLUSTERED | NONCLUSTERED]
{(Column[,…n])}
```

参数说明如下。

- ☑　CONSTRAINT：创建约束的关键字。
- ☑　constraint_name：创建约束的名称。
- ☑　PRIMARY KEY：表示创建约束的类型为主键约束。
- ☑　CLUSTERED | NONCLUSTERED：表示为 PRIMARY KEY 或 UNIQUE 约束创建聚集或非聚集索引的关键字。PRIMARY KEY 约束默认为 CLUSTERED，UNIQUE 约束默认为 NONCLUSTERED。

【例 4.12】对 mingri 表中的 ID 字段添加主键约束。（实例位置：资源包\TM\sl\4\12）

SQL 语句如下：

```
USE db_Test
ALTER TABLE mingri                          --更改表
ADD CONSTRAINT PRM_son    PRIMARY KEY (ID)   --对 ID 字段添加主键约束
```

2. 修改主键约束

　　若要修改 PRIMARY KEY 约束，必须先删除现有的 PRIMARY KEY 约束，然后再用新定义重新创建该约束。

3. 删除主键约束

　　删除主键约束的语法如下：

```
ALTER TABLE table_name
DROP CONSTRAINT constraint_name[,…n]
```

【例 4.13】删除 mignri 表中的主键约束。（实例位置：资源包\TM\sl\4\13）

SQL 语句如下：

```
USE db_Test
ALTER TABLE mingri
DROP CONSTRAINT PRM_son                --删除主键约束
```

4.4.3　唯一（UNIQUE）约束

　　唯一（UNIQUE）约束用于强制实施列集中值的唯一性。根据 UNIQUE 约束，表中的任何两行都不能有相同的列值。另外，主键也强制实施唯一性，但主键不允许 NULL 作为一个唯一值。

1. 创建唯一约束

（1）在创建表时创建唯一约束。

【例 4.14】在 db_Test 数据库中创建数据表 Employee6，并将字段 ID 设置唯一约束，如图 4.14 所示。（**实例位置：资源包\TM\sl\4\14**）

SQL 语句如下：

```
USE db_Test
CREATE TABLE [dbo].[Employee6](          --创建表
    [ID] [int] CONSTRAINT UQ_ID UNIQUE,   --设置唯一约束
    [Name] [char](50) ,
    [Sex] [char](2),
    [Age] [int]
)
```

（2）在现有表中创建唯一约束的语法如下。

```
ALTER TABLE table_name
ADD CONSTRAINT constraint_name
UNIQUE [CLUSTERED | NONCLUSTERED]
{(column [,…n])}
```

参数说明如下。

☑ table_name：创建唯一约束的表名。

☑ constraint_name：唯一约束名。

☑ column：创建唯一约束的列名。

【例 4.15】为 Employee6 表中的 ID 字段设置唯一约束。（**实例位置：资源包\TM\sl\4\15**）

SQL 语句如下：

```
USE db_Test
ALTER TABLE Employee6
ADD CONSTRAINT Unique1_ID          --设置唯一约束
UNIQUE(ID)
```

运行结果如图 4.15 所示。

图 4.14　唯一约束

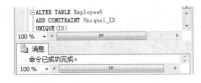

图 4.15　在现有表中创建唯一约束

2. 修改唯一约束

若要修改 UNIQUE 约束，必须删除现有的 UNIQUE 约束，用新定义重新创建。

3. 删除唯一约束

删除唯一约束的语法如下：

```
ALTER TABLE table_name
```

```
DROP CONSTRAINT constraint_name[,…n]
```

【例 4.16】删除 Employee6 表中的唯一约束。（**实例位置：资源包\TM\sl\4\16**）

SQL 语句如下：

```
USE db_Test
ALTER TABLE Employee6
DROP CONSTRAINT Unique1_ID
```

4.4.4　检查（CHECK）约束

检查（CHECK）约束可以强制域的完整性。CHECK 约束类似于 FOREIGN KEY 约束，可以控制放入列中的值。但是，它们在确定有效值的方式上有所不同：FOREIGN KEY 约束从其他表获得有效值列表，而 CHECK 约束通过不基于其他列中的数据的逻辑表达式确定有效值。

1．创建检查约束

（1）在创建表时创建检查约束。

【例 4.17】创建数据表 Employee7，为字段 Sex 设置检查约束，在输入性别字段时，只能接受"男"或者"女"，不能接受其他数据。（**实例位置：资源包\TM\sl\4\17**）

SQL 语句如下：

```
USE db_Test
CREATE TABLE [dbo].[Employee7](
    [ID] [int],
    [Name] [char](50) ,
    [Sex] [char](2) CONSTRAINT CK_Sex Check(sex in('男','女')),
    [Age] [int]
)
```

运行结果如图 4.16 所示。

（2）在现有表中创建检查约束的语法如下。

```
ALTER TABLE table_name
ADD CONSTRAINT constraint_name
CHECK (logical_expression)
```

参数说明如下。

☑　table_name：创建检查约束的表名。

☑　constraint_name：检查约束名。

☑　logical_expression：检查约束的条件表达式。

【例 4.18】为 Employee5 表中的 Sex 字段设置检查约束，在输入性别时只能接受"女"，不能接受其他字段。（**实例位置：资源包\TM\sl\4\18**）

SQL 语句如下：

```
USE db_Test
ALTER TABLE [Employee5]
ADD CONSTRAINT Check_Sex Check(sex='女')
```

运行结果如图 4.17 所示。

图 4.16　检查约束

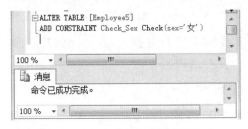

图 4.17　在现有表中创建检查约束

2．修改检查约束

修改表中某列的 CHECK 约束使用的表达式，首先删除现有的 CHECK 约束，然后使用新定义重新创建，才能修改 CHECK 约束。

3．删除检查约束

删除检查约束的语法如下：

```
ALTER TABLE table_name
DROP CONSTRAINT constraint_name[,…n]
```

删除 Employee5 表中的检查约束，SQL 语句如下：

```
USE db_Test
ALTER TABLE Employee5
DROP CONSTRAINT Check_Sex                          --删除约束
```

4.4.5　默认（DEFAULT）约束

在创建或修改表时可通过定义默认（DEFAULT）约束创建默认值。默认值是计算结果为常量的任何值，如常量、内置函数或数学表达式。其为每一列分配一个常量表达式作为默认值。

1．创建默认约束

（1）在创建表时创建默认约束。

【例 4.19】创建数据表 Employee8，并为字段 Sex 设置默认约束"女"。（**实例位置：资源包\TM\sl\4\19**）

SQL 语句如下：

```
USE db_Test
CREATE TABLE [dbo].[Employee8](              --创建表
    [ID] [int],
    [Name] [char](50) ,
    [Sex] [char](2) CONSTRAINT Default_Sex Default '女',   --设置默认约束
    [Age] [int]
)
```

运行结果如图 4.18 所示。

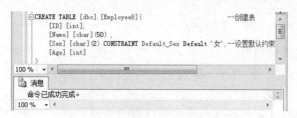

图 4.18　创建表时创建默认约束

（2）在现有表中创建默认约束的语法如下。

```
ALTER TABLE table_name
ADD CONSTRAINT constraint_name
DEFAULT constant_expression [FOR column_name]
```

参数说明如下。

☑　table_name：创建默认约束的表名。

☑　constraint_name：默认约束名。

☑　constant_expression：默认值。

【例 4.20】为 Employee6 表中的 Sex 字段设置默认约束"男"。（实例位置：资源包\TM\sl\4\20）

SQL 语句如下：

```
ALTER TABLE [Employee6]
ADD CONSTRAINT Default_Sex_Man            --设置默认约束
DEFAULT '男' FOR Sex                        --默认值为"男"
```

2．修改默认约束

修改表中某列的 Default 约束使用的表达式，首先删除现有的 Default 约束，然后使用新定义重新创建，才能修改 Default 约束。

3．删除默认约束

删除默认约束的语法如下：

```
ALTER TABLE table_name
DROP CONSTRAINT constraint_name[,…n]
```

【例 4.21】删除 Employee6 表中的默认约束。（实例位置：资源包\TM\sl\4\21）

SQL 语句如下：

```
USE db_Test
ALTER TABLE Employee6
DROP CONSTRAINT Default_Sex_Man
```

4.4.6　外键（FOREIGN KEY）约束

通过定义 FOREIGN KEY 约束来创建外键。在外键引用中，当一个表的列被引用作为另一个表的主键值的列时，就在两表之间创建了链接。这个列就成为第二个表的外键。

1. 创建外键约束

（1）在创建表时创建外键约束。

【例 4.22】创建表 mrsoft，并为 mrsoft 表创建外键约束，该约束把 mrsoft 中的编号（ID）字段和表 Employe 中的编号（ID）字段关联起来，实现 mrsoft 中的编号（ID）字段的取值要参照表 Employee 中编号（ID）字段的数据值。（**实例位置：资源包\TM\sl\4\22**）

SQL 语句如下：

```
use db_Test
CREATE TABLE mrsoft                          --创建表
(
 ID INT ,
 Wage MONEY,
 CONSTRAINT FKEY_ID
 FOREIGN KEY (ID)                            --外键约束
 REFERENCES Employee(ID)
)
```

说明

> FOREIGN KEY (ID)中的 ID 字段为 Employee 表中的编号（ID）字段。

（2）在现有表中创建默认约束的语法如下。

```
ALTER TABLE table_name
ADD CONSTRAINT constraint_name
[FOREIGN KEY]{(column_name[,…n])}
  REFERENCES ref_table[(ref_column_name[,…n])]
```

创建外键约束语句的参数及其说明如表 4.6 所示。

表 4.6　创建外键约束语句的参数及其说明

参　　数	说　　明
table_name	创建外键的表名
constraint_name	外键约束名
FOREIGN KEY... REFERENCES	为列中的数据提供引用完整性的约束。FOREIGN KEY 约束要求列中的每个值在被引用表中对应的被引用列中都存在。FOREIGN KEY 约束只能引用被引用表中为 PRIMARY KEY 或 UNIQUE 约束的列或被引用表中在 UNIQUE INDEX 内引用的列
ref_table	FOREIGN KEY 约束引用的表名
(ref_column_name[,...n])	FOREIGN KEY 约束引用的表中的一列或多列

【例 4.23】将 Employee 表中的 ID 字段设置为 mrsoft 表中的外键。（**实例位置：资源包\TM\sl\4\23**）

SQL 语句如下：

```
use db_Test
ALTER TABLE mrsoft
ADD CONSTRAINT Fkey_ID_2                      --添加外键
FOREIGN KEY (ID)                             --所选字段为 ID
REFERENCES Employee(ID)                       --参照 Employee 表的 ID 字段
```

2．修改外键约束

修改表中某列的 FOREIGN KEY 约束。首先删除现有的 FOREIGN KEY 约束，然后使用新定义重新创建，才能修改 FOREIGN KEY 约束。

3．删除外键约束

删除外键约束的语法如下：

```
ALTER TABLE table_name
DROP CONSTRAINT constraint_name[,…n]
```

【例 4.24】删除 Employee 表中的外键约束。（实例位置：资源包\TM\sl\4\24）

SQL 语句如下：

```
use db_Test
Alter Table mrsoft
Drop CONSTRAINT FKEY_ID
```

4.5　关系的创建与维护　

SQL Server 是一个关系数据库管理系统，当数据库中包含多个表时，需要通过主关键字建立表间的关系，使各表之间能够协调工作。

关系是通过匹配键列中的数据而工作的，而键列通常是两个表中具有相同名称的列，在数据表间创建关系可以显示某个表中的列连接到另一个表中的列。表与表之间存在 3 种类型的关系，所创建的关系类型取决于相关联的列是如何定义的。表与表之间存在的 3 种关系如下。

☑　一对一关系。

☑　一对多关系。

☑　多对多关系。

4.5.1　一对一关系

一对一关系是指表 A 中的一条记录确实在表 B 中有且只有一条相匹配的记录。在一对一关系中，大部分相关信息都在一个表中。此关系的特点主要体现在以下几个方面。

☑　分割一个含有许多列的表。

☑　出于安全考虑而隔离表的某一部分。

☑　存储可以很容易删除的临时数据，只需删除表即可删除这些数据。

☑　存储只应用于主表子集的信息。

☑　如果两个相关列都是主键或具有唯一约束，创建的就是一对一关系。

在学生管理系统中，Course 表用于存放课程的基础信息，这里定义为主表；teacher 表用于存放教师信息，这里定义为从表，且一名教师只能教一门课程。下面介绍如何通过这两张表创建一对一关系。

说明

"一名教师只能教一门课程"，在这里不考虑一名教师教多门课程的情况。例如，英语专业的英语老师，只能教英语。

操作步骤如下。

（1）启动 SQL Server Management Studio，连接到 SQL Server 中的数据库。

（2）在"对象资源管理器"中展开"数据库"节点，展开指定的数据库 db_Test。

（3）右击 Course 表，在弹出的快捷菜单中选择"设计"命令。

（4）在表设计器界面中，右击 Cno 字段，在弹出的快捷菜单中选择"关系"命令，打开"外键关系"对话框，单击"添加"按钮，如图 4.19 所示。

（5）在"外键关系"对话框中，单击"常规"下面"表和列规范"文本框后的 ⃞ 按钮，添加表和列规范属性，在弹出的"表和列"对话框中设置关系名及主、外键表，如图 4.20 所示。

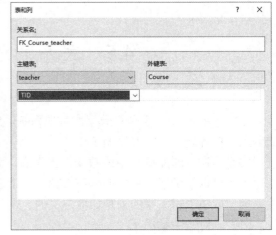

图 4.19　"外键关系"对话框　　　　　图 4.20　一对一关系"表和列"对话框

（6）在"表和列"对话框中，单击"确定"按钮，返回"外键关系"对话框，单击"关闭"按钮，完成一对一关系的创建。

注意

创建一对一关系之前，tno、Cno 都应该设置为这两个表的主键，且关联字段类型必须相同。

4.5.2　一对多关系

一对多关系是最常见的关系类型，是指表 A 中的行可以在表 B 中有许多匹配行，但是表 B 中的行在表 A 中只能有一个匹配行。

如果在相关列中只有一列是主键或具有唯一约束，则创建的是一对多关系。例如，Student 表用于存储学生的基础信息，这里定义为主表；Course 表用于存储课程的基础信息，一个学生可以学多门课程，这里定义为从表。下面介绍如何通过这两张表创建一对多关系。

操作步骤如下。

（1）～（4）与一对一关系操作步骤相同。

（5）在"外键关系"对话框中，单击"常规"下面"表和列规范"文本框后的▦按钮，选择要创建一对多关系的数据表和列。弹出"表和列"对话框，在该对话框中设置关系名及主、外键表，如图 4.21 所示。

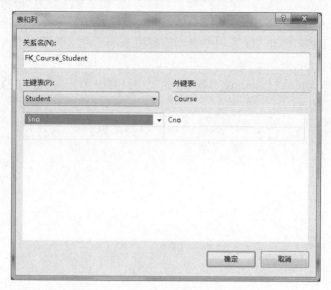

图 4.21　一对多关系"表和列"对话框

（6）在"表和列"对话框中，单击"确定"按钮，返回"外键关系"对话框，单击"关闭"按钮，完成一对多关系的创建。

4.5.3　多对多关系

多对多关系是指关系中每个表的行在相关表中具有多个匹配行。在数据库中，多对多关系的建立是依靠第 3 个表即连接表实现的，连接表包含相关的两个表的主键列，然后从两个相关表的主键列分别创建与连接表中匹配列的关系。

例如，通过"商品信息表"与"商品订单表"创建多对多关系。首先需要建立一个连接表（如"商品订单信息表"），该表中包含上述两个表的主键列，然后"商品信息表"和"商品订单表"分别与连接表建立一对多关系，以此实现"商品信息表"和"商品订单表"的多对多关系。

4.6　小　　结

本章的重点是如何对数据表进行操作，包括数据表的创建、修改和删除，以及数据表中数据的增、删、改操作；另外，还对如何为数据表创建、删除、修改约束进行了讲解，最后对数据表的 3 种关系进行了介绍。学习本章时，重点掌握数据库及其数据的操作。

4.7 实践与练习

（答案位置：资源包\TM\sl\4\实践与练习\）

1. 使用 CREATE TABLE、SELECT * FROM 和 INSERT INTO 实现批量插入数据。首先创建图书信息表 books2，然后在 INSERT INTO 语句中查询数据表 books 中出版社是"人邮"的图书信息，将查询结果插入数据表 books2 中。

2. 使用 CREATE 语句创建一个 loving 数据表，该表中只有一个 int 类型的 ID 字段，然后使用 sp_help 存储过程查看该表的相关信息。

3. 通过 SELECT 语句查询表 Employee 中备注字段为空和不为空的数据。

第 2 篇

核心技术

本篇介绍了SQL基础、SQL函数的使用、SQL数据查询基础、SQL数据高级查询、视图的使用等。学习完这一部分内容，能够了解和熟悉SQL及常用的函数，使用SQL操作SQL Server数据库中的视图，掌握SQL查询、子查询、嵌套查询、连接查询的用法等。

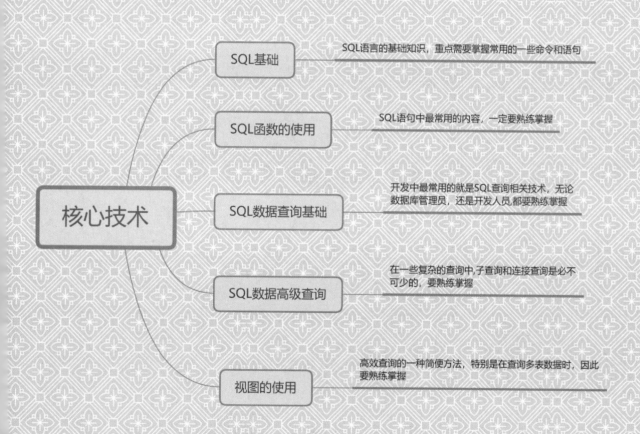

SQL基础 —— SQL语言的基础知识，重点需要掌握常用的一些命令和语句

SQL函数的使用 —— SQL语句中最常用的内容，一定要熟练掌握

核心技术

SQL数据查询基础 —— 开发中最常用的就是SQL查询相关技术，无论数据库管理员，还是开发人员都要熟练掌握

SQL数据高级查询 —— 在一些复杂的查询中，子查询和连接查询是必不可少的，要熟练掌握

视图的使用 —— 高效查询的一种简便方法，特别是在查询多表数据时，因此要熟练掌握

第5章

SQL 基础

本章将介绍 SQL 的基础知识，包括数据类型、常量、变量、运算符、流程控制语句以及一些常用的命令等，学习这些内容后读者可以掌握 SQL 语句的基本知识，为 SQL 语句编程打下良好的基础。

本章知识架构及重难点如下：

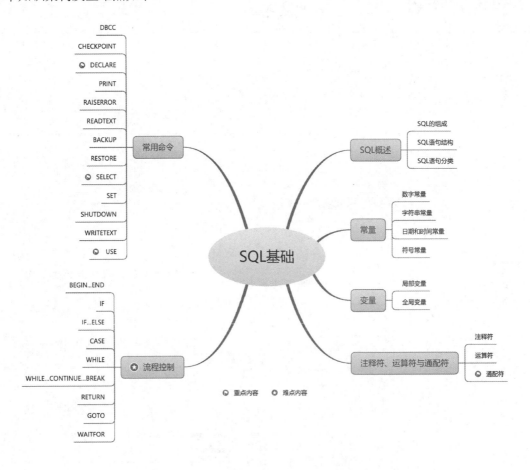

5.1 SQL 概述

SQL 是关系型数据库系统的标准语言，标准的 SQL 语句几乎可以在所有的关系型数据库上不加修改地使用。Access、Visual FoxPro、Oracle 这样的数据库同样支持标准的 SQL 语句。

5.1.1　SQL 的组成

SQL 主要由以下 3 个部分组成。

☑　数据定义语言（data definition language，DDL）：用于在数据库系统中对数据库、表、视图、索引等数据库对象进行创建和管理。

☑　数据控制语言（data control language，DCL）：实现对数据库中数据的完整性、安全性等的控制。

☑　数据操纵语言（data manipulation language，DML）：用于插入、修改、删除和查询数据库中的数据。

5.1.2　SQL 语句结构

每条 SQL 语句均由一个谓词（verb）开始，该谓词描述这条语句要产生的动作，如 SELECT 或 UPDATE 关键字。谓词后紧接着一个或多个子句（clause），子句中给出被谓词作用的数据或提供谓词动作的详细信息。每一条子句都由一个关键字开始。下面介绍 SELECT 语句的主要结构。语法如下：

```
SELECT 子句
[INTO 子句]
FROM 子句
[WHERE 子句]
[GROUP BY 子句]
[HAVING 子句]
[ORDER BY 子句]
```

【例 5.1】在 Student 数据表中查询女生的信息。运行结果如图 5.1 所示。（**实例位置：资源包\TM\sl\5\1**）

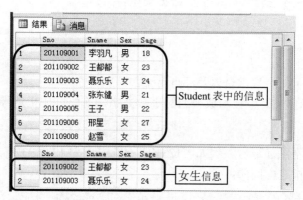

图 5.1　查询 Student 表中女生的信息

SQL 语句如下：

```
use db_Test
select * from Student
where Sex='女' order by Sage
```

63

误区警示

SQL 语句中的关键字不区分大小写，这点一定要注意。例如，例 5.1 代码中的 select、SELECT、Select 和 sELECT 等表示的都是查询的意思，都可以正确执行。

5.1.3　SQL 语句分类

SQL 语句的分类如下。

（1）变量说明语句：说明变量的命令。

（2）数据定义语句：建立数据库、数据库对象和定义列，大部分是以 CREATE 开头的命令，如 CREATE TABLE、CREATE VIEW 和 DROP TABLE 等。

（3）数据操纵语句：操纵数据库中数据的命令，如 SELECT、INSERT、UPDATE、DELETE 和 CURSOR 等。

（4）数据控制语句：控制数据库组件的存取许可、存取权限等命令，如 GRANT、REVOKE 等。

（5）流程控制语句：设计应用程序流程的语句，如 IF WHILE 和 CASE 等。

（6）内嵌函数：说明变量的命令。

（7）其他命令：嵌于命令中使用的标准函数。

5.2　常　　量

数据在内存中存储始终不变化的量叫作常量。常量，也称文字值或标量值，是表示一个特定数据值的符号。常量的格式取决于它所表示的值的数据类型。

5.2.1　数字常量

数字常量包括整数常量、小数常量以及浮点常量。

整数常量和小数常量在 SQL 中被写成普通的小数数字，前面可加正负号。例如：

```
12, -37, 200.45
```

在数字常量的位之间不能加逗号。例如，123123 不能表示为 123,123。

浮点常量使用符号 e 指定，例如：

```
1.5e3, -3.14e1,2.5e-7
```

e 后面数字是几表示"乘 10 的几次幂"。

5.2.2　字符串常量

字符串常量括在单引号内，包含字母和数字字符（a～z、A～Z 和 0～9）以及特殊字符，如感叹号（!）、at 符（@）和数字号（#）。

如果单引号中的字符串包含一个嵌入的引号，可以使用两个单引号表示嵌入的单引号。

以下是字符串的示例：

```
'MingRi'
'O'  'Brien'
'Process X is 50% complete.'
```

5.2.3　日期和时间常量

SQL 规定日期、时间和时间间隔的常量值被指定为日期和时间常量。例如：

```
'1984-03-10 ' ,'03/03/1976'
```

日期和时间根据国家不同，书写方式也不同。例如，美国表示为 mm/dd/yyyy，欧洲表示为 dd.mm.yyyy，日本表示为 yyyy-mm-dd 等。

5.2.4　符号常量

除了用户提供的常量外，SQL 包含几个特有的符号常量，这些常量代表不同的常用数据值。

例如，CURRENT_DATE 表示当前的日期，类似的如 CURRENT_TIME、CURRENT_TIMESTAMP 等。这些符号常量也可以通过 SQL Server 的内嵌函数访问。

5.3　变　　量

数据在内存中存储可以变化的量叫作变量。为了在内存中存储信息，用户必须指定存储信息的单元，并为该存储单元命名，以方便获取信息，这就是变量的功能。SQL 可以使用两种变量：一种是局部变量，另一种是全局变量。局部变量和全局变量的主要区别在于存储的数据作用范围不同。

5.3.1　局部变量

局部变量是用户可自定义的变量，它的作用范围仅在程序内部。局部变量的名称是用户自定义的，命名的局部变量名要符合 SQL Server 标识符命名规则，局部变量名必须以@开头。

1．声明局部变量

局部变量的声明需要使用 DECLARE 语句。语法如下：

```
DECLARE
{
@varaible_name datatype    [ ,... n ]
}
```

参数说明如下。

☑ @varaible_name：局部变量的变量名必须以@开头，另外变量名的形式必须符合 SQL Server 标识符的命名方式。

☑ datatype：局部变量使用的数据类型，可以是除 text、ntext 或者 image 类型外所有的系统数据类型和用户自定义数据类型。一般来说，如果没有特殊的用途，建议在应用时尽量使用系统提供的数据类型。这样做可以减少维护应用程序的工作量。

例如，声明局部变量@songname。SQL 语句如下：

```
declare  @songname    char(10)
```

2．为局部变量赋值

为变量赋值的方式一般有两种：一种是使用 SELECT 语句，另一种是使用 SET 语句。使用 SELECT 语句为变量赋值的语法如下：

```
SELECT    @varible_name  =  expression
[FROM    table_name [ ,... n ]
WHERE    clause  ]
```

SELECT 语句的作用是给变量赋值，而不是从表中查询数据，并且在使用 SELECT 语句赋值的过程中，不一定必须使用 FROM 关键字和 WHERE 子句。

【例 5.2】在 tb_Student 数据表中，把"所学专业"是"会计学"的信息赋值给局部变量@songname，并把它的值用 print 关键字显示。运行结果如图 5.2 所示。（**实例位置：资源包\ TM\sl\5\2**）

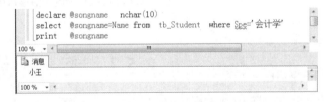

图 5.2　把查询内容赋值给局部变量

SQL 语句如下：

```
USE db_Test
declare @songname    nchar(10)
select  @songname=Name from  tb_Student  where Spe='会计学'
print    @songname
```

SELECT 语句赋值和查询不能混淆。例如，声明一个局部变量名是@b 并给它赋值的 SQL 语句如下：

```
declare  @b  int
select  @b=1
```

另一种为局部变量赋值的方式是使用 SET 语句，常用语法如下：

```
{ SET   @varible_name  =  expression } [ ,... n ]
```

下面是一个简单的赋值语句：

```
DECLARE  @song  char(20)
SET  @song = 'I  love  flower'
```

还可以为多个变量一起赋值，相应的 SQL 语句如下：

```
declare  @b  int, @c  char(10),@a  int
select @b=1, @c='love',@a=2
```

注意

数据库语言和编程语言都有一些关键字。关键字是在某一环境下能够促使某一操作发生的字符组。为避免冲突和产生错误，在命名表、列、变量以及其他对象时应避免使用关键字。

5.3.2　全局变量

全局变量是 SQL Server 系统内部事先定义好的变量，不需用户参与定义，对用户而言，其作用范围并不局限于某一程序，任何程序均可随时调用。全局变量通常用于存储一些 SQL Server 的配置设定值和效能统计数据。

SQL Server 一共提供了 30 多个全局变量，本节只对一些常用的全局变量的功能和使用方法进行介绍。全局变量的名称都是以@@开头的。

☑ @@CONNECTIONS：记录自最后一次服务器启动以来，所有针对这台服务器进行的连接次数，包括没有连接成功的尝试。使用@@CONNECTIONS 可以让系统管理员很容易地得到今天所有试图连接本服务器的连接次数。

☑ @@CUP_BUSY：记录自上次启动的工作时间，无论连接成功还是失败，都是以 ms 为单位的CPU 工作时间。

☑ @@CURSOR_ROWS：返回在本次服务器连接中，打开游标（游标是获取一组数据并能够一次与一个单独的数据进行交互的方法）取出数据行的行数。

☑ @@DBTS：返回当前数据库中 timestamp 数据类型的当前值。

☑ @@ERROR：返回执行上一条 SQL 语句所返回的错误代码。在 SQL Server 服务器执行完一条语句后，如果执行成功，则返回@@ERROR 的值为 0；如果发生错误，则返回错误信息，返回@@ERROR 的值为错误代码，该代码将一直保持下去，直到下一条语句执行为止。由于@@ERROR 在每一条语句执行后被清除并且重置，因此应在语句验证后立即检查，或将其保存到一个局部变量中以备事后查看。

☑ @@FETCH_STATUS：返回上一次使用游标 FETCH 操作所返回的状态值，且返回值为整型，其描述如表 5.1 所示。

表 5.1　@@FETCH_STATUS 返回值的描述

返　回　值	描　　述
0	FETCH 语句成功
−1	FETCH 语句失败或此行不在结果集中
−2	被提取的行不存在

例如，到了最后一行数据还要取下一行数据时，返回的值为-2，表示行不存在。

- ☑ @@IDENTITY：返回最近一次插入的 identity 列的数值，返回值是 numeric。
- ☑ @@IDLE：返回以 ms 为单位计算 SQL Server 服务器自最近一次启动以来处于停顿状态的时间。
- ☑ @@IO_BUSY：返回以 ms 为单位计算的 SQL Server 服务器自最近一次启动以来输入和输出使用的时间。
- ☑ @@LOCK_TIMEOUT：返回当前对数据锁定的超时设置。
- ☑ @@PACK_RECEIVED：返回 SQL Server 服务器自最近一次启动以来从网络接收数据分组的总数。
- ☑ @@PACK_SENT：返回 SQL Server 服务器自最近一次启动以来向网络发送数据分组的总数。
- ☑ @@PROCID：返回当前存储过程的 ID 标识。
- ☑ @@REMSERVER：返回在登录记录中记载远程的 SQL Server 服务器名。
- ☑ @@ROWCOUNT：返回上一条 SQL 语句影响数据行的行数。对所有不影响数据库数据的 SQL 语句，这个全局变量返回的结果是 0。在进行数据库编程时，经常要检测@@ROWCOUNT 的返回值，以便明确执行的操作是否达到了目标。
- ☑ @@SPID：返回当前服务器进程的 ID 标识。
- ☑ @@TOTAL_ERRORS：返回自 SQL Server 服务器启动以来，遇到读写错误的总数。
- ☑ @@TOTAL_READ：返回自 SQL Server 服务器启动以来，读磁盘的次数。
- ☑ @@TOTAL_WRITE：返回自 SQL Server 服务器启动以来，写磁盘的次数。
- ☑ @@TRANCOUNT：返回当前连接中，处于活动状态事务的总数。
- ☑ @@VERSION：返回当前 SQL Server 服务器安装日期、版本以及处理器的类型。

5.4　注释符、运算符与通配符

注释符对代码进行解释或说明。常见的运算符有算术运算符、赋值运算符、比较运算符和逻辑运算符等。常用的通配符有%、_（下画线）、[ ]、[^]。

5.4.1　注释符

注释语句不是可执行语句，不参与程序的编译，通常是一些说明性的文字，对代码的功能或者代码的实现方式给出简要的解释和提示。

在 SQL 中，可使用以下两类注释符。

- ☑ ANSI 标准的注释符（--），用于单行注释，如下面 SQL 语句所加的注释。

```
use   pubs   --打开数据表
```

- ☑ 与 C 语言相同的程序注释符，即"/*"和"*/"。"/*"用于注释文字的开头，"*/"用于注释文字的结尾，可在程序中标识多行文字为注释。

例如，有多行注释的 SQL 语句如下：

```
USE  db_Test
declare @songname   char(10)
select  @songname=Stu_col  from  tb_Student  where Stu_spe='会计学'
print   @songname
/*打开 db_Test 数据库，定义一个变量
把查询到的结果赋值给所定义的变量*/
```

说明

把所选的行一次都注释的快捷键是 Shift+Ctrl+C，一次取消多行注释的快捷键是 Shift+Ctrl+R。

5.4.2　运算符

运算符是一种符号，用来进行常量、变量或者列之间的数学运算和比较操作，它是 SQL 很重要的部分。运算符的常见类型有算术运算符、赋值运算符、比较运算符、逻辑运算符、位运算符和连接运算符。

1. 算术运算符

算术运算符在两个表达式上执行数学运算，这两个表达式可以是数字数据类型分类的任何数据类型。

算术运算符包括+（加）、−（减）、×（乘）、/（除）、%（取余）。

【例 5.3】求 2 对 5 取余。在查询分析器中运行的结果如图 5.3 所示。（实例位置：资源包\TM\sl\5\3）

SQL 语句如下：

图 5.3　求 2 对 5 取余的结果

```
declare @x int ,@y int,@z int
select @x=2,@y=5
set @z=@x%@y
print @z
```

注意

取余运算两边的表达式必须是整型数据。

2. 赋值运算符

SQL 有一个赋值运算符，即等号（=）。在下面的示例中，创建了 @songname 变量，然后利用赋值运算符将 @songname 设置成一个由表达式返回的值。代码如下：

```
DECLARE @songname   char(20)
SET @songname='loving'
```

还可以使用 SELECT 语句进行赋值，并输出该值。

```
DECLARE @songname   char(20)
SELECT @songname ='loving'
print @songname
```

3．比较运算符

比较运算符测试两个表达式是否相同。除 text、ntext 或 image 数据类型的表达式外，比较运算符可以用于所有的表达式。比较运算符包括>（大于）、<（小于）、=（等于）、>=（大于或等于）、<=（小于或等于）、<>（不等于）、!=（不等于）、!>（不大于）、!<（不小于），其中，!=、!>、!<不是 ANSI 标准的运算符。

比较运算符的结果为布尔数据类型，它有 3 个值：TRUE、FALSE 及 UNKNOWN。那些返回布尔数据类型的表达式被称为布尔表达式。

和其他 SQL Server 数据类型不同，不能将布尔数据类型指定为表列或变量的数据类型，也不能在结果集中返回布尔数据类型。例如：

```
3>5=FALSE,6<>9=TRUE
```

4．逻辑运算符

逻辑运算符对某个条件进行测试，以获得其真实情况。逻辑运算符和比较运算符一样，返回带有 TRUE 或 FALSE 的布尔数据类型。SQL 支持的逻辑运算符如表 5.2 所示。

表 5.2　SQL 支持的逻辑运算符

运　算　符	行　　为
ALL	如果一个比较集中全部都是 TRUE，则值为 TRUE
AND	如果两个布尔表达式均为 TRUE，则值为 TRUE
ANY	如果一个比较集中任何一个为 TRUE，则值为 TRUE
BETWEEN	如果操作数在某个范围内，则值为 TRUE
EXISTS	如果子查询包含任何行，则值为 TRUE
IN	如果操作数与一个表达式列表中的某个相等，则值为 TRUE
LIKE	如果操作数匹配某个模式，则值为 TRUE
NOT	对任何其他布尔运算符的值取反
OR	如果任何一个布尔表达式是 TRUE，则值为 TRUE
SOME	如果一个比较集中的某些为 TRUE，则值为 TRUE

【例 5.4】在 Student 数据表中，查询学生中年龄大于 24 岁的女生信息。运行结果如图 5.4 所示。（实例位置：资源包\TM\sl\5\4）

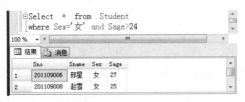

图 5.4　查询年龄大于 24 岁的女生信息

SQL 语句如下：

```
USE   db_Test
Select  *  from  Student
where Sex='女' and Sage>24
```

当 NOT、AND 和 OR 出现在同一表达式中时，优先级是：NOT、AND、OR。例如：

```
3>5 or 6>3 and not 6>4=FALSE
```

先计算 not 6>4=FALSE，然后再计算 6>3 AND FALSE =FALSE，最后计算 3>5 or FALSE= FALSE。

5．位运算符

位运算符的操作数是整数数据类型或二进制串数据类型（image数据类型除外）范畴的。SQL支持的位运算符如表5.3所示。

表 5.3　SQL 支持的位运算符

运　算　符	说　　明	运　算　符	说　　明
&	按位 AND	∧	按位互斥 OR
|	按位 OR	～	按位 NOT

6．连接运算符

连接运算符"+"用于连接两个或两个以上的字符或二进制串、列名或者串和列的混合体，将一个串加入另一个串的末尾。语法如下：

```
<expression1>+<expression2>
```

【例5.5】用"+"连接两个字符串。运行结果如图 5.5 所示。（实例位置：资源包\TM\sl\5\5）

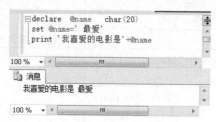

图 5.5　用"+"连接两个字符串

SQL 语句如下：

```
declare  @name    char(20)
set @name=' 最爱'
print '我喜爱的电影是'+@name
```

7．运算符优先级

当一个复杂表达式中包含多个运算符时，运算符的优先级决定了表达式计算和比较操作的先后顺序。运算符的优先级由高到低的顺序如下。

（1）+（正）、-（负）、～（位反）。

（2）*（乘）、/（除）、%（取余）。

（3）+（加）、+（连接运算符）、-（减）。

（4）=、>、<、>=、<=、<>、!=、!>、!<（比较运算符）。

（5）∧（按位异或）、&（按位与）、|（按位或）。

（6）NOT。

（7）AND。

（8）ALL ANY BETWEEN IN LIKE OR SOME（逻辑运算符）。

（9）=（赋值）。

若表达式中含有相同优先级的运算符，则从左向右依次处理。还可以使用括号提高运算的优先级，在括号中的表达式优先级最高。如果表达式有嵌套的括号，那么首先对嵌套最内层的表达式求值。

例如：

```
DECLARE  @num  int
SET @num = 2 * (4 + (5 - 3) )
```

上面的代码中，先计算（5-3），然后再加 4，最后再和 2 相乘。

5.4.3　通配符

通配符匹配指定范围内或者属于方括号指定的集合中的任意单个字符。可以在涉及模式匹配的字符串比较（如 LIKE 和 PATINDEX）中使用这些通配符。

在 SQL 中通常用 LIKE 关键字与通配符结合实现模糊查询。其中，SQL 支持的通配符的描述和示例如表 5.4 所示。

表 5.4　SQL 支持的通配符的描述和示例

通　配　符	描　　　述	示　　　例
%	包含零个或更多字符的任意字符	loving%可以表示：loving，loving you，loving?
_（下画线）	任何单个字符	loving_ 可以表示：lovingc，后面只能再接一个字符
[ ]	指定范围（[a～f]）或集合（[abcdef]）中的任何单个字符	[0～9]123 表示以 0～9 任意一个字符开头，以 123 结尾的字符
[^]	不属于指定范围（[a～f]）或集合（[abcdef]）的任何单个字符	[^0～5]123 表示不以 0～5 任意一个字符开头，却以 123 结尾的字符

5.5　流程控制

流程控制语句是用来控制程序执行流程的语句。使用流程控制语句可以提高编程语言的处理能力。与程序设计语言（如 C 语言）一样，SQL 提供的流程控制语句如下：

```
BEGIN...END        IF              IF...ELSE
CASE               WHILE           WHILE...CONTINUE... BREAK
RETURN             GOTO            WAITFOR
```

5.5.1　BEGIN...END

BEGIN...END 语句用于将多个 SQL 语句组合为一个逻辑块。当流程控制语句必须执行一个包含两条或两条以上的 SQL 语句的语句块时，使用 BEGIN...END 语句。语法如下：

```
BEGIN
{sql_statement...}
END
```

其中，sql_statement 是指包含的 SQL 语句。

BEGIN 和 END 语句必须成对使用，任何一条语句均不能单独使用。BEGIN 语句后为 SQL 语句块，END 语句指示语句块结束。

【例 5.6】在 BEGIN...END 语句块中完成两个变量的值交换。运行结果如图 5.6 所示。(实例位置：资源包\TM\sl\5\6)

图 5.6 交换两个变量的值

SQL 语句如下：

```
declare    @x int,    @y int,@t int
set @x=1
set @y=2
begin
set @t=@x
set @x=@y
set @y=@t
end
print @x
print @y
```

此实例不用 BEGIN...END 语句结果也完全一样，但 BEGIN...END 和一些流程控制语句结合起来更有用。在 BEGIN...END 中可嵌套另外的 BEGIN...END 定义另一程序块。

5.5.2 IF

在 SQL Server 中为了控制程序的执行方向，也会像其他语言（如 C 语言）一样有顺序、选择和循环 3 种控制语句，其中，IF 就属于选择判断结构。IF 结构的语法如下：

```
IF<条件表达式>
    {命令行|程序块}
```

其中，<条件表达式>可以是各种表达式的组合，但表达式的值必须是逻辑值TRUE或FALSE。其中命令行和程序块可以是符合逻辑的SQL任意语句，但含两条或两条以上语句的程序块必须加上BEGIN...END子句。

执行顺序是：遇到选择结构 IF 子句，先判断 IF 子句后的条件表达式，如果条件表达式的逻辑值是 TRUE，就执行后面的命令行或程序块，然后再执行 IF 结构下一条语句；如果条件表达式的逻辑值是 FALSE，就不执行后面的命令行或程序块，直接执行 IF 结构的下一条语句。

【例 5.7】判断数字"3"是否是正数。运行结果如图 5.7 所示。（**实例位置：资源包\TM\sl\5\7**）

SQL 语句如下：

```
declare   @x int
set @x=3
if @x>0
print '@x 是正数'
print'end'
```

【例 5.8】判断数字"8"的奇偶性。运行结果如图 5.8 所示。（**实例位置：资源包\TM\sl\5\8**）

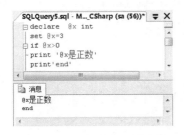

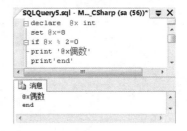

图 5.7 判断数字"3"的正负 　　　　　图 5.8 判断数字"8"的奇偶性

SQL 语句如下：

```
declare   @x int
set @x=8
if @x % 2=0
print '@x 偶数'
print'end'
```

5.5.3 IF…ELSE

IF 选择结构可以带 ELSE 子句。IF...ELSE 的语法如下：

```
IF<条件表达式>
    {命令行 1|程序块 1}
ELSE
    {命令行 2|程序块 2}
```

如果逻辑判断表达式返回的结果是 TRUE，那么程序接下来会执行命令行 1 或程序块 1；如果逻辑判断表达式返回的结果是 FALSE，那么程序接下来会执行命令行 2 或程序块 2。无论哪种情况，最后都要执行 IF...ELSE 语句的下一条语句。

【例 5.9】判断两个数"8"和"3"的大小。运行结果如图 5.9 所示。（**实例位置：资源包\TM\sl\5\9**）

SQL 语句如下：

```
declare   @x int,@y int
set @x=8
set @y=3
if @x>@y
print '@x 大于@y'
```

```
else
print'@x 小于或等于@y'
```

IF...ELSE 结构还可以嵌套解决一些复杂的判断。

【例 5.10】输入一个坐标值（8,−3），然后判断它在哪一个象限。运行结果如图 5.10 所示。（**实例位置：资源包\TM\sl\5\10**）

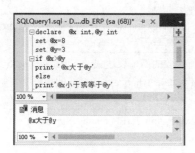

图 5.9　判断两个数的大小

图 5.10　判断坐标位于的象限

SQL 语句如下：

```
declare    @x int,@y int
set @x=8
set @y=-3
if @x>0
  if @y>0
    print'@x@y 位于第一象限'
  else
    print'@x@y 位于第四象限'
else
  if @y>0
    print'@x@y 位于第二象限'
  else
    print'@x@y 位于第三象限'
```

5.5.4　CASE

使用 CASE 语句可以很方便地实现多重选择的情况，比 IF...THEN 结构有更多的选择和判断的机会，从而避免编写多重的 IF...THEN 嵌套循环。

SQL 支持 CASE 有以下两种语句格式。

简单 CASE 函数：

```
CASE input_expression
    WHEN when_expression THEN result_expression
        [ ...n ]
    [
        ELSE else_result_expression
    END
```

CASE 搜索函数：

```
CASE
    WHEN Boolean_expression THEN result_expression
        [ ...n ]
    [
        ELSE else_result_expression
    END
```

CASE 函数的参数及其说明如表 5.5 所示。

表 5.5　CASE 函数的参数及其说明

参　　数	说　　明
input_expression	使用简单 CASE 格式时所计算的表达式。input_expression 是任何有效的 Microsoft®SQL Server™ 表达式
WHEN when_expression	使用简单 CASE 格式时 input_expression 所比较的简单表达式。when_expression 是任意有效的 SQL Server 表达式。input_expression 和每个 when_expression 的数据类型必须相同，或者是隐性转换
n	占位符，表明可以使用多个 WHEN when_expression THEN result_expression 子句或 WHEN Boolean_expression THEN result_expression 子句
THEN result_expression	当 input_expression = when_expression 取值为 TRUE，或者 Boolean_expression 取值为 TRUE 时返回的表达式。result_expression 是任意有效的 SQL Server 表达式
ELSE else_result_expression	当比较运算取值不为 TRUE 时返回的表达式。如果省略此参数并且比较运算取值不为 TRUE，CASE 将返回 NULL 值，else_result_expression 是任意有效的 SQL Server 表达式。else_result_expression 和所有 result_expression 的数据类型必须相同，或者必须是隐性转换
WHEN Boolean_expression	使用 CASE 搜索格式时所计算的布尔表达式。Boolean_expression 是任意有效的布尔表达式

下面介绍简单 CASE 函数和 CASE 搜索函数两种格式的执行顺序。

1．简单 CASE 函数

（1）计算 input_expression，然后按指定顺序对每个 WHEN 子句的 input_expression=when_expression 进行计算。

（2）如果 input_expression = when_expression 为 TRUE，则返回 result_expression。

（3）如果没有取值为 TRUE 的 input_expression = when_expression，则当指定 ELSE 子句时，SQL Server 将返回 else_result_expression；若没有指定 ELSE 子句，则返回 NULL 值。

2．CASE 搜索函数

（1）按指定顺序为每个 WHEN 子句的 Boolean_expression 求值。

（2）返回第一个取值为 TRUE 的 Boolean_expression 的 result_expression。

（3）如果没有取值为 TRUE 的 Boolean_expression，则当指定 ELSE 子句时，SQL Server 将返回 else_result_expression；若没有指定 ELSE 子句，则返回 NULL 值。

【例 5.11】在 tb_Grade 表（见图 5.11）中，查询每个同学的成绩。如果成绩大于或等于 90，显示成绩优秀；如果成绩小于 90 大于或等于 80，显示成绩良好；如果成绩小于 80 大于或等于 70，显示成绩及格，否则将显示不及格。运行结果如图 5.12 所示。（**实例位置：资源包\TM\sl\5\11**）

```
select *,
备注=case
when Grade>=90 then '成绩优秀'
when Grade<90 and Grade>=80  then '成绩良好'
when Grade<80 and Grade>=70  then '成绩及格'
else '不及格'
end
from tb_Grade
```

	ID	Name	Subjet	Grade	备注
1	1	婷子	语文	90	成绩优秀
2	2	小明	语文	85	成绩良好
3	3	小心	语文	70	成绩及格
4	1	婷子	数学	85	成绩良好
5	2	小明	数学	95	成绩优秀
6	3	小心	数学	65	不及格

ID	Name	Subjet	Grade
1	婷子	语文	90
2	小明	语文	85
3	小心	语文	70
1	婷子	数学	85
2	小明	数学	95
3	小心	数学	65

图 5.11　tb_Grade 表　　　　　图 5.12　用 CASE 查询 tb_Grade 表

SQL 语句如下：

```
use db_Test
go
select *,
备注=case
when Grade>=90 then '成绩优秀'
when Grade<90 and Grade>=80   then '成绩良好'
when Grade<80 and Grade>=70   then '成绩及格'
else '不及格'
end
from tb_Grade
```

5.5.5　WHILE

WHILE 子句是 SQL 语句支持的循环结构。在条件为 TRUE 的情况下，WHILE 子句可以循环地执行其后的一条 SQL 命令。如果想循环执行一组命令，则需要配合 BEGIN…END 子句使用。WHILE 的语法如下：

```
WHILE<条件表达式>
BEGIN
    <命令行|程序块>
END
```

遇到 WHILE 子句，先判断条件表达式的值。当条件表达式的值为 TRUE 时，执行循环体中的命令行或程序块，遇到 END 子句自动地再次判断条件表达式的值的真假，决定是否执行循环体中的语句。只有当条件表达式的值为 FALSE 时，才结束执行循环体的语句。

【例 5.12】求 1～10 的整数的和。运行结果如图 5.13 所示。（实例位置：资源包\TM\sl\5\12）

SQL 语句如下：

图 5.13　求 1～10 的整数的和

```
declare   @n int,@sum int
set @n=1
set @sum=0
while @n<=10
```

```
begin
set @sum=@sum+@n
set @n=@n+1
end
print @sum
```

5.5.6　WHILE…CONTINUE…BREAK

循环结构 WHILE 子句还可以用 CONTINUE 和 BREAK 命令控制 WHILE 循环中语句的执行。语法如下：

```
WHILE<条件表达式>
BEGIN
    <命令行|程序块>
    [BREAK]
    [CONTINUE]
    [命令行|程序块]
END
```

其中，CONTINUTE 命令可以让程序跳过 CONTINUE 命令之后的语句，回到 WHILE 循环的第一行命令。BREAK 命令则让程序完全跳出循环，结束 WHILE 命令的执行。

【例 5.13】求 1～10 偶数的和，并用 CONTINUE 控制语句输出。运行结果如图 5.14 所示。（**实例位置：资源包\TM\sl\5\13**）

图 5.14　求 1～10 偶数的和

SQL 语句如下：

```
declare @x int,@sum int
set @x=1
set @sum=0
while @x<10
begin
set @x=@x+1
if @x%2=0
set @sum=@sum+@x
else
continue
end
print @sum
```

5.5.7　RETURN

RETURN 语句用于从查询或过程中无条件退出。RETURN 语句可在任何时候用于从过程、批处理或语句块中退出。位于 RETURN 之后的语句不会被执行。语法如下：

RETURN[整数值]

在括号内可指定一个返回值。如果没有指定返回值，SQL Server 根据程序执行的结果返回一个内定值。RETURN 命令返回的内定值及其含义如表 5.6 所示。

表 5.6　RETURN 命令返回的内定值及其含义

返回的内定值	含　　义	返回的内定值	含　　义
F	程序执行成功	−7	资源错误，如磁盘空间不足
−1	找不到对象	−8	非致命的内部错误
−2	数据类型错误	−9	已达到系统的极限
−3	死锁	−10 或−11	致命的内部不一致性错误
−4	违反权限原则	−12	表或指针破坏
−5	语法错误	−13	数据库破坏
−6	用户造成的一般错误	−14	硬件错误

【例 5.14】RETURN 语句实现退出功能。运行结果如图 5.15 所示。（实例位置：资源包\TM\sl\5\14）

图 5.15　RETURN 实现退出功能

SQL 语句如下：

```
DECLARE @X INT
set @x=3
if @x>0
print'遇到 return 之前'
return
print'遇到 return 之后'
```

5.5.8　GOTO

GOTO 命令用来改变程序执行的流程，使程序跳到标识符指定的程序行再继续往下执行。语法如下：

GOTO　标识符

标识符需要在其名称后加上一个冒号 "："。例如：

"33: " "loving: "

【例 5.15】用 GOTO 语句实现跳转输出小于或等于 3 的值。运行结果如图 5.16 所示。（**实例位置：资源包\TM\sl\5\15**）

SQL 语句如下：

```
DECLARE @X INT
SELECT @X=1
loving:
    PRINT @X
    SELECT @X=@X+1
WHILE  @X<=3  GOTO  loving
```

5.5.9 WAITFOR

WAITFOR 指定触发器、存储过程或事务执行的时间、时间间隔或事件；还可以用来暂时停止程序的执行，直到所设定的等待时间已过才继续往下执行。语法如下：

```
WAITFOR DELAY<'时间'>|TIME<'时间'>
```

其中，"时间"必须为 DATETIME 类型的数据，如"11:15:27"，但不能包括日期。各关键字含义如下。

☑ DELAY：用来设定等待的时间，最多可达 24 h。

☑ TIME：用来设定等待结束的时间点。

【例 5.16】等待 3 s 后显示"祝你节日快乐！"，运行结果如图 5.17 所示。（**实例位置：资源包\TM\sl\5\16**）

图 5.16　GOTO 实现跳转功能　　　图 5.17　等待 3 s 后输出信息

SQL 语句如下：

```
WAITFOR DELAY'00:00:03'
PRINT'祝你节日快乐！'
```

【例 5.17】15:00 显示"《新三国演义》开始了"。（**实例位置：资源包\TM\sl\5\17**）

SQL 语句如下：

```
WAITFOR TIME'15:00:00'
PRINT'《新三国演义》开始了！"
```

5.6　常用命令

本节介绍 SQL Server 中常用的命令，如常见的输出命令、数据备份命令、数据还原命令等，使用这些命令可以提高数据库的完整性和安全性。

5.6.1　DBCC

DBCC（database consistency checker，数据库一致性检查）命令用于验证数据库完整性、查找错误和分析系统使用情况等。

DBCC 命令后必须加上子命令系统才能知道要做什么。

1. DBCC CHECKALLOC

检查指定数据库的磁盘空间分配结构的一致性。

【例 5.18】执行 DBCC　CHECKALLOC 命令检测 db_Test 数据库磁盘空间分配结构。运行结果如图 5.18 所示。（**实例位置：资源包\TM\sl\5\18**）

SQL 语句如下：

```
DBCC CHECKALLOC ('db_Test')
```

2. DBCC SHOWCONTIG

显示指定表的数据和索引的碎片信息。

【例 5.19】使用 OBJECT_ID 获得表 ID，使用 sys.indexes 获得索引 ID，使用 DBCC SHOWCONTIG 显示指定表的数据和索引的碎片信息。运行结果如图 5.19 所示。（**实例位置：资源包\TM\sl\5\19**）

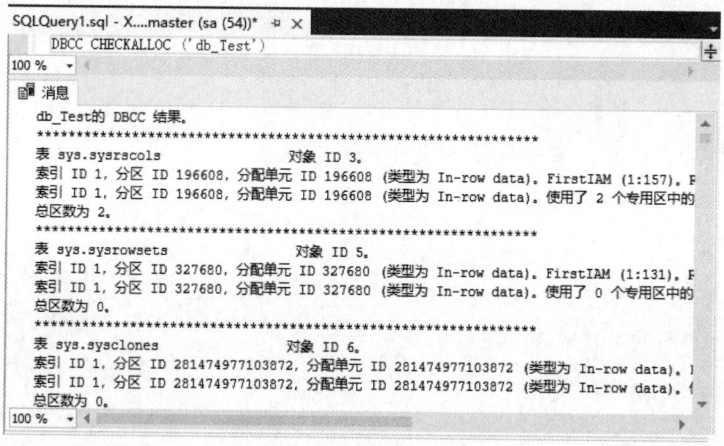

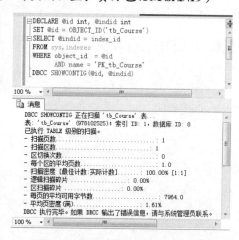

图 5.18　检测 db_Test 数据库磁盘空间分配结构

图 5.19　显示表数据和索引碎片信息

SQL 语句如下：

```
DECLARE @id int, @indid int
SET @id = OBJECT_ID('tb_Course')
SELECT @indid = index_id
FROM sys.indexes
WHERE object_id   = @id
      AND name = 'PK_tb_Course'
DBCC SHOWCONTIG(@id, @indid)
```

5.6.2　CHECKPOINT

CHECKPOINT 命令用于检查当前工作的数据库中被更改过的数据页或日志页，并将这些数据从数据缓冲器中强制写入硬盘。语法如下：

```
CHECKPOINT [ checkpoint_duration ]
```

参数 checkpoint_duration 表示以秒为单位指定检查点完成所需的时间。如果指定 checkpoint_ duration，则 SQL Server 数据库引擎在请求的持续时间内尝试执行检查点。checkpoint_duration 必须是一个数据类型为 int 的表达式，并且必须大于零。如果省略该参数，SQL Server 数据库引擎将自动调整检查点持续时间，以便最大限度地降低对数据库应用程序性能的影响。

CHECKPOINT 权限默认授予 sysadmin 固定服务器角色、db_owner 和 db_backupoperator 固定数据库角色的成员且不可转让。

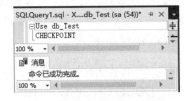

图 5.20　使用 CHECKPOINT 命令检查 db_Test 数据库

【例 5.20】使用 CHECKPOINT 命令检查 db_Test 数据库中被更改过的数据页或日志页，运行结果如图 5.20 所示。（**实例位置：资源包\TM\sl\5\20**）

SQL 语句如下：

```
Use db_Test
CHECKPOINT
```

5.6.3　DECLARE

DECLARE 命令用于声明一个或多个局部变量、游标变量或表变量。语法如下：

```
DECLARE
    {
{{ @local_variable [AS] data_type } | [ = value ] }
    | { @cursor_variable_name CURSOR }
} [,...n]
    | { @table_variable_name [AS] <table_type_definition> | <user-defined table type> }
<table_type_definition> ::=
        TABLE ( { <column_definition> | <table_constraint> } [ ,... ]
        )
<column_definition> ::=
            column_name { scalar_data_type | AS computed_column_expression }
    [ COLLATE collation_name ]
    [ [ DEFAULT constant_expression ] | IDENTITY [ ( seed ,increment ) ] ]
    [ ROWGUIDCOL ]
    [ <column_constraint> ]
<column_constraint> ::=
    { [ NULL | NOT NULL ]
    | [ PRIMARY KEY | UNIQUE ]
    | CHECK ( logical_expression )
    }
```

DECLARE 命令的参数及其说明如表 5.7 所示。

表 5.7 DECLARE 命令的参数及其说明

参　数	说　明
@local_variable	变量的名称。变量名必须以@符开头。局部变量名称必须符合标识符规则
data_type	用户定义表类型或别名数据类型。变量的数据类型不能是 text、ntext 或 image
= value	以内联方式为变量赋值。值可以是常量或表达式，但它必须与变量声明类型匹配，或者可隐性转换为该类型
@cursor_variable_name	游标变量的名称
CURSOR	指定变量是局部游标变量
@table_variable_name	table 类型的变量的名称
<table_type_definition>	定义 table 数据类型。表声明包括列定义、名称、数据类型和约束
n	指示可以指定多个变量并对变量赋值的占位符
column_name	表中的列的名称
scalar_data_type	指定列是标量数据类型
computed_column_expression	定义计算列值的表达式
[COLLATE collation_name]	指定列的排序规则
DEFAULT	如果在插入过程中未显式提供值，则指定为列提供的值
constant_expression	用作列的默认值的常量、NULL 或系统函数
IDENTITY	指示新列是标识列
seed	装入表的第一行使用的值
increment	添加到以前装载的列标识值的增量值
ROWGUIDCOL	指示新列是行的全局唯一标识符列
NULL | NOT NULL	决定在列中是否允许 NULL 值的关键字
PRIMARY KEY	通过唯一索引对给定的一列或多列强制实现实体完整性的约束
UNIQUE	通过唯一索引为给定的一列或多列提供实体完整性的约束
CHECK	一个约束，该约束通过限制可输入一列或多列中的可能值强制实现域完整性
logical_expression	返回 TRUE 或 FALSE 的逻辑表达式

【例 5.21】定义一个变量，SQL 语句如下：

```
declare @x int
```

如果定义的变量是字符型，应该指定 data_type 表达式中其最大长度，否则系统认为其长度为 1。

【例 5.22】定义一个字符变量，SQL 语句如下：

```
declare @c char(8)
```

【例 5.23】使用 DECLARE 命令定义多个变量，中间用逗号相隔，SQL 语句如下：

```
declare @x int ,@y char(8),@z datetime
```

5.6.4　PRINT

PRINT 命令向客户端返回一个用户自定义的信息，即显示一个字符串（最长为 255 个字符）、局部变量或全局变量的内容。语法如下：

```
PRINT msg_str | @local_variable | string_expr
```

参数说明如下。

- ☑ msg_str：字符串或 Unicode 字符串常量。
- ☑ @local_variablc：任何有效的字符数据类型变量。其数据类型必须为 char 或 varchar，或者必须能够隐性转换为这些数据类型。
- ☑ string_expr：返回字符串的表达式。可包括串联的文字值、函数或变量。

【例 5.24】定义一个变量，为其赋值。用 PRINT 命令显示变量，并生成字符串。运行结果如图 5.21 所示。（**实例位置：资源包\TM\sl\5\21**）

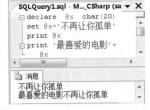

图 5.21　使用 print 命令输出信息

SQL 语句如下：

```
declare   @x   char(20)
set @x='不再让你孤单'
print @x
print '最喜爱的电影'+
    @x
```

5.6.5　RAISERROR

RAISERROR 命令用于在 SQL Server 系统中返回错误信息时同时返回用户指定的信息。语法如下：

```
RAISERROR ( { msg_id | msg_str | @local_variable }
    { , severity , state }
    [ , argument [ ,...n ] ] )
[ WITH option [ ,...n ] ]
```

RAISERROR 命令的参数及其说明如表 5.8 所示。

表 5.8　RAISERROR 命令的参数及其说明

参　　数	说　　明
msg_id	存储于 sysmessages 表中的用户定义的错误信息。用户定义错误信息的错误号应大于 50 000。由特殊消息产生的错误是第 50 000 号
msg_str	一条特殊消息，其格式与 C 语言中使用的 PRINTF 格式相似。此错误信息最多可包含 400 个字符。如果该信息包含的字符超过 400 个，则只能显示前 397 个并将添加一个省略号以表示该信息已被截断。所有特定消息的标准消息 ID 是 14 000。msg_str 支持的格式有% [[flag] [width] [precision] [{h | l}]] type
@local_variable	一个可以为任何有效字符数据类型的变量，其中包含的字符串的格式化方式与 msg_str 相同。@local_variablc 必须为 char 或 varchar，或者能够隐性转换为这些数据类型
severity	用户定义的与消息关联的严重级别。用户可以使用 0～18 的严重级别。19～25 的严重级别只能由 sysadmin 固定服务器角色成员使用。若要使用 19～25 的严重级别，必须将 WITH option 设置为 WITHLOG
state	1～127 的任意整数，表示有关错误调用状态的信息。state 的值默认为 1
argument	用于取代在 msg_str 中定义的变量或取代对应于 msg_id 的消息的参数。可以有 0 或更多的替代参数；替代参数的总数不能超过 20 个。每个替代参数可以是局部变量或这些任意数据类型，如 int1、int2、int4、char、varchar、binary 或 varbinary。不支持其他数据类型
WITH option	错误的自定义选项

5.6.6　READTEXT

READTEXT 命令用于读取 text、ntext 或 image 列中的值，从指定的位置开始读取指定的字符数。语法如下：

```
READTEXT { table.column   text_ptr offset   size } [ HOLDLOCK ]
```

READTEXT 命令的参数及其说明如表 5.9 所示。

表 5.9　READTEXT 命令的参数及其说明

参　　数	说　　明
table.column	从中读取的表和列的名称。表名和列名必须符合标识符的规则。必须指定表名和列名，不过可以选择是否指定数据库名和所有者名
text_ptr	有效文本指针。text_ptr 必须是 binary(16)
offset	开始读取 text、image 或 ntext 数据之前跳过的字节数（使用 text 或 image 数据类型时）或字符数（使用 ntext 数据类型时）
size	要读取数据的字节数（使用 text 或 image 数据类型时）或字符数（使用 ntext 数据类型时）。如果 size 是 0，则表示读取了 4 KB 的数据
HOLDLOCK	使文本值一直锁定到事务结束。其他用户可以读取该值，但是不能对其进行修改

5.6.7　BACKUP

计算机在操作过程中难免出现意外，为了保证用户数据的安全性，防止数据库中的数据意外丢失，应对数据库及时进行备份。BACKUP 命令用于将数据库内容或其事务处理日志备份到存储介质上（硬盘或磁带等）。BACKUP 命令的语法如下：

```
Backup Database { database_name | @database_name_var }
To < backup_device > [ ,...n ]
[ <MIRROR TO clause>][ next-mirror-to ]
[ WITH { DIFFERENTIAL | <general_WITH_options> [ ,...n ] }]
[ ; ]
```

BACKUP 命令的参数及其说明如表 5.10 所示。

表 5.10　BACKUP 命令的参数及其说明

参　　数	说　　明
Backup Database	关键字
{ database_name	@database_name_var }	备份事务日志、部分数据库或完整的数据库时所用的源数据库。如果作为变量（@database_name_var）提供，则可以将该名称指定为字符串常量（@database_name_var = database name）或指定为字符串数据类型（ntext 或 text 数据类型除外）的变量
To	关键字，用于指定备份设备
<backup_device>	一个备份设备，用于存储备份数据，其中 Disk 表示在磁盘上存储备份数据，Tape 表示在磁带上存储备份数据。physical_backup_device_name 表示磁盘或磁带上的物理路径，通常用于指定一个备份文件

参 数	说 明
n	一个占位符，表示可以在逗号分隔的列表中指定多个文件和文件组。数量没有限制
[next-mirror-to]	一个占位符，表示一个 BACKUP 语句除了包含一个 TO 子句外，最多还可包含 3 个 MIRROR TO 子句
DIFFERENTIAL	只能与 BACKUP DATABASE 一起使用，指定数据库备份或文件备份应该只包含上次完整备份后更改的数据库或文件部分。差异备份一般比完整备份占用更少的空间。对于上一次完整备份后执行的所有单个日志备份，使用该选项不必再进行备份

【例 5.25】把 db_Test 数据库备份到名称是 backup.bak 的备份文件中，运行结果如图 5.22 所示。（实例位置：资源包\TM\sl\5\22）

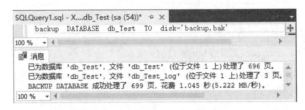

图 5.22　备份 db_Test 数据库

SQL 语句如下：

```
backup  DATABASE  db_Test  TO  disk='backup.bak'
```

5.6.8　RESTORE

如果数据库中的数据发生丢失或破坏，操作员应该及时还原数据库，尽可能地减少损失。RESTORE 命令用来将数据库或其事务处理日志备份文件由存储介质还原到 SQL Server 系统中。

通过 RESTORE 命令还原数据库，可以执行下列还原方案。

☑　基于完整数据库备份还原整个数据库（完整还原）。

☑　还原数据库的一部分（部分还原）。

☑　将特定文件或文件组还原到数据库（文件还原）。

☑　将特定页面还原到数据库（页面还原）。

☑　将事务日志还原到数据库（事务日志还原）。

☑　将数据库恢复到数据库快照捕获的时间点。

完整数据库还原的语法如下：

```
RESTORE DATABASE { database_name | @database_name_var }
 [ FROM <backup_device> [ ,...n ] ]
 [ WITH
   {
       [ RECOVERY | NORECOVERY | STANDBY =
       {standby_file_name | @standby_file_name_var }
     ]
  | , <general_WITH_options> [ ,...n ]
     | , <replication_WITH_option>
  | , <change_data_capture_WITH_option>
```

```
| , <service_broker_WITH options>
| , <point_in_time_WITH_options—RESTORE_DATABASE>
} [ ,...n ]
]
[;]
```

RESTORE 命令的参数及其说明如表 5.11 所示。

表 5.11　RESTORE 命令的参数及其说明

参　　数	说　　明
RESTORE DATABASE	指定目标数据库
{database_name|@database_name_var}	将日志或整个数据库备份还原到数据库
FROM <backup_device> [,...n]	通常指定要从哪些备份设备还原备份
RECOVERY	指示还原操作回滚任何未提交的事务。在恢复进程后即可随时使用数据库。如果既没有指定 NORECOVERY 和 RECOVERY，也没有指定 STANDBY，则默认为 RECOVERY
NORECOVER	指示还原操作不回滚任何未提交的事务。如果稍后必须应用另一个事务日志，则应指定 NORECOVERY 或 STANDBY 选项。如果既没有指定 NORECOVERY 和 RECOVERY，也没有指定 STANDBY，则默认为 RECOVERY
STANDBY = standby_file_name	指定一个允许撤销恢复效果的备用文件。STANDBY 选项可以用于脱机还原（包括部分还原），但不能用于联机还原。尝试为联机还原操作指定 STANDBY 选项将导致还原操作失败。如果必须升级数据库，也不允许使用 STANDBY 选项
<general_WITH_options> [,...n]	RESTORE DATABASE 和 RESTORE LOG 语句均支持常规 WITH 选项。一个或多个辅助语句也支持其中某些选项
replication_WITH_option>	此选项只适用于在创建备份时对数据库进行了复制的情况

【例 5.26】还原例 5.25 中备份了 db_Test 数据库的备份文件 backup.bak，运行结果如图 5.23 所示。（实例位置：资源包\TM\sl\5\23）

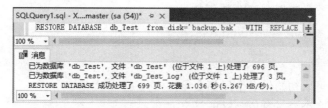

图 5.23　还原备份文件 backup.bak

SQL 语句如下：

```
RESTORE DATABASE   db_Test   from disk='backup.bak'   WITH   REPLACE
```

说明

执行还原操作时，需要将使用的数据库更改为 master 数据库。

5.6.9 SELECT

SELECT 语句除了有强大的查询功能外，还可用于给变量赋值。语法如下：

```
SELECT { @local_variable { = | += | -= | *= | /= | %= | &= | ^= | |= } expression } [ ,...n ] [ ; ]
```

参数说明如下。

☑ @local_variable：要为其赋值的声明变量。

☑ =：将右边的值赋给左边的变量。

☑ { = | += | -= | *= | /= | %= | &= | ^= | |= }：复合赋值运算符。

  ➤ +=：相加并赋值。

  ➤ -=：相减并赋值。

  ➤ *=：相乘并赋值。

  ➤ /=：相除并赋值。

  ➤ %=：取余并赋值。

  ➤ &=："位与"并赋值。

  ➤ ^=："位异或"并赋值。

  ➤ |=："位或"并赋值。

☑ expression：任何有效的表达式。此参数包含一个标量子查询。

说明

SELECT@local_variable 通常用于将单个值返回到变量中。如果 expression 是列的名称，则可返回多个值。如果 SELECT 语句返回多个值，则将返回的最后一个值赋给变量。如果 SELECT 语句没有返回行，变量将保留当前值。如果 expression 是不返回值的标量子查询，则将变量设为 NULL。

【例 5.27】给一个变量赋值，SQL 语句如下：

```
declare   @x int
select @x=1
print @x
```

一个 SELECT 语句可以初始化多个局部变量。

【例 5.28】一次给多个变量赋值，SQL 语句如下：

```
declare   @x int,@y char(20),@z datetime
select @x=1,@y='LOVING',@z='2001/01/01'
print @x
print @y
print @z
```

【例 5.29】对 tb_Grade 表中的 Subjet 进行查询，并赋值给变量 courses。运行结果如图 5.24 所示。（实例位置：资源包\TM\sl\5\24）

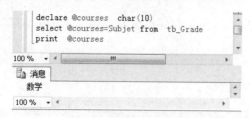

图 5.24　将查询的课程内容赋给变量

SQL 语句如下：

```
use   db_Test
declare @courses   char(10)
select @courses= Subjet
from   tb_Grade
print   @courses
```

5.6.10　SET

SET 命令有两种用法，具体说明如下。

1. 用于给局部变量赋值

在用 DECLARE 命令声明后，所有的变量都被赋予初值 NULL。这时需要用 SET 命令给变量赋值。语法如下：

```
SET{{ @ local_variable=expression}
    |{ @ cursor_variable={@ cursor_variable|cursor_name
        |{CURSOR[FORWARD_ONLY|SCROLL]
            [STATIC|KEYSET|DYNAMIC|FAST_FORWARD]
            [READ_ONLY|SCROLL_LOCKS|OPTIMISTIC]
            [TYPE_VARNING]
        FOR select_statement
            [FOR {READ ONLY|UPDATE[OF column_name[,…n]]}
            ]
        }
    }}
}
```

【例 5.30】定义一个变量，并为该变量赋值，SQL 语句如下：

```
declare  @x   int
set   @x=1
print @x
```

SET 命令与 SELECT 命令赋值不同的是，SET 命令一次只能给一个变量赋值，SELECT 命令可以一次给多个变量赋值，但 SET 命令功能更强且更严密，因此，推荐使用 SET 命令给变量赋值。

2. 用于执行 SQL 命令时 SQL Server 的处理选项设定

如果要对计算列或索引视图创建和操作索引，必须将 SET 选项 ARITHABORT、CONCAT_NULL_YIELDS_NULL、QUOTED_IDENTIFIER、ANSI_NULLS、ANSI_PADDING 和 ANSI_WARNINGS 设置为 ON，并将选项 NUMERIC_ROUNDABORT 设置为 OFF。

当从批处理或其他存储过程执行某个存储过程时使用的选项值，就是当前包含该存储过程的数据库中设置的选项值。

5.6.11 SHUTDOWN

SHUTDOWN 命令用于立即停止 SQL Server 的执行。语法如下：

```
SHUTDOWN[WITH NOWAIT]
```

参数说明如下。

WITH NOWAIT：当使用 NOWAIT 参数时，SHUTDOWN 命令立即终止所有的用户过程，并在对每一现行的事务发生一个回滚后退出 SQL Server。当没有用 NOWAIT 参数时，SHUTDOWN 命令将按以下步骤执行。

（1）终止任何用户登录 SQL Server。

（2）等待尚未完成的 SQL 命令或存储过程执行完毕。

（3）在每个数据库中执行 CHECKPOINT 命令。

（4）停止 SQL Server 的执行。

【例 5.31】使用 SHUTDOWN 命令停止 SQL Server 服务器，运行结果如图 5.25 所示。(**实例位置：资源包\TM\sl\5\25**)

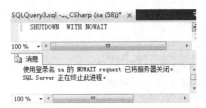

图 5.25　停止 SQL Server 服务器

SQL 语句如下：

```
SHUTDOWN   WITH NOWAIT
```

5.6.12 WRITETEXT

WRITETEXT 命令允许对数据类型为 text、ntext 或 image 的列进行交互式更新。WRITETEXT 语句不能用在视图中的 text、ntext 和 image 列上。语法如下：

```
WRITETEXT { table.column text_ptr }
[ WITH LOG ] { data }
```

参数说明如下。

☑ table.column：要更新的表和 text、ntext 或 image 列的名称。表名和列名必须符合标识符的规则。指定数据库名和所有者名是可选的。

☑ text_ptr：指向 text、ntext 或 image 数据的指针的值。text_ptr 的数据类型必须为 binary（16）。若要创建文本指针，可对 text、ntext 或 image 列用非 NULL 数据执行 INSERT 或 UPDATE 语句。

☑ WITH LOG：在 SQL Server 中忽略。日志记录由数据库的实际恢复模型决定。

☑ data：要存储的实际 text、ntext 或 image 数据。data 可以是字面值，也可以是变量。对于 text、ntext 和 image 数据，可以用 WRITETEXT 交互插入，文本的最大长度是 120 KB。

【例 5.32】将文本指针放到局部变量@val 中，使用 WRITETEXT 命令将新的文本字符串放到@val 所指向的行中。

SQL 语句如下：

```
USE pubs
EXEC sp_dboption 'pubs', 'select into/bulkcopy', 'true'
DECLARE @val binary(16)
SELECT @val = TEXTPTR(pr_info)
FROM pub_info p1, publishers p2
WHERE p2.pub_id = p1.pub_id
    AND p2.pub_name = 'New Moon Books'
WRITETEXT pub_info.pr_info @val 'New Moon Books (NMB) has just released another
 top ten publication. With the latest publication this makes NMB the hottest new
publisher of the year!'
EXEC sp_dboption 'pubs', 'select into/bulkcopy', 'false'
```

5.6.13 USE

USE 命令用于在前工作区打开或关闭数据库。语法如下：

```
USE {数据库}
```

数据库：用户上下文要切换到的数据库名。数据库名必须符合标识符的规则。

要使用 db_Test 数据库时，必须选中该数据库，一种方法是在工具栏上"数据库名称"列表框中选择数据库；另一种方法是使用 USE 命令打开。

【例 5.33】查询 Student 数据表中的全部信息。

SQL 语句如下：

```
USE db_Test
SELECT * FROM Student
```

如果没有在工具栏"数据库名称"列表中选择数据库，也没有使用 USE 命令打开数据库，就会提示如图 5.26 所示的错误。

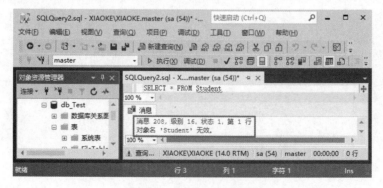

图 5.26 提示对象名无效

5.7 小 结

本章介绍了 SQL 的基础知识，包括 SQL 的数据类型、常量、变量、流程控制语句和常用的命令等。学习本章时，读者需要了解与 SQL 相关的概念，区分常量和变量，熟悉常用命令，熟练地掌握流程控制语句的用法，因为流程控制语句可以提高 SQL 语句的处理能力。

5.8 实践与练习

（答案位置：资源包\TM\sl\5\实践与练习\）

1. 通过使用分组查询中的 GROUPING SETS 运算符，在 books 表中，查询分别按照书名、出版社分组的销售价格。
2. 使用 IF EXISTS 语句检测 Employee 表中性别为女、姓名为"赵小小"的人是否存在。

第 6 章

SQL 函数的使用

在 SQL Server 中提供了许多内置函数，按函数种类可以分为聚合函数、数学函数、字符串函数、日期和时间函数、转换函数和元数据函数 6 种。在进行查询操作时，经常需要用到 SQL 函数，使用 SQL 函数会给查询带来很多方便。在本章中将对不同类型的 SQL 函数进行讲解，使读者能快速掌握各类 SQL 函数的使用方法。

本章知识架构及重难点如下：

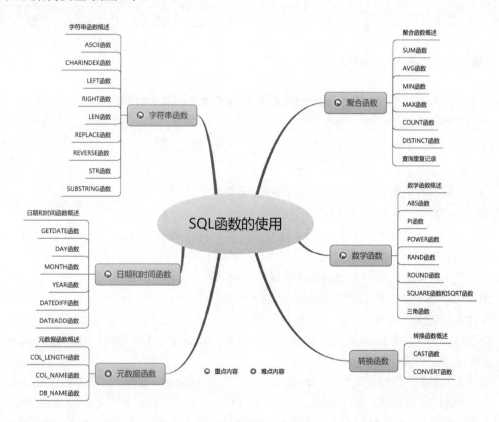

6.1 聚 合 函 数

聚合函数对一组值执行计算，并返回单个值。除 COUNT 外，聚合函数都会忽略空值。聚合函数经常与 SELECT 语句的 GROUP BY 子句一起使用。

所有聚合函数均为确定性函数。这表示任何时候使用一组特定的输入值调用聚合函数，返回的值都是相同的。

6.1.1　聚合函数概述

聚合函数可对一组值进行计算并返回单一的值。在与 GROUP BY 子句一起使用时，聚合函数为每个组产生一个单一值，而不是为整个表产生一个单一值。常用的聚合函数及其说明如表 6.1 所示。

表 6.1　常用的聚合函数及其说明

函 数 名 称	说　　　明	函 数 名 称	说　　　明
SUM	返回表达式中所有值的和	MAX	返回表达式的最大值
AVG	计算平均值	COUNT	返回组中项目的数量
MIN	返回表达式的最小值	DISTINCT	返回一个集合，并从指定集合中删除重复的元组

6.1.2　SUM（求和）函数

SUM（求和）函数用于返回表达式中所有值的和或非重复值的和。SUM 只能用于数字列，空值将被忽略。语法如下：

```
SUM( [ ALL | DISTINCT ] expression )
```

参数说明如下。

- ☑　ALL：对所有的值应用此聚合函数。ALL 是默认值。
- ☑　DISTINCT：指定 SUM 返回唯一值的和。
- ☑　expression：常量、列或函数与算术运算符、位运算符和字符串运算符的任意组合。expression 是精确数字或近似数字数据类型类别（bit 数据类型除外）的表达式。
- ☑　返回类型：以最精确的 expression 数据类型返回所有 expression 值的和。

有关 SUM 函数使用的几点说明如下。

- ☑　含有索引的字段能够加快聚合函数的运行。
- ☑　字段数据类型为 int、smallint、tinyint、decimal、numeric、float、real、money 以及 smallmoney 的字段才可以使用 SUM 函数。
- ☑　在使用 SUM 函数时，SQL Server 把结果集中的 smallint 或 tinyint 数据类型当作 int 处理。
- ☑　在使用 SUM 函数时，SQL Server 将忽略空值（NULL），即计算时不计算这些空值。

【例 6.1】使用 SUM 函数，求 SC 表中 001（数据结构）课程的总成绩，SQL 语句及运行结果如图 6.1 所示。（**实例位置：资源包\TM\sl\6\1**）

SQL 语句如下：

```
USE db_Test
SELECT SUM(Grade) AS 数据结构总成绩
FROM SC WHERE Cno=001
```

在 SC 表中 001 的成绩如图 6.2 所示。

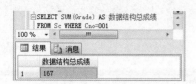

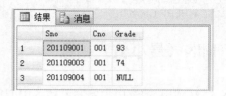

图 6.1　使用 SUM 函数获得数据结构的总成绩　　　　图 6.2　SC 表中 001 的成绩

6.1.3　AVG（平均数）函数

AVG（平均数）函数用于返回组中各值的平均值，忽略空值。语法如下：

AVG([ALL | DISTINCT] expression)

参数说明如下。

☑　ALL：对所有的值进行聚合函数运算。ALL 是默认值。

☑　DISTINCT：指定 AVG 只在每个值的唯一实例上执行，而不管该值出现了多少次。

☑　expression：是精确数值或近似数值数据类别（bit 数据类型除外）的表达式。不允许使用聚合函数和子查询。

☑　返回类型：由 expression 的计算结果类型确定。

有关 AVG 函数使用的几点说明如下。

☑　AVG 函数不一定返回与传递到函数的列完全相同的数据类型。

☑　AVG 函数只能用于数据类型是 int、smallint、tinyint、decimal、float、real、money 和 smallmoney 的字段。

☑　在使用 AVG 函数时，SQL Server 把结果集中的 smallint 或 tinyint 数据类型当作 int 处理。

AVG 函数的返回值类型由表达式的运算结果类型决定，如表 6.2 所示。

表 6.2　AVG 函数的返回值类型

表达式结果	返回值类型	表达式结果	返回值类型
整数分类	int	money 和 smallmoney 分类	money
decimal 分类	decimal	float 和 real 分类	float

【例 6.2】使用 AVG 函数，求 SC 表中 001（数据结构）课程的平均成绩，SQL 语句及运行结果如图 6.3 所示。（**实例位置：资源包\TM\sl\6\2**）

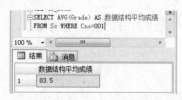

图 6.3　使用 AVG 函数获得数据结构的平均成绩

SQL 语句如下：

```
USE db_Test
SELECT AVG(Grade) AS 数据结构平均成绩
FROM SC WHERE Cno=001
```

6.1.4 MIN（最小值）函数

MIN（最小值）函数用于返回表达式中的最小值。语法如下：

```
MIN( [ ALL | DISTINCT ] expression )
```

参数说明如下。

☑　ALL：对所有的值进行聚合函数运算。ALL 是默认值。

☑　DISTINCT：指定每个唯一值都被考虑。DISTINCT 对于 MIN 无意义，使用它仅仅是为了符合 ISO 标准。

☑　expression：常量、列名、函数以及算术运算符、位运算符和字符串运算符的任意组合。MIN 可用于 numeric、char、varchar 或 datetime 列，但不能用于 bit 列。不允许使用聚合函数和子查询。

☑　返回类型：返回与 expression 相同的值。

有关 MIN 函数使用的几点说明如下。

☑　MIN 函数不能用于数据类型是 bit 的字段。

☑　在确定列中的最小值时，MIN 函数忽略 NULL 值，但是如果在该列中的所有行都有 NULL 值，将返回 NULL 值。

☑　不允许使用聚合函数和子查询。

【例 6.3】使用 MIN 函数，查询 Student 表中男同学的最小年龄，SQL 语句及运行结果如图 6.4 所示。（**实例位置：资源包\TM\sl\6\3**）

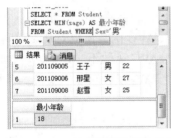

图 6.4　使用 MIN 函数获得数据结构的最小年龄

SQL 语句如下：

```
USE db_Test
SELECT * FROM Student
SELECT MIN(Sage) AS 最小年龄
FROM Student WHERE Sex ='男'
```

6.1.5 MAX（最大值）函数

MAX（最大值）函数用于返回表达式的最大值。语法如下：

```
MAX( [ ALL | DISTINCT ] expression )
```

参数说明如下。

☑　ALL：对所有的值应用此聚合函数。ALL 是默认值。

☑　DISTINCT：指定考虑每个唯一值。DISTINCT 对于 MAX 无意义，使用它仅仅是为了与 ISO 实现兼容。

☑　expression：常量、列名、函数以及算术运算符、位运算符和字符串运算符的任意组合。MAX 可用于 numeric、character 和 datetime 列，但不能用于 bit 列。不允许使用聚合函数和子查询。

☑　返回类型：返回与 expression 相同的值。

有关 MAX 函数使用的几点说明如下。

☑　MAX 函数将忽略选取对象中的空值。

☑　不能通过 MAX 函数从 bit、text 和 image 数据类型的字段中选取最大值。

☑　在 SQL Server 中，MAX 函数可以用于数据类型为数字、字符、datetime 的列，但是不能用于数据类型为 bit 的列。不能使用聚合函数和子查询。

☑　对于字符列，MAX 查找排序序列的最大值。

图 6.5　使用 MAX 函数获取 Student 表中年龄最大的同学信息

【例 6.4】在本示例中使用一个子查询，并在子查询中使用 MAX 函数将查询条件指定为 Student 表中年龄最大的同学信息，SQL 语句及运行结果如图 6.5 所示。（**实例位置：资源包\TM\sl\6\4**）

SQL 语句如下：

```
USE db_Test
SELECT * FROM Student
SELECT Sname,Sex,Sage FROM Student
WHERE Sage=(SELECT MAX(Sage) FROM Student)
```

首先在 Student 表中选择指定列的数据并显示，然后在 WHERE 条件中使用子查询，并在子查询中使用 MAX 函数选择 Student 中年龄最大的同学。

如果用户不想获取其他列的信息，可以直接在 SELECT 语句中使用 MAX 函数加上要查询的列即可。

【例 6.5】直接查询学生中年龄最大的同学。（**实例位置：资源包\TM\sl\6\5**）

SQL 语句如下：

```
USE  db_Test
SELECT MAX(Sage) AS 最大年龄 FROM Student
```

6.1.6　COUNT（统计）函数

COUNT（统计）函数用于返回组中的项数。COUNT 返回 int 数据类型值。语法如下：

```
COUNT( { [ [ ALL | DISTINCT ] expression ] | * } )
```

参数说明如下。

☑　ALL：对所有的值进行聚合函数运算。ALL 是默认值。

☑　DISTINCT：指定 COUNT 返回唯一非空值的数量。

☑　expression：除 text、image 或 ntext 外任何类型的表达式。不允许使用聚合函数和子查询。

☑　*：指定应该计算所有行以返回表中的总数。COUNT(*)不需要任何参数，而且不能与 DISTINCT 一起使用。COUNT(*)不需要 expression 参数，因为根据定义，该函数不使用有关任何特定列的信息。COUNT(*)返回指定表中行数而不删除副本。它对各行分别计数。其包括包含空值的行。

☑ 返回类型：int 类型。

【例 6.6】使用 COUNT 函数查询性别，然后使用 AS 语句，查询 Sex 对应人数，最后显示查询结果，SQL 语句及运行结果如图 6.6 所示。（实例位置：资源包\TM\sl\6\6）

SQL 语句如下：

```
USE   db_Test
SELECT * FROM Student
SELECT Sex,COUNT (Sex) AS 人数  FROM Student
GROUP BY Sex
```

【例 6.7】查询 Student 表中的总人数，SQL 语句及运行结果如图 6.7 所示。（实例位置：资源包\TM\sl\6\7）

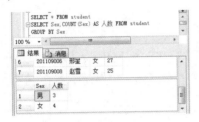

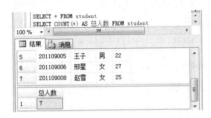

图 6.6　使用 COUNT 函数计算男女同学的人数　　　图 6.7　使用 COUNT 函数计算学生的总人数

SQL 语句如下：

```
USE   db_Test
SELECT * FROM Student
SELECT COUNT (*) AS 总人数  FROM Student
```

6.1.7　DISTINCT（去重）函数

DISTINCT（去重）函数对指定的集求值，删除该集中的重复元组，然后返回结果集。语法如下：

```
DISTINCT(Set_Expression)
```

参数 Set_Expression 表示返回集的有效多维表达式。

✎ **说明**

如果 Distinct 函数在指定的集中找到了重复的元组，则此函数只保留重复元组的第一个实例，同时保留该集原来的顺序。

【例 6.8】使用 DISTINCT 函数查询 Course 表中不重复的课程信息，SQL 语句及运行结果如图 6.8 所示。（实例位置：资源包\TM\sl\6\8）

图 6.8　查询 Course 表中不重复的课程信息

SQL 语句如下：

```
SELECT * FROM Course
```

```
SELECT DISTINCT(课程名)
FROM Course ORDER BY Cname
```

6.1.8　查询重复记录

查询数据表中的重复记录，可以借助 HAVING 子句实现，该子句用来指定组或聚合的搜索条件。HAVING 子句只能与 SELECT 语句一起使用，并且它通常在 GROUP BY 子句中使用。HAVING 子句语法如下：

```
[ HAVING <search condition> ]
```

参数<search condition>用来指定组或聚合应满足的搜索条件。

【例 6.9】使用 HAVING 子句为组指定条件，当同种课程的记录大于或等于 1 时，显示此课程的名称及重复数量，SQL 语句及运行结果如图 6.9 所示。（**实例位置：资源包\TM\sl\6\9**）

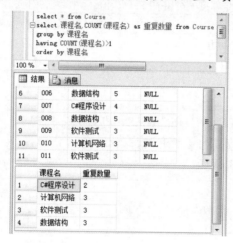

图 6.9　查询重复的课程及重复数量

SQL 语句如下：

```
USE db_Test
SELECT * FROM Course
SELECT 课程名,COUNT(课程名) AS 重复数量 FROM Course
GROUP BY 课程名
HAVING COUNT(课程名)>1
ORDER BY 课程名
```

6.2　数 学 函 数

数学函数对数字表达式进行数学运算，并将结果返回用户。在默认情况下，传递给数学函数的数字将被解释为双精度浮点数。

6.2.1 数学函数概述

数学函数可以对数据类型为整型（integer）、实型（real）、浮点型（float）、货币型（money）和 smallmoney 的列进行操作。它的返回值是 6 位小数，如果使用出错，则返回 NULL 值并显示提示信息，通常该函数可以用在 SQL 语句的表达式中。常用的数学函数及其说明如表 6.3 所示。

表 6.3 常用的数学函数及其说明

函 数 名 称	说 明	函 数 名 称	说 明
ABS	返回指定数值表达式的绝对值	ROUND	将数值表达式四舍五入为指定的长度或精度
COS	返回指定的表达式中指定弧度的余弦值	SIGN	返回指定表达式的零（0）、正号（+1）或负号（−1）
COT	返回指定的表达式中指定弧度的余切值	SIN	返回指定的表达式中指定弧度的正弦值
PI	返回值为圆周率	SQUARE	返回指定表达式的平方
POWER	将指定的表达式乘指定次方	SQRT	返回指定表达式的平方根
RAND	返回 0～1 的随机 float 数	TAN	返回指定表达式中指定弧度的正切值

说明

算术函数（如 ABS、CEILING、DEGREES、FLOOR、POWER、RADIANS 和 SIGN）返回与输入值具有相同数据类型的值。三角函数和其他函数（包括 EXP、LOG、LOG10、SQUARE 和 SQRT）将输入值转换为 float 并返回 float 值。

6.2.2 ABS（绝对值）函数

ABS（绝对值）函数用于返回数值表达式的绝对值。语法如下：

```
ABS(numeric_expression)
```

参数说明如下。

☑ numeric_expression：是有符号或无符号的数值表达式。

☑ 结果类型：提交给函数的数值表达式的数据类型。

说明

如果该参数为空，则 ABS 函数返回的结果为空。

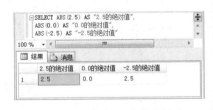

图 6.10 指定表达式的绝对值

【例 6.10】使用 ABS 函数求指定表达式的绝对值，SQL 语句及运行结果如图 6.10 所示。（实例位置：资源包\TM\sl\6\10）

SQL 语句如下：

```
SELECT ABS(2.5) AS "2.5 的绝对值",
ABS(0.0) AS "0.0 的绝对值",
ABS(-2.5) AS "-2.5 的绝对值"
```

6.2.3　PI（圆周率）函数

PI（圆周率）函数用于返回 PI 的常量值。语法如下：

```
PI()
```

返回类型：float 型。

【例 6.11】使用 PI 函数返回 PI 的值，SQL 语句及运行结果如图 6.11 所示。（实例位置：资源包\TM\sl\6\11）

SQL 语句如下：

```
SELECT PI() AS  圆周率
```

6.2.4　POWER（乘方）函数

POWER（乘方）函数用于返回对数值表达式进行幂运算的结果。POWER 参数的计算结果必须为整数。语法如下：

```
POWER(numeric_expression,power)
```

参数说明如下。

☑　numeric_expression：有效的数值表达式，用来指定底数。

☑　power：有效的数值表达式，用来指定幂值。

【例 6.12】使用 POWER 函数分别求 2、3、4 的乘方的结果，SQL 语句及运行结果如图 6.12 所示。（实例位置：资源包\TM\sl\6\12）

图 6.11　返回 PI 的值

图 6.12　计算指定数的乘方

SQL 语句如下：

```
SELECT POWER(2,2)AS "2 的平方结果",
POWER(3,3)AS "3 的 3 次幂结果",
POWER(4,4) AS "4 的 4 次幂结果"
```

6.2.5　RAND（随机浮点数）函数

RAND（随机浮点数）函数用于返回 0～1 的随机 float 值。语法如下：

```
RAND( [ seed ] )
```

参数说明如下。

☑ seed：提供种子值的整数表达式（tinyint、smallint 或 int）。如果未指定 seed，则 SQL Server
数据库引擎随机分配种子值。对于指定的种子值，返回的结果始终相同。

☑ 返回类型：float 类型。

【例 6.13】使用同一种子值调用 RAND 函数，返回相同的数字序列，SQL 语句及运行结果如图 6.13
所示。（实例位置：资源包\TM\sl\6\13）

SQL 语句如下：

```
SELECT RAND(100), RAND(), RAND()
```

【例 6.14】使用 RAND 函数生成 3 个不同的随机数，SQL 语句及运行结果如图 6.14 所示。（实例
位置：资源包\TM\sl\6\14）

图 6.13　使用同一种子值调用 RAND 函数　　　图 6.14　使用 RAND 函数生成 3 个不同的随机数

SQL 语句如下：

```
DECLARE @counter smallint;
SET @counter = 1;
WHILE @counter < 4
   BEGIN
      SELECT RAND() Random_Number
      SET @counter = @counter + 1
   END;
GO
```

6.2.6　ROUND（四舍五入）函数

ROUND（四舍五入）函数用于返回一个数值，舍入到指定的长度或精度。语法如下：

```
ROUND( numeric_expression, length [ ,function ] )
```

参数说明如下。

☑ numeric_expression：精确数值或近似数值数据类别（bit 数据类型除外）的表达式。

☑ length：numeric_expression 的舍入精度。length 必须是 tinyint、smallint 或 int 类型的表达式。
如果 length 为正数，则将 numeric_expression 舍入到 length 指定的小数位数；如果 length 为负
数，则将 numeric_expression 小数点左边部分舍入到 length 指定的长度。

☑ function：要执行的操作的类型。function 必须为 tinyint、smallint 或 int。如果省略 function 或
其值为 0（默认值），则将舍入 numeric_expression。如果指定了 0 以外的值，则将截断 numeric_

expression。

☑ 返回类型：返回与 numeric_expression 相同的类型。

【例 6.15】使用 ROUND 函数计算指定表达式的值，SQL 语句及运行结果如图 6.15 所示。（**实例位置：资源包\TM\sl\6\15**）

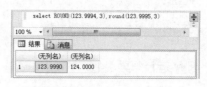

图 6.15 使用 ROUND 函数计算表达式的值

SQL 语句如下：

```
SELECT ROUND(123.9994, 3), ROUND(123.9995, 3)
```

6.2.7 SQUARE（平方）函数和 SQRT（平方根）函数

1. SQUARE 函数

SQUARE（平方）函数用于返回数值表达式的平方。语法如下：

```
SQUARE(numeric_expression)
```

参数 numeric_expression 表示任意数据类型的数值表达式。

【例 6.16】使用 SQUARE 函数计算指定表达式的值，SQL 语句及运行结果如图 6.16 所示。（**实例位置：资源包\TM\sl\6\16**）

SQL 语句如下：

```
SELECT SQUARE(4) AS "4 的平方"
```

2. SQRT 函数

SQRT（平方根）函数用于返回数值表达式的平方根。语法如下：

```
SQRT(numeric_expression)
```

参数 numeric_expression 表示任意数据类型的数值表达式。

【例 6.17】使用 SQRT 函数计算指定表达式的值，SQL 语句及运行结果如图 6.17 所示。（**实例位置：资源包\TM\sl\6\17**）

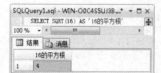

图 6.16 使用 SQUARE 函数计算指定表达式的值　　图 6.17 使用 SQRT 函数计算指定表达式的值

SQL 语句如下：

```
SELECT SQRT(16) AS '16 的平方根'
```

【例 6.18】使用 SQRT 函数返回 1.00～10.00 的数字平方根。（**实例位置：资源包\TM\sl\6\18**）

SQL 语句如下：

```
DECLARE @mysqrt float
SET @mysqrt = 1.00
WHILE @mysqrt < 10.00
```

```
BEGIN
  SELECT SQRT(@mysqrt)
  SELECT @mysqrt = @mysqrt + 1
END
```

程序运行结果集如表 6.4 所示。

表 6.4　结果集

数　字	平　方　根	数　字	平　方　根
1.00	1.0	6.00	2.44948974278318
2.00	1.4142135623731	7.00	2.64575131106459
3.00	1.73205080756888	8.00	2.82842712474619
4.00	2.0	9.00	3.0
5.00	2.23606797749979		

6.2.8　三角函数

三角函数包括 COS 函数、COT 函数、SIN 函数和 TAN 函数，分别表示余弦值、余切值、正弦值和正切值，下面分别对这几种三角函数进行详细讲解。

1．COS 函数

COS 函数用于返回指定表达式中以弧度表示的角的余弦值。语法如下：

```
COS( float_expression )
```

参数说明如下。

☑　float_expression：float 类型的表达式。

☑　返回类型：float 类型。

【例 6.19】使用 COS 函数返回指定表达式的余弦值，SQL 语句及运行结果如图 6.18 所示。（**实例位置：资源包\TM\sl\6\19**）

SQL 语句如下：

```
DECLARE @angle float
SET @angle =10
SELECT CONVERT(varchar,COS(@angle)) AS COS
GO
```

2．COT 函数

COT 函数用于返回指定的 float 表达式中角（以弧度为单位）的余切值。语法如下：

```
COT( float_expression )
```

参数说明如下。

☑　float_expression：属于 float 类型或能够隐性转换为 float 类型的表达式。

☑　返回类型：float 类型。

【例 6.20】使用 COT 函数返回指定表达式的余切值，SQL 语句及运行结果如图 6.19 所示。（**实例位置：资源包\TM\sl\6\20**）

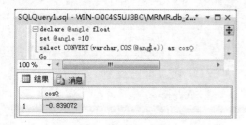

图 6.18　返回指定表达式的余弦值　　　　　图 6.19　返回指定表达式的余切值

SQL 语句如下：

```
DECLARE @angle float
SET @angle =10
SELECT CONVERT(varchar,COT(@angle)) AS COT
GO
```

3．SIN 函数

SIN 函数以近似数字（float）表达式返回指定角（以弧度为单位）的正弦值。语法如下：

```
SIN( float_expression )
```

参数说明如下。

☑　float_expression：属于 float 类型或能够隐性转换为 float 类型的表达式。

☑　返回类型：float 类型。

【例 6.21】使用 SIN 函数返回指定表达式的正弦值，SQL 语句及运行结果如图 6.20 所示。（**实例位置：资源包\TM\sl\6\21**）

SQL 语句如下：

```
DECLARE @angle float
SET @angle =12.5
SELECT CONVERT(varchar,SIN(@angle)) AS SIN
GO
```

4．TAN 函数

TAN 函数用于返回输入表达式的正切值。语法如下：

```
TAN( float_expression )
```

参数说明如下。

☑　float_expression：属于 float 类型或可隐性转换为 float 类型的表达式，解释为弧度数。

☑　返回类型：float 类型。

【例 6.22】使用 TAN 函数返回指定表达式的正切值，SQL 语句及运行结果如图 6.21 所示。（**实例位置：资源包\TM\sl\6\22**）

SQL 语句如下：

```
SELECT TAN(PI()/2) AS TAN
```

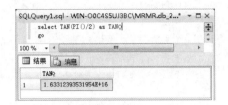

图 6.20　返回指定表达式的正弦值　　　　　图 6.21　返回指定表达式的正切值

6.3　字符串函数

字符串函数对 N 进制数据、字符串和表达式执行不同的运算，如返回字符串的起始位置、返回字符串的个数等。本节介绍 SQL Server 中常用的字符串函数。

6.3.1　字符串函数概述

字符串函数作用于 char、varchar、binary 和 varbinary 数据类型以及可以隐性转换为 char 或 varchar 的数据类型。通常字符串函数可以用在 SQL 语句的表达式中。常用的字符串函数及其说明如表 6.5 所示。

表 6.5　常用的字符串函数及其说明

函 数 名 称	说　　明	函 数 名 称	说　　明
ASCII	返回字符表达式最左端字符的 ASCII 码值	REVERSE	返回字符表达式的反转
CHARINDEX	返回字符串中指定表达式的起始位置	RIGHT	从右边开始，取得字符串右边指定个数的字符
LEFT	从左边开始，取得字符串左边指定个数的字符	STR	返回由数字数据转换的字符数据
LEN	返回指定字符串的字符（而不是字节）个数	SUBSTRING	返回指定个数的字符
REPLACE	将指定的字符串替换为另一指定的字符串		

6.3.2　ASCII（获取 ASCII 码）函数

ASCII（获取 ASCII 码）函数用于返回字符表达式中最左侧的字符的 ASCII 码值。语法如下：

```
ASCII( character_expression )
```

参数说明如下。

- ☑　character_expression：char 或 varchar 类型的表达式。
- ☑　返回类型：int 类型。

说明

ASCII 码共有 127 个，其中 Microsoft Windows 不支持 1～7、11～12 和 14～31 的字符。值 8、9、10 和 13 分别转换为退格、制表、换行和回车字符。它们并没有特定的图形显示，但会依不同的应用程序对文本显示不同的影响。

ASCII 码值对照表如表 6.6 所示。

表 6.6　ASCII 码值对照表

ASCII 码	按　　键	ASCII 码	按　　键	ASCII 码	按　　键	ASCII 码	按　　键
32	SP（space）	58	:	84	T	110	n
33	!	59	;	85	U	111	o
34	"	60	<	86	V	112	p
35	#	61	=	87	W	113	q
36	$	62	>	88	X	114	r
37	%	63	?	89	Y	115	s
38	&	64	@	90	Z	116	t
39	'	65	A	91	[	117	u
40	(	66	B	92	\	118	v
41	)	67	C	93	]	119	w
42	*	68	D	94	^	120	x
43	+	69	E	95	_	121	y
44	,	70	F	96	`	122	z
45	-	71	G	97	a	123	{
46	.	72	H	98	b	124		
47	/	73	I	99	c	125	}
48	0	74	J	100	d	126	~
49	1	75	K	101	e	127	DEL（delete）
50	2	76	L	102	f	0	NUL（null）
51	3	77	M	103	g	8	BS（backspace）
52	4	78	N	104	h	9	HT（horizontal tab）
53	5	79	O	105	i	10	LF（NL）（linefeed,newline）
54	6	80	P	106	j	11	VT（vertical tab）
55	7	81	Q	107	k	12	FF（NP）（formfeed,newpage）
56	8	82	R	108	l	13	CR（carriage return）
57	9	83	S	109	m		

【例 6.23】使用 ASCII 函数返回 NXT 的 ASCII 码值，SQL 语句及运行结果如图 6.22 所示。（实例位置：资源包\TM\sl\6\23）

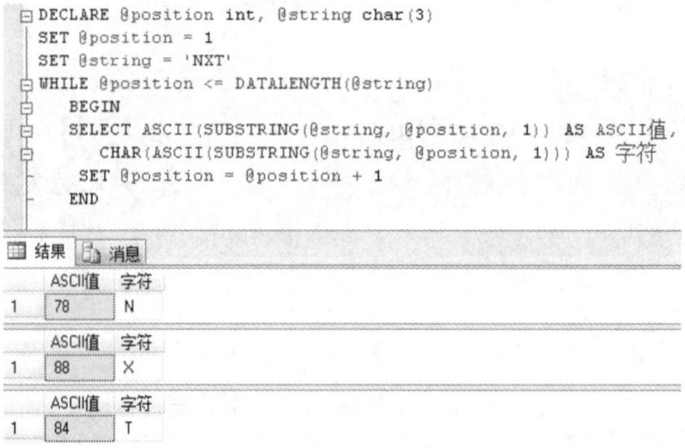

```
DECLARE @position int, @string char(3)
SET @position = 1
SET @string = 'NXT'
WHILE @position <= DATALENGTH(@string)
    BEGIN
    SELECT ASCII(SUBSTRING(@string, @position, 1)) AS ASCII值,
        CHAR(ASCII(SUBSTRING(@string, @position, 1))) AS 字符
    SET @position = @position + 1
    END
```

	ASCII值	字符
1	78	N

	ASCII值	字符
1	88	X

	ASCII值	字符
1	84	T

图 6.22　返回指定表达式的 ASCII 值

SQL 语句如下：

```
DECLARE @position int, @string char(3)
SET @position = 1
SET @string = 'NXT'
WHILE @position <= DATALENGTH(@string)
    BEGIN
    SELECT ASCII(SUBSTRING(@string, @position, 1)) AS ASCII 值,
        CHAR(ASCII(SUBSTRING(@string, @position, 1))) AS 字符
    SET @position = @position + 1
    END
```

6.3.3　CHARINDEX（返回字符串的起始位置）函数

CHARINDEX（返回字符串的起始位置）函数用于返回字符串中指定表达式的起始位置（如果找到）。搜索的起始位置为 start_location。语法如下：

```
CHARINDEX( expression1, expression2 [ , start_location ] )
```

参数说明如下。

☑　expression1：包含要查找的序列的字符表达式。expression1 最大长度限制为 8000 个字符。

☑　expression2：要搜索的字符表达式。

☑　start_location：表示搜索起始位置的整数或 bigint 表达式。如果未指定 start_location，或者 start_location 为负数或 0，则将从 expression2 的开头开始搜索。

☑　返回类型：如果 expression2 的数据类型为 varchar(max)、nvarchar(max)或 varbinary(max)，则为 bigint，否则为 int。

【例 6.24】使用 CHARINDEX 函数返回指定字符串的起始位置，SQL 语句及运行结果如图 6.23 所示。（**实例位置：资源包\ TM\sl\6\24**）

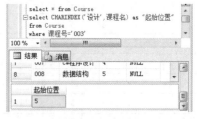

图 6.23　返回指定字符串的起始位置

SQL 语句如下：

```
USE db_Test
SELECT * FROM Course
SELECT CHARINDEX('设计',课程名) AS "起始位置" FROM Course
WHERE 课程号 = '003'
```

6.3.4　LEFT（取左边指定个数的字符）函数

LEFT（取左边指定个数的字符）函数用于返回字符串中从左边开始指定个数的字符。语法如下：

```
LEFT( character_expression, integer_expression )
```

参数说明如下。

☑ character_expression：字符或二进制数据表达式。character_expression 可以是常量、变量或列，可以是任何能够隐性转换为 varchar 或 nvarchar 的数据类型，但 text 或 ntext 除外。否则，使用 CAST 函数对 character_expression 进行显式转换。

☑ integer_expression：正整数，指定 character_expression 将返回的字符数。如果 integer_expression 为负，将返回错误。如果 integer_expression 的数据类型为 bigint 且包含一个较大值，则 character_expression 必须是大型数据类型，如 varchar(max)。

☑ 返回类型：当 character_expression 为非 Unicode 字符数据类型时，返回 varchar；当 character_expression 为 Unicode 字符数据类型时，返回 nvarchar。

【例 6.25】使用 LEFT 函数返回指定字符串的最左边 4 个字符，SQL 语句及运行结果如图 6.24 所示。（**实例位置：资源包\TM\sl\6\25**）

SQL 语句如下：

```
SELECT LEFT('明日科技有限公司',4)
```

【例 6.26】使用 LEFT 函数查询 Student 表中的姓氏（通常姓氏是姓名的第一位）并计算出每个姓氏的数量，SQL 语句及运行结果如图 6.25 所示。（**实例位置：资源包\TM\sl\6\26**）

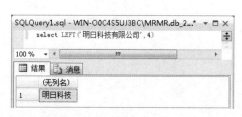

图 6.24　返回指定字符串中的字符

图 6.25　查询 Student 表中的姓氏

SQL 语句如下：

```
USE db_Test
SELECT Sno, Sname FROM Student
SELECT LEFT(Sname,1) AS '姓氏', COUNT(LEFT(Sname,1)) AS '数量'
FROM Student Group BY LEFT(Sname,1)
```

6.3.5　RIGHT（取右边指定个数的字符）函数

RIGHT（取右边指定个数的字符）函数用于返回字符表达式中从起始位置（从右端开始）到指定字符位置（从右端开始计数）的部分。语法如下：

RIGHT(character_expression,integer_expression)

参数说明如下。

☑ character_expression：从中提取字符的字符表达式。

☑ integer_expression：指示返回字符数的整数表达式。

【例 6.27】使用 RIGHT 函数查询 Student 表中编号的后 3 位，SQL 语句及运行结果如图 6.26 所示。（实例位置：资源包\TM\sl\6\27）

SQL 语句如下：

```
USE db_Test
SELECT Sno,Sname,Sex FROM Student
SELECT RIGHT(Sno,4) AS '编号' ,Sname,Sex
FROM Student
```

6.3.6　LEN（返回字符个数）函数

LEN（返回字符个数）函数用于返回字符表达式中的字符数。如果字符串中包含前导空格和尾随空格，则函数将它们包含在内计数。LEN 对相同的单字节和双字节字符串返回相同的值。语法如下：

```
LEN(character_expression)
```

参数 character_expression 表示要处理的表达式。

【例 6.28】使用 LEN 函数计算指定字符的个数，SQL 语句及运行结果如图 6.27 所示。（实例位置：资源包\TM\sl\6\28）

图 6.26　查询 Student 表中的编号后 3 位　　　图 6.27　计算指定字符的个数

SQL 语句如下：

```
SELECT LEN('ABCDE') AS "字符个数"
SELECT LEN('NIEXITING') AS "字符个数"
SELECT LEN('吉林省明日科技有限公司') AS "字符个数"
```

6.3.7　REPLACE（替换字符串）函数

REPLACE（替换字符串）函数将表达式中的一个字符串替换为另一个字符串或空字符串后，返回一个字符表达式。语法如下：

REPLACE(character_expression,searchstring,replacementstring)

参数说明如下。

☑　character_expression：函数要搜索的有效字符表达式。

☑　searchstring：函数尝试定位的有效字符表达式。

☑　replacementstring：用作替换表达式的有效字符表达式。

【例 6.29】使用 REPLACE 函数替换指定的字符，SQL 语句及运行结果如图 6.28 所示。（**实例位置：资源包\TM\ sl\6\29**）

SQL 语句如下：

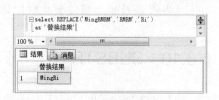

图 6.28　替换指定的字符

```
SELECT REPLACE('MingRMRM','RMRM','Ri')
AS '替换结果'
```

6.3.8　REVERSE（返回字符表达式的反转）函数

REVERSE（返回字符表达式的反转）函数按相反顺序返回字符表达式。语法如下：

REVERSE(character_expression)

参数 character_expression 表示要反转的字符表达式。

【例 6.30】使用 REVERSE 函数反转指定的字符，SQL 语句及运行结果如图 6.29 所示。（**实例位置：资源包\TM\ sl\6\30**）

SQL 语句如下：

图 6.29　反转指定的字符

```
SELECT REVERSE ('irgnim')
AS '反转结果'
```

6.3.9　STR（将数字数据转为字符数据）函数

STR 函数用于返回由数字数据转换来的字符数据。语法如下：

STR(float_expression [, length [, decimal]])

参数说明如下。

☑　float_expression：带小数点的近似数字（float）数据类型的表达式。

☑　length：总长度，包括小数点、符号、数字以及空格。默认值为 10。

☑　decimal：小数点后的位数。decimal 必须小于或等于 16。如果 decimal 大于 16，则会截断结果，使其保留为小数点后 16 位。

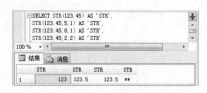

【例 6.31】使用 STR 函数返回以下字符数据，SQL 语句及运行结果如图 6.30 所示。（**实例位置：资源包\TM\sl\6\31**）

SQL 语句如下：

图 6.30　使用 STR 函数返回字符数据

```
SELECT STR(123.45) AS 'STR',
STR(123.45,5,1) AS 'STR',
```

```
STR(123.45,8,1) AS 'STR',
STR(123.45,2,2) AS 'STR'
```

注意

当表达式超出指定长度时，返回 **。

6.3.10 SUBSTRING（取字符串）函数

SUBSTRING（取字符串）函数用于返回字符表达式、二进制表达式、文本表达式或图像表达式的一部分。语法如下：

SUBSTRING(value_expression, start_expression, length_expression)

参数说明如下。

- ☑ value_expression：character、binary、text、ntext 或 image 表达式。
- ☑ start_expression：指定返回字符的起始位置的整数或 bigint 表达式。如果 start_expression 小于 0，则生成错误并终止语句。如果 start_expression 大于值表达式中的字符数，将返回一个零长度的表达式。
- ☑ length_expression：是正整数或指定要返回的 value_expression 的字符数的 bigint 表达式。如果 length_expression 是负数，则生成错误并终止语句。如果 start_expression 与 length_expression 的总和大于 value_expression 中的字符数，则返回整个值表达式。
- ☑ 返回类型：如果 expression 是受支持的字符数据类型，则返回字符数据。如果 expression 是支持 binary 数据类型中的一种数据类型，则返回二进制数据。返回的字符串类型与指定表达式的类型相同，表 6.7 中显示的除外。

表 6.7　返回的字符串类型与指定表达式的类型不相同

指定的表达式	返 回 类 型
char/varchar/text	varchar
nchar/nvarchar/ntext	nvarchar
binary/varbinary/image	varbinary

【例 6.32】使用 SUBSTRING 函数，在 Sno 字段中从第 5 位开始取字符串，共 5 位，SQL 语句及运行结果如图 6.31 所示。（**实例位置：资源包\TM\sl\6\32**）

图 6.31　使用 SUBSTRING 函数取字符串

SQL 语句如下：

```
SELECT Sno, SUBSTRING(Sno,5,5) AS '编号'
FROM Student
```

6.4　日期和时间函数

日期和时间函数主要用来显示有关日期和时间的信息。在日期和时间函数中，DAY 函数、MONTH 函数、YEAR 函数用来获取时间和日期。DATEDIFF 函数用来获取日期和时间差。DATEADD 函数用来修改日期和时间值。本节详细介绍这些函数。

6.4.1　日期和时间函数概述

日期和时间函数主要用来操作 datetime、smalldatetime 类型的数据，日期和时间函数执行算术运算与其他函数一样，也可以在 SQL 语句的 SELECT、WHERE 子句以及表达式中使用。常用的日期和时间函数及其说明如表 6.8 所示。

表 6.8　常用的日期和时间函数及其说明

函 数 名 称	说　　　明
DATEADD	在向指定日期加上一段时间的基础上，返回新的 datetime 值
DATEDIFF	返回跨两个指定日期的日期和时间边界数
GETDATE	返回当前系统日期和时间
DAY	返回指定日期中的日的整数
MONTH	返回指定日期中的月的整数
YEAR	返回指定日期中的年的整数

6.4.2　GETDATE（返回当前系统日期和时间）函数

GETDATE（返回当前系统日期和时间）函数用于返回系统的当前日期。GETDATE 函数不使用参数。语法如下：

```
GETDATE()
```

【例 6.33】使用 GETDATE 函数，返回当前系统日期和时间，SQL 语句及运行结果如图 6.32 所示。（实例位置：资源包\TM\sl\6\33）

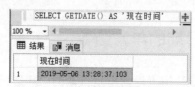

图 6.32　获取当前系统日期和时间

SQL 语句如下：

```
SELECT GETDATE() AS '现在时间'
```

6.4.3　DAY（返回指定日期的天）函数

DAY（返回指定日期的天）函数用于返回一个整数，表示日期的"日"。语法如下：

```
DAY(date)
```

参数 date 表示以日期格式返回有效的日期或字符串的表达式。

【例 6.34】使用 DAY 函数，返回现有日期的"日"，SQL 语句及运行结果如图 6.33 所示。（实例位置：资源包\TM\sl\6\34）

SQL 语句如下：

```
SELECT DAY('2019-10-14') AS 'DAY'
```

【例 6.35】使用 DAY 函数，返回当前日期的"日"的整数，SQL 语句及运行结果如图 6.34 所示。（实例位置：资源包\TM\sl\6\35）

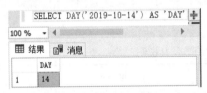
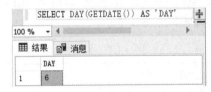

图 6.33　返回现有日期的"日"部分　　　图 6.34　返回当前日期的"日"部分

SQL 语句如下：

```
SELECT DAY(GETDATE()) AS 'DAY'
```

6.4.4　MONTH（返回指定日期的月）函数

MONTH（返回指定日期的月）函数用于返回一个表示日期中的"月"日期部分的整数。语法如下：

```
MONTH(date)
```

参数 date 表示任意日期格式的日期。

【例 6.36】使用 MONTH 函数，返回指定日期时间的"月"，SQL 语句及运行结果如图 6.35 所示。（实例位置：资源包\TM\sl\6\36）

SQL 语句如下：

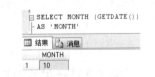

图 6.35　返回当前日期的月份

```
SELECT MONTH(GETDATE()) AS 'MONTH'
```

6.4.5　YEAR（返回指定日期的年）函数

YEAR（返回指定日期的年）函数用于返回指定日期的"年"。语法如下：

```
YEAR(date)
```

参数 date 表示返回类型为 datetime 或 smalldatetime 的日期表达式。

有关 YEAR 函数使用的几点说明如下。

☑ 该函数等价于 DATEPART(yy,date)。

☑ SQL Server 数据库将 0 解释为 1900 年 1 月 1 日。

☑ 在使用日期函数时，其日期只应在 1753—9999 年，这是 SQL
Server 系统能识别的日期范围，否则会出现错误。

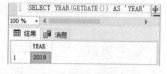

【例 6.37】使用 YEAR 函数，返回指定日期时间的"年"，SQL
语句及运行结果如图 6.36 所示。（实例位置：资源包\TM\sl\6\37）

图 6.36 返回当前日期的年份

SQL 语句如下：

```
SELECT YEAR(GETDATE()) AS 'YEAR'
```

6.4.6 DATEDIFF（返回日期和时间的边界数）函数

DATEDIFF（返回日期和时间的边界数）函数用于返回日期和时间的边界数。语法如下：

```
DATEDIFF(datepart,startdate,enddate)
```

参数说明如下。

☑ datepart：规定了应在日期的哪一部分计算差额的参数。

☑ startdate：表示计算的开始日期，startdate 是返回 datetime 值、smalldatetime 值或日期格式字符串的表达式。

☑ enddate：表示计算的终止日期。enddate 是返回 datetime 值、smalldatetime 值或日期格式字符串的表达式。

SQL Server 识别的日期部分和缩写如表 6.9 所示。

表 6.9 SQL Server 识别的日期部分和缩写

日 期 部 分	缩　　写	日 期 部 分	缩　　写
year	yy,yyyy	week	wk, ww
quarter	qq, q	hour	hh
month	mm, m	minute	mi, n
dayofyear	dy, y	second	ss, s
day	dd, d	millisecond	ms

有关 DATEDIFF 函数使用的几点说明如下。

☑ startdate 是从 enddate 中减去。如果 startdate 比 enddate 晚，则返回负值。

☑ 当结果超出整数值范围，DATEDIFF 产生错误。对于毫秒，最大数是 24 天 20 小时 31 分钟 23.647
秒。对于秒，最大数是 68 年。

☑ 计算跨分钟、秒和毫秒这些边界的方法，使得 DATEDIFF 给出的结果在全部数据类型中是一
致的。结果是带正负号的整数值，其等于跨第一个和第二个日期间的 datepart 边界数。例如，
在 1 月 4 日（星期日）和 1 月 11 日（星期日）之间的星期数是 1。

【例 6.38】使用 DATEDIFF 函数，返回两个日期之间的天数，SQL 语句及运行结果如图 6.37 所

示。（**实例位置：资源包\TM\sl\6\38**）

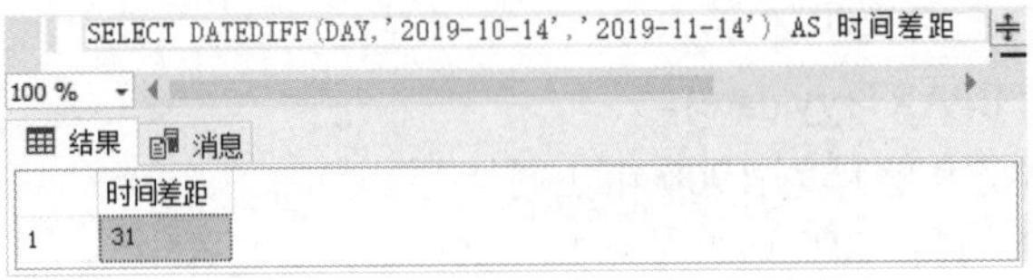

图 6.37　返回两个日期之间的天数

SQL 语句如下：

```
SELECT DATEDIFF(DAY,'2019-10-14','2019-11-14') AS 时间差距
```

6.4.7　DATEADD（添加日期时间）函数

DATEADD（添加日期时间）函数将表示日期或时间间隔的数值与日期中指定的日期部分相加后，返回一个新的 DT_DBTIMESTAMP 值。number 参数的值必须为整数，而 date 参数的取值必须为有效日期。语法如下：

```
DATEADD(datepart, number, date)
```

参数说明如下。

☑　datepart：指定要与数值相加的日期部分的参数。

☑　number：用于与 datepart 相加的值。该值必须是分析表达式时已知的整数值。

☑　date：返回有效日期或日期格式的字符串的表达式。

SQL Server 识别的日期部分和缩写如表 6.9 所示。

> **注意**
>
> 如果指定一个不是整数的值，则废弃此值的小数部分。

【**例 6.39**】使用 DATEADD 函数，在现在时间上加一个月的时间，SQL 语句及运行结果如图 6.38 所示。（**实例位置：资源包\ TM\sl\6\39**）

SQL 语句如下：

```
SELECT GETDATE() AS '现在时间'
SELECT DATEADD("Month", 1,GETDATE())
AS '加一个月的时间'
```

【**例 6.40**】使用 DATEADD 函数，在现在时间上加两天时间，SQL 语句及运行结果如图 6.39 所示。（**实例位置：资源包\TM\sl\6\40**）

SQL 语句如下：

```
SELECT GETDATE() AS '现在时间'
SELECT DATEADD("DAY", 2,GETDATE())
AS '加两天的时间'
```

【**例 6.41**】使用 DATEADD 函数，在现在时间上加一年时间，SQL 语句及运行结果如图 6.40 所示。（**实例位置：资源包\TM\sl\6\41**）

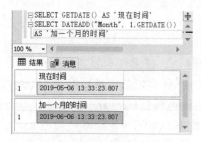

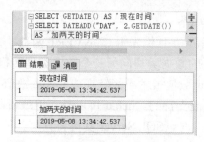

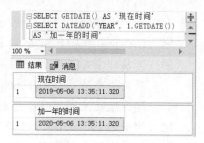

图 6.38　在现在时间上加一个月　　图 6.39　在现在时间上加两天　　图 6.40　在现在时间上加一年

SQL 语句如下：

```
SELECT GETDATE() AS '现在时间'
SELECT DATEADD("YEAR", 1,GETDATE())
AS '加一年的时间'
```

6.5　转换函数

如果 SQL Server 没有自动执行数据类型的转换，则可以使用 CAST 和 CONVERT 转换函数将一种数据类型的表达式转换为另一种数据类型的表达。例如，如果比较 char 和 datetime 表达式、smallint 和 int 表达式或不同长度的 char 表达式，则 SQL Server 自动对这些表达式进行转换。

6.5.1　转换函数概述

当遇到类型转换的问题时，可以使用 SQL Server 提供的 CAST 和 CONVERT 函数。这两种函数不但可以将指定的数据类型转换为另一种数据类型，还可用来获得各种特殊的数据格式。CAST 和 CONVERT 函数都可用于选择列表、WHERE 子句和允许使用表达式的任何地方。

在 SQL Server 中数据类型转换分为以下两种。

☑　隐性转换：SQL Server 自动处理某些数据类型的转换。例如，如果比较 char 和 datetime 表达式、smallint 和 int 表达式或不同长度的 char 表达式，SQL Server 可将它们自动转换，这种转换称为隐性转换，对这些转换不必使用 CAST 函数。

☑　显式转换：显式转换是指 CAST 和 CONVERT 函数将数值从一种数据类型（局部变量、列或其他表达式）转换到另一种数据类型。

 说明

隐性转换对用户是不可见的，SQL Server 自动将数据从一种数据类型转换成另一种数据类型。例如，如果一个 smallint 变量和一个 int 变量相比较，这个 smallint 变量在比较前即被隐性转换成 int 变量。

有关转换函数使用的几点说明如下。

☑ CAST 函数基于 SQL-92 标准并且优先于 CONVERT 函数。

☑ 当从一个 SQL Server 对象的数据类型向另一个数据类型转换时，一些隐性和显式数据类型转换是不支持的。例如，nchar 数值根本不能转换成 image 数值。nchar 只能显式地转换成 binary，隐性地转换到 binary 是不被支持的。nchar 可以显式地或者隐性地转换成 nvarchar。

☑ 当处理 sql_variant 数据类型时，SQL Server 支持将具有其他数据类型的对象隐性转换成 sql_variant 类型。然而，SQL Server 并不支持从 sql_variant 数据类型隐性地转换到其他数据类型的对象。

6.5.2　CAST 函数

CAST 函数用于将某种数据类型的表达式显式转换为另一种数据类型。语法如下：

```
CAST(expression AS data_type)
```

参数说明如下。

☑ expression：表示任何有效的 SQL Server 表达式。

☑ AS：用于分隔两个参数，在 AS 之前的是要处理的数据，在 AS 之后的是要转换的数据类型。

☑ data_type：表示目标系统所提供的数据类型，包括 bigint 和 sql_variant，不能使用用户定义的数据类型。

☑ 使用 CAST 函数进行数据类型转换时，在下列情况下能够被接受。

☑ 两个表达式的数据类型完全相同。

☑ 两个表达式可隐性转换。

☑ 必须显式转换数据类型。

如果试图进行不可能的转换（例如，将含有字母的 char 表达式转换为 int 类型），SQL Server 将显示一条错误信息。

如果转换时没有指定数据类型的长度，SQL Server 自动提供长度为 30。

【例 6.42】使用 CAST 函数将字符串"MINGRIKEJI" 转换为 NVARCHAR(6)类型，SQL 语句及运行结果如图 6.41 所示。（**实例位置：资源包\TM\sl\6\42**）

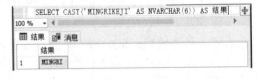

图 6.41　使用 CAST 函数转换字符串

SQL 语句如下：

```
SELECT CAST('MINGRIKEJI' AS NVARCHAR(6)) AS 结果
```

6.5.3　CONVERT 函数

CONVERT 函数与 CAST 函数的功能相似。CONVERT 函数不是一个 ANSI 标准 SQL 函数，它可以按照指定的格式将数据转换为另一种数据类型。语法如下：

```
CONVERT(data_type[ (length) ],expression [, style])
```

参数说明如下。

☑ data_type：表示目标系统提供的数据类型，包括 bigint 和 sql_variant。不能使用用户定义的数据类型。

☑ length：为 nchar、nvarchar、char、varchar、binary 和 varbinary 数据类型的可选参数。参数 expression 表示任何有效的 SQL Server 表达式。

☑ style：为日期样式，指定当将 datetime 数据转换为某种字符数据时或将某种字符数据转换为 datetime 数据时使用 style 中的样式。

style 日期样式如表 6.10 所示。

表 6.10　style 日期样式

样　　式	说　　明	输入/输出格式
0 或 100(*)	默认值	mon dd yyyy hh:mi AM（或者 PM）
1/101	美国	mm/dd/yyyy
2/102	ANSI	yy.mm.dd
3/103	英国/法国	dd/mm/yy
4/104	德国	dd.mm.yy
5/105	意大利	dd-mm-yy
6/106	—	dd mon yy
7/107	—	mon dd,yy
8/108	—	hh:mm:ss
9 或 109(*)	默认值+毫秒	mon dd yyyy hh:mi:ss:mmmAM（或者 PM）
10 或 110	美国	mm-dd-yy
11 或 111	日本	yy/mm/dd
12 或 112	ISO	yymmdd
13 或 113(*)	欧洲默认值+毫秒	dd mon yyyy hh:mm:ss:mmm（24h）
14 或 114	—	hh:mi:ss:mmm（24h）
20 或 120(*)	ODBC 规范	yyyy-mm-dd hh:mm:ss（24h）
21 或 121(*)	ODBC 规范（带毫秒）	yyyy-mm-dd hh:mm:ss.mmm（24h）
126	ISO8601	yyyy-mm-dd Thh:mm:ss:mmm（不含空格）
130	科威特	dd mon yyyy hh:mi:ss:mmmAM（或者 PM）
131	科威特	dd/mm/yy hh:mi:ss.mmmAM（或者 PM）

【例 6.43】显示当前日期和时间，并使用 CAST 函数将当前日期和时间改为字符数据类型，然后使用 CONVERT 函数以 ISO8601 格式显示日期和时间，SQL 语句及运行结果如图 6.42 所示。（**实例位置：资源包\TM\sl\6\43**）

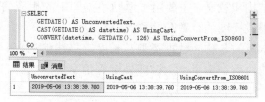

图 6.42　转换数据类型（1）

SQL 语句如下：

```
SELECT
    GETDATE() AS UnconvertedText,
    CAST(GETDATE() AS datetime) AS UsingCast,
    CONVERT(datetime, GETDATE(), 126) AS UsingConvertFrom_ISO8601;
GO
```

【例 6.44】将当前日期和时间显示为字符数据，并使用 CAST 函数将字符数据改为 datetime 数据类型，然后使用 CONVERT 函数将字符数据改为 datetime 数据类型，SQL 语句及运行结果如图 6.43 所示。（实例位置：资源包\TM\sl\6\44）

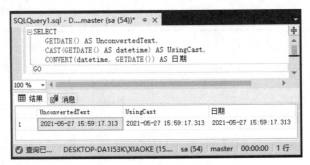

图 6.43　转换数据类型（2）

SQL 语句如下：

```
SELECT
    GETDATE() AS UnconvertedText,
    CAST(GETDATE() AS datetime) AS UsingCast,
    CONVERT(datetime, GETDATE()) AS 日期;
GO
```

6.6　元数据函数

元数据函数主要是返回与数据库相关的信息，本节介绍常用的元数据函数——COL_LENGTH 函数、COL_NAME 函数和 DB_NAME 函数。

6.6.1　元数据函数概述

元数据函数描述数据的结构和意义，主要用于返回数据库中的相应信息，其中包括以下几个方面。

☑　返回数据库中数据表或视图的个数和名称。

☑　返回数据表中数据字段的名称、数据类型、长度等描述信息。

☑　返回数据表中定义的约束、索引、主键或外键等信息。

常用的元数据函数及其说明如表 6.11 所示。

表 6.11　常用的元数据函数及其说明

函 数 名 称	说　　明
COL_LENGTH	返回列的定义长度（以字节为单位）
COL_NAME	返回数据库列的名称，该列具有相应的表标识号和列标识号
DB_NAME	返回数据库名

6.6.2　COL_LENGTH（数据列的定义长度）函数

COL_LENGTH 函数用于返回列的定义长度。语法如下：

```
COL_LENGTH( 'table' , 'column' )
```

参数说明如下。

☑　table：数据表名。

☑　column：数据表的列名。

【例 6.45】首先创建一个数据表，然后使用 COL_LENGTH 函数返回指定列定义的长度，SQL 语句及运行结果如图 6.44 所示。（实例位置：资源包\TM\sl\6\45）

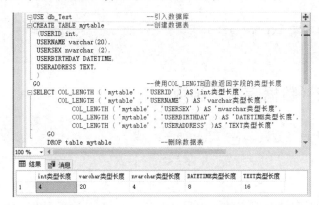

图 6.44　返回字段类型的长度

SQL 语句如下：

```
USE db_Test                                      --引入数据库
CREATE TABLE mytable                             --创建数据表
 (USERID int,
  USERNAME varchar(20),
  USERSEX nvarchar (2),
  USERBIRTHDAY DATETIME,
  USERADDRESS TEXT,
 )
GO                                               --使用 COL_LENGTH 函数返回字段的类型长度
SELECT COL_LENGTH ( 'mytable' , 'USERID' ) AS 'int 类型长度',
     COL_LENGTH ( 'mytable' , 'USERNAME' ) AS 'varchar 类型长度',
          COL_LENGTH ( 'mytable' , 'USERSEX' ) AS 'nvarchar 类型长度',
          COL_LENGTH ( 'mytable' , 'USERBIRTHDAY' ) AS 'DATETIME 类型长度',
          COL_LENGTH ( 'mytable' , 'USERADDRESS' )AS 'TEXT 类型长度'
     GO
     DROP table mytable                          --删除数据表
```

6.6.3　COL_NAME（数据库列的名称）函数

COL_NAME 函数用于返回数据库列的名称。语法如下：

```
COL_NAME( table_id , column_id )
```

参数说明如下。

- ☑　table_id：包含数据库列的表的标识号，table_id 属于 int 类型。
- ☑　column_id：表示列的标识号，column_id 属于 int 类型。

【例 6.46】使用 COL_NAME 函数，返回 db_Test 数据库的 Employee 表中首列的名称，SQL 语句及运行结果如图 6.45 所示。（**实例位置：资源包\TM\sl\6\46**）

SQL 语句如下：

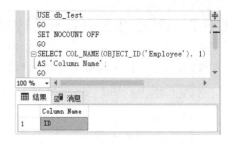

图 6.45　返回 Employee 表中首列的名称

```
USE db_Test
GO
SET NOCOUNT OFF
GO
SELECT COL_NAME(OBJECT_ID('Employee'), 1)
AS 'Column Name';
GO
```

6.6.4　DB_NAME（数据库名）函数

DB_NAME 函数用于返回数据库名。语法如下：

```
DB_NAME( [ database_id ] )
```

参数说明如下。

- ☑　database_id：要返回的数据库的标识号（ID）。database_id 的数据类型为 int，无默认值。如果未指定 ID，则返回当前数据库名称。
- ☑　返回类型：nvarchar（128）类型。

【例 6.47】使用 DB_NAME 函数返回当前数据库的名称，SQL 语句及运行结果如图 6.46 所示。（**实例位置：资源包\TM\sl\6\47**）

SQL 语句如下：

图 6.46　返回当前数据库的名称

```
SELECT DB_NAME() AS [Current Database]
GO
```

6.7　小　　结

本章主要对 SQL 中常用的函数进行了讲解，并通过具体实例介绍了各个函数的使用方法。通过本章的学习，读者应该能够掌握常用的 SQL 函数及其使用方法，并能够在实际应用中使用这些 SQL 函数提高工作效率。

6.8　实践与练习

（答案位置：资源包\TM\sl\6\实践与练习\）

1．在图书信息（TB_ASPNETBOOK）中查询出版日期在 10 月的图书名称及其出版日期，并按出版日期排序。

2．将学生报名数据表 tb_stu05 中的"学号"字段的第 2 个和第 3 个字符删除，然后在此位置插入新的字符串"200900"，生成新的字符串。

3．利用 MAX 函数实现在销售员表（tb_Seller）中查询月销售额最多的员工信息。

第 7 章

SQL 数据查询基础

本章主要介绍针对数据表记录的常用查询，包括使用 SELECT 检索数据、使用 UNION 将多个查询结果进行合并等。通过本章的学习，读者可以应用各种查询语句对数据表中的记录进行访问。

本章知识架构及重难点如下：

7.1　SELECT 检索数据

查询是 SQL 的核心内容，SELECT 语句是 SQL 语句中功能最强大也是最复杂的语句。

SELECT 语句的作用是让数据库服务器根据客户的要求搜索需要的信息，并按规定的格式整理、返回客户端。

7.1.1　SELECT 语句的基本结构

SELECT 语句主要是从数据库中检索行或列，并允许从一个或多个表中选择一个或多个行或列。
SELECT 语句的语法如下：

```
<SELECT statement> ::=
    [WITH <common_table_expression> [,...n]]
    <query_expression>
    [ ORDER BY { order_by_expression | column_position [ ASC | DESC ] }
  [ ,...n ] ]
    [ COMPUTE
  { { AVG | COUNT | MAX | MIN | SUM } ( expression ) } [ ,...n ]
  [ BY expression [ ,...n ] ]
    ]
    [ <FOR Clause>]
    [ OPTION ( <query_hint> [ ,...n ] ) ]
<query_expression> ::=
    { <query_specification> | ( <query_expression> ) }
    [  { UNION [ ALL ] | EXCEPT | INTERSECT }
        <query_specification> | ( <query_expression> ) [...n ] ]
<query_specification> ::=
SELECT [ ALL | DISTINCT ]
    [TOP expression [PERCENT] [ WITH TIES ] ]
    < select_list >
    [ INTO new_table_name]
    [ FROM { <table_source> } [ ,...n ] ]
    [ WHERE <search_condition> ]
    [ <GROUP BY> ]
[ HAVING < search_condition > ]
```

虽然 SELECT 语句的完整语法较复杂，但其主要子句归纳如下：

```
[ WITH <common_table_expression>]
SELECT select_list [ INTO new_table ]
[ FROM table_source ] [ WHERE search_condition ]
[ GROUP BY group_by_expression]
[ HAVING search_condition]
[ ORDER BY order_expression [ ASC | DESC ] ]
```

SELECT 语句的参数及其说明如表 7.1 所示。

表 7.1　SELECT 语句的参数及其说明

参　　数	说　　明
WITH <common_table_expression>	指定临时命名的结果集，这些结果集称为公用表表达式
select_list	指定由查询返回的列。它是由一个逗号分隔的表达式列表。每个表达式同时定义格式（数据类型和大小）和结果集列的数据来源。每个选择列表表达式通常是对从中获取数据的表源或视图的列的引用，也可能是其他表达式，如常量或 SQL 函数。在选择列表中使用*表达式指定返回源表中的所有列
INTO new_table_name	创建新表并将查询行从查询插入新表中。new_table_name 指定新表的名称

续表

参 数	说 明
FROM table_source	指定从其中检索行的表。这些来源可能包括基表、视图和链接表。FROM 子句还可包含连接说明，该说明定义了 SQL Server 用来在表之间进行导航的特定路径。FROM 子句还用在 DELETE 和 UPDATE 语句中以定义要修改的表
WHERE search_condition	WHERE 子句指定用于限制返回的行的搜索条件。WHERE 子句还用在 DELETE 和 UPDATE 语句中以定义目标表中要修改的行
group_by_expression	GROUP BY 子句根据 group_by_list 列中的值将结果集分成组。例如，student 表在"性别"中有两个值。GROUP BY 性别子句将结果集分成两组，每组对应性别的一个值
HAVING search_condition	HAVING 子句是指定组或聚合的搜索条件。从逻辑上讲，HAVING 子句从中间结果集中对行进行筛选，这些中间结果集是用 SELECT 语句中的 FROM、WHERE 或 GROUP BY 子句创建的。HAVING 子句通常与 GROUP BY 子句一起使用，尽管 HAVING 子句前面不必有 GROUP BY 子句
ORDER BY order_expression [ASC | DESC]	ORDER BY 子句定义结果集中的行排列的顺序。order_list 指定组成排序列表的结果集的列。ASC 和 DESC 关键字指定行是按升序还是按降序排序。ORDER BY 之所以重要，是因为关系理论规定，除非已经指定 ORDER BY，否则不能假设结果集中的行带有任何序列。如果结果集行的顺序对于 SELECT 语句来说很重要，那么在该语句中就必须使用 ORDER BY 子句

7.1.2　WITH 子句

WITH 子句指定临时命名的结果集，这些结果集称为公用表表达式。该表达式源自简单查询，并且在单条 SELECT、INSERT、UPDATE 或 DELETE 语句的执行范围内定义。语法如下：

```
[ WITH <common_table_expression> [ ,...n ] ]
<common_table_expression>::=
        expression_name [ ( column_name [ ,...n ] ) ]
    AS
        ( CTE_query_definition )
```

参数说明如下。

☑　expression_name：公用表表达式的有效标识符。

☑　column_name：在公用表表达式中指定列名。

☑　CTE_query_definition：指定一个其结果集填充公用表表达式的 SELECT 语句。

【例 7.1】创建公用表表达式，计算 Employee 数据表中 Age 字段中每一年龄员工的数量。（**实例位置：资源包\TM\sl\7\1**）

SQL 语句如下：

```
USE db_Test
WITH AgeReps(Age, AgeCount) AS
(
    SELECT Age, COUNT(*)
    FROM Employee AS AgeReports
    WHERE Age IS NOT NULL
    GROUP BY Age
```

```
)
SELECT Age, AgeCount
FROM AgeReps
```

运行结果如图 7.1 所示，Employee 表中的数据信息如图 7.2 所示。

【例 7.2】创建公用表表达式，计算 Employee 数据表中员工 Age 的平均值，SQL 语句及运行结果如图 7.3 所示。（实例位置：资源包\TM\sl\7\2）

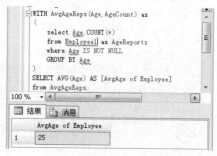

	Age	AgeCount
1	22	1
2	23	1
3	24	3
4	25	3
5	26	2
6	27	2

ID	Name	Sex	Age
001	张子婷	女	24
002	王子行	男	26
003	李开	女	25
004	赵小小	女	27
005	田飞飞	女	23
006	肖一子	男	24
007	王婷	女	22
008	王一	女	26
010	赵行	男	27
011	张子行	女	24
012	雨涵	女	25
013	雨欣	女	25

图 7.1　公用表表达式运行结果　　图 7.2　Employee 表中的数据信息　　图 7.3　创建公用表表达式计算员工年龄平均值

SQL 语句如下：

```
USE db_Test
WITH AvgAgeReps(Age, AgeCount) AS
(
    SELECT Age, COUNT(*)
    FROM Employee AS AgeReports
    WHERE Age IS NOT NULL
    GROUP BY Age
)
SELECT AVG(Age) AS [AvgAge of Employee]
FROM AvgAgeReps
```

7.1.3　SELECT…FROM 子句

SELECT 表明要读取的信息，FROM 指定要从中获取数据的一个或多个表的名称。SELECT…FROM 构成了一个基本的查询语句。语法如下：

```
SELECT [ ALL | DISTINCT ]
[ TOP expression [ PERCENT ] [ WITH TIES ] ]
<select_list> [ FROM { <table_source> } [ ,...n ] ]
<select_list> ::=
{
        *
    | { table_name | view_name | table_alias }.*
    | {
        [ { table_name | view_name | table_alias }. ]
            { column_name | $IDENTITY | $ROWGUID }
        | udt_column_name [ { . | :: } { { property_name | field_name }
          | method_name ( argument [ ,...n] ) } ]
        | expression
        [ [ AS ] column_alias ]
        }
    | column_alias = expression
} [ ,...n ]
```

```
<table_source> ::=
{
        table_or_view_name [ [ AS ] table_alias ] [ <tablesample_clause> ]
        [ WITH ( < table_hint > [ [ , ]...n ] ) ]
    | rowset_function [ [ AS ] table_alias ]
        [ ( bulk_column_alias [ ,...n ] ) ]
        | user_defined_function [ [ AS ] table_alias ] [ (column_alias [ ,...n ] ) ]
    | OPENXML <openxml_clause>
    | derived_table [ AS ] table_alias [ ( column_alias [ ,...n ] ) ]
    | <joined_table>
    | <pivoted_table>
    | <unpivoted_table>
      | @variable [ [ AS ] table_alias ]
      | @variable.function_call ( expression [ ,...n ] ) [ [ AS ] table_alias ] [ (column_alias [ ,...n ] ) ]
}
<tablesample_clause> ::=
    TABLESAMPLE [SYSTEM] ( sample_number [ PERCENT | ROWS ] )
        [ REPEATABLE ( repeat_seed ) ]
<joined_table> ::=
{
    <table_source> <join_type> <table_source> ON <search_condition>
    | <table_source> CROSS JOIN <table_source>
    | left_table_source { CROSS | OUTER } APPLY right_table_source
    | [ ( ] <joined_table> [ ) ]
}
<join_type> ::=
    [ { INNER | { { LEFT | RIGHT | FULL } [ OUTER ] } } [ <join_hint> ] ]
    JOIN
```

SELECT…FROM 子句的参数及其说明如表 7.2 所示。

表 7.2 SELECT…FROM 子句的参数及其说明

参　　　数	说　　明
ALL	指定在结果集中可以包含重复行。ALL 是默认值
DISTINCT	指定在结果集中只能包含唯一行。对于 DISTINCT 关键字，NULL 值是相等的
TOP expression [PERCENT] [WITH TIES]	指示只能从查询结果集返回指定的第一组行或指定的百分比数的行。expression 可以是指定数目或百分比数的行
<select_list>	要为结果集选择的列表。选择列表是以逗号分隔的一系列表达式。可在选择列表中指定表达式的最大数是 4096
<table_source>	要从中获取数据的表的名称
*	指定返回 FROM 子句中的所有表和视图中的所有列，这些列按 FROM 子句中指定的表或视图顺序返回，并对应于它们在表或视图中的顺序
{table_name	view_name	table_alias}.*	将*的作用域限制为指定的表或视图
column_name	要返回的列名
expression	常量、函数以及由一个或多个运算符连接的列名、常量和函数的任意组合，或者是子查询。例如，在表达式中可以使用行聚合函数（又称统计函数），SQL Server 中常用的行聚合函数和功能如表 7.3 所示
<table_source>	指定要在 SQL 语句中使用的表、视图或派生表源（有无别名均可）
table_or_view_name	表或视图的名称

续表

参　　数	说　　明
WITH (<table_hint>)	指定查询优化器对此表和此语句使用优化或锁定策略
rowset_function	指定其中一个行集函数（如 OPENROWSET），该函数返回可用于替代表引用的对象
[AS] table_alias	table_source 的别名，可带来使用上的方便，也可用于区分自连接或子查询中的表或视图。别名往往是一个缩短了的表名，用于在连接中引用表的特定列
<tablesample_clause>	指定返回来自表的数据样本
bulk_column_alias	代替结果集内列名的可选别名。只允许在使用 OPENROWSET 函数和 BULK 选项的 SELECT 语句中使用列别名
user_defined_function	指定表值函数
OPENXML <openxml_clause>	通过 XML 文档提供行集视图
derived_table	从数据库中检索行的子查询。用作外部查询的输入
column_alias	代替派生表的结果集内列名的可选别名。在选择列表中的每个列包括一个列别名，并将整个列别名列表用圆括号括起来
SYSTEM	ISO 标准指定的依赖于实现的抽样方法
sample_number	表示行的百分比或行数的精确或近似的常量数值表达式
PERCENT	指定应该从表中检索表行的 sample_number 百分比
ROWS	指定将检索的行的近似 sample_number
REPEATABLE	指示可以再次返回选定的样本
repeat_seed	SQL Server 用于生成随机数的常量整数表达式
<joined_table>	由两个或更多表的积构成的结果集
<join_type>	指定连接操作的类型
INNER	指定返回所有匹配的行
FULL [OUTER]	指定在结果集中包括左表或右表中不满足连接条件的行，并将对应于另一个表的输出列设为 NULL。这是对通常由 INNER JOIN 返回的所有行的补充
LEFT [OUTER]	指定在结果集中包括左表中所有不满足连接条件的行，并在由内部连接返回的所有行之外，将与另外一个表对应的输出列设为 NULL
RIGHT [OUTER]	指定在结果集中包括右表中所有不满足连接条件的行，且在由内部连接返回的所有行之外，将与另外一个表对应的输出列设为 NULL
<join_hint>	指定 SQL Server 查询优化器为在查询的 FROM 子句中指定的每个连接使用一个连接提示或执行算法
JOIN	指示指定的连接操作应在指定的表源或视图之间执行

表 7.3　SQL Server 中常用的行聚合函数和功能

行聚合函数	功　　能
COUNT(*)	返回组中的项数
COUNT ({ [[ALL ｜ DISTINCT] 列名] })	返回某列的个数
AVG ({ [[ALL ｜ DISTINCT] 列名] })	返回某列的平均值
MAX ({ [[ALL ｜ DISTINCT] 列名] })	返回某列的最大值
MIN ({ [[ALL ｜ DISTINCT] 列名] })	返回某列的最小值
SUM ({ [[ALL ｜ DISTINCT] 列名] })	返回某列值的和

【例 7.3】查询 Employee 表中的所有列的信息，SQL 语句及运行结果如图 7.4 所示。（实例位置：资源包\TM\sl\7\3）

SQL 语句如下：

```
SELECT ID,Name,Sex,Age
FROM Employee
```

上面的查询语句等价于：

```
SELECT * FROM Employee
```

【例 7.4】查询 Employee 表中员工的 ID、Name、Sex，SQL 语句及运行结果如图 7.5 所示。（实例位置：资源包\TM\sl\7\4）

SQL 语句如下：

```
SELECT ID,Name,Sex
From Employee
```

在例 7.4 的查询语句中，还可以以表名作为前缀，代码如下：

```
use db_Test
SELECT Employee.ID,Employee.Name,Employee.Sex
FROM Employee
```

【例 7.5】查询 Employee 表中所有信息，并分别为列起别名为 ID（员工编号）、Name（姓名）、Sex（性别）、Age（年龄），SQL 语句及运行结果如图 7.6 所示。（实例位置：资源包\TM\sl\7\5）

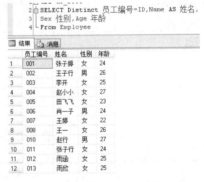

图 7.4　查询 Employee 表中的所有列的信息　　图 7.5　查询 Employee 表中某列的信息　　图 7.6　为 Employee 表中的列起别名

SQL 语句如下：

```
SELECT Distinct 员工编号=ID,Name AS 姓名,
Sex 性别,Age 年龄
From Employee
```

例 7.5 中使用了别名的 3 种定义方法。

☑　别名=列名

☑　列名 AS 别名

☑　列名　别名

【例 7.6】查询 Employee 表中的最大 Age，SQL 语句及运行结果如图 7.7 所示。（实例位置：资源包\TM\sl\7\6）

图 7.7　查询 Employee 表中的最大 Age

SQL 语句如下：

```
SELECT MAX(Age) 最大年龄
From Employee
```

7.1.4　INTO 子句

创建新表并将来自查询的结果行插入新表中。语法如下：

```
[ INTO new_table ]
```

参数 new_table 用来根据选择列表中的列和 WHERE 子句选择的行，指定要创建的新表名。new_table 的格式通过对选择列表中的表达式进行取值来确定。new_table 中的列按选择列表指定的顺序创建。new_table 中的每列与选择列表中的相应表达式具有相同的名称、数据类型和值。

【例 7.7】使用 INTO 子句创建一个新表 tb_Employee，tb_Employee 表中包含 Employee 表中的 Name 和 Age 字段。（实例位置：资源包\TM\sl\7\7）

SQL 语句如下：

```
use db_Test
select　Name,Age　into tb_Employee From Employee
```

tb_Employee 表中的记录如图 7.8 所示。

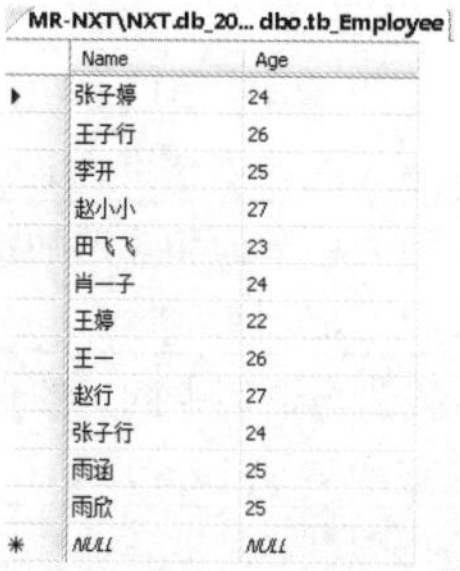

MR-NXT\NXT.db_20... dbo.tb_Employee	
Name	Age
张子娜	24
王子行	26
李开	25
赵小小	27
田飞飞	23
肖一子	24
王婷	22
王一	26
赵行	27
张子行	24
雨涵	25
雨欣	25
NULL	NULL

图 7.8　tb_Employee 表中的记录

7.1.5　WHERE 子句

指定查询返回的行的搜索条件。语法如下：

```
WHERE <search_condition>
<search_condition> ::=
    { [ NOT ] <predicate> | ( <search_condition> ) }
```

```
        [ { AND | OR } [ NOT ] { <predicate> | ( <search_condition> ) } ]
  [ ,...n ]
  <predicate> ::=
        { expression { = | < > | ! = | > | > = | ! > | < | < = | ! < } expression
        | string_expression [ NOT ] LIKE string_expression
      [ ESCAPE 'escape_character' ]
        | expression [ NOT ] BETWEEN expression AND expression
        | expression IS [ NOT ] NULL
        | CONTAINS
        ( { column | * } , '< contains_search_condition >' )
        | FREETEXT ( { column | * } , 'freetext_string' )
        | expression [ NOT ] IN ( subquery | expression [ ,...n ] )
        | expression { = | < > | ! = | > | > = | ! > | < | < = | ! < }
  { ALL | SOME | ANY} ( subquery )
        | EXISTS ( subquery )        }
```

WHERE 子句的参数及其说明如表 7.4 所示。

表 7.4　WHERE 子句的参数及其说明

参　　数	说　　明
<search_condition>	指定在 SELECT 语句、查询表达式或子查询的结果集中返回的行的条件
NOT	对谓词指定的布尔表达式求反
AND	组合两个条件，并在两个条件都为 TRUE 时取值为 TRUE
OR	组合两个条件，并在任何一个条件为 TRUE 时取值为 TRUE
<predicate>	返回 TRUE、FALSE 或 UNKNOWN 的表达式
expression	列名、常量、函数、变量、标量子查询，或者是通过运算符或子查询连接的列名、常量和函数的任意组合。表达式还可以包含 CASE 函数
string_expression	字符串和通配符
[NOT] LIKE	指示后续字符串使用时要进行模式匹配
ESCAPE 'escape_character'	允许在字符串中搜索通配符，而不是将其作为通配符使用。escape_character 是放在通配符前表示此特殊用法的字符
[NOT] BETWEEN	指定值的包含范围。使用 AND 分隔开始值和结束值
IS [NOT] NULL	根据使用的关键字，指定是否搜索空值或非空值。如果有任何一个操作数为 NULL，则包含位运算符或算术运算符的表达式的计算结果为 NULL
CONTAINS	在包含字符数据的列中，搜索单个词和短语的精确或不精确（"模糊"）的匹配项、在一定范围内相同的近似词以及加权匹配项
FREETEXT	在包含字符数据的列中，搜索与谓词中的词的含义相符而非精确匹配的值，提供一种形式简单的自然语言查询。此选项只能与 SELECT 语句一起使用
[NOT] IN	根据是在列表中包含还是排除某表达式，指定对该表达式的搜索
subquery	可以看成受限的 SELECT 语句，与 SELECT 语句中的<query_expresssion>相似。不允许使用 ORDER BY 子句、COMPUTE 子句和 INTO 关键字
ALL	与比较运算符和子查询一起使用。如果子查询检索的所有值都满足比较运算，则为<predicate>，返回 TRUE；如果并非所有值都满足比较运算或子查询未向外部语句返回行，则返回 FALSE
{ SOME	ANY }	与比较运算符和子查询一起使用。如果子查询检索的任何值都满足比较运算，则为<谓词>，返回 TRUE；如果子查询内没有值满足比较运算或子查询未向外部语句返回行，则返回 FALSE。在其他情况下，表达式为 UNKNOWN
EXISTS	与子查询一起使用，用于测试是否存在子查询返回的行

由于 WHERE 子句的复杂性，下面按参数的先后顺序进行详细的介绍。

1. 逻辑运算符

如果想把几个单一条件组合成一个复合条件，就需要使用逻辑运算符 NOT、AND 和 OR，才能完成复合条件的查询。

（1）NOT：对布尔型输入取反，使用 NOT 返回不满足表达式的行。语法如下：

```
[ NOT ] boolean_expression
```

参数说明如下。

☑　boolean_expression：任何有效的布尔表达式。

☑　结果类型：Boolean 类型。

（2）AND：组合两个布尔表达式，当两个表达式均为 TRUE 时返回 TRUE。当语句中使用多个逻辑运算符时，将首先计算 AND 运算符。可以通过使用括号改变求值顺序。使用 AND 返回满足所有条件的行。语法如下：

```
boolean_expression AND boolean_expression
```

参数说明如下。

☑　boolean_expression：返回布尔值的任何有效表达式，即 TRUE、FALSE 或 UNKNOWN。

☑　结果类型：Boolean 类型。

（3）OR：将两个条件组合起来。在一个语句中使用多个逻辑运算符时，在 AND 运算符之后对 OR 运算符求值。使用括号可以更改求值的顺序。使用 OR 返回满足任一条件的行。语法如下：

```
boolean_expression OR boolean_expression
```

参数说明如下。

☑　boolean_expression：返回 TRUE、FALSE 或 UNKNOWN 的任何有效表达式。

☑　结果类型：Boolean 类型。

逻辑运算符的优先顺序是 NOT（最高），然后是 AND，最后是 OR。

【例 7.8】使用 AND 查询 Employee 表中 Age 等于 23 岁的女员工信息，SQL 语句及运行结果如图 7.9 所示。（**实例位置：资源包\TM\sl\7\8**）

SQL 语句如下：

```
SELECT * FROM Employee
WHERE Sex='女' AND Age = 23
```

【例 7.9】使用 OR 查询 Employee 表中编号是 001 或者是 002 的员工信息，SQL 语句及运行结果如图 7.10 所示。（**实例位置：资源包\TM\sl\7\9**）

图 7.9　使用 AND 查询

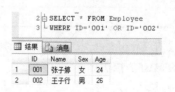

图 7.10　使用 OR 查询

SQL 语句如下：

```
SELECT * FROM Employee
WHERE ID='001' OR ID='002'
```

【例 7.10】使用 NOT 查询 Employee 表中 Age 不大于 24 岁的男员工信息，SQL 语句及运行结果如图 7.11 所示。（实例位置：资源包\TM\sl\7\10）

SQL 语句如下：

```
SELECT * FROM Employee
WHERE Sex='男' AND NOT Age >24
```

【例 7.11】使用 NOT、AND、OR 复合查询 Employee 表中 Age 不等于 24 岁的男员工信息或者 Age 等于 23 岁的女员工信息，SQL 语句及运行结果如图 7.12 所示。（实例位置：资源包\TM\sl\7\11）

图 7.11　使用 NOT 查询

图 7.12　使用 NOT、AND、OR 复合查询

SQL 语句如下：

```
SELECT * FROM Employee
WHERE Sex='男' AND NOT Age=24
OR Sex='女' AND Age=23
```

2. 比较运算符

在 WHERE 子句中，允许出现的比较运算符如表 7.5 所示。

表 7.5　比较运算符

运　算　符	说　　　明
=	用于测试两个表达式是否相等的运算符
<>	用于测试两个表达式彼此不相等的条件的运算符
!=	用于测试两个表达式彼此不相等的条件的运算符
>	用于测试一个表达式是否大于另一个表达式的运算符
>=	用于测试一个表达式是否大于或等于另一个表达式的运算符
!>	用于测试一个表达式是否不大于另一个表达式的运算符
<	用于测试一个表达式是否小于另一个表达式的运算符
<=	用于测试一个表达式是否小于或等于另一个表达式的运算符
!<	用于测试一个表达式是否不小于另一个表达式的运算符

【例 7.12】在 Employee 表中查询张子婷的详细信息，SQL 语句及运行结果如图 7.13 所示。（实例位置：资源包\TM\sl\7\12）

SQL 语句如下：

```
SELECT * FROM Employee
WHERE Name='张子婷'
```

说明

在 Employee 表中,"张子婷"属于 Name 列中的字段,所以在 WHERE 中的查询条件是"Name= '张子婷'"。

【例 7.13】在 Employee 表中查询 Age 大于 24 岁的员工信息,SQL 语句及运行结果如图 7.14 所示。(实例位置:资源包\TM\sl\7\13)

图 7.13　查询张子婷的详细信息　　图 7.14　查询 Age 大于 24 岁的员工信息

SQL 语句如下:

```
SELECT * FROM Employee
WHERE Age > 24
```

3. Like 关键字

使用 Like 关键字可以确定特定字符串是否与指定模式相匹配。模式可以包含常规字符和通配符。模式匹配过程中,常规字符必须与字符串中指定的字符完全匹配。但是,通配符可以与字符串的任意部分相匹配。语法如下:

```
match_expression [ NOT ] LIKE pattern [ ESCAPE escape_character ]
```

参数说明如下。

☑ match_expression:任何有效的字符数据类型的表达式。

☑ pattern:要在 match_expression 中搜索并且可以包括下列有效通配符的特定字符串。pattern 的最大长度可达 8000 B。

在 WHERE 子句中,允许出现的通配符如表 7.6 所示。

表 7.6　通配符

通 配 符	说　明	示　例
%	包含零个或多个字符的任意字符串	WHERE title LIKE '%computer%'将查找在书名中任意位置包含单词"computer"的所有书名
_(下画线)	任何单个字符	WHERE au_fname LIKE '_ean'将查找以 ean 结尾的所有 4 个字母的名字(如 Dean、Sean 等)
[ ]	指定范围([a~f])或集合([abcdef])中的任何单个字符	WHERE au_lname LIKE '[C-P]arsen'将查找以 arsen 结尾并且以介于 C 与 P 之间的任何单个字符开始的作者姓氏,如 Carsen、Larsen、Karsen 等
[^]	不属于指定范围([a~f])或集合([abcdef])的任何单个字符	WHERE au_lname LIKE 'de[^l]%'将查找以 de 开始并且其后的字母不为 1 的所有作者的姓氏

☑ escape_character：放在通配符之前用于指示通配符应当解释为常规字符而不是通配符的字符。它是字符表达式，无默认值，并且计算结果必须仅为一个字符。

（1）%通配符：包含零个或多个字符的任意字符串。

【例 7.14】在 Employee 表中查询姓“王”的员工信息，SQL 语句及运行结果如图 7.15 所示。Employee 表中的信息如图 7.16 所示。（**实例位置：资源包\TM\sl\7\14**）

	ID	Name	Sex	Age
1	002	王子行	男	26
2	003	王开	女	25
3	005	王飞飞	女	23
4	007	王婷	女	22
5	008	王一	女	26
6	012	王雨涵	女	25

图 7.15　查询姓“王”的员工信息

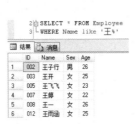

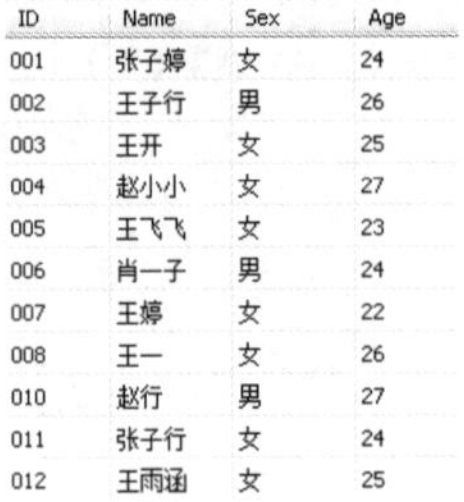

ID	Name	Sex	Age
001	张子婷	女	24
002	王子行	男	26
003	王开	女	25
004	赵小小	女	27
005	王飞飞	女	23
006	肖一子	男	24
007	王婷	女	22
008	王一	女	26
010	赵行	男	27
011	张子行	女	24
012	王雨涵	女	25

图 7.16　Employee 表中的信息

SQL 语句如下：

```
SELECT * FROM Employee
WHERE Name like '王%'
```

技巧

在 SQL Server 语句中，可以在查询条件的任意位置使用一个%符号代表任意长度的字符串。在设置查询条件时，也可以使用两个%，但最好不要连续使用两个%符号。

（2）_通配符：匹配任意单个字符。

【例 7.15】在 Employee 表中查询姓“王”并且名字只是两个字的员工信息，SQL 语句及运行结果如图 7.17 所示。（**实例位置：资源包\TM\sl\7\15**）

SQL 语句如下：

```
SELECT * FROM Employee
WHERE Name LIKE '王_'
```

【例 7.16】在 Employee 表中查询姓“王”并且最后一个字是“行”的员工信息，SQL 语句及运行结果如图 7.18 所示。（**实例位置：资源包\TM\sl\7\16**）

	ID	Name	Sex	Age
1	003	王开	女	25
2	007	王婷	女	22
3	008	王一	女	26

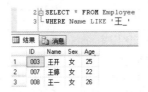

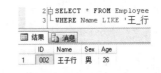

图 7.17　查询指定姓和姓名字数的信息

	ID	Name	Sex	Age
1	002	王子行	男	26

图 7.18　查询以指定字段开始和结尾的信息

SQL 语句如下：

```
SELECT * FROM Employee
WHERE Name LIKE '王_行'
```

（3）[ ]通配符：表示查询一定范围内的任意单个字符，包含两端数据。

【例 7.17】在 Employee 表中查询 Age 在 22～24 岁的员工信息，SQL 语句及运行结果如图 7.19 所示。（实例位置：资源包\TM\sl\7\17）

SQL 语句如下：

```
SELECT * FROM Employee
WHERE Age LIKE '2[2-4]'
```

说明

[2-4]表示 2～4 的数，包括 2，3，4。'2[2-4]'就表示 22, 23, 24。

（4）[^]通配符：表示查询不在一定范围内的任意单个字符，包含两端数据。

【例 7.18】在 Employee 表中查询 Age 不在 22～24 岁的员工信息，SQL 语句及运行结果如图 7.20 所示。（实例位置：资源包\TM\sl\7\18）

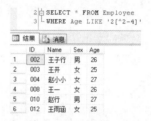

图 7.19　查询 Age 在 22～24 岁的员工信息　　　图 7.20　查询 Age 不在 22～24 岁的员工信息

SQL 语句如下：

```
SELECT * FROM Employee
WHERE Age LIKE '2[^2-4]'
```

4．BETWEEN 关键字

BETWEEN…AND 和 NOT…BETWEEN…AND 用来指定范围条件。使用 BETWEEN…AND 查询条件时，指定的第一个值必须小于第二个值。因为 BETWEEN…AND 实质是查询条件"大于或等于第一个值，并且小于或等于第二个值"的简写形式。语法如下：

```
test_expression [ NOT ] BETWEEN begin_expression AND end_expression
```

BETWEEN 关键字的参数及其说明如表 7.7 所示。

表 7.7　BETWEEN 关键字的参数及其说明

参　　数	说　　明
test_expression	要在由 begin_expression 和 end_expression 定义的范围内测试的表达式。test_expression 必须与 begin_expression 和 end_expression 具有相同的数据类型
NOT	指定谓词的结果被取反
begin_expression	任何有效的表达式。begin_expression 必须与 test_expression 和 end_expression 具有相同的数据类型
end_expression	任何有效的表达式。end_expression 必须与 test_expression 和 begin_expression 具有相同的数据类型
AND	用作一个占位符，指示 test_expression 应该处于由 begin_expression 和 end_expression 指定的范围内

【例 7.19】在 Employee 表中查询 Age 在 22～24 岁的员工信息，SQL 语句及运行结果如图 7.21 所示。（**实例位置：资源包\TM\sl\7\19**）

SQL 语句如下：

```
SELECT * FROM Employee
WHERE Age BETWEEN 22 AND 24
```

NOT…BETWEEN…AND 语句返回某个数据值是在两个指定值的范围以外的，但不包括两个指定的值。

【例 7.20】在 Employee 表中查询 Age 不在 22～24 岁的员工信息，SQL 语句及运行结果如图 7.22 所示。（**实例位置：资源包\TM\sl\7\20**）

图 7.21　使用 BETWEEN…AND 查询员工信息　　图 7.22　使用 NOT…BETWEEN…AND 查询员工信息

SQL 语句如下：

```
SELECT * FROM Employee
WHERE Age NOT BETWEEN 22 AND 24
```

5. IS（NOT）NULL 关键字

在 WHERE 子句中不能使用比较运算符（=）对空值进行判断，只能使用 IS（NOT）NULL 对空值进行查询。

【例 7.21】在 Employee 表中将张子婷和王子行的 Sex 列设置为空（NULL），然后在表中查询 Sex 为空的员工信息，SQL 语句及运行结果如图 7.23 所示。（**实例位置：资源包\TM\sl\7\21**）

SQL 语句如下：

```
SELECT * FROM Employee
WHERE Sex IS NULL
```

【例 7.22】在 Employee 表中查询 Sex 不为空的员工信息，SQL 语句及运行结果如图 7.24 所示。（**实例位置：资源包\TM\sl\7\22**）

SQL 语句如下：

```
SELECT * FROM Employee
WHERE Sex IS NOT NULL
```

6. IN 关键字

使用 IN 关键字指定列表搜索的条件，确定指定的值是否与子查询或列表中的值相匹配。语法如下：

```
test_expression [ NOT ] IN
    ( subquery | expression [ ,...n ]
    )
```

参数说明如下。

☑ test_expression：任何有效的表达式。

☑ subquery：包含某列结果集的子查询。该列必须与 test_expression 具有相同的数据类型。

☑ expression[,... n]：一个表达式列表，用来测试是否匹配。所有的表达式必须与 test_expression 具有相同的类型。

☑ 结果类型：Boolean 类型。

【例 7.23】在 Employee 表中查询 ID 是 001、002 和 003 的员工信息，SQL 语句及运行结果如图 7.25 所示。（**实例位置：资源包\TM\sl\7\23**）

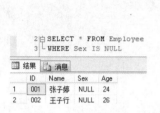  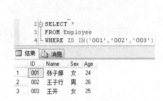

图 7.23　使用 IS NULL 查询员工信息　　图 7.24　使用 IS NOT NULL 查询员工信息　　图 7.25　使用 IN 查询员工信息

SQL 语句如下：

```
SELECT *   FROM Employee
WHERE ID IN('001','002','003')
```

【例 7.24】在 Employee 表中查询 ID 不是 001、002 和 003 的员工信息，SQL 语句及运行结果如图 7.26 所示。（**实例位置：资源包\TM\sl\7\24**）

SQL 语句如下：

```
SELECT * FROM Employee
WHERE ID NOT IN('001','002','003')
```

7．ALL、SOME、ANY 关键字

（1）ALL：比较标量值和单列集中的值。与比较运算符和子查询一起使用。>ALL 表示大于条件的每一个值，换句话说，就是大于最大值。语法如下：

```
scalar_expression { = | <> | != | > | >= | !> | < | <= | !< } ALL ( subquery )
```

参数说明如下。

☑ scalar_expression：任何有效的表达式。

☑ { = | <> | != | > | >= | !> | < | <= | !< }：比较运算符。

☑ subquery：返回单列结果集的子查询。返回列的数据类型必须与 scalar_expression 的数据类型相同。

☑ 结果类型：Boolean。

【例 7.25】在 Employee 表中查询 Age 大于张子婷和王子行的员工信息，SQL 语句及运行结果如图 7.27 所示。（**实例位置：资源包\TM\sl\7\25**）

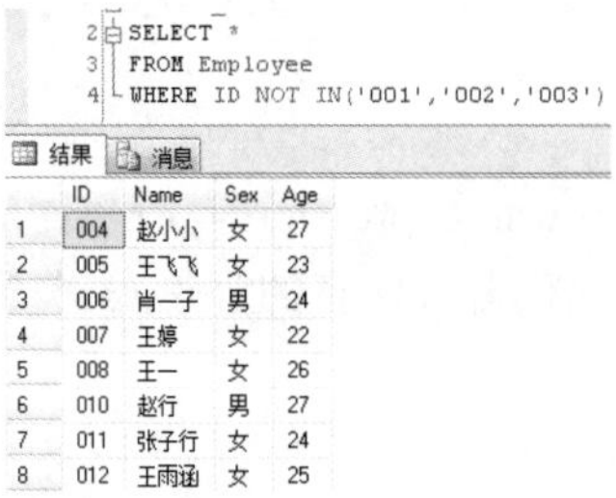

```
2   SELECT *
3   FROM Employee
4   WHERE ID NOT IN('001','002','003')
```

	ID	Name	Sex	Age
1	004	赵小小	女	27
2	005	王飞飞	女	23
3	006	肖一子	男	24
4	007	王婵	女	22
5	008	王一	女	26
6	010	赵行	男	27
7	011	张子行	女	24
8	012	王雨涵	女	25

图 7.26　使用 NOT IN 查询员工信息

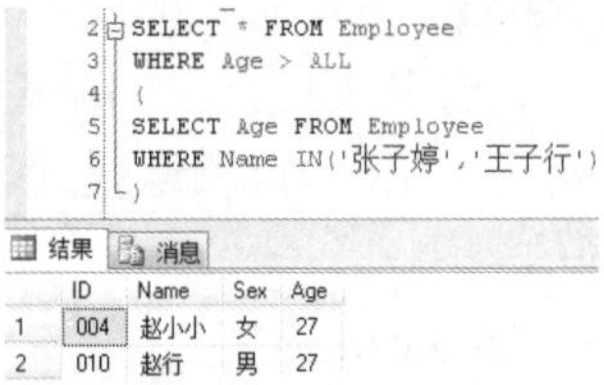

```
2   SELECT * FROM Employee
3   WHERE Age > ALL
4   (
5   SELECT Age FROM Employee
6   WHERE Name IN('张子婷','王子行')
```

	ID	Name	Sex	Age
1	004	赵小小	女	27
2	010	赵行	男	27

图 7.27　使用 ALL 查询员工信息

SQL 语句如下：

```
SELECT * FROM Employee
WHERE Age > ALL
(
SELECT Age FROM Employee
WHERE Name IN('张子婷','王子行')
)
```

说明

本例的 SELECT 语句中又包含一个 SELECT 语句，这种查询属于嵌套查询，在语句 SELECT Age FROM Employee WHERE Name IN('张子婷','王子行')中查询的是张子婷和王子行的 Age。语句 Age > ALL 就是大于张子婷和王子行 Age 的最大值。

（2）SOME | ANY：比较标量值和单列集中的值。SOME 和 ANY 是等效的。与比较运算符和子查询一起使用。>ANY 表示至少大于条件的一个值，换句话说，就是大于最小值。语法如下：

```
scalar_expression { = | < > | ! = | > | > = | ! > | < | < = | ! < }
    { SOME | ANY } ( subquery )
```

参数说明如下。

☑　scalar_expression：任何有效的表达式。

☑　{ = | <> | != | > | >= | !> | < | <= | !< }：任何有效的比较运算符。

☑　SOME | ANY：指定应进行比较。

☑　subquery：包含某列结果集的子查询。返回列的数据类型必须是与 scalar_expression 相同的数据类型。

☑　结果类型：Boolean 类型。

【例 7.26】在 Employee 表中查询 Age 大于张子婷和王子行的任意员工信息，SQL 语句及运行结果如图 7.28 所示。（**实例位置：资源包\TM\sl\7\26**）

SQL 语句如下：

```
SELECT * FROM Employee
WHERE Age > ANY
(
SELECT Age FROM Employee
WHERE Name IN('张子婷','王子行')
)
```

8. EXISTS 关键字

EXISTS 关键字用于指定一个子查询，测试行是否存在。语法如下：

```
EXISTS subquery
```

参数说明如下。

- ☑　subquery：受限制的 SELECT 语句。不允许使用 COMPUTE 子句和 INTO 关键字。
- ☑　结果类型：Boolean 类型。

【例 7.27】在子查询中指定了结果集为 NULL，并且使用 EXISTS 求值，此时值仍然为 TRUE，SQL 语句及运行结果如图 7.29 所示。（**实例位置：资源包\TM\sl\7\27**）

图 7.28　使用 ANY 查询员工信息　　　图 7.29　使用 EXISTS 关键字查询

SQL 语句如下：

```
SELECT ID, Name   FROM Employee
WHERE EXISTS (SELECT NULL)
```

7.1.6　GROUP BY 子句

GROUP BY 表示按一个或多个列或表达式的值将一组选定行组合成一个摘要行集。语法如下：

```
[ GROUP BY [ ALL ] group_by_expression[ ,...n ]
        [ WITH { CUBE | ROLLUP }  ]  ]
```

参数说明如下。

- ☑　ALL：后续版本的 Microsoft SQL Server 将删除该功能。注意避免在新的开发工作中使用该功能，并着手修改当前还在使用该功能的应用程序。其包含所有组和结果集，甚至包含那些其中任何行都不满足 WHERE 子句指定的搜索条件的组和结果集。如果指定了 ALL，将对组中不满足搜索条件的汇总列返回空值。不能用 CUBE 或 ROLLUP 运算符指定 ALL。
- ☑　group_by_expression：针对其执行分组操作的表达式。group_by_expression 也称分组列。group_by_expression 可以是列，也可以是引用由 FROM 子句返回的列的非聚合表达式。不能使用在 SELECT 列表中定义的列别名来指定组合列。

注意

不能在 group_by_expression 中使用类型为 text、ntext 和 image 的列。

☑ WITH CUBE：后续版本的 Microsoft SQL Server 将删除该功能。注意避免在新的开发工作中使用该功能，并着手修改当前还在使用该功能的应用程序。指定结果集内不仅包含由 GROUP BY 提供的行，同时还包含汇总行。GROUP BY 汇总行针对每个可能的组和子组组合在结果集内返回。使用 GROUPING 函数可确定结果集内的空值是否为 GROUP BY 汇总值。结果集内的汇总行数取决于 GROUP BY 子句内包含的列数。CUBE 返回每个可能的组和子组组合，因此不论在列分组时指定使用什么顺序，行数都相同。

☑ WITH ROLLUP：后续版本的 Microsoft SQL Server 将删除该功能。注意避免在新的开发工作中使用该功能，并着手修改当前还在使用该功能的应用程序。指定结果集内不仅包含由 GROUP BY 提供的行，同时还包含汇总行。按层次结构顺序，从组内的最低级别到最高级别汇总组。组的层次结构取决于列分组时指定使用的顺序。更改列分组的顺序会影响在结果集内生成的行数。

 误区警示

使用 CUBE 或 ROLLUP 时，不支持非重复聚合，如 AVG(DISTINCT column_name)、COUNT (DISTINCT column_name)和 SUM(DISTINCT column_name)。如果使用此类聚合，则 SQL Server 数据库引擎将返回错误消息并取消查询。

【例 7.28】将 Employee 表中的员工信息按性别进行分组，SQL 语句及运行结果如图 7.30 所示。（实例位置：资源包\TM\sl\7\28）

SQL 语句如下：

```
SELECT Sex 性别  FROM Employee
GROUP BY Sex
```

📢 注意

SELECT 子句必须包括在聚合函数或 GROUP BY 子句中。

例如，由于下列查询中 Name 列既不包含在 GROUP BY 子句中，也不包含在聚合函数中，所以是错误的。错误的 SQL 语句及错误提示如图 7.31 所示。

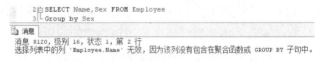

图 7.30　将 Employee 表按性别分组　　　　　图 7.31　错误的 SQL 语句及错误提示

【例 7.29】将 Employee 表中的员工信息按年龄进行分组，并统计每个年龄段的人数，SQL 语句及运行结果如图 7.32 所示。（实例位置：资源包\TM\sl\7\29）

SQL 语句如下：

```
SELECT Age 年龄,Count(Age)人数  FROM Employee
GROUP BY Age
```

【例 7.30】将 Employee 表中的员工信息按性别和年龄进行分组，SQL 语句及运行结果如图 7.33

所示。（**实例位置：资源包\TM\sl\7\30**）

图 7.32 将 Employee 表按年龄分组

图 7.33 将 Employee 表按性别、年龄分组

SQL 语句如下：

```
SELECT Sex,Age FROM Employee
Group by Sex,Age
```

【**例 7.31**】在 Employee 表中求女员工的平均年龄，SQL 语句及运行结果如图 7.34 所示。（**实例位置：资源包\TM\sl\7\31**）

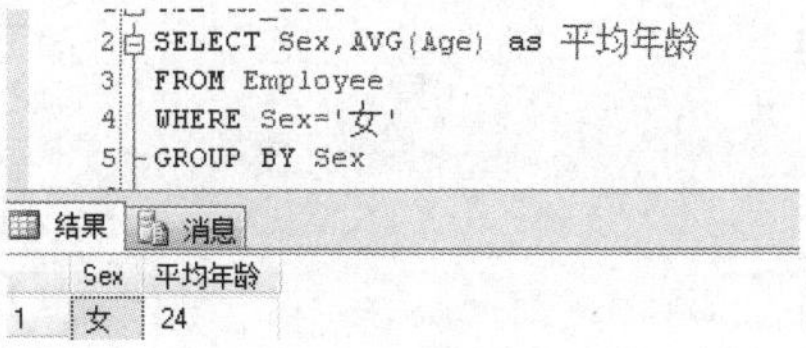

图 7.34 求 Employee 表中女员工的平均年龄

SQL 语句如下：

```
SELECT Sex,AVG(Age) as 平均年龄 FROM Employee
WHERE Sex='女'
GROUP BY Sex
```

7.1.7 HAVING 子句

指定组或聚合的搜索条件。HAVING 只能与 SELECT 语句一起使用。HAVING 通常在 GROUP BY 子句中使用。如果不使用 GROUP BY 子句，则 HAVING 的行为与 WHERE 子句一样。语法如下：

```
[ HAVING <search_condition> ]
```

参数<search_condition>用来指定组或聚合应满足的搜索条件。

注意

在 HAVING 子句中不能使用 text、image 和 ntext 数据类型。

【**例 7.32**】在 Employee 表中查询每个年龄段的人数大于或等于 2 人的年龄，SQL 语句及运行结果如图 7.35 所示。（**实例位置：资源包\TM\sl\7\32**）

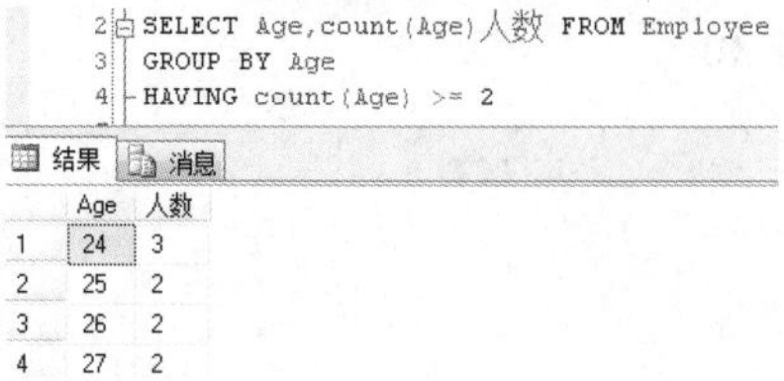

图 7.35　每个年龄段的人数大于或等于 2 人的年龄

SQL 语句如下：

```
SELECT Age,count(Age)人数  FROM Employee
GROUP BY Age
HAVING count(Age) >= 2
```

7.1.8　ORDER BY 子句

指定在 SELECT 语句返回的列中使用的排序顺序。除非同时指定了 TOP，否则 ORDER BY 子句在视图、内联函数、派生表和子查询中无效。语法如下：

```
[ ORDER BY
    {
    order_by_expression
   [ COLLATE collation_name ]
   [ ASC | DESC ]
    } [ ,...n ]
]
```

参数说明如下。

☑　order_by_expression：指定要排序的列。可以将排序列指定为一个名称或列别名。可以指定多个排序列。

🔊注意

ntext、text、image 或 xml 列不能用于 ORDER BY 子句。

☑　COLLATE collation_name：指定根据 collation_name 中指定的排序规则，而不是表或视图中定义的列的排序规则，应执行的 ORDER BY 操作。

☑　ASC：指定按升序，从最低值到最高值对指定列中的值进行排序。

☑　DESC：指定按降序，从最高值到最低值对指定列中的值进行排序。

【例 7.33】在 Employee 表中查询女员工的详细信息，并按年龄的降序排列，SQL 语句及运行结果如图 7.36 所示。（实例位置：资源包\TM\sl\7\33）

SQL 语句如下：

```
SELECT * FROM Employee
WHERE Sex='女'
ORDER BY Age DESC
```

【例 7.34】在 Employee 表中查询 Age 大于 24 岁的员工的详细信息，并按姓名的升序排列，SQL 语句及运行结果如图 7.37 所示。（实例位置：资源包\TM\sl\7\34）

```
2  SELECT * FROM Employee
3  WHERE Sex='女'
4  ORDER BY Age DESC
```

结果 | 消息

	ID	Name	Sex	Age
1	004	赵小小	女	27
2	008	王一	女	26
3	012	王雨涵	女	25
4	003	王开	女	25
5	001	张子婷	女	24
6	011	张子行	女	24
7	005	王飞飞	女	23
8	007	王嫦	女	22

图 7.36　按年龄的降序排列

```
2  SELECT * FROM Employee
3  WHERE Age > 24
4  ORDER BY Name ASC
```

结果 | 消息

	ID	Name	Sex	Age
1	003	王开	女	25
2	008	王一	女	26
3	012	王雨涵	女	25
4	002	王子行	男	26
5	004	赵小小	女	27
6	010	赵行	男	27

图 7.37　按姓名的升序排列

SQL 语句如下：

```
SELECT * FROM Employee
WHERE Age > 24
ORDER BY Name ASC
```

7.1.9　COMPUTE 子句

生成合计作为附加的汇总列出现在结果集的最后。当与 BY 一起使用时，COMPUTE 子句在结果集内生成控制中断和小计。可在同一查询内指定 COMPUTE BY 和 COMPUTE。语法如下：

```
[ COMPUTE
    { { AVG | COUNT | MAX | MIN | STDEV | STDEVP | VAR | VARP | SUM }
    ( expression ) } [ ,...n ]
    [ BY expression [ ,...n ] ]
]
```

参数说明如下。

☑　AVG | COUNT | MAX | MIN | STDEV | STDEVP | VAR | VARP | SUM：指定要执行的聚合。COMPUTE 子句可以使用的行聚合函数及其说明如表 7.8 所示。

表 7.8　COMPUTE 子句可以使用的行聚合函数及其说明

行聚合函数	说　　明	行聚合函数	说　　明
AVG	数值表达式中所有值的平均值	STDEVP	表达式中所有值的总体标准偏差
COUNT	选定的行数	SUM	数值表达式中所有值的和
MAX	表达式中的最大值	VAR	表达式中所有值的方差
MIN	表达式中的最小值	VARP	表达式中所有值的总体方差
STDEV	表达式中所有值的标准偏差		

☑　expression：表达式（SQL），如对其执行计算的列名。expression 必须出现在选择列表中，并且必须被指定为与选择列表中的某个表达式相同。不能在 expression 中使用选择列表中指定的列别名。

☑　BY expression：在结果集中生成控制中断和小计。expression 关联 ORDER BY 子句中 order_by_expression 的相同副本。通常，这是列名或列别名。可以指定多个表达式。在 BY 之后列出多个表达式将把组划分为子组，并在每个组级别应用聚合函数。

注意

（1）如果是用 COMPUTE 子句指定的行聚合函数，不允许使用 DISTINCT 关键字。

（2）没有等价于 COUNT(*)的函数。若要查找由 GROUP BY 和 COUNT(*)生成的汇总信息，需使用不带 BY 的 COMPUTE 子句。这些函数忽略空值。

【例 7.35】在 Employee 表中求 Age 字段的平均值，SQL 语句及运行结果如图 7.38 所示。（**实例位置：资源包\TM\sl\7\35**）

SQL 语句如下：

```
select *   from Employee
order by   Sex
compute    avg(Age)
```

注意

在 COMPUTE 或 COMPUTE BY 子句中，不能指定 ntext、text 和 image 数据类型。

下面介绍 COMPUTE 和 COMPUTE BY 两个子句的区别。

（1）没有 BY 时，查询结果将包含两个结果集。第一个结果集是包含选择列表中所有字段的详细记录。第二个结果集只有一条记录，这条记录只包含 COMPUTE 子句中指定的汇总函数的合计。

（2）有 BY 时，查询结果根据 BY 后的字段名称进行分组，并且为每个符合 SELECT 语句查询条件的组返回两个结果集。第一个结果集是详细记录集，包含选择列表中所有的字段信息。第二个结果集只包含一条记录，这条记录的内容只有该组的 COMPUTE 子句指定的汇总函数的小计。

【例 7.36】在 Employee 表中分别求男员工和女员工 Age 字段的平均值，SQL 语句及运行结果如图 7.39 所示。（**实例位置：资源包\TM\sl\7\36**）

图 7.38　求 Employee 表中 Age 字段的平均值　　　图 7.39　分别求 Employee 表中男员工和女员工 Age 字段的平均值

SQL 语句如下：

```
select *   from Employee
order by   Sex
compute    avg(Age)   by Sex
```

7.1.10　DISTINCT 关键字

DISTINCT 关键字用来从 SELECT 语句的结果集中去掉重复的记录。如果用户没有指定 DISTINCT 关键字，那么系统将返回所有符合条件的记录组成结果集，其中包括重复的记录。

【例 7.37】查询 Employee 表中 Age 列的信息，并去掉重复值，SQL 语句及运行结果如图 7.40 所示。（实例位置：资源包\TM\sl\7\37）

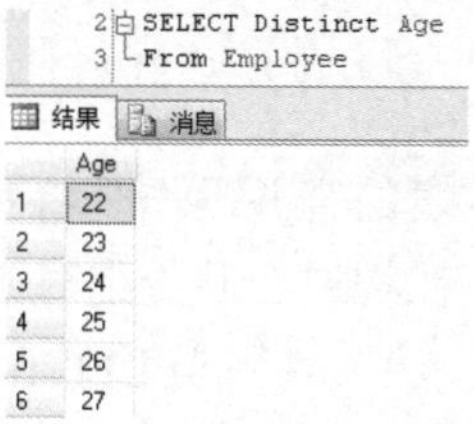

图 7.40　去掉 Age 列的信息

SQL 语句如下：

```
SELECT Distinct Age From Employee
```

7.1.11　TOP 关键字

TOP 关键字可以限制查询结果显示的行数，不仅可以列出结果集中的前几行，还可以列出结果集中的后几行。语法如下：

```
SELECT TOP n [PERCENT]
FROM table
WHERE
ORDER BY…
```

参数说明如下。

☑　[PERCENT]：返回行的百分之 n，而不是 n 行。

☑　n：如果 SELECT 语句中没有 ORDER BY 子句，TOP n 返回满足 WHERE 子句的前 n 条记录。如果子句中满足条件的记录少于 n，那么仅返回这些记录。

【例 7.38】查询 Employee 表中前 5 名员工的所有信息，SQL 语句及运行结果如图 7.41 所示。（实例位置：资源包\TM\sl\7\38）

SQL 语句如下：

```
SELECT Top 5 * From Employee
```

【例 7.39】查询 Employee 表中 Name、Sex、Age 列的前 3 条信息，SQL 语句及运行结果如图 7.42 所示。（实例位置：资源包\TM\sl\7\39）

图 7.41　查询 Employee 表中前 5 名员工的所有信息

图 7.42　查询 Employee 表中 Name、Sex、Age 列的前 3 条信息

SQL 语句如下：

```
SELECT Top 3 Name,Sex,Age From Employee
```

7.2　UNION 合并多个查询结果

表的合并操作是将两个表的行合并到一个表中，且不需要对这些行做任何更改。

在构造合并查询时必须遵循以下几条规则。

（1）两个 SELECT 语句选择列表中的列数必须一样，而且对应位置上的列的数据类型必须相同或者兼容。

（2）列名或者别名是由第一个 SELECT 语句的选择列表决定的。

（3）可以为每个 SELECT 语句都增加一个表示行的数据来源的表达式。

（4）可以将合并操作作为 SELECT INTO 命令的一部分使用，但是 INTO 关键字必须放在第一个 SELECT 语句中。

（5）SELECT 命令在默认情况下不去掉重复行，除非明确地为它指定 DISTINCT 关键字，合并操作却与之相反。在默认情况下，合并操作将去掉重复的行；如果希望返回重复的行，就必须明确地指定 ALL 关键字。

（6）用对所有 SELECT 语句的合并操作结果进行排序的 ORDER BY 子句，必须放到最后一个 SELECT 后面，但它所使用的排序列名必须是第一个 SELECT 选择列表中的列名。

7.2.1　UNION 与连接之间的区别

合并操作与连接相似，因为它们都是将两个表合并起来形成另一个表。然而，它们的合并方法有本质上的不同，结果表的形状如图 7.43 所示，A 和 B 分别代表两个数据源表。

它们具体的不同如下。

（1）在合并中，两个表源列的数量与数据类型必须相同；在连接中，一个表的行可能与另一个表的行有很大区别，结果表的列可能来自第一个表、第二个表或两个表的都有。

（2）在合并中，行的最大数量是两个表行的"和"；在连接中，行的最大数量是两个表行的"乘积"。

【例 7.40】把 "select Cno,Cname from Course" 和 "select Sname,Sex from Student" 的查询结果合并，SQL 语句及运行结果如图 7.44 所示。（**实例位置：资源包\TM\sl\7\40**）

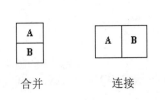

图 7.43　合并和连接的不同结构

图 7.44　简单的合并查询

SQL 语句如下：

```
select Cno,Cname  from  Course
union
select  Sname,Sex  from  Student
```

7.2.2　使用 UNION ALL 合并表

UNION 加上关键字 ALL，功能是不删除重复行也不对行进行自动排序。加上 ALL 关键字需要的计算资源少，所以应尽可能使用它，尤其是处理大型表时。下列情况必须使用 UNION ALL。

（1）知道有重复行并想保留这些行。

（2）知道不可能有任何重复的行。

（3）不在乎是否有任何重复的行。

【例 7.41】使用 UNION ALL 把 "SELECT * FROM Student WHERE Sage > 20" 和 "SELECT * FROM Student WHERE Sex = '男'" 的查询结果合并，SQL 语句及运行结果如图 7.45 所示。（实例位置：资源包\TM\sl\7\41）

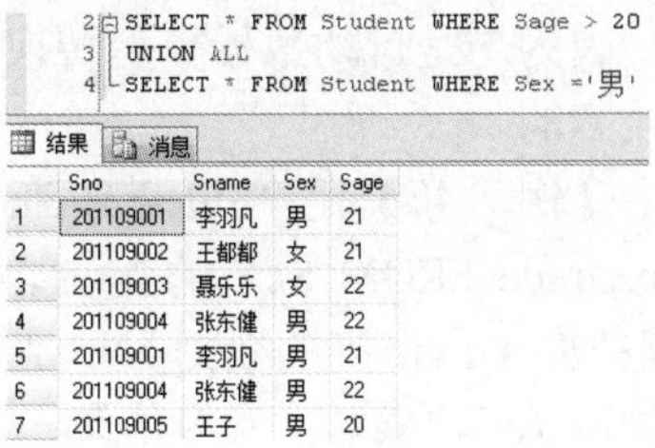

图 7.45　使用 UNION ALL 合并查询

SQL 语句如下：

```
SELECT * FROM Student WHERE Sage > 20
UNION ALL
SELECT * FROM Student WHERE Sex = '男'
```

7.2.3　UNION 中的 ORDER BY 子句

合并表时有且只能有一个 ORDER BY 子句，并且必须将它放置在语句的末尾。它在两个 SELECT 语句中都提供了用于合并所有行的排序。下面列出 ORDER BY 子句可以使用的排序依据。

（1）来自第一个 SELECT 子句的别名。

（2）来自第一个 SELECT 子句的列别名。

（3）UNION 中列的位置的编号。

【例 7.42】把 "SELECT Sname,Sage FROM Student WHERE Sex = '男'" 和 "SELECT Cname,Credit FROM Course ORDER BY Sage ASC" 的查询结果合并，SQL 语句及运行结果如图 7.46 所示。（实例位置：资源包\TM\sl\7\42）

图 7.46　合并查询结果

SQL 语句如下：

```
SELECT Sname,Sage FROM Student
WHERE Sex = '男'
UNION ALL
SELECT Cname,Credit FROM Course
ORDER BY Sage ASC
```

7.2.4　UNION 中的自动数据类型转换

合并表时，两个表源中对应的每个列数据类型必须相同或者兼容。

首先，对于文本数据类型。假设合并的两个表源中第一列数据类型虽然都是文本类型，但长度不一致。当合并表时，字符长度短的列等于字符长度长的列的长度，这样长度长的列不会丢失任何数据。

其次，对于数值类型。当合并的两个表源中第一列数据类型虽然都是数值类型，但长度不同，合并表时，所有数字保留其都允许的长度。

因为均是自动数据类型转换，所以任何两个文本列或数字列都是兼容的。

【例 7.43】把"SELECT Sno,Sage FROM Student"和"SELECT Cno,Grade FROM Sc"的查询结果合并。其中，Sage 列的数据类型是整型，Grade 列的数据类型是单精度浮点型。SQL 语句及运行结果如图 7.47 所示。（实例位置：资源包\TM\sl\7\43）

SQL 语句如下：

图 7.47　合并不同数据类型的表

```
SELECT Sno,Sage FROM Student
UNION ALL
SELECT Cno,Grade FROM Sc
```

7.2.5　使用 UNION 合并不同类型的数据

当合并表时，两个表源中对应的列即使数据类型不一致也能合并，这时需要借助数据类型转换函数。

当合并的两个表源对应的列数据类型不一致时，如一个是数值型，另一个是字符型，如果数值型的被转换成文本类型，那么完全可以合并两个表。

【例 7.44】把"SELECT Sname,Sex FROM Student"和"SELECT Cname,str(Credit) FROM Course"的查询结果合并，并把整型的 Credit 转换成字符类型。SQL 语句及运行结果如图 7.48 所示。（实例位置：资源包\TM\sl\7\44）

图 7.48　合并不同数据类型

SQL 语句如下：

```
SELECT Sname,Sex FROM Student
UNION ALL
SELECT Cname,str(Credit) FROM Course
```

上面的代码中，STR 函数是返回由数字数据转换来的字符数据。语法如下：

```
STR( float_expression [ , length [ , decimal ] ] )
```

参数说明如下。

☑　float_expression：带小数点的近似数字（float）数据类型的表达式。

☑　length：总长度。它包括小数点、符号、数字以及空格。默认值为 10。

☑ decimal：小数点后的位数。decimal 必须小于或等于 16。如果 decimal 大于 16，则会截断结果，使其保留为小数点后具有 16 位。

7.2.6　使用 UNION 合并有不同列数的两个表

如果要合并的两个表源列数不同，只要向其中列少的一个表源中添加列，就可以使两表源的列数相同，即可合并。

【例 7.45】把“SELECT Sname, Sex, Sage FROM Student”和“SELECT Cno, Cname, NULL FROM Course”的查询结果合并，并用 NULL 值添加到 Course 表。SQL 语句及运行结果如图 7.49 所示。（**实例位置：资源包\TM\sl\7\45**）

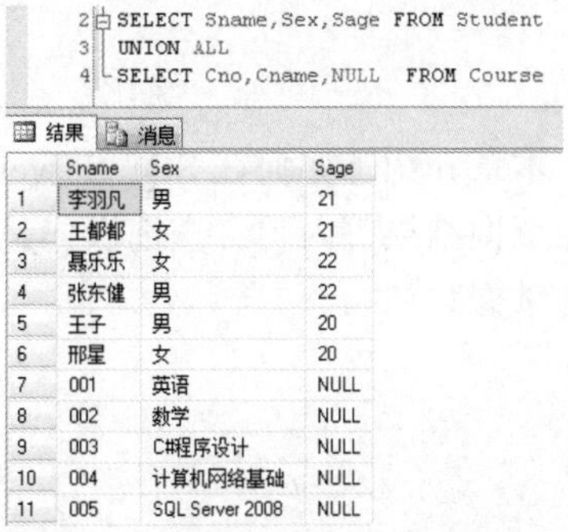

	Sname	Sex	Sage
1	李羽凡	男	21
2	王都都	女	21
3	聂乐乐	女	22
4	张东健	男	22
5	王子	男	20
6	邢星	女	20
7	001	英语	NULL
8	002	数学	NULL
9	003	C#程序设计	NULL
10	004	计算机网络基础	NULL
11	005	SQL Server 2008	NULL

图 7.49　合并不同列数的两个表

SQL 语句如下：

```
SELECT Sname,Sex,Sage FROM Student
UNION ALL
SELECT Cno,Cname,NULL   FROM Course
```

7.2.7　使用 UNION 进行多表合并

UNION 可以把多个表进行合并，但仍要遵循合并表时的规则。

【例 7.46】合并 Student、Course 和 SC 这 3 张表，从表 Student 中查询 Sname、Sex，从表 Course 中查询 Cno、Cname，从 SC 表中查询 Sno、Cno，并把这 3 张表的查询结果合并。SQL 语句及运行结果如图 7.50 所示。（**实例位置：资源包\TM\sl\7\46**）

	Sname	Sex
1	001	英语
2	002	数学
3	003	C#程序设计
4	004	计算机网络基础
5	005	SQL Server 2008
6	201109001	001
7	201109001	002
8	201109001	003
9	201109001	004
10	201109001	005
11	李羽凡	男
12	聂乐乐	女
13	王都都	女
14	王子	男
15	邢星	女
16	张东健	男

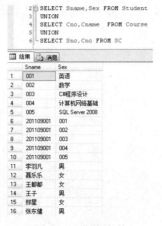

图 7.50　多表合并

SQL 语句如下：

```
SELECT Sname,Sex FROM Student
UNION
SELECT Cno,Cname   FROM Course
UNION
SELECT Sno,Cno FROM SC
```

7.3　小　　结

本章介绍了如何在 SQL Server 中进行一些常见的查询操作，包括 SELECT 基本查询语句、UNION 合并查询结果等内容。查询操作是 SQL 中最常用的一种操作，因此，读者在学习本章内容时，一定要熟练掌握。

7.4　实践与练习

（答案位置：资源包\ **TM\sl\7\实践与练习**\）

1．在商品销售信息表（tb_xsb）中查询商品利润大于 300 元的商品名信息。

2．在明日科技图书信息表（mrbooks）中查询图书价格在 68～88 元的图书信息。

3．在学生成绩表（tb_StuScore）中查询数学成绩大于或等于 95 分或者音乐成绩大于 90 分同时还得满足英语成绩大于或等于 90 分的学生信息。

第 8 章

SQL 数据高级查询

数据查询是 SQL 最常用的一种操作，本章将对 SQL 数据查询中比较高级的查询进行讲解，主要包括子查询、多种形式的嵌套查询、各种连接查询及如何使用 CASE 函数进行查询。

本章知识架构及重难点如下：

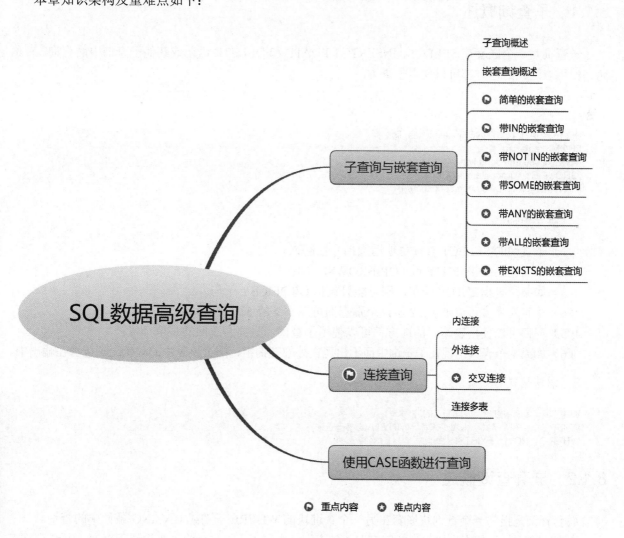

8.1　子查询与嵌套查询

在使用 SELECT 语句检索数据时，可以使用 WHERE 子句指定限制返回的行的搜索条件，GROUP BY 子句将结果集分成组，ORDER BY 子句定义结果集中的行排列的顺序。使用这些子句可以方便地查询表中的数据。但是，当由 WHERE 子句指定的搜索条件指向另一张表时，就需要使用子查询或嵌套查询。在本节中将详细介绍什么是子查询和嵌套查询。

8.1.1　子查询概述

子查询是一个嵌套在 SELECT、INSERT、UPDATE 和 DELETE 语句或其他子查询中的查询。任何允许使用表达式的地方都可以使用子查询。

1．子查询语法

```
SELECT [ALL | DISTINCT]<select item list>
FROM <table list>
[WHERE<search condition>]
[GROUP BY <group item list>
[HAVING <group by search conditoon>]]
```

2．语法规则

（1）子查询的 SELECT 查询总使用圆括号括起来。

（2）不能包括 COMPUTE 或 FOR BROWSE 子句。

（3）如果同时指定 TOP 子句，则可能只包括 ORDER BY 子句。

（4）子查询最多可以嵌套 32 层，个别查询可能不支持 32 层嵌套。

（5）任何可以使用表达式的地方都可以使用子查询，只要它返回的是单个值。

（6）如果某个表只出现在子查询中而不出现在外部查询中，那么该表中的列就无法包含在输出中。

3．语法格式

```
WHERE   查询表达式   [NOT]  IN(子查询)
WHERE   查询表达式   比较运算符  [ ANY | ALL ](子查询)
WHERE   [NOT]  EXISTS(子查询)
```

8.1.2　嵌套查询概述

嵌套查询是指将一个查询块嵌套在另一个查询块的 WHERE 子句或 HAVING 条件中的查询。

嵌套查询中外层的查询块称为外侧查询或父查询，内层查询块称为内层查询或子查询。SQL 允许多层嵌套，但是在子查询中不允许出现 ORDER BY 子句，ORDER BY 子句只能用在最外层的查询块中。

嵌套查询的处理方法是：先处理最内层的子查询，然后一层一层向上处理，直到最外层的查询块。

8.1.3　简单的嵌套查询

嵌套查询中的内层子查询通常作为搜索条件的一部分呈现在 WHERE 或 HAVING 子句中。例如，把一个表达式的值和一个由子查询生成的值相比较，这个测试类似于简单比较测试。

子查询比较测试用到的运算符是：=、<>、<、>、<=、>=。子查询比较测试把一个表达式的值和由子查询产生的值进行比较，返回比较结果为 TRUE 的记录。

【例 8.1】Student 表中存储的是学生的基本信息，SC 表中存储的是学生的成绩（Grade）信息，使用嵌套查询，查询在 Student 表中 Grade>90 分的学生信息。SQL 语句及运行结果如图 8.1 所示。（**实例位置：资源包\TM\sl\8\1**）

SQL 语句如下：

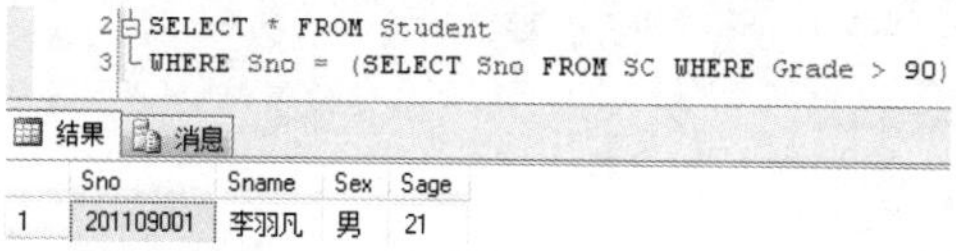

```
SELECT * FROM Student
WHERE Sno = (SELECT Sno FROM SC WHERE Grade > 90)
```

这里给出本节中用到的所有表中的信息，SC 表、Student 表和 Course 表数据如图 8.2 所示。

```
SELECT * FROM Student
WHERE Sno = (SELECT Sno FROM SC WHERE Grade > 90)
```

	Sno	Sname	Sex	Sage
1	201109001	李羽凡	男	21

图 8.1　使用嵌套查询查询成绩大于 90 分的学生信息

Sno	Cno	Grade
201109001	001	93
201109001	002	83
201109001	003	52
201109002	001	NULL
201109002	002	70
201109002	003	NULL
201109003	001	74
201109003	002	69
201109004	001	NULL
201109004	002	89
201109004	003	85
201109005	001	79
201109005	002	90
201109005	003	45

SC表

Sno	Sname	Sex	Sage
201109001	李羽凡	男	20
201109002	王都都	女	21
201109003	聂乐乐	女	22
201109004	张东健	男	23
201109005	王子	男	24
201109006	邢星	女	25

Student表

Cno	Cname	Credit
001	数据结构	5
002	计算机网络	3
003	C#程序设计	5
004	数学	4
005	SQL Server 2008	4

Course表

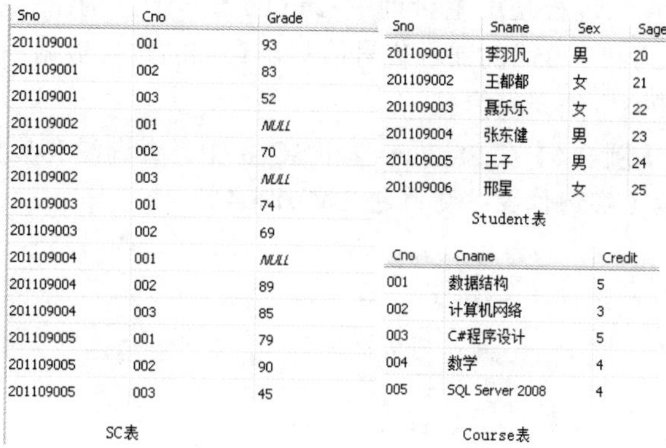

图 8.2　SC 表、Student 表和 Course 表中的信息

8.1.4　带 IN 的嵌套查询

带 IN 的嵌套查询语法格式如下：

```
WHERE 查询表达式 IN(子查询)
```

一些嵌套内层的子查询产生一个值，也有一些子查询返回一列值，即子查询不能返回带几行和几列数据的表。原因在于子查询的结果必须适合外层查询的语句。当子查询产生一系列值时，适合用带 IN 的嵌套查询。

把查询表达式单个数据和由子查询产生的一系列的数值相比较，如果数值匹配一系列值中的一个，则返回 TRUE。

【例 8.2】在 Student 表和 SC 表中，查询参加考试的学生信息，SQL 语句及运行结果如图 8.3 所示。（**实例位置：资源包\TM\sl\8\2**）

```
SELECT * FROM Student
WHERE Sno IN (SELECT Sno FROM SC )
```

	Sno	Sname	Sex	Sage
1	201109001	李羽凡	男	21
2	201109002	王都都	女	21
3	201109003	聂乐乐	女	22
4	201109004	张东健	男	22
5	201109005	王子	男	20

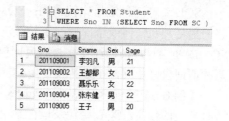

图 8.3　参加考试的学生信息

SQL 语句如下：

```
SELECT * FROM Student
WHERE Sno IN (SELECT Sno FROM SC )
```

8.1.5 带 NOT IN 的嵌套查询

带 NOT IN 的嵌套查询语法格式如下：

```
WHERE 查询表达式 NOT IN(子查询)
```

【例 8.3】在 Course 表和 SC 表中，查询没有考试的课程信息，SQL 语句及运行结果如图 8.4 所示。（实例位置：**资源包\TM\sl\8\3**）

SQL 语句如下：

```
SELECT * FROM Course
WHERE Cno NOT IN
(SELECT Cno FROM SC WHERE Cno IS NOT NULL )
```

查询过程是用主查询中 Cno 的值与子查询结果中的值比较，不匹配返回真值。由于主查询中的"004"和"005"的课程代号值与子查询的结果数据不匹配，返回真值，所以查询结果显示 Cno 为"004"和"005"的课程信息。

【例 8.4】在 Student 表和 SC 表中，查询没有参加考试的学生信息，SQL 语句及运行结果如图 8.5 所示。（实例位置：**资源包\TM\sl\8\4**）

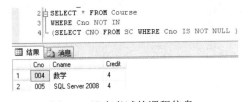

图 8.4 没有考试的课程信息

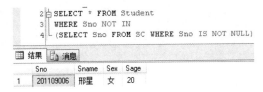

图 8.5 没有参加考试的学生信息

SQL 语句如下：

```
SELECT * FROM Student
WHERE Sno NOT IN
(SELECT Sno FROM SC WHERE Sno IS NOT NULL)
```

8.1.6 带 SOME 的嵌套查询

SQL 支持 3 种定量比较谓词：SOME、ANY 和 ALL。它们都是判断任何或全部返回值是否满足搜索要求。其中，SOME 和 ANY 谓词注重是否有返回值满足搜索要求。这两种谓词含义相同，可以替换使用。

【例 8.5】在 Student 表中，查询 Sage 小于平均年龄的所有学生的信息，SQL 语句及运行结果如图 8.6 所示。（实例位置：**资源包\TM\sl\8\5**）

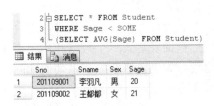

图 8.6 查询 Sage 小于平均年龄的所有学生信息

SQL 语句如下：

```
SELECT * FROM Student
WHERE Sage < SOME
(SELECT AVG(Sage) FROM Student)
```

8.1.7　带 ANY 的嵌套查询

ANY 属于 SQL 支持的 3 种定量谓词之一，且和 SOME 完全等价，即能用 SOME 的地方完全可以使用 ANY。

【例 8.6】在 Student 表中，查询 Sage 大于平均年龄的所有学生的信息，SQL 语句及运行结果如图 8.7 所示。（实例位置：资源包\TM\sl\8\6）

SQL 语句如下：

```
SELECT * FROM Student
WHERE Sage > ANY
(SELECT AVG(Sage) FROM Student)
```

【例 8.7】在 Student 表中，查询 Sage 不等于平均年龄的所有学生的信息，SQL 语句及运行结果如图 8.8 所示（实例位置：资源包\TM\sl\8\7）

图 8.7　查询 Sage 大于平均年龄的所有学生信息

图 8.8　查询 Sage 不等于平均年龄的所有学生信息

SQL 语句如下：

```
SELECT * FROM Student
WHERE Sage <> ANY
(SELECT AVG(Sage) FROM Student)
```

8.1.8　带 ALL 的嵌套查询

ALL 谓词的使用方法和 ANY 或 SOME 谓词一样，也是把列值与子查询结果进行比较，但是它要求所有列的查询结果都为真，否则就不返回行。

【例 8.8】在 SC 表中，查询 Grade 没有大于 90 分的 Cno 的详细信息，SQL 语句及运行结果如图 8.9 所示。（实例位置：资源包\TM\sl\8\8）

SQL 语句如下：

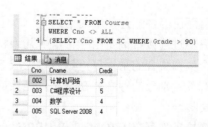

图 8.9　查询某课程成绩没有大于 90 分的课程信息

```
SELECT * FROM Course
WHERE Cno <> ALL
(SELECT Cno FROM SC WHERE Grade > 90)
```

8.1.9 带 EXISTS 的嵌套查询

EXISTS 谓词只注重子查询是否返回行。如果子查询返回一个或多个行，谓词返回真值，否则为假。EXISTS 搜索条件并不真正地使用子查询的结果。它仅测试子查询是否产生任何结果。

用带 IN 的嵌套查询也可以用带 EXISTS 的嵌套查询改写。

【例 8.9】 在 Student 表中，查询参加考试的学生信息，SQL 语句及运行结果如图 8.10 所示。（实例位置：资源包\TM\sl\8\9）

SQL 语句如下：

```
SELECT * FROM Student
WHERE EXISTS
(SELECT Sno FROM SC WHERE Student.Sno = SC.Sno)
```

【例 8.10】 在 Student 表中，查询没有参加考试的学生信息，SQL 语句及运行结果如图 8.11 所示。（实例位置：资源包\TM\sl\8\10）

图 8.10　查询参加考试的学生信息

图 8.11　查询没有参加考试的学生信息

SQL 语句如下：

```
SELECT * FROM Student
WHERE NOT EXISTS
(SELECT Sno FROM SC WHERE Student.Sno = SC.Sno)
```

8.2　连　接　查　询

前面已经讲解过使用两个或两个以上的表进行查询。本节讲解的连接查询也是使用多个表进行查询，只不过连接查询是由一个笛卡儿乘积运算再加一个选取运算构成的查询。首先用笛卡儿乘积完成对两个数据集合的乘运算，然后对生成的结果集合进行选取运算，确保只把分别来自两个数据集合并且具有重叠部分的行合并在一起。连接的全部意义在于水平方向上合并两个数据集合，并产生一个新的结果集合。

连接条件可在 FROM 或 WHERE 子句中指定，建议在 FROM 子句中指定连接条件。WHERE 和 HAVING 子句还可以包含搜索条件，以进一步筛选根据连接条件选择的行。

连接可分为 3 类：内连接、外连接和交叉连接。

8.2.1　内连接

内连接是使用比较运算符比较要连接列中的值的连接。内连接也叫连接，是最早的一种连接，最初被称为普通连接或自然连接。内连接是从结果中删除其他被连接表中没有匹配行的所有行，所以内连接可能会丢失信息。

内连接使用 JOIN 进行连接，具体语法如下：

```
SELECT fieldlist
FROM table1 [INNER] JOIN table2
ON table1.column=table2.column
```

参数说明如下。

- ☑　fieldlist：搜索条件。
- ☑　table1 [INNER] JOIN table2：将 table1 表与 table2 表进行内连接。
- ☑　table1.column=table2.column：table1 表中与 table2 表中相同的列。

【例 8.11】在 Student 表中，Sno 具有唯一值，而 SC 成绩表中的 Sno 有重复值。现在实现这两个表的内连接，SQL 语句及运行结果如图 8.12 所示。（**实例位置：资源包\ TM\sl\8\11**）

SQL 语句如下：

```
SELECT * FROM SC
JOIN Student
ON Student.Sno = SC.Sno
```

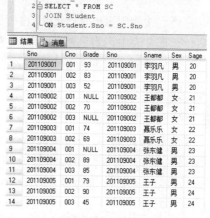

图 8.12　内连接

8.2.2　外连接

外连接扩充了内连接的功能，把内连接中删除表源中的一些保留下来，由于保留下来的行不同，可将外连接分为左外连接、右外连接或全外连接。

1．左外连接

左外连接使用 LEFT JOIN 进行连接，左外连接的结果集包括 LEFT JOIN 子句中指定的左表的所有行，而不仅仅是连接列所匹配的行。如果左表的某一行在右表中没有匹配行，则在关联的结果集行中，来自右表的所有选择列表列均为空值。

左外连接的语法如下：

```
SELECT fieldlist
FROM table1 left JOIN table2
ON table1.column=table2.column
```

参数说明如下。

☑ fieldlist：搜索条件。

☑ table1 left JOIN table2：将 table1 表与 table2 表进行左外连接。

☑ table1.column=table2.column：table1 表中与 table2 表中相同的列。

【例 8.12】把 Student 表和 SC 表左外连接，第二个表 SC 有不满足连接条件的行，则用 NULL 表示，SQL 语句及运行结果如图 8.13 所示。（**实例位置：资源包\TM\sl\8\12**）

SQL 语句如下：

```
SELECT * FROM Student
LEFT JOIN SC
ON   Student.Sno=SC.Sno
```

2. 右外连接

右外连接使用 RIGHT JOIN 进行连接，是左外连接的反向连接，将返回右表的所有行。如果右表的某一行在左表中没有匹配行，则将为左表返回空值。

右外连接的语法如下：

```
SELECT fieldlist
FROM table1 right JOIN table2
ON table1.column=table2.column
```

【例 8.13】把 SC 表和 Course 表右外连接，第一个表 SC 有不满足连接条件的行，则用 NULL 表示，SQL 语句及运行结果如图 8.14 所示。（**实例位置：资源包\TM\sl\8\13**）

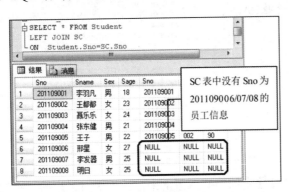

图 8.13　左外连接

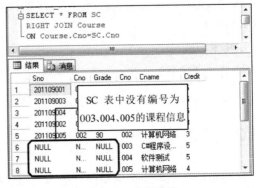

图 8.14　右外连接

SQL 语句如下：

```
SELECT * FROM SC
RIGHT JOIN Course
ON Course.Cno=SC.Cno
```

3. 全外连接

全外连接使用 FULL JOIN 进行连接，将返回左表和右表中的所有行。当某一行在另一个表中没有匹配行时，另一个表的选择列表列将包含空值。如果表之间有匹配行，则整个结果集行包含基表的数据值。

全外连接的语法如下：

```
SELECT fieldlist
```

```
FROM table1 full JOIN table2
ON table1.column=table2.column
```

【例 8.14】把 SC 表和 Course 表全外连接，显示两个表中所有的行，SQL 语句及运行结果如图 8.15 所示。（实例位置：资源包\TM\sl\8\14）

图 8.15　全外连接

SQL 语句如下：

```
SELECT * FROM SC
FULL JOIN Course
ON Course.Cno=SC.Cno
```

8.2.3　交叉连接

交叉连接使用 CROSS JOIN 进行连接，没有 WHERE 子句的交叉连接将产生连接所涉及的表的笛卡儿积。第一个表的行数乘以第二个表的行数等于笛卡儿积结果集的大小。

交叉连接中列和行的数量计算如下。

☑　交叉连接中的列=原表中列的数量的总和（相加）。

☑　交叉连接中的行=原表中的行数的积（相乘）。

交叉连接的语法如下：

```
SELECT fieldlist
FROM table1
cross JOIN table2
```

【例 8.15】把 Student 表和 Course 表进行交叉连接，SQL 语句及运行结果如图 8.16 所示。（实例位置：资源包\TM\sl\8\15）

SQL 语句如下：

```
SELECT * FROM Student
CROSS JOIN Course
```

因为 Student 表中有 6 行数据，Course 表中有 5 行数据，所以最后结果表中的行数是 5×6=30（行）。

图 8.16　交叉连接

误区警示

由于交叉连接的结果集中行数是两个表所有行数的乘积，所以应避免对大型表使用交叉连接，否则会导致计算机瘫痪。

8.2.4　连接多表

1．在 WHERE 子句中连接多表

在 FROM 子句中写入需连接的多个表的名称，然后将任意两个表的连接条件分别写在 WHERE 子句后。

在 WHERE 子句中连接多表的语法如下：

```
SELECT fieldlist
FROM table1, table2, table3 …
where table1.column=table2.column
and table2.column=table3.column and …
```

【例 8.16】把 Student 表、Course 表和 SC 表 3 个表在 WHERE 子句中连接，SQL 语句及运行结果如图 8.17 所示。（**实例位置：资源包\TM\sl\8\16**）

SQL 语句如下：

```
SELECT * FROM Student,Course,SC
WHERE Student.Sno=SC.Sno
```

```
AND SC.Cno=Course.Cno
```

2. 在 FROM 子句中连接多表

在 FROM 子句中连接多个表是内连接的扩展。在 FROM 子句中连接多表的语法如下：

```
SELECT fieldlist
FROM table1
join table2
join table3 …
on table1.column=table2.column
and table2.column=table3.column
```

【例 8.17】 把 Student 表、Course 表和 SC 表 3 个表在 FROM 子句中连接，SQL 语句及运行结果如图 8.18 所示。（**实例位置：资源包\TM\sl\8\17**）

	Sno	Sname	Sex	Sage	Cno	Cname	Credit	Sno	Cno	Grade
1	201109001	李羽凡	男	20	001	数据结构	5	201109001	001	93
2	201109001	李羽凡	男	20	002	计算机网络	3	201109001	002	83
3	201109001	李羽凡	男	20	003	C#程序设计	5	201109001	003	52
4	201109002	王都都	女	21	001	数据结构	5	201109002	001	NULL
5	201109002	王都都	女	21	002	计算机网络	3	201109002	002	70
6	201109002	王都都	女	21	003	C#程序设计	5	201109002	003	NULL
7	201109003	聂乐乐	女	22	001	数据结构	5	201109003	001	74
8	201109003	聂乐乐	女	22	002	计算机网络	3	201109003	002	69
9	201109004	张东健	男	23	001	数据结构	5	201109004	001	NULL
10	201109004	张东健	男	23	002	计算机网络	3	201109004	002	89
11	201109004	张东健	男	23	003	C#程序设计	5	201109004	003	85
12	201109005	王子	男	24	001	数据结构	5	201109005	001	79
13	201109005	王子	男	24	002	计算机网络	3	201109005	002	90
14	201109005	王子	男	24	003	C#程序设计	5	201109005	003	45

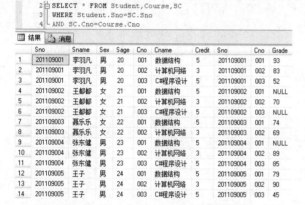

图 8.17　用 WHERE 子句实现多表连接

	Sno	Sname	Sex	Sage	Sno	Cno	Grade	Cno	Cname	Credit
1	201109001	李羽凡	男	20	201109001	001	93	001	数据结构	5
2	201109001	李羽凡	男	20	201109001	002	83	002	计算机网络	3
3	201109001	李羽凡	男	20	201109001	003	52	003	C#程序设计	5
4	201109002	王都都	女	21	201109002	001	NULL	001	数据结构	5
5	201109002	王都都	女	21	201109002	002	70	002	计算机网络	3
6	201109002	王都都	女	21	201109002	003	NULL	003	C#程序设计	5
7	201109003	聂乐乐	女	22	201109003	001	74	001	数据结构	5
8	201109003	聂乐乐	女	22	201109003	002	69	002	计算机网络	3
9	201109004	张东健	男	23	201109004	001	NULL	001	数据结构	5
10	201109004	张东健	男	23	201109004	002	89	002	计算机网络	3
11	201109004	张东健	男	23	201109004	003	85	003	C#程序设计	5
12	201109005	王子	男	24	201109005	001	79	001	数据结构	5
13	201109005	王子	男	24	201109005	002	90	002	计算机网络	3
14	201109005	王子	男	24	201109005	003	45	003	C#程序设计	5

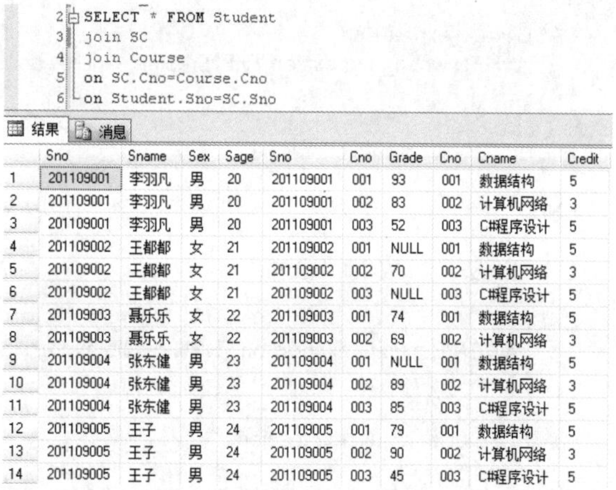

图 8.18　用 FROM 子句实现多表连接

SQL 语句如下：

```
SELECT * FROM Student
join SC
join Course
on SC.Cno=Course.Cno
on Student.Sno=SC.Sno
```

注意

当在 FROM 子句中连接多表时，要书写多个用来定义其中两个表的公共部分的 ON 语句，ON 语句必须遵循 FROM 后面所列表的顺序，即 FROM 后面先写的表，相应的 ON 语句要先写。

在例 8.17 中，如果把两个 ON 的顺序反写，就会造成如图 8.19 所示的错误。

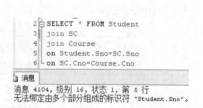

图 8.19　反写 ON 语句造成的错误

8.3 使用 CASE 函数进行查询

CASE 函数用于计算条件列表并返回多个可能结果表达式之一。

CASE 函数具有以下两种格式。

☑ 简单 CASE 函数将某个表达式与一组简单表达式进行比较以确定结果。

☑ CASE 搜索函数计算一组布尔表达式以确定结果。

两种格式都支持可选的 ELSE 参数。

简单 CASE 函数的语法如下：

```
CASE input_expression
    WHEN when_expression THEN result_expression
    [ ,...n ]
    [
    ELSE else_result_expression
    ]
END
```

CASE 搜索函数的语法如下：

```
CASE
    WHEN Boolean_expression THEN result_expression
    [ ,...n ]
    [
    ELSE else_result_expression
    ]
END
```

CASE 函数的参数及其说明如表 8.1 所示。

表 8.1　CASE 函数的参数及其说明

参　　数	说　　明
input_expression	使用简单 CASE 格式时计算的表达式。input_expression 是任何有效的 Microsoft® SQL Server™ 表达式
WHEN when_expression	使用简单 CASE 格式时 input_expression 比较的简单表达式。when_expression 是任意有效的 SQL Server 表达式。input_expression 和每个 when_expression 的数据类型必须相同，或者是隐性转换
n	占位符，表明可以使用多个 WHEN when_expression THEN result_expression 子句或 WHEN Boolean_expression THEN result_expression 子句
THEN result_expression	当 input_expression = when_expression 取值为 TRUE，或者 Boolean_expression 取值为 TRUE 时返回的表达式。result_expression 是任意有效的 SQL Server 表达式
ELSE else_result_expression	当比较运算取值不为 TRUE 时返回的表达式。如果省略此参数并且比较运算取值不为 TRUE，CASE 将返回 NULL 值。else_result_expression 是任意有效的 SQL Server 表达式。else_result_expression 和所有 result_expression 的数据类型必须相同，或者必须是隐性转换
WHEN Boolean_expression	使用 CASE 搜索格式时计算的布尔表达式。Boolean_expression 是任意有效的布尔表达式

在 SELECT 语句中，简单 CASE 函数仅检查是否相等，而不进行其他比较。这是使用 CASE 函数更改产品系列类别的显示，以使这些类别更易理解。SQL 语句如下：

```
SELECT    ProductNumber, Category =
      CASE ProductLine
        WHEN 'R' THEN 'Road'
        WHEN 'M' THEN 'Mountain'
        WHEN 'T' THEN 'Touring'
        WHEN 'S' THEN 'Other sale items'
        ELSE 'Not for sale'
      END,
   Name
FROM Production.Product
ORDER BY ProductNumber;
```

【例 8.18】在 SC 表中，查询每个学生的 Sno 和 Cno，如果 Grade 大于或等于 90 分显示"优秀"，在 80～90 分显示"良好"，在 70～80 分显示"中等"，在 60～70 分显示"及格"，否则显示"不及格"，SQL 语句及运行结果如图 8.20 所示。（实例位置：资源包\TM\sl\8\18）

图 8.20　使用 CASE 查询 SC 表

SQL 语句如下：

```
SELECT Sno,Cno,
等级=CASE
WHEN Grade >= 90 then '优秀'
WHEN Grade >= 80 and Grade < 90 then '良好'
WHEN Grade >= 70 and Grade < 80 then '中等'
WHEN Grade >= 60 and Grade < 70 then '及格'
ELSE '不及格'
END
FROM SC
```

【例 8.19】使用 CASE 语句更新 Student 表中的学生信息，使所有男生的年龄减 1，所有女生的年龄加 1。（实例位置：资源包\TM\sl\8\19）

SQL 语句如下：

```
UPDATE Student
SET Sage=
CASE WHEN Sex= '男' THEN Sage - 1
WHEN Sex = '女' THEN Sage + 1
END
```

8.4　小　　结

本章主要对 SQL 中的数据高级查询进行了详细讲解，具体讲解过程中，嵌套查询必然用到子查询，因此首先介绍了子查询和嵌套查询的概念，然后对各种嵌套查询进行了详细讲解；另外，对内外连接查询、交叉连接查询和多表连接查询进行了讲解；最后，讲解了 CASE 函数在 SQL 查询中的使用。学习本章内容时，应该重点掌握各种嵌套查询及连接查询的使用。

8.5　实践与练习

（答案位置：资源包\TM\sl\8\实践与练习\）

1．尝试使用 collate 函数将 Student 表中的学生信息按姓名字段的笔画重新排序，排序规则为 chinese_prc_stroke_cs_as_ks_ws。

2．通过连接学生信息表 Student 与学生成绩表 SC，实现按升序排列学习成绩名列前 3 的学生信息。

3．查询 Student 表和 SC 表中编号相同的男同学的编号、性别、年龄和分数，并按照年龄降序排列。

第 9 章

视图的使用

视图是一种常用的数据库对象，它将查询的结果以虚拟表的形式存储在数据中。视图并不在数据库中以存储数据集的形式存在。视图的结构和内容是建立在对表的查询基础之上的，和表一样包括行和列，这些行、列数据都来源于其所引用的表，并且是在引用视图过程中动态生成的。

本章知识架构及重难点如下：

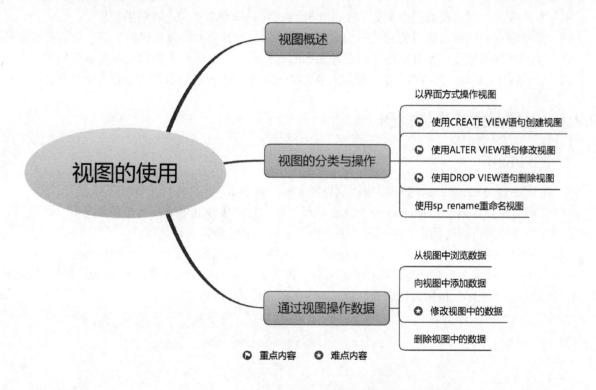

9.1　视图概述

视图的内容是由查询定义的，并且视图和查询都是通过 SQL 语句定义的，它们有着许多相同和不同之处，具体如下。

☑　存储：视图存储为数据库设计的一部分，而查询则不是。视图可以禁止所有用户访问数据库中的基表，而要求用户只能通过视图操作数据。这种方法可以保护用户和应用程序不受某些数据库修改的影响，同样也可以保护数据表的安全性。

☑ 排序：可以排序任何查询结果，但是只有当视图包括 TOP 子句时才能排序视图。

☑ 加密：可以加密视图，但不能加密查询。

9.2 视图的分类与操作

视图为数据呈现提供了多样的表现形式，用户可以通过它浏览表中感兴趣的数据。在 SQL Server 中，视图分为以下 3 类。

☑ 标准视图：保存在数据库中的 SELECT 查询语句，即通常意义上理解的视图。

☑ 索引视图：创建有索引的视图称为索引视图。它经过计算并存储自己的数据，可以提高某些类型查询的性能，尤其适用于聚合许多行的查询，但不太适用于经常更新的基本数据集。

☑ 分区视图：是在一台或多台服务器间水平连接一组表中的分区数据，以使数据看上去来自一个表。

9.2.1 以界面方式操作视图

1. 视图的创建

在 SQL Server Management Studio 中创建视图 View_Student，具体操作步骤如下。

（1）启动 SQL Server Management Studio 管理工具，并连接 SQL Server 数据库服务器。

（2）在"对象资源浏览器"中展开"数据库"节点，展开指定的数据库。

（3）右击"视图"选项，在弹出的快捷菜单中选择"新建视图"命令，如图 9.1 所示。

（4）进入"添加表"对话框，如图 9.2 所示。在列表框中选择学生信息表 Student，单击"添加"按钮，然后单击"关闭"按钮关闭该对话框。

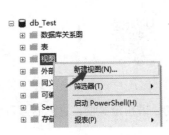

图 9.1　新建视图

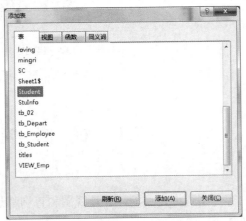

图 9.2　"添加表"对话框

（5）进入"视图设计器"界面，如图 9.3 所示。在"表选择区"中选择"所有列"选项，单击"执行"按钮，视图结果区中自动显示视图结果。

（6）单击工具栏中的"保存"按钮，弹出"选择名称"对话框，如图 9.4 所示。在"输入视图名称"文本框中输入视图名称"View_Student"，单击"确定"按钮即可保存该视图。

2．视图的删除

用户可以删除视图。删除视图时，底层数据表不受影响，但与该视图关联的权限丢失。

在 SQL Server Management Studio 管理器中删除视图，具体操作步骤如下。

（1）启动 SQL Server Management Studio 管理工具，并连接 SQL Server 数据库服务器。

（2）在"对象资源浏览器"中展开"数据库"节点，展开指定的数据库。

（3）展开"视图"节点，右击要删除的视图 View_Student，在弹出的快捷菜单中选择"删除"命令，如图 9.5 所示。

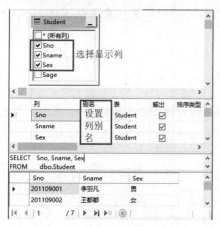

图 9.3　"视图设计器"界面　　　　图 9.4　"选择名称"对话框　　　图 9.5　删除视图

（4）在弹出的"删除对象"对话框中单击"确定"按钮即可删除该视图。

9.2.2　使用 CREATE VIEW 语句创建视图

使用 CREATE VIEW 语句可以创建视图，语法如下：

```
CREATE VIEW [ schema_name . ] view_name [ (column [ ,...n ] ) ]
[ WITH <view_attribute> [ ,...n ] ]
AS select_statement [ ; ]
[ WITH CHECK OPTION ]
<view_attribute> ::=
{
  [ ENCRYPTION ]　[ SCHEMABINDING ]　[ VIEW_METADATA ]
}
```

CREATE VIEW 语句的参数及其说明如表 9.1 所示。

表 9.1　CREATE VIEW 语句的参数及其说明

参　　数	说　　明
schema_name	视图所属架构的名称
view_name	视图的名称。视图名称必须符合有关标识符的规则。可以选择是否指定视图所有者名称
column	视图中的列使用的名称
AS	指定视图要执行的操作
select_statement	定义视图的 SELECT 语句
WITH CHECK OPTION	强制针对视图执行的所有数据修改语句都必须符合在 select_statement 中设置的条件
ENCRYPTION	对视图进行加密
SCHEMABINDING	将视图绑定到基础表的架构
VIEW_METADATA	指定为引用视图的查询请求浏览模式的元数据时，SQL Server 实例向 DB-Library、ODBC 和 OLE DB API 返回有关视图的元数据信息，而不返回基表的元数据信息

【例 9.1】创建查询 Student 数据表中的所有记录的视图 VIEW1。（实例位置：资源包\TM\sl\9\1）
代码如下：

```
CREATE VIEW VIEW1                          --创建视图
AS                                         --指定视图要执行的操作
SELECT * FROM Student                      --结果集
```

【例 9.2】在新视图中只显示 ID、Name、Sex、Age 的信息，同时获得视图的相关信息。（实例位置：资源包\TM\sl\9\2）

代码如下：

```
use db_Test
go
create view v1                             --创建视图
as
select ID,Name,Sex,Age from Employee       --定义 select 语句
go
select * from v1                           --查询所创建的视图中数据
```

运行结果如图 9.6 所示。

图 9.6　创建视图获取相关信息

【例 9.3】创建视图，使用 INSERT 语句向信息表中添加数据信息。（实例位置：资源包\TM\sl\9\3）
代码如下：

```
USE db_Test
GO
```

```
CREATE VIEW view3
AS
SELECT * FROM Employee1
GO
INSERT INTO view3(ID,Name)
VALUES(7,'刘莉')
GO
INSERT INTO view3(ID,Name,Sex)
VALUES(8,'张一','男')
```

运行结果如图 9.7 所示。

【例 9.4】创建带有检查约束的视图，名称是 view5。（实例位置：资源包\TM\sl\9\4）

代码如下：

```
create view view5
as
select ID,Name,Age from Employee where Age>10
WITH CHECK OPTION                          --带有检查约束
go
insert into view5 (ID,Age,Name)values(11,8,'Peter')
```

当在视图 view5 的年龄字段中输入的值小于或等于 10 时，弹出错误提示，如图 9.8 所示。

图 9.7　向视图中添加数据

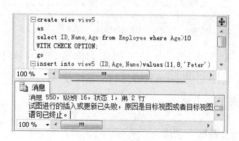

图 9.8　约束提示

9.2.3　使用 ALTER VIEW 语句修改视图

使用 ALTER VIEW 语句可以修改视图，语法如下：

```
ALTER VIEW   view_name [( column [,...n])]
[WITH ENCRYPTION]
AS
select_statement
[WITH CHECK OPTION]
```

ALTER VIEW 语句的参数及其说明如表 9.2 所示。

表 9.2　ALTER VIEW 语句的参数及其说明

参　　数	说　　明
view_name	要更改的视图
column	一列或多列的名称，用逗号分开，将成为给定视图的一部分
n	表示 column 可重复 n 次的占位符

续表

参　数	说　明
WITH ENCRYPTION	加密 syscomments 表中包含 ALTER VIEW 语句文本的条目。使用 WITH ENCRYPTION 可防止将视图作为 SQL Server 复制的一部分发布
AS	视图要执行的操作
select_statement	定义视图的 SELECT 语句
WITH CHECK OPTION	强制视图上执行的所有数据的修改语句都必须符合由定义视图的 select_statement 设置的准则

说明

　　如果原来的视图定义是用 WITH ENCRYPTION 或 CHECK OPTION 创建的，那么只有在 ALTER VIEW 中也包含这些选项时，这些选项才有效。

　　【例 9.5】通过 SQL 语句中的 ALTER VIEW 对已存在的视图进行修改操作。（实例位置：资源包\ **TM\sl\9\5**）

　　代码如下：

```
ALTER VIEW View_Student(Sname,Sage)              --修改已存在的视图
AS
SELECT Sname,Sage FROM Student WHERE Sno='201109002'
go
EXEC sp_helptext 'View_student'                  --查看视图定义
```

　　使用 ALTER VIEW 是对视图的修改，使用 UPDATE 是通过视图对数据表做修改。例如，使用 UPDATE 语句通过视图对数据表中的数据进行更新，即修改信息表中的数据。

```
use db_Test
go
update v1 set Name='张一' where ID=2            --通过视图修改数据
select * from v1                               --查询视图中修改后的数据
```

　　运行结果如图 9.9 所示。

图 9.9　通过视图修改数据

9.2.4　使用 DROP VIEW 语句删除视图

　　使用 DROP VIEW 语句可以删除视图，语法如下：

```
DROP VIEW view_name [,...n]
```

　　DROP VIEW 语句的参数及其说明如表 9.3 所示。

表 9.3　DROP VIEW 语句的参数及其说明

参　　数	说　　明
view_name	要删除的视图名。视图名必须符合标识符规则。可以选择是否指定视图所有者名。若要查看当前创建的视图列表，使用 sp_help
n	表示可以指定多个视图的占位符

📢 注意

在单击"全部除去"按钮删除视图以前，可以在"除去对象"对话框中单击"显示相关性"按钮，查看该视图依附的对象，以确认该视图是否为需要删除的视图。

【例 9.6】使用 SQL 删除视图的实现过程如下。（实例位置：资源包\TM\sl\9\6）

（1）单击"新建查询"按钮。

（2）在编辑窗口中输入以下代码，单击工具栏上的"执行"按钮，此时执行查询结果将在下面的窗口中显示出来。相关代码如下：

```
use db_Test
go
DROP VIEW View_Student          --删除视图
go
```

【例 9.7】使用 DELETE 语句通过视图将数据表中的数据删除。（实例位置：资源包\TM\sl\9\7）

代码如下：

```
use db_Test
go
DELETE v1
WHERE Name='张一'
SELECT * FROM v1                --查看创建的视图中的数据
go
```

运行结果如图 9.10 所示。

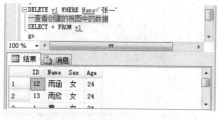

图 9.10　删除视图中的数据

9.2.5　使用 sp_rename 重命名视图

使用 sp_rename 可以对视图进行重命名，语法如下：

```
exec sp_rename old_view, new_view
```

将视图 view1 重命名为视图 view2，代码如下：

```
exex sp_rename view1,view2
```

9.3　通过视图操作数据

9.3.1　从视图中浏览数据

在 SQL Server Management Studio 中查看视图 View_Student 的信息（如果该视图已删除，按前面的方法创建此视图），具体操作步骤如下。

（1）启动 SQL Server Management Studio 管理工具，连接 SQL Server 数据库服务器。

（2）在"对象资源浏览器"中展开"数据库"节点，展开指定的数据库。

（3）依次展开"视图"节点，显示当前数据库中的所有视图，右击要查看信息的视图。

（4）在弹出的快捷菜单中，如果要查看视图的属性，选择"属性"命令，如图 9.11 所示，弹出"视图属性"对话框，如图 9.12 所示。

图 9.11　选择"属性"命令

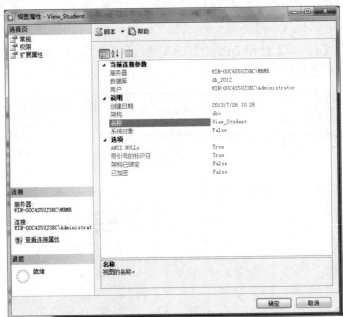

图 9.12　"视图属性"对话框

（5）如果要查看视图中的内容，可在如图 9.11 所示的快捷菜单中选择"编辑前 200 行"命令，在右侧即可显示视图中的内容，如图 9.13 所示。

（6）如果要重新设置视图，可在如图 9.11 所示的快捷菜单中选择"设计"命令，弹出视图的设计界面，如图 9.14 所示。在此界面中可对视图进行重新设置。

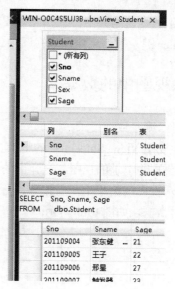

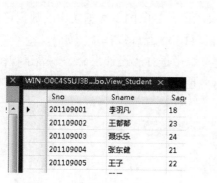

图 9.13　显示视图中的内容　　　　　　　　图 9.14　视图设计界面

9.3.2　向视图中添加数据

使用视图可以添加新的记录，但应该注意的是，新添加的数据实际上存储在与视图相关的表中。
例如，向视图 View_Student 中插入信息"20110901，明日科技，27"，具体操作步骤如下。

（1）右击要插入记录的视图，在弹出的快捷菜单中选择"设计"命令，显示视图的设计界面。

（2）在显示视图结果的最下面一行直接输入新记录即可，如图 9.15 所示。

（3）按 Enter 键，即可把信息插入视图中。

（4）单击█按钮，完成新记录的添加，如图 9.16 所示。

	Sno	Sname		Sage
	201109004	张东健	...	21
	201109005	王子		22
	201109006	邢星		27
	201109007	触发器	...	23
	201109008	赵雪		25
	201109019	章立		26
✎	20110901 ❶	明日科技 ❶		27
✳	NULL	NULL		NULL

Sno	Sname		Sage
201109004	张东健	...	21
201109005	王子		22
201109006	邢星		27
201109007	触发器	...	23
201109008	赵雪		25
201109019	章立		26
201109001	明日科技		27

图 9.15　使用可视化管理工具插入记录　　　　图 9.16　插入记录后的视图

9.3.3　修改视图中的数据

使用视图可以修改数据记录，但是与插入记录相同，修改的是数据表中的数据记录。

例如，修改视图 View_Student 中的记录，将"明日科技"修改为"明日"，具体操作步骤如下。

（1）右击要修改记录的视图，在弹出的快捷菜单中选择"设计"命令，显示视图的设计界面。

（2）在显示的视图结果中，选择要修改的内容，直接修改即可。

（3）按 Enter 键，把信息保存到视图中。

9.3.4　删除视图中的数据

使用视图可以删除数据记录，但是与插入记录相同，删除的是数据表中的数据记录。

例如，删除视图 View_Student 中的记录"明日科技"，具体操作步骤如下。

（1）右击要删除记录的视图，在弹出的快捷菜单中选择"设计"命令，显示视图的设计界面。

（2）在显示视图的结果中，右击要删除的行"明日科技"，在弹出的快捷菜单中选择"删除"命令，弹出删除对话框，如图 9.17 所示。

图 9.17　删除对话框

（3）单击"是"按钮，将该记录删除。

9.4　小　　结

本章介绍了视图的创建、修改和删除的方法，以及如何在视图中添加、修改和删除数据等。通过本章的学习，读者可以针对表创建视图，并能够通过视图实现对表的操作。

9.5　实践与练习

（答案位置：资源包\TM\sl\9\实践与练习\）

1．在学生信息表 Student 中存储了学生的编号、姓名、年龄、性别等，使用视图过滤性别。

2．使用系统存储过程 sp_helptext 获取视图 vv1 定义时的相关信息。

3．创建一个视图，使用 WITH ENCRYPTION 将原文本转换为模糊格式，实现视图定义文本加密。加密后的视图无法使用系统存储过程 sp_helptext 查看其信息。从视图的属性对话框中查看加密后的视图信息，视图定义文本将被一段不可使用的信息替代。

第 **3** 篇

高级应用

本篇介绍了存储过程、触发器、游标的使用、索引与数据完整性、SQL中的事务、维护SQL Server数据库、数据库的安全机制等。学习完这一部分内容，读者能够使用索引优化数据库查询；使用存储过程、触发器、游标、事务等编写SQL语句，不仅可以优化查询，还可以提高数据访问速度；更好地维护SQL Server及其安全。

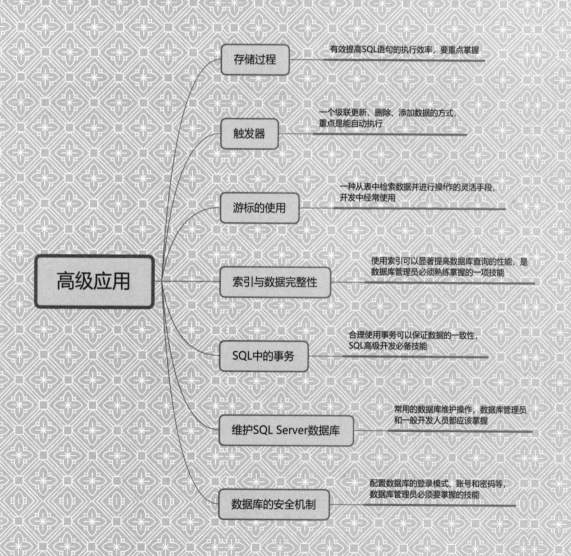

高级应用

- 存储过程 —— 有效提高SQL语句的执行效率，要重点掌握

- 触发器 —— 一个级联更新、删除、添加数据的方式，重点是能自动执行

- 游标的使用 —— 一种从表中检索数据并进行操作的灵活手段，开发中经常使用

- 索引与数据完整性 —— 使用索引可以显著提高数据库查询的性能，是数据库管理员必须熟练掌握的一项技能

- SQL中的事务 —— 合理使用事务可以保证数据的一致性，SQL高级开发必备技能

- 维护SQL Server数据库 —— 常用的数据库维护操作，数据库管理员和一般开发人员都应该掌握

- 数据库的安全机制 —— 配置数据库的登录模式、账号和密码等，数据库管理员必须要掌握的技能

第 10 章

存储过程

存储过程代替了传统的逐条执行 SQL 语句的方式。存储过程是预编译 SQL 语句的集合，这些语句存储在一个名称下并作为一个单元来处理。一个存储过程中可包含查询、插入、删除、更新等操作的一系列 SQL 语句，当这个存储过程被调用执行时，这些操作也会同时被执行。

本章知识架构及重难点如下：

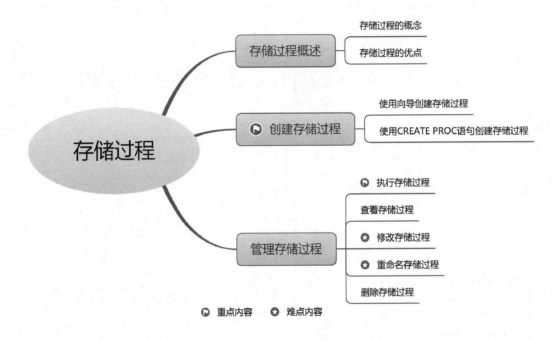

10.1 存储过程概述

10.1.1 存储过程的概念

存储过程（stored procedure）是预编译 SQL 语句的集合，这些语句存储在一个名称下并作为一个单元来处理。存储过程代替了传统的逐条执行 SQL 语句的方式。一个存储过程中可包含查询、插入、删除、更新等操作的一系列 SQL 语句，当这个存储过程被调用执行时，这些操作也会同时被执行。

存储过程与其他编程语言中的过程类似，它可以接受输入参数并以输出参数的格式向调用过程或批处理返回多个值；包含用于在数据库中执行操作（包括调用其他过程）的编程语句；向调用过程或批处理返回状态值，以指明成功或失败（以及失败的原因）。

SQL Server 提供了 3 种类型的存储过程，各类型存储过程如下。

☑　系统存储过程：用来管理 SQL Server 和显示有关数据库与用户的信息的存储过程。

☑　自定义存储过程：用户在 SQL Server 中通过采用 SQL 语句创建存储过程。

☑　扩展存储过程：通过编程语言（例如 C）创建外部例程，并将这个例程在 SQL Server 中作为存储过程使用。

10.1.2　存储过程的优点

存储过程的优点表现在以下几个方面。

（1）存储过程可以嵌套使用，支持代码重用。

（2）存储过程可以接受与使用参数动态执行其中的 SQL 语句。

（3）存储过程比一般的 SQL 语句执行速度快。存储过程在创建时已经被编译，每次执行时不需要重新编译，而 SQL 语句每次执行时都需要编译。

（4）存储过程具有安全特性（例如权限）和所有权链接，以及可以附加到它们的证书。用户可以被授予权限来执行存储过程而不必直接对存储过程中引用的对象具有权限。

（5）存储过程允许模块化程序设计。存储过程一旦创建，以后可在程序中多次调用。这可以改进应用程序的可维护性，并允许应用程序统一访问数据库。

（6）存储过程可以减少网络通信流量。一个需要数百行 SQL 语句代码的操作可以通过一条执行过程代码的语句来执行，而不需要在网络中发送数百行代码。

（7）存储过程可以强制应用程序的安全性。参数化存储过程有助于保护应用程序不受 SQL Injection 攻击。

说明

> SQL Injection（SQL 注入）是一种攻击方式，在这种攻击方式中，如果遇到恶意代码插入，可以将此恶意代码插入字符串中，然后将该字符串传递到 SQL Server 的实例以进行分析和执行。任何构成 SQL 语句的过程都应进行注入漏洞检查，因为 SQL Server 将执行其接收到的所有语法有效的查询。

10.2　创建存储过程

存储过程是在数据库服务器端执行的一组 SQL 语句的集合，经编译后存放在数据库服务器中。本节主要介绍如何通过企业管理器和 SQL 语句创建存储过程。

10.2.1　使用向导创建存储过程

在 SQL Server 中，使用向导创建存储过程的步骤如下。

（1）启动 SQL Server Management Studio 管理工具，连接 SQL Server 数据库服务器。

（2）在"对象资源管理器"中选择指定的服务器和数据库，展开数据库的"可编程性"节点，右击"存储过程"，在弹出的快捷菜单中选择"新建"/
"存储过程"命令，如图 10.1 所示。

（3）在弹出的"连接到数据库引擎"窗口中，单击"连接"按钮，出现创建存储过程的窗口，如图 10.2 所示。

在存储过程窗口的文本框中，可以看到系统自动给出了创建存储过程的格式模板语句，根据模板格式进行修改创建新的存储过程。

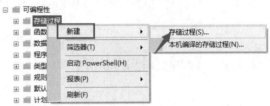

图 10.1　选择"新建"/"存储过程"命令

【例 10.1】创建一个名为 Proc_Stu 的存储过程，要求完成以下功能：在 Student 表中查询男生的 Sno、Sex、Sage 几个字段的内容。（**实例位置：资源包\TM\sl\10\1**）

具体的操作步骤如下。

（1）在创建存储过程的窗口中单击"查询"菜单，选择"指定模板参数的值"选项，弹出"指定模板参数的值"对话框，如图 10.3 所示。

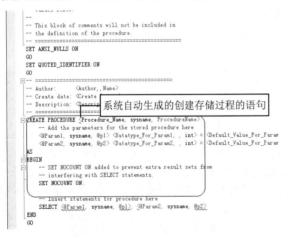

图 10.2　创建存储过程的窗口

图 10.3　"指定模板参数的值"对话框

（2）在"指定模板参数的值"对话框中将 Procedure_Name 参数对应的名称修改为 Proc_Stu，单击"确定"按钮，关闭此对话框。

（3）在创建存储过程的窗口中，将对应的 SELECT 语句修改如下：

```
SELECT Sno,Sname,Sex,Sage
FROM Student
WHERE Sex='男'
```

180

10.2.2 使用 CREATE PROC 语句创建存储过程

在 SQL 中，可以使用 CREATE PROCEDURE 也可以使用 CREATE PROC 语句创建存储过程，其语法格式如下：

```
CREATE PROC [ EDURE ] procedure_name [ ; number ]
    [ { @parameter data_type }
        [ VARYING ] [ = default ] [ OUTPUT ]
    ] [ ,...n ]
AS sql_statement
```

CREATE PROC 语句的参数及其说明如表 10.1 所示。

表 10.1 CREATE PROC 语句的参数及其说明

参 数	说 明
CREATE PROC	关键字
procedure_name	创建的存储过程名
number	对存储过程进行分组
@parameter	存储过程参数，存储过程可以声明一个或多个参数
data_type	参数的数据类型，所有数据类型（包括 text、ntext 和 image）均可用作存储过程的参数，但是 cursor 数据类型只能用于 OUTPUT 参数
VARYING	可选项，指定作为输出参数支持的结果集（由存储过程动态构造，内容可以变化），该关键字仅适用于游标参数
default	可选项，表示为参数设置默认值
OUTPUT	可选项，表明参数是返回参数，可以将参数值返回给调用的过程
n	表示可以定义多个参数
AS	指定存储过程要执行的操作
sql_statement	存储过程中的过程体

【例 10.2】使用 CREATE PROCEDURE 语句创建一个存储过程，用来根据学生编号查询学生信息。（实例位置：资源包\TM\sl\10\2）

SQL 语句如下：

```
Create Procedure Proc_Student
@Proc_Sno int
as
select * from Student where Sno = @Proc_Sno
```

运行结果如图 10.4 所示。

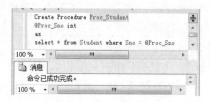

图 10.4 创建存储过程

10.3 管理存储过程

存储过程创建完成后，用户可以通过 SQL Server Management Studio 工具对其进行管理。数据库中的存储过程保存在"数据库"/"数据库名称"/"可编程性"/"存储过程"路径下。本节介绍使用 SQL Server Management Studio 工具对存储过程进行执行、查看、修改、重命名和删除等管理。

10.3.1 执行存储过程

存储过程创建完成后，可以通过 EXECUTE 命令执行，可简写为 EXEC。

1. EXECUTE

EXECUTE 用来执行 SQL 中的命令字符串、字符串或执行下列模块之一：系统存储过程、用户定义存储过程、标量值用户定义函数或扩展存储过程。

EXECUTE 的语法如下：

```
[ { EXEC | EXECUTE } ]
    {
      [ @return_status = ]
      { module_name [ ;number ] | @module_name_var }
        [ [ @parameter = ] { value
                           | @variable [ OUTPUT ]
                           | [ DEFAULT ]
                           }
        ]
      [ ,...n ]
      [ WITH RECOMPILE ]
    }
[;]
```

EXECUTE 语句的参数及其说明如表 10.2 所示。

表 10.2　EXECUTE 语句的参数及其说明

参　　数	说　　明
@return_status	可选的整型变量，存储模块的返回状态。这个变量在用于 EXECUTE 语句前，必须在批处理、存储过程或函数中已声明
module_name	是要调用的存储过程或标量值用户定义函数的完全限定或者不完全限定名。模块名必须符合标识符规则。无论服务器的排序规则如何，扩展存储过程名都区分大小写
number	可选整数，用于对同名的过程分组。该参数不能用于扩展存储过程
@module_name_var	局部定义的变量名，代表模块名称
@parameter	module_name 的参数，与在模块中的定义相同。参数名称前必须加上符号@
value	传递给模块或传递命令的参数值。如果参数名没有指定，参数值的顺序必须以在模块中定义的顺序提供

续表

参 数	说 明
@variable	用来存储参数或返回参数的变量
OUTPUT	指定模块或命令字符串返回一个参数。该模块或命令字符串中的匹配参数也必须使用关键字 OUTPUT 创建。使用游标变量作为参数时使用该关键字
DEFAULT	根据模块的定义,提供参数的默认值。当模块需要的参数值没有定义默认值并且缺少参数或指定了 DEFAULT 关键字,会出现错误
WITH RECOMPILE	执行模块后,强制编译、使用和放弃新计划。如果该模块存在现有查询计划,则该计划将保留在缓存中

2. 使用 EXECUTE 语句执行存储过程

【例 10.3】使用 EXECUTE 语句执行存储过程 Proc_Stu。(**实例位置:资源包\TM\sl\10\3**)

SQL 语句如下:

```
exec Proc_Stu
```

使用 EXECUTE 语句执行存储过程的步骤如下。

(1)打开 SQL Server Management Studio 管理工具,连接 SQL Server 数据库服务器。

(2)单击工具栏中的 新建查询(N) 按钮,新建查询编辑器,并输入如下 SQL 语句代码。

```
exec Proc_Stu
```

(3)单击 执行(X) 按钮,执行上述 SQL 语句代码,即可完成执行 Proc_Stu 存储过程。执行结果如图 10.5 所示。

10.3.2 查看存储过程

许多系统存储过程、系统函数和目录视图都提供有关存储过程的信息。可以使用这些系统存储过程查看存储过程的定义,即用于创建存储过程的 SQL 语句。

可以通过下面 3 种系统存储过程和目录视图查看存储过程。

图 10.5 执行存储过程的结果

1. 使用 sys.sql_modules 查看存储过程的定义

sys.sql_modules 为系统视图,通过该视图可以查看数据库中的存储过程。查看存储过程的操作方法如下。

(1)单击工具栏中的 新建查询(N) 按钮,新建查询编辑器。

(2)在查询编辑器中输入如下代码:

```
select * from sys.sql_modules
```

(3)单击 执行(X) 按钮,执行该查询命令,查询结果如图 10.6 所示。

图 10.6　使用 sys.sql_modules 视图查询的存储过程

2. 使用 OBJECT_DEFINITION 查看存储过程的定义

OBJECT_DEFINITION 返回指定对象定义的 SQL 源文本。语法如下：

```
OBJECT_DEFINITION ( object_id )
```

参数说明如下。

object_id：要使用的对象的 ID。其数据类型为 int，并假定表示当前数据库上下文中的对象。

【例 10.4】使用 OBJECT_DEFINITION 查看 ID 为 309576141 的存储过程的代码。（**实例位置：资源包\TM\sl\10\4**）

SQL 语句如下：

```
select OBJECT_DEFINITION(309576141)
```

3. 使用 sp_helptext 查看存储过程的定义

sp_helptext 显示用户定义规则的定义、默认值、未加密的 SQL 存储过程、用户定义 SQL 函数、触发器、计算列、CHECK 约束、视图或系统对象（如系统存储过程）。语法如下：

```
sp_helptext [ @objname = ] 'name' [ , [ @columnname = ] computed_column_name ]
```

参数说明如下。

☑　[@objname =] 'name'：架构范围内的用户定义对象的限定名和非限定名。仅当指定限定对象时才需要引号。如果提供的是完全限定名（包括数据库名），则数据库名必须是当前数据库名。对象必须在当前数据库中。name 的数据类型为 nvarchar(776)，无默认值。

☑　[@columnname =] computed_column_name：要显示其定义信息的计算列的名称。必须将包含列的表指定为 name。column_name 的数据类型为 sysname，无默认值。

【例 10.5】通过 sp_helptext 系统存储过程查看名为 Proc_Stu 存储过程的代码。（**实例位置：资源包\TM\sl\10\5**）

SQL 语句如下：

```
sp_helptext 'Proc_Stu'
```

操作步骤如下。

（1）打开 SQL Server Management Studio 管理工具，连接 SQL Server 数据库服务器。

（2）选择存储过程所在的数据库。

（3）单击工具栏中的 新建查询(N) 按钮，新建查询编辑器，并输入如下 SQL 语句代码。

```
sp_helptext 'Proc_Stu'
```

（4）单击 按钮，执行上述 SQL 语句代码，执行结果如图 10.7 所示。

10.3.3　修改存储过程

修改存储过程可以改变存储过程中的参数或者语句，可以通过 SQL 语句中的 ALTER PROCEDURE 语句实现。虽然删除并重新创建该存储过程可以达到修改存储过程的目的，但是将丢失与该存储过程关联的所有权限。

1. ALTER PROCEDURE 语句

ALTER PROCEDURE 语句用来修改通过执行 CREATE PROCEDURE 语句创建的过程。该语句修改存储过程时不更改权限，也不影响相关的存储过程或触发器。ALTER PROCEDURE 语句的语法如下：

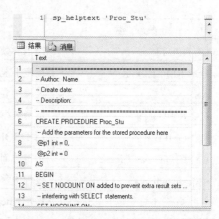

图 10.7　查看 Proc_Stu 存储过程的结果

```
ALTER { PROC | PROCEDURE } [schema_name.] procedure_name [ ; number ]
    [ { @parameter [ type_schema_name. ] data_type }
    [ VARYING ] [ = default ] [ [ OUT [ PUT ]
    ] [ ,...n ]
[ WITH <procedure_option> [ ,...n ] ]
[ FOR REPLICATION ]
AS
    { <sql_statement> [ ...n ] | <method_specifier> }
<procedure_option> ::=
    [ ENCRYPTION ]
    [ RECOMPILE ]
    [ EXECUTE_AS_Clause ]
<sql_statement> ::=
{ [ BEGIN ] statements [ END ] }
<method_specifier> ::=
EXTERNAL NAME
assembly_name.class_name.method_name
```

ALTER PROCEDURE 语句的参数及其说明如表 10.3 所示。

表 10.3　ALTER PROCEDURE 语句的参数及其说明

参　　数	说　　明
schema_name	过程所属架构名
procedure_name	要更改的过程名。过程名必须符合标识符规则
number	现有的可选整数，该整数用来对具有同一名称的过程进行分组，以便可以用一个 DROP PROCEDURE 语句全部删除它们
@parameter	过程中的参数。最多可以指定 2100 个参数
[type_schema_name.] data_type	参数及其所属架构的数据类型
VARYING	指定作为输出参数支持的结果集。此参数由存储过程动态构造，并且其内容可以不同。仅适用于游标参数
default	参数的默认值

续表

参　数	说　明
OUT[PUT]	指示参数是返回参数
FOR REPLICATION	指定不能在订阅服务器上执行为复制创建的存储过程
AS	过程将要执行的操作
ENCRYPTION	指示数据库引擎将 ALTER PROCEDURE 语句的原始文本转换为模糊格式
RECOMPILE	指示 SQL Server 数据库引擎不缓存该过程的计划，该过程在运行时重新编译
EXECUTE_AS_Clause	指定访问存储过程后执行该存储过程所用的安全上下文
<sql_statement>	过程中包含的任意数和类型的 SQL 语句。但有一些限制
EXTERNAL NAME assembly_name.class_name.method_name	指定 Microsoft .NET Framework 程序集的方法，以便 CLR 存储过程引用。class_name 必须为有效的 SQL Server 标识符，并且必须作为类存在于程序集中。如果类具有使用句点（.）分隔命名空间部分的命名空间限定名，则必须使用方括号（[ ]）或引号（" "）来分隔类名。指定的方法必须为该类的静态方法

说明

在默认情况下，SQL Server 不能执行 CLR 代码，可以创建、修改和删除引用公共语言运行时模块的数据库对象；不过，只有在启用 clr enabled 选项之后，才能在 SQL Server 中执行这些引用。若要启用该选项，使用 sp_configure。

2. 使用 ALTER PROCEDURE 语句修改存储过程

【例 10.6】通过 ALTER PROCEDURE 语句修改名为 Proc_Stu 的存储过程。（**实例位置：资源包\TM\sl\10\6**）

具体操作步骤如下。

（1）打开 SQL Server Management Studio 管理工具，连接 SQL Server 数据库服务器。

（2）选择存储过程所在的数据库。

（3）单击工具栏中的按钮，新建查询编辑器，并输入如下 SQL 语句代码。

```
ALTER PROCEDURE [dbo].[Proc_Stu]
@Sno varchar(10)
as
select * from student
```

（4）单击 执行(X) 按钮，执行上述 SQL 语句代码，执行结果如图 10.8 所示。

除了上述方法修改存储过程外，也可以通过 SQL Server 自动生成的 ALTER PROCEDURE 语句修改存储过程。以修改系统数据库 master 中存储过程 sp_MScleanupmergepublisher 为例，操作步骤如下。

（1）打开 SQL Server Management Studio 管理工具，连接 SQL Server 数据库服务器。

（2）展开对象资源管理器中"数据库"/"系统数据库"/master/"可编程性"/"系统存储过程"节点后，在 sp_MScleanupmergepublisher 系统存储过程上右击，弹出快捷菜单，如图 10.9 所示。

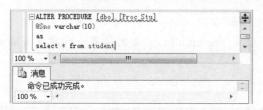

图 10.8　使用 ALTER PROCEDURE 语句修改存储过程　　图 10.9　快捷菜单

（3）选择"修改"命令，在查询编辑器中自动生成修改该存储过程的语句。自动生成的 SQL 语句如图 10.10 所示。

（4）修改该段 SQL 语句并执行，即可完成修改该存储过程。

10.3.4　重命名存储过程

重命名存储过程可以通过手动操作或执行 sp_rename 系统存储过程实现。

```
USE [master]
GO
/****** Object:  StoredProcedure [dbo].
[sp_MScleanupmergepublisher]    Script Date: 10/07
/2011 13:24:41 ******/
SET ANSI_NULLS ON
GO
SET QUOTED_IDENTIFIER OFF
GO
ALTER procedure [dbo].[sp_MScleanupmergepublisher]
as
    exec sys.sp_MScleanupmergepublisher_internal
```

图 10.10　自动生成的 SQL 语句

1. 手动操作重命名存储过程

（1）打开 SQL Server Management Studio 管理工具，连接 SQL Server 数据库服务器。

（2）展开对象资源管理器中"数据库"/"数据库名称"/"可编程性"/"存储过程"节点，右击需要重命名的存储过程，在弹出的快捷菜单中选择"重命名"命令。例如，修改 db_Test 数据库中的 Proc_stu 存储过程名称，如图 10.11 所示。

（3）此时，在存储过程名的文本框中输入要修改的名称，即可重命名存储过程。

2. 执行 sp_rename 系统存储过程重命名存储过程

sp_rename 系统存储过程可以在当前数据库中更改用户创建对象的名称。此对象可以是表、索引、列、别名数据类型或 Microsoft .NET Framework 公共语言运行时（CLR）用户定义类型。语法如下：

```
sp_rename [ @objname = ] 'object_name' , [ @newname = ] 'new_name'
    [ , [ @objtype = ] 'object_type' ]
```

参数说明如下。

☑　[@objname =] 'object_name'：用户对象或数据类型的当前限定或非限定名。如果要重命名的对象是表中的列，则 object_name 的格式必须是 table.column。如果要重命名的对象是索引，则 object_name 的格式必须是 table.index。

☑　[@newname =] 'new_name'：指定对象的新名。new_name 必须是名称的一部分，并且必须遵循标识符的规则。newname 的数据类型为 sysname，无默认值。

☑　[@objtype =] 'object_type'：要重命名的对象的类型。

使用 sp_rename 系统存储过程重命名存储过程的步骤如下。

（1）打开 SQL Server Management Studio 管理工具，连接 SQL Server 数据库服务器。

（2）选择需要重命名的存储过程所在的数据库，单击工具栏中的 新建查询(N) 按钮，新建查询编辑器，输入执行 sp_rename 系统存储过程重命名的 SQL 语句。

【例 10.7】将 Proc_Stu 存储过程重命名为 Proc_StudentInfo。（实例位置：资源包\TM\sl\10\7）

SQL 语句如下：

```
sp_rename 'Proc_Stu','Proc_StudentInfo'
```

（3）单击 ！执行⊗ 按钮，执行上述 SQL 语句代码，结果如图 10.12 所示。

图 10.11　手动操作重命名存储过程

图 10.12　执行 sp_rename 系统存储过程重命名存储过程

误区警示

更改对象名的任意一部分都可能破坏脚本和存储过程。建议不要使用上述语句来重命名存储过程、触发器、用户定义函数或视图；而是删除该对象，然后使用新名重新创建该对象。

10.3.5　删除存储过程

数据库中某些不再应用的存储过程可以删除，这样可释放该存储过程所占的数据库空间。删除存储过程可以通过手动删除或执行 DROP PROCEDURE 语句实现。

1．手动删除存储过程

（1）打开 SQL Server Management Studio 管理工具，连接 SQL Server 数据库服务器。

（2）展开对象资源管理器中"数据库"/"数据库名称"/"可编程性"/"存储过程"节点，右击要删除的存储过程，在弹出的快捷菜单中选择"删除"命令。

（3）在弹出的"删除对象"对话框中确认要删除的存储过程，单击"确定"按钮即可将该存储过程删除。

例如，删除 Proc_StuInfo 存储过程，如图 10.13 所示。

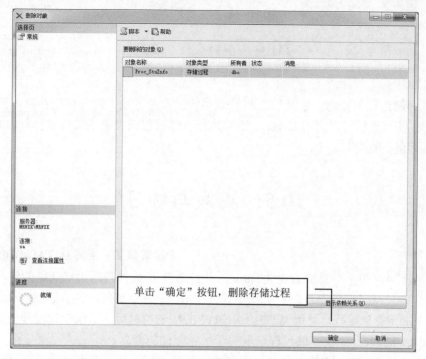

图 10.13　删除存储过程

2. 执行 DROP PROCEDURE 语句删除存储过程

DROP PROCEDURE 语句用来从当前数据库中删除一个或多个存储过程。语法如下：

```
DROP { PROC | PROCEDURE } { [ schema_name. ] procedure } [ ,...n ]
```

参数说明如下。

☑　schema_name：存储过程所属架构名。不能指定服务器名或数据库名。

☑　procedure：要删除的存储过程或存储过程组名。

执行 DROP PROCEDURE 语句删除存储过程的步骤如下。

（1）打开 SQL Server Management Studio 管理工具，连接 SQL Server 数据库服务器。

（2）选择需要删除的存储过程所在的数据库，单击工具栏中的 新建查询(N) 按钮，在新建查询编辑器中输入执行 DROP PROCEDURE 语句删除存储过程的 SQL 语句。

【例 10.8】删除名为 Proc_Student 的存储过程。（**实例位置：资源包\TM\sl\10\8**）

SQL 语句如下：

```
DROP PROCEDURE Proc_Student
```

（3）单击 执行(X) 按钮，执行上述 SQL 语句代码，将 Proc_Student 存储过程删除。

注意

不能删除正在使用的存储过程，否则 SQL Server 将在执行调用进程时显示一条错误消息。

10.4 小 结

本章介绍了存储过程的概念，以及创建和管理存储过程的方法。读者使用存储过程可以增强代码的重用性，创建存储过程后可以调用 Execute 语句执行存储过程或者设置其自动执行，另外，还可以查看、修改或删除存储过程等。

10.5 实践与练习

（答案位置：资源包\TM\sl\10\实践与练习\）

1．在存储过程中声明一个整型的变量@truc，并且通过 if 条件判断语句变量的值，如果变量等于 2，则回滚事务，并且返回一个值为 25；如果变量等于 0，则提交事务，并且返回一个值为 0。

2．创建一个加密存储过程，使用 WITH ENCRYPION 子句对用户隐藏存储过程的文本，使文本内容更安全。使用 sp_helptext 系统存储过程获取关于加密存储的信息。

3．基于学生成绩表 score 创建一个带返回参数的存储过程，用来查询分数。在存储过程中声明两个变量：一个作为分数查询条件，一个作为返回值的接收参数。利用 exec 关键字执行该存储过程。查询结果自动保存在变量@stuscore 中，利用此返回值判断分类等级。

第 11 章

触发器

本章介绍如何使用触发器，包括触发器概述、创建触发器和管理触发器等内容。通过本章的学习，读者可以掌握使用可视化管理工具和 SQL 创建触发器，学会应用触发器，从而优化查询和提高数据访问速度。

本章知识架构及重难点如下：

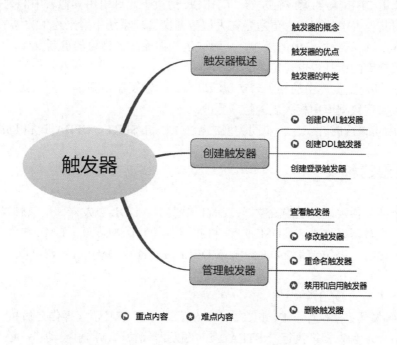

11.1 触发器概述

11.1.1 触发器的概念

触发器是一种特殊类型的存储过程，当指定表中的数据发生变化时触发器自动生效。它与表紧密相连，可以看作表定义的一部分。触发器不能通过名称被直接调用，更不允许设置参数。

在 SQL Server 中，一张表可以有多个触发器。用户可以使用 INSERT、UPDATE 或 DELETE 语句对触发器进行设置，也可以对一张表上的特定操作设置多个触发器。触发器可以包含复杂的 SQL 语句。不论触发器进行的操作有多复杂，它都只作为一个独立的单元被执行，被看作一个事务。如果在执行触发器的过程中发生了错误，则整个事务将会自动回滚。

11.1.2　触发器的优点

触发器的优点表现在以下几个方面。

（1）触发器自动执行。对表中的数据进行修改后，触发器会自动执行。

（2）为了实现复杂的数据库更新操作，触发器可以调用一个或多个存储过程，甚至可以通过调用外部过程（不是数据库管理系统本身）完成相应的操作。

（3）触发器能够实现比 CHECK 约束更为复杂的数据完整性约束。在数据库中，为了实现数据完整性约束，可以使用 CHECK 约束或触发器。CHECK 约束不允许引用其他表中的列来完成检查工作，而触发器可以引用其他表中的列，它更适合在大型数据库管理系统中用来约束数据的完整性。

（4）触发器可以检测数据库内的操作，从而取消数据库未经许可的更新操作，使数据库修改、更新操作更安全，数据库的运行也更稳定。

（5）触发器能够对数据库中的相关表实现级联更改。触发器是基于一个表创建的，但是可以针对多个表进行操作，实现数据库中相关表的级联更改。

（6）一个表中可以同时存在 3 种不同类型的触发器（INSERT、UPDATE 和 DELETE）。

11.1.3　触发器的种类

SQL Server 包括 3 种常规类型的触发器：DML 触发器、DDL 触发器和登录触发器。

当数据库中发生数据操作语言（DML）事件时将调用 DML 触发器。DML 事件包括在指定表或视图中修改数据的 INSERT 语句、UPDATE 语句或 DELETE 语句。DML 触发器可以查询其他表，还可以包含复杂的 SQL 语句。

可以设计以下类型的 DML 触发器。

☑　AFTER 触发器：在执行了 INSERT、UPDATE 或 DELETE 语句操作之后执行 AFTER 触发器。

☑　INSTEAD OF 触发器：执行 INSTEAD OF 触发器代替通常的触发动作。还可为带有一个或多个基表的视图定义 INSTEAD OF 触发器，这些触发器能够扩展视图可支持的更新类型。

☑　CLR 触发器：CLR 触发器可以是 AFTER 触发器或 INSTEAD OF 触发器，还可以是 DDL 触发器。CLR 触发器将执行在托管代码（在.NET Framework 中创建并在 SQL Server 中上载的程序集的成员）中编写的方法，而不用执行 SQL 存储过程。

DDL 触发器是一种特殊的触发器，它在响应数据定义语言（DDL）语句时触发，可以用于在数据库中执行管理任务。如审核以及规范数据库操作。

登录触发器将为响应 LOGON 事件而激发存储过程。与 SQL Server 实例建立用户会话时引发此事件。登录触发器在登录的身份验证阶段完成之后且用户会话实际建立之前激发。可以使用登录触发器审核和控制服务器会话，如通过跟踪登录活动、限制 SQL Server 的登录名或限制特定登录名的会话数。

11.2 创建触发器

创建 DML、DDL 和登录触发器可以通过执行 CREATE TRIGGER 语句实现。但在使用该语句创建 DML、DDL 和登录触发器时,其语法存在差异。本节讲解 CREATE TRIGGER 语句,以及如何使用该语句创建 DML、DDL 和登录触发器。

11.2.1 创建 DML 触发器

如果用户通过 DML 事件编辑数据,则执行 DML 触发器。DML 事件是针对表或视图的 INSERT、UPDATE 或 DELETE 语句。

创建 DML 触发器的语法如下:

```
CREATE TRIGGER [ schema_name . ]trigger_name
ON { table | view }
[ WITH <dml_trigger_option> [ ,...n ] ]
{ FOR | AFTER | INSTEAD OF }
{ [ INSERT ] [ , ] [ UPDATE ] [ , ] [ DELETE ] }
[ WITH APPEND ]
[ NOT FOR REPLICATION ]
AS { sql_statement   [ ; ] [ ,...n ] | EXTERNAL NAME <method specifier [ ; ] > }
<dml_trigger_option> ::=
    [ ENCRYPTION ]
    [ EXECUTE AS Clause ]
<method_specifier> ::=
    assembly_name.class_name.method_name
```

创建 DML 触发器的参数及其说明如表 11.1 所示。

表 11.1 创建 DML 触发器的参数及其说明

参　　数	说　　明
schema_name	DML 触发器所属架构名。DML 触发器的作用域是为其创建该触发器的表或视图的架构
trigger_name	触发器名。trigger_name 必须遵循标识符规则,不能以#或##开头
table | view	对其执行 DML 触发器的表或视图,有时称为触发器表或触发器视图。可以根据需要指定表或视图的完全限定名。视图只能被 INSTEAD OF 触发器引用。不能对局部或全局临时表定义 DML 触发器
FOR | AFTER	AFTER 指定 DML 触发器仅在触发 SQL 语句中指定的所有操作都已成功执行时才被触发
INSTEAD OF	指定执行 DML 触发器而不是触发 SQL 语句,因此其优先级高于触发语句的操作
{ [INSERT] [,] [UPDATE] [,] [DELETE] }	指定数据修改语句,这些语句可在 DML 触发器对表或视图进行尝试时激活该触发器。必须至少指定一个选项
WITH APPEND	指定应该再添加一个现有类型的触发器
NOT FOR REPLICATION	指示当复制代理修改涉及触发器的表时,不应执行触发器

参　数	说　明
sql_statement	触发条件和操作。触发器条件指定其他标准，用于确定尝试的 DML、DDL 或 LOGON 事件是否导致执行触发器操作
EXECUTE AS	指定用于执行该触发器的安全上下文
<method_specifier>	对于使用了 CLR 的触发器，指定程序集与触发器绑定的方法。该方法不能带有任何参数，并且必须返回空值

【例 11.1】为员工表 employee3 创建 DML 触发器，当向该表中插入数据时给出提示信息。（**实例位置：资源包\TM\sl\11\1**）

具体设计步骤如下。

（1）打开 SQL Server Management Studio 管理工具，连接 SQL Server 数据库服务器。

（2）单击工具栏中的 新建查询(N) 按钮，新建查询编辑器，输入如下 SQL 语句。

```
CREATE TRIGGER T_DML_Emp3              --创建触发器 T_DML_Emp3
ON employee3                           --依赖于表 employee3
AFTER INSERT                           --执行插入语句之后
AS
RAISERROR ('正在向表中插入数据', 16, 10);   --提示信息
```

（3）单击 执行⊗ 按钮，执行上述 SQL 语句代码，创建名为 T_DML_Emp3 的 DML 触发器。

每次对 employee3 表的数据进行添加时，都显示如图 11.1 所示的信息。

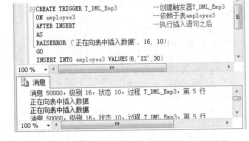

图 11.1　向表中插入数据时给出的信息

11.2.2　创建 DDL 触发器

DDL 触发器用于响应各种 DDL 事件。这些事件主要对应于 CREATE、ALTER 和 DROP 语句，以及执行类似 DDL 操作的某些系统存储过程。

创建 DDL 触发器的语法如下：

```
CREATE TRIGGER trigger_name
ON { ALL SERVER | DATABASE }
[ WITH <ddl_trigger_option> [ ,...n ] ]
{ FOR | AFTER } { event_type | event_group } [ ,...n ]
AS { sql_statement  [ ; ] [ ,...n ] | EXTERNAL NAME <method specifier>  [ ; ] }
<ddl_trigger_option> ::=
    [ ENCRYPTION ]
    [ EXECUTE AS Clause ]
<method_specifier> ::=
    assembly_name.class_name.method_name
```

创建 DDL 触发器的参数及其说明如表 11.2 所示。

表 11.2　创建 DDL 触发器的参数及其说明

参　数	说　明
trigger_name	触发器名。trigger_name 必须遵循标识符规则，不能以#或##开头
ALL SERVER	将 DDL 或登录触发器的作用域应用于当前服务器

续表

参　数	说　明
DATABASE	将 DDL 触发器的作用域应用于当前数据库
FOR | AFTER	AFTER 指定 DDL 触发器仅在触发 SQL 语句中指定的所有操作都已成功执行时才被触发
event_type	执行之后将导致激发 DDL 触发器的 SQL 事件名。DDL 事件中列出了 DDL 触发器的有效事件
event_group	预定义的 SQL 事件分组名
sql_statement	触发条件和操作。触发器条件指定其他标准，用于确定尝试的 DML、DDL 或 LOGON 事件是否导致执行触发器操作
<method_specifier>	对于使用了 CLR 的触发器，指定程序集与触发器绑定的方法

【例 11.2】为数据库创建 DDL 触发器，防止用户对表进行删除或修改等操作。(**实例位置：资源包\TM\sl\11\2**)

设计步骤如下。

（1）打开 SQL Server Management Studio 管理工具，连接 SQL Server 数据库服务器。

（2）单击工具栏中的 新建查询(N) 按钮，新建查询编辑器，输入如下 SQL 语句。

```
CREATE TRIGGER T_DDL_DATABASE          --创建 DDL 触发器
ON DATABASE                            --将该触发器应用于当前数据库
FOR DROP_TABLE, ALTER_TABLE            --对表修改时，提示信息
AS
PRINT '只有 "T_DDL_DATABASE" 触发器无效时，才可以删除或修改表。'
ROLLBACK                               --回滚操作
```

（3）单击 ! 执行(X) 按钮，执行上述 SQL 语句代码，创建名为 T_DDL_DATABASE 的 DDL 触发器。

创建完该触发器后，当对数据库中的表进行修改与删除等操作时，都会提示信息（只有 "T_DDL_DATABASE" 触发器无效时，才可以删除或修改表），并将删除后修改操作进行回滚。显示信息如图 11.2 所示。

图 11.2　对数据库中的表进行修改与删除等操作时显示的信息

11.2.3　创建登录触发器

登录触发器在遇到 LOGON 事件时触发。LOGON 事件是在建立用户会话时引发的。触发器可以由 SQL 语句直接创建，也可以由程序集方法创建，这些方法是在 Microsoft .NET Framework 公共语言运行时（CLR）创建并上载到 SQL Server 实例的。SQL Server 允许为任何特定语句创建多个触发器。

创建登录触发器的语法如下：

```
CREATE TRIGGER trigger_name
ON ALL SERVER
[ WITH <logon_trigger_option> [ ,...n ] ]
{ FOR | AFTER } LOGON
AS { sql_statement   [ ; ] [ ,...n ] | EXTERNAL NAME < method specifier >   [ ; ] }
<logon_trigger_option> ::=
    [ ENCRYPTION ]
    [ EXECUTE AS Clause ]
<method_specifier> ::=
    assembly_name.class_name.method_name
```

创建登录触发器的参数及其说明如表 11.3 所示。

表 11.3　创建登录触发器的参数及其说明

参　　数	说　　明
trigger_name	触发器名。trigger_name 必须遵循标识符规则，不能以#或##开头
ALL SERVER	将 DDL 或登录触发器的作用域应用于当前服务器
FOR | AFTER	AFTER 指定登录触发器仅在触发 SQL 语句中指定的所有操作都已成功执行时才被触发
sql_statement	触发条件和操作。触发器条件指定其他标准，用于确定尝试的 DML、DDL 或 LOGON 事件是否导致执行触发器操作
<method_specifier>	对于使用了 CLR 的触发器，指定程序集与触发器绑定的方法

【例 11.3】创建一个登录触发器，该触发器拒绝 mr 登录名的成员登录 SQL Server。（实例位置：资源包\TM\sl\11\3）

SQL 语句如下：

```
USE master;
GO
CREATE LOGIN TM WITH PASSWORD = 'TMsoft' MUST_CHANGE,
    CHECK_EXPIRATION = ON;
GO
GRANT VIEW SERVER STATE TO TM;
GO
CREATE TRIGGER connection_limit_trigger
ON ALL SERVER WITH EXECUTE AS 'mr'
FOR LOGON
AS
BEGIN
IF ORIGINAL_LOGIN()= 'mr' AND
    (SELECT COUNT(*) FROM sys.dm_exec_sessions
            WHERE is_user_process = 1 AND
                original_login_name = 'mr') > 1
    ROLLBACK;
END;
```

设计步骤如下。

（1）打开 SQL Server Management Studio 管理工具，连接 SQL Server 数据库服务器。

（2）单击工具栏中的 新建查询(N) 按钮，新建查询编辑器，输入上面的 SQL 语句。

（3）单击 执行(X) 按钮，执行上述 SQL 语句代码，创建名为 connection_limit_trigger 的登录触发器。

登录触发器与 DML 触发器、DDL 触发器存储的位置不同，其存储位置为对象资源管理器中"服务器对象"/"触发器"。登录触发器 connection_limit_trigger 中的 mr 为登录到 SQL Server 中的登录名。登录触发器及 mr 所在的位置如图 11.3 所示。

创建完该触发器后，当以 mr 的登录名登录 SQL Server时，显示如图 11.4 所示的提示信息。

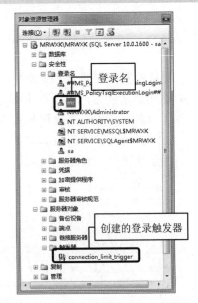

图 11.3　登录触发器及 mr 所在的位置

图 11.4　以 mr 的登录名登录 SQL Server 时提示的信息

11.3　管理触发器

触发器的查看、修改、重命名与删除等操作都可以使用 SQL Server Management Studio 管理工具实现。本节讲解通过 SQL Server Management Studio 管理工具查看、修改、重命名、禁用和启用以及删除触发器。

11.3.1　查看触发器

查看触发器与查看存储过程相同，同样可以使用 sp_helptext 存储过程与 sys.sql_modules 视图查看触发器。

1. 使用 sp_helptext 存储过程查看触发器

sp_helptext 存储过程可以查看架构范围内的触发器，非架构范围内的触发器是不能用此存储过程查看的，如 DDL 触发器、登录触发器。

【例 11.4】使用 sp_helptext 存储过程查看 DML 触发器，SQL 语句及运行结果如图 11.5 所示。(实例位置：资源包\TM\sl\11\4)

SQL 语句如下：

```
USE db_Test
EXEC sp_helptext 'T_DML_Emp3'
```

2. 获取数据库中触发器的信息

每个类型为 TA 或 TR 的触发器对象对应一行，TA 代表程序集（CLR）触发器，TR 代表 SQL 触发器。DML 触发器名在架构范围内，因此可在 sys.objects 中显示。DDL 触发器名的作用域取决于父实体，只能在对象目录视图中显示。

【例 11.5】在数据库中，查找类型为 TR 的触发器，即 DDL 触发器，SQL 语句及运行结果如图 11.6 所示。(实例位置：资源包\TM\sl\11\5)

SQL 语句如下：

```
USE db_Test
SELECT * FROM sys.objects
WHERE TYPE='TR'
```

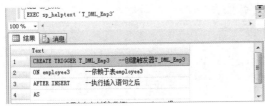
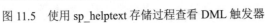

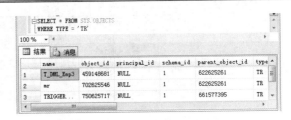

图 11.5　使用 sp_helptext 存储过程查看 DML 触发器　　图 11.6　查找 DDL 触发器

11.3.2　修改触发器

修改触发器可以通过 ALTER TRIGGER 语句实现，下面分别对修改 DML 触发器、DDL 触发器和登录触发器进行介绍。

1. 修改 DML 触发器

修改 DML 触发器的语法如下：

```
ALTER TRIGGER schema_name.trigger_name
ON ( table | view )
[ WITH <dml_trigger_option> [ ,...n ] ]
( FOR | AFTER | INSTEAD OF )
{ [ DELETE ] [ , ] [ INSERT ] [ , ] [ UPDATE ] }
[ NOT FOR REPLICATION ]
AS { sql_statement [ ; ] [ ...n ] | EXTERNAL NAME <method specifier> [ ; ] }
<dml_trigger_option> ::=
    [ ENCRYPTION ]
    [ <EXECUTE AS Clause> ]
<method_specifier> ::=
        assembly_name.class_name.method_name
```

修改 DML 触发器的语法与创建 DML 触发器类似，只是将"CREATE TRIGGER"关键字修改成"ALTER TRIGGER"，参数说明参见表 11.1。

【例 11.6】使用 ALTER TRIGGER 语句修改 DML 触发器 T_DML_Emp3，当向该表中插入、修改或删除数据时给出提示信息。（**实例位置：资源包\TM\sl\11\6**）

SQL 语句如下：

```
ALTER TRIGGER T_DML_Emp3
ON employee3
AFTER INSERT,UPDATE,DELETE
AS
RAISERROR ('正在向表中插入、修改或删除数据', 16, 10);
```

运行结果如图 11.7 所示。

2. 修改 DDL 触发器

修改 DDL 触发器的语法如下：

```
ALTER TRIGGER trigger_name
ON { DATABASE | ALL SERVER }
[ WITH <ddl_trigger_option> [ ,...n ] ]
{ FOR | AFTER } { event_type [ ,...n ] | event_group }
```

```
AS { sql_statement [ ; ] | EXTERNAL NAME <method specifier>
[ ; ] }
  }
<ddl_trigger_option> ::=
    [ ENCRYPTION ]
    [ <EXECUTE AS Clause> ]
<method_specifier> ::=
        assembly_name.class_name.method_name
```

修改 DDL 触发器的语法与创建 DDL 触发器类似，只是将"CREATE TRIGGER"关键字修改成"ALTER TRIGGER"，参数说明参见表 11.2。

【例 11.7】使用 ALTER TRIGGER 语句修改 DDL 触发器 T_DDL_DATABASE，防止用户修改数据。(实例位置：资源包\TM\sl\11\7)

SQL 语句如下：

图 11.7　使用 ALTER TRIGGER 修改 DML 触发器

```
ALTER TRIGGER T_DDL_DATABASE              --修改触发器
ON DATABASE                               --应用于当前数据库
FOR ALTER_TABLE
AS
RAISERROR ('只有"T_DDL_DATABASE"触发器无效时，才可以修改表。', 16, 10)
ROLLBACK                                  --回滚事务
```

3. 修改登录触发器

修改登录触发器的语法如下：

```
ALTER TRIGGER trigger_name
ON ALL SERVER
[ WITH <logon_trigger_option> [ ,...n ] ]
{ FOR | AFTER } LOGON
AS { sql_statement   [ ; ] [ ,...n ] | EXTERNAL NAME < method specifier >   [ ; ] }
<logon_trigger_option> ::=
    [ ENCRYPTION ]
    [ EXECUTE AS Clause ]
<method_specifier> ::=
    assembly_name.class_name.method_name
```

修改登录触发器的语法与创建登录触发器类似，只是将"CREATE TRIGGER"关键字修改成"ALTER TRIGGER"，参数说明参见表 11.3。

【例 11.8】使用 ALTER TRIGGER 语句修改登录触发器 connection_limit_trigger，将用户名修改为 nxt，如果在此登录名下已运行 3 个用户会话，拒绝 nxt 登录到 SQL Server。(实例位置：资源包\TM\sl\11\8)

SQL 语句如下：

```
ALTER TRIGGER connection_limit_trigger
ON ALL SERVER WITH EXECUTE AS 'nxt'
FOR LOGON
AS
BEGIN
IF ORIGINAL_LOGIN()= 'nxt' AND
    (SELECT COUNT(*) FROM sys.dm_exec_sessions
            WHERE is_user_process = 1 AND
                original_login_name = 'nxt') > 3
```

```
    ROLLBACK;
END;
```

11.3.3 重命名触发器

重命名触发器可以使用 sp_rename 系统存储过程实现。使用 sp_rename 系统存储过程重命名触发器与重命名存储过程相同。但是使用该系统存储过程重命名触发器，不会更改 sys.sql_modules 类别视图的 definition（用于定义此模块的 SQL 文本）列中相应对象名的名称，所以建议用户不要使用该系统存储过程重命名触发器，而是删除该触发器，然后使用新名称重新创建该触发器。

【例 11.9】使用 sp_rename 将触发器 T_DML_Emp3 重命名为 T_DML_3。（**实例位置：资源包\TM\sl\11\9**）

SQL 语句如下：

```
sp_rename    'T_DML_Emp3','T_DML_3'
```

11.3.4 禁用和启用触发器

当不再需要某个触发器时，可将其禁用或删除。禁用触发器不删除该触发器，它仍然作为对象存在于当前数据库中。但是，当执行任意 INSERT、UPDATE 或 DELETE 语句（在其上对触发器进行了编程）时，触发器将不被激发。已禁用的触发器可以被重新启用。启用触发器是以最初创建它的方式将其激发。在默认情况下，创建触发器后会启用触发器。

1. 禁用触发器

使用 DISABLE TRIGGER 语句禁用触发器，其语法如下：

```
DISABLE TRIGGER { [ schema_name . ] trigger_name [ ,...n ] | ALL }
ON { object_name | DATABASE | ALL SERVER } [ ; ]
```

参数说明如下。

☑ schema_name：触发器所属架构名。

☑ trigger_name：要禁用的触发器名。

☑ ALL：指示禁用在 ON 子句作用域中定义的所有触发器。

☑ object_name：对其创建要执行的 DML 触发器 trigger_name 的表或视图的名称。

☑ DATABASE：对于 DDL 触发器，指示所创建或修改的 trigger_name 将在数据库范围内执行。

☑ ALL SERVER：对于 DDL 触发器，指示所创建或修改的 trigger_name 将在服务器范围内执行。ALL SERVER 也适用于登录触发器。

【例 11.10】使用 DISABLE TRIGGER 语句禁用 DML 触发器 T_DML_3。（**实例位置：资源包\TM\sl\11\10**）

SQL 语句如下：

```
DISABLE TRIGGER T_DML_3 ON employee3
```

禁用后触发器的状态如图 11.8 所示。

图 11.8　禁用后触发器的状态

【例 11.11】使用 DISABLE TRIGGER 语句禁用 DDL 触发器 T_DDL_DATABASE。（实例位置：资源包\TM\sl\11\11）

SQL 语句如下：

```
DISABLE TRIGGER T_DDL_DATABASE ON DATABASE
```

【例 11.12】使用 DISABLE TRIGGER 语句禁用登录触发器 connection_limit_trigger。（实例位置：资源包\TM\sl\11\12）

SQL 语句如下：

```
DISABLE TRIGGER    connection_limit_trigger ON ALL SERVER
```

2．启用触发器

启用触发器并不是重新创建它。已禁用的 DDL、DML 或登录触发器可以通过执行 ENABLE TRIGGER 语句重新启用。语法如下：

```
ENABLE TRIGGER { [ schema_name . ] trigger_name [ ,...n ] | ALL }
ON { object_name | DATABASE | ALL SERVER } [ ; ]
```

启用触发器的参数及其说明如表 11.4 所示。

表 11.4　启用触发器的参数及其说明

参　　数	说　　明
schema_name	触发器所属架构名。不能为 DDL 或登录触发器指定 schema_name
trigger_name	要启用的触发器名
ALL	指示启用在 ON 子句作用域中定义的所有触发器
object_name	对其创建要执行的 DML 触发器 trigger_name 的表或视图的名称
DATABASE	对于 DDL 触发器，指示所创建或修改的 trigger_name 将在数据库范围内执行
ALL SERVER	对于 DDL 触发器，指示所创建或修改的 trigger_name 将在服务器范围内执行。ALL SERVER 也适用于登录触发器

【例 11.13】使用 ENABLE TRIGGER 语句启用 DML 触发器 T_DML_3。（实例位置：资源包\TM\sl\11\13）

SQL 语句如下：

```
ENABLE   TRIGGER T_DML_3 on employee3
```

【例 11.14】使用 ENABLE TRIGGER 语句启用 DDL 触发器 T_DDL_DATABASE。（实例位置：资源包\TM\sl\11\14）

SQL 语句如下：

```
ENABLE TRIGGER T_DDL_DATABASE ON DATABASE
```

【例 11.15】使用 ENABLE TRIGGER 语句启用登录触发器 connection_limit_trigger。（**实例位置：资源包\TM\sl\11\15**）

SQL 语句如下：

```
ENABLE TRIGGER   connection_limit_trigger ON ALL SERVER
```

启用后触发器的状态如图 11.9 所示。

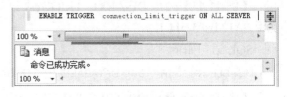

图 11.9　启用后触发器的状态

11.3.5　删除触发器

删除触发器是将触发器从当前数据库中永久地删除。通过执行 DROP TRIGGER 语句可以将 DML、DDL 或登录触发器删除，也可以通过操作 SQL Server Management Studio 手动删除。

1．DROP TRIGGER 语句删除触发器

DROP TRIGGER 语句可以从当前数据库中删除一个或多个 DML、DDL 或登录触发器。

（1）删除 DML 触发器。语法如下：

```
DROP TRIGGER schema_name.trigger_name [ ,...n ] [ ; ]
```

参数说明如下。

☑　schema_name：DML 触发器所属架构名。

☑　trigger_name：要删除的触发器名。

【例 11.16】使用 DROP TRIGGER 语句删除 DML 触发器 T_DML_3。（**实例位置：资源包\TM\sl\11\16**）

SQL 语句如下：

```
DROP TRIGGER   T_DML_3
```

（2）删除 DDL 触发器。语法如下：

```
DROP TRIGGER trigger_name [ ,...n ]
ON { DATABASE | ALL SERVER }
 [ ; ]
```

参数说明如下。

☑　trigger_name：要删除的触发器名。

☑　DATABASE：指示 DDL 触发器的作用域应用于当前数据库。如果在创建或修改触发器时也指定了 DATABASE，则必须指定 DATABASE。

☑　ALL SERVER：指示 DDL 触发器的作用域应用于当前服务器。如果在创建或修改触发器时也指定了 ALL SERVER，则必须指定 ALL SERVER。ALL SERVER 也适用于登录触发器。

【例 11.17】使用 DROP TRIGGER 语句删除 DDL 触发器 T_DDL_DATABASE。（**实例位置：资源包\TM\sl\11\17**）

SQL 语句如下：

```
DROP TRIGGER   T_DDL_DATABASE   ON DATABASE
```

（3）删除登录触发器。语法如下：

```
DROP TRIGGER trigger_name [ ,...n ]
ON ALL SERVER
```

参数说明如下。

☑　trigger_name：要删除的触发器名。

☑　ALL SERVER：也适用于登录触发器。

【例 11.18】 使用 DROP TRIGGER 语句删除登录触发器 connection_limit_trigger。（**实例位置：资源包\TM\sl\11\18**）

SQL 语句如下：

```
DROP TRIGGER   connection_limit_trigger ON ALL SERVER
```

2．SQL Server Management Studio 手动删除触发器

手动删除触发器的步骤如下。

（1）打开 SQL Server Management Studio 管理工具，连接 SQL Server 数据库服务器。

（2）展开"对象资源管理器"中触发器所在位置。例如，要删除创建在数据库中的 T_DDL_DATABASE 触发器，则展开如图 11.10 所示的树状结构。

（3）右击要删除的触发器，在弹出的快捷菜单中选择"删除"命令，打开"删除对象"对话框，如图 11.11 所示。

图 11.10　展开触发器所在的位置

图 11.11　"删除对象"对话框

（4）在"删除对象"对话框中确认需删除的触发器，单击"确定"按钮即可将该触发器删除。

11.4 小　　结

本章介绍了触发器的概念，以及创建和管理触发器的方法。读者使用触发器可以在操作数据的同时触发指定的事件，从而维护数据的完整性。触发器可分为 DML 触发器、DDL 触发器和登录触发器，可以使用可视化管理工具或者 SQL 语句对触发器进行管理。通过本章的学习，希望读者能更深入地了解触发器的使用。

11.5 实践与练习

（答案位置：资源包\TM\sl\11\实践与练习\）

1. 创建一个递归触发器，只允许一次删除一条记录，以实现对删除记录条数的控制。该触发器中设有变量@rowcount 用以保存删除记录的条数，通过检测该变量的值判断是否执行删除操作。

2. 创建名称为 mr 的触发器，每次对 employee3 表的数据进行添加时，都会显示"正在向表中插入数据"。

3. 为 Student 表创建一个触发器，实现对插入操作的约束。当插入的学生年龄不在 10～50 岁时，不执行插入，打印错误提示，并回滚事务。

第 12 章

游标的使用

游标是取用一组数据并能够一次与一个单独的数据进行交互的方法，然而，不能通过在整个行集中修改或者选取数据获得需要的结果。本章将对游标的使用进行详细讲解。

本章知识架构及重难点如下：

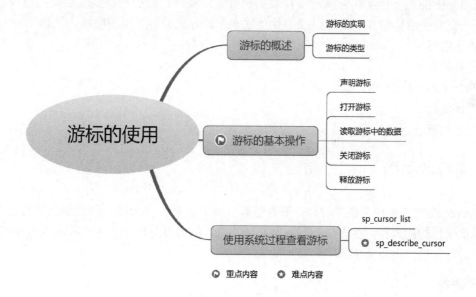

12.1　游标的概述

游标是获取一组数据并能够一次与一个单独的数据进行交互的方法。关系数据库中的操作对整个行集起作用。由 SELECT 语句返回的行集包括满足该语句的 WHERE 子句中条件的所有行。这种由语句返回的完整行集称为结果集。应用程序，特别是交互式联机应用程序，并不能将整个结果集作为一个单元来有效地处理。这些应用程序需要一种机制以便每次处理一行或一部分行。游标就是提供这种机制并对结果集的一种扩展。

游标通过以下几种方式扩展结果处理。

☑　允许定位在结果集的特定行。

☑　从结果集的当前位置检索一行或一部分行。

☑ 支持对结果集中当前位置的行进行数据修改。

☑ 为其他用户对显示在结果集中的数据库数据所做的更改提供不同级别的可见性支持。

☑ 提供脚本、存储过程和触发器中访问结果集中的数据的 SQL 语句。

游标可以定位在该单元中的特定行，从结果集的当前行检索一行或多行。可以对结果集当前行做修改。在需要逐条处理数据时，游标就显得十分重要。

12.1.1 游标的实现

游标提供了一种从表中检索数据并进行操作的灵活手段，主要运用在服务器上，处理由客户端发送给服务器端的 SQL 语句，或是批处理、存储过程、触发器中的数据处理请求。游标的优点在于它可以定位到结果集中的某一行，并可以对该行数据执行特定操作，为用户在处理数据的过程中提供了很大方便。一个完整的游标由 5 个部分组成，并且这 5 个部分应符合下面的顺序。

（1）声明游标。

（2）打开游标。

（3）从一个游标中查找信息。

（4）关闭游标。

（5）释放游标。

12.1.2 游标的类型

SQL Server 提供了 4 种类型的游标：静态游标、动态游标、只进游标和键集驱动游标。这些游标的检测结果集变化的能力和内存占用的情况都有所不同，数据源没有办法通知游标当前提取行的更改。游标检测这些变化的能力也受事务隔离级别的影响。

1．静态游标

静态游标的完整结果集在游标打开时建立在 tempdb 中。静态游标总是按照游标打开时的原样显示结果集。静态游标在滚动期间很少或根本检测不到变化，虽然它在 tempdb 中存储了整个游标，但消耗的资源很少。

2．动态游标

动态游标与静态游标相对。当滚动游标时，动态游标反映结果集中所做的所有更改。结果集中的行数据值、顺序和成员在每次提取时都会改变。所有用户做的全部 UPDATE、INSERT 和 DELETE 语句均通过游标可见。尽管动态游标使用 tempdb 的程度最低，在滚动期间它能够检测到所有变化，但消耗的资源也更多。

3．只进游标

只进游标不支持滚动，只支持游标从头到尾顺序提取。只有从数据库中提取出来后才能进行检索。对所有当前用户发出或其他用户提交并影响结果集中的行的 INSERT、UPDATE 和 DELETE 语句，其效果在这些行从游标中提取时是可见的。

4．键集驱动游标

打开游标时，键集驱动游标中的成员和行顺序是固定的。键集驱动游标由一套被称为键集的唯一标识符（键）控制。键由以唯一方式在结果集中标识行的列构成。键集是游标打开时所有适合 SELECT 语句的行中的一系列键值。键集驱动游标的键集在游标打开时建立在 tempdb 中。对非键集列中的数据值所做的更改（由游标所有者更改或其他用户提交）在用户滚动游标时是可见的。在游标外对数据库所做的插入在游标内是不可见的，除非关闭并重新打开游标。键集驱动游标介于静态游标和动态游标之间，它能检测到大部分的变化，但比动态游标消耗更少的资源。

12.2　游标的基本操作

游标的基本操作包括声明游标、打开游标、读取游标中的数据、关闭游标和释放游标。本节详细介绍如何操作游标。

12.2.1　声明游标

声明游标可以使用 DECLARE CURSOR 语句。此语句有两种语法声明格式，分别为 ISO 标准语法和 SQL 扩展语法，下面将分别进行介绍。

1．ISO 标准语法

语法如下：

```
DECLARE cursor_name [ INSENSITIVE ] [ SCROLL ] CURSOR
FOR select_statement
FOR { READ ONLY | UPDATE [ OF column_name [ ,...n ] ] } ]
```

参数说明如下。

- ☑ DECLARE cursor_name：指定一个游标名，其游标名必须符合标识符规则。
- ☑ INSENSITIVE：定义一个游标，以创建将该游标使用的数据的临时复本。对游标的所有请求都从 tempdb 中的临时表中得到应答，因此在对该游标进行提取操作时返回的数据不反映对基表所做的修改，并且该游标不允许修改。
- ☑ SCROLL：指定所有的提取选项（FIRST、LAST、PRIOR、NEXT、RELATIVE、ABSOLUTE）均可用。
  - ➤ FIRST：取第一行数据。
  - ➤ LAST：取最后一行数据。
  - ➤ PRIOR：取前一行数据。
  - ➤ NEXT：取后一行数据。
  - ➤ RELATIVE：按相对位置取数据。

> ➢ ABSOLUTE：按绝对位置取数据。

如果未指定 SCROLL，则 NEXT 是唯一支持的提取选项。

- ☑ select_statement：定义游标结果集的标准 SELECT 语句。在游标声明的 select_statement 内不允许使用关键字 COMPUTE、COMPUTE BY、FOR BROWSE 和 INTO。
- ☑ READ ONLY：表明不允许游标内的数据更新，尽管在默认状态下游标是允许更新的。在 UPDATE 或 DELETE 语句的 WHERE CURRENT OF 子句中不允许引用游标。
- ☑ UPDATE [OF column_name [,...n]]：定义游标内可更新的列。如果指定 OF column_name [,...n] 参数，则只允许修改列出的列。如果在 UPDATE 中未指定列的列表，则可以更新所有列。

2. SQL 扩展语法

语法如下：

```
DECLARE cursor_name CURSOR
[ LOCAL | GLOBAL ]
[ FORWARD_ONLY | SCROLL ]
[ STATIC | KEYSET | DYNAMIC | FAST_FORWARD ]
[ READ_ONLY | SCROLL_LOCKS | OPTIMISTIC ]
[ TYPE_WARNING ]
FOR select_statement
[ FOR UPDATE [ OF column_name [ ,...n ] ] ]
```

DECLARE CURSOR 语句的参数及其说明如表 12.1 所示。

表 12.1　DECLARE CURSOR 语句的参数及其说明

参　数	说　明
DECLARE cursor_name	指定一个游标名，其游标名必须符合标识符规则
LOCAL	定义游标的作用域仅限在其所在的批处理、存储过程或触发器中。当建立游标在存储过程执行结束后，游标会自动释放
GLOBAL	指定该游标的作用域对连接是全局的。在由连接执行的任何存储过程或批处理中，都可以引用该游标名。该游标仅在脱接时隐性释放
FORWARD_ONLY	指定游标只能从第一行滚动到最后一行。FETCH NEXT 是唯一受支持的提取选项而非指定 STATIC、KEYSET 或 DYNAMIC 关键字，否则默认为 FORWARD_ONLY。STATIC、KEYSET 和 DYNAMIC 游标默认为 SCROLL。与 ODBC 和 ADO 这类数据库的 API 不同，STATIC、KEYSET 和 DYNAMIC SQL 游标支持 FORWARD_ONLY。FAST_FORWARD 和 FORWARD_ONLY 是互斥的，如果指定一个，则不能指定另一个
STATIC	定义一个游标，以创建该游标使用的数据的临时复本。对游标的所有请求都从 tempdb 中的临时表中得到应答，因此在对该游标进行提取操作时返回的数据不反映对基表所做的修改，并且该游标不允许修改
KEYSET	指定当游标打开时，游标中行的成员资格和顺序已经固定。对行进行唯一标识的键集内置在 tempdb 内一个称为 keyset 的表中。对基表中的非键值所做的更改（由游标所有者更改或由其他用户提交）在用户滚动游标时是可视的。其他用户进行的插入是不可视的（不能通过 SQL 服务器游标进行插入）。如果某行已删除，则对该行的提取操作将返回 @@FETCH_STATUS 值-2。从游标外更新键值类似于删除旧行后接着插入新行的操作。含有新值的行不可视，对含有旧值的行的提取操作将返回@@FETCH_STATUS 值-2。如果通过指定 WHERE CURRENT OF 子句用游标完成更新，则新值可视

续表

参　数	说　明
DYNAMIC	定义一个游标,以反映在滚动游标时对结果集内的行所做的所有数据的更改。行的数据值、顺序和成员在每次提取时都会更改。动态游标不支持 ABSOLUTE 提取选项
FAST_FORWARD	指明一个 FORWARD_ONLY、READ_ONLY 型游标
SCROLL_LOCKS	指定确保通过游标完成的定位更新或定位删除可以成功。将行读入游标以确保它们可用于以后的修改时,SQL Server 锁定这些行。如果还指定了 FAST_FORWARD,则不能指定 SCROLL_LOCKS
OPTIMISTIC	指明在数据被读入游标后,如果游标中某行数据已发生变化,那么对游标数据进行更新或删除可能导致失败
TYPE_WARNING	指定如果游标从请求的类型隐性转换为另一种类型,则给客户端发送警告消息

【例 12.1】创建一个名为 Cur_Emp 的标准游标。（**实例位置：资源包\TM\sl\12\1**）

SQL 语句如下：

```
USE db_Test
DECLARE Cur_Emp CURSOR FOR
SELECT * FROM Employee
GO
```

运行结果如图 12.1 所示。

【例 12.2】创建一个名为 Cur_Emp_01 的只读游标。（**实例位置：资源包\TM\sl\12\2**）

SQL 语句如下：

```
USE db_Test
DECLARE Cur_Emp_01 CURSOR FOR
SELECT * FROM Employee
FOR READ ONLY                    --只读游标
GO
```

运行结果如图 12.2 所示。

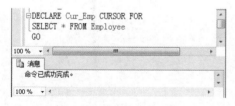

图 12.1　创建标准游标

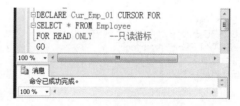

图 12.2　创建只读游标

【例 12.3】创建一个名为 Cur_Emp_02 的更新游标。（**实例位置：资源包\TM\sl\12\3**）

SQL 语句如下：

```
USE db_Test
DECLARE Cur_Emp_02 CURSOR FOR
SELECT Name,Sex,Age FROM Employee
FOR UPDATE                       --更新游标
GO
```

运行结果如图 12.3 所示。

图 12.3 创建更新游标

12.2.2 打开游标

打开一个声明的游标使用 OPEN 命令。语法如下：

```
OPEN { { [ GLOBAL ] cursor_name } | cursor_variable_name }
```

参数说明如下。

- ☑ GLOBAL：指定 cursor_name 为全局游标。
- ☑ cursor_name：已声明的游标名。如果全局游标和局部游标都使用 cursor_name 作为其名称，如果指定了 GLOBAL，cursor_name 是全局游标；否则，cursor_name 是局部游标。
- ☑ cursor_variable_name：游标变量名，该名称引用一个游标。

说明

如果使用 INSENSITIV 或 STATIC 选项声明了游标，那么 OPEN 将创建一个临时表以保留结果集。如果结果集中任意行的大小超过 SQL Server 表的最大行大小，OPEN 将失败。如果使用 KEYSET 选项声明了游标，那么 OPEN 将创建一个临时表以保留键集。临时表存储在 tempdb 中。

【例 12.4】首先声明一个名为 Emp_01 的游标，然后使用 OPEN 命令打开该游标。（实例位置：资源包\TM\sl\12\4）

SQL 语句如下：

```
USE db_Test
DECLARE Emp_01 CURSOR FOR              --声明游标
SELECT * FROM Employee
WHERE ID = '1'
OPEN Emp_01                            --打开游标
GO
```

运行结果如图 12.4 所示。

12.2.3 读取游标中的数据

打开一个游标，可以读取游标中的数据。使用 FETCH 命令读取游标中的某一行数据。语法如下：

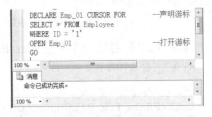

图 12.4 打开游标

```
FETCH
    [ [ NEXT | PRIOR | FIRST | LAST
        | ABSOLUTE { n | @nvar }
        | RELATIVE { n | @nvar }
    ]
```

```
    FROM
    ]
{ { [ GLOBAL ] cursor_name } | @cursor_variable_name }
[ INTO @variable_name [ ,...n ] ]
```

FETCH 命令的参数及其说明如表 12.2 所示。

表 12.2　FETCH 命令的参数及其说明

参　　数	说　　明
NEXT	返回紧跟当前行之后的结果行，并且当前行递增为结果行。如果 FETCH NEXT 为对游标的第一次提取操作，则返回结果集中的第一行。NEXT 为默认的游标提取选项
PRIOR	返回紧临当前行前面的结果行，并且当前行递减为结果行。如果 FETCH PRIOR 为对游标的第一次提取操作，则没有行返回并且游标置于第一行之前
FIRST	返回游标中的第一行并将其作为当前行
LAST	返回游标中的最后一行并将其作为当前行
ABSOLUTE {n|@nvar}	如果 n 或@nvar 为正数，返回从游标头开始的第 n 行，并将返回的行变成新的当前行。如果 n 或@nvar 为负数，返回游标尾之前的第 n 行，并将返回的行变成新的当前行。如果 n 或@nvar 为 0，则没有行返回
RELATIVE {n|@nvar}	如果 n 或@nvar 为正数，返回当前行之后的第 n 行，并将返回的行变成新的当前行。如果 n 或@nvar 为负数，返回当前行之前的第 n 行，并将返回的行变成新的当前行。如果 n 或@nvar 为 0，返回当前行。如果游标的第一次提取操作时将 FETCHRELATIVE 的 n 或@nvar 指定为负或 0，则没有行返回。n 必须为整型常量且@nvar 必须为 smallint、tinyint 或 int
GLOBAL	指定 cursor_name 为全局游标
cursor_name	要从中进行提取的开放游标名
@cursor_variable_name	游标变量名，引用要进行提取操作的打开的游标
INTO @variable_name [,...n]	允许将提取操作的列数据放到局部变量中。列表中的各个变量从左到右与游标结果集中的相应列相关联。各变量的数据类型必须与相应的结果列的数据类型匹配或是结果列数据类型所支持的隐性转换。变量数必须与游标选择列表中的列数一致

说明

（1）包含 n 和@nvar 的参数表示游标相对于作为基准的数据行所偏离的位置。

（2）当使用 SQL-92 语法声明一个游标时，没有选择 SCROLL 选项，只能使用 FETCH NEXT 命令从游标中读取数据，即只能从结果集第一行按顺序每次读取一行。由于不能使用 FIRST、LAST、PRIOR，所以无法回滚读取以前的数据。如果选择了 SCROLL 选项，则可以使用所有的 FETCH 操作。

图 12.5　从游标中读取数据

【例 12.5】用@@FETCH_STATUS 控制一个 WHILE 循环中的游标活动，SQL 语句及运行结果如图 12.5 所示。（**实例位置：资源包\TM\sl\12\5**）

SQL 语句如下：

```
USE db_Test                              --引入数据库
DECLARE ReadCursor CURSOR FOR            --声明一个游标
SELECT * FROM Student
OPEN ReadCursor                          --打开游标
FETCH NEXT FROM ReadCursor               --执行取数操作
WHILE @@FETCH_STATUS=0                   --检查@@FETCH_STATUS，以确定是否还可以继续取数
BEGIN
  FETCH NEXT FROM ReadCursor
END
```

12.2.4　关闭游标

在游标使用完毕后，可以使用 CLOSE 语句关闭游标，但不释放游标占用的系统资源。语法如下：

```
CLOSE { { [ GLOBAL ] cursor_name } | cursor_variable_name }
```

参数说明如下。

☑　GLOBAL：指定 cursor_name 为全局游标。

☑　cursor_name：开放游标名。

☑　cursor_variable_name：与开放游标关联的游标变量名。

【例 12.6】声明一个名为 CloseCursor 的游标，并使用 Close 语句关闭游标。（**实例位置：资源包\ TM\sl\12\6**）

SQL 语句如下：

```
USE db_Test
DECLARE CloseCursor Cursor FOR
SELECT * FROM   Student
FOR READ ONLY
OPEN CloseCursor
CLOSE CloseCursor
```

运行结果如图 12.6 所示。

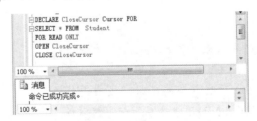

图 12.6　关闭游标

12.2.5　释放游标

当游标关闭之后，并没有在内存中释放占用的系统资源，需要使用 DEALLOCATE 命令删除游标引用。当释放最后的游标引用时，组成该游标的数据结构由 SQL Server 释放。语法如下：

```
DEALLOCATE { { [ GLOBAL ] cursor_name } | @cursor_variable_name }
```

参数说明如下。

☑　cursor_name：已声明游标名。

☑　@cursor_variable_name：cursor 变量名，必须为 cursor 类型。

当使用 DEALLOCATE @cursor_variable_name 删除游标时，游标变量并不会被释放，除非超过使用该游标的存储过程和触发器的范围。

【例 12.7】使用 DEALLOCATE 命令释放名为 FreeCursor 的游标。（**实例位置：资源包\TM\sl\12\7**）

SQL 语句如下：

```
USE db_Test
DECLARE FreeCursor Cursor FOR
SELECT * FROM Student
OPEN FreeCursor
Close FreeCursor
DEALLOCATE FreeCursor
```

运行结果如图 12.7 所示。

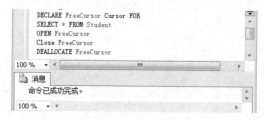

图 12.7　释放游标

12.3　使用系统过程查看游标

创建游标后，通常使用 sp_cursor_list 和 sp_describe_cursor 查看游标的属性。sp_cursor_list 报告当前打开的服务器游标的属性，sp_describe_cursor 报告服务器游标的属性。本节将详细介绍这两个系统过程。

12.3.1　sp_cursor_list

sp_cursor_list 报告当前为连接打开的服务器游标的属性。语法如下：

```
sp_cursor_list [ @cursor_return = ] cursor_variable_name OUTPUT
    , [ @cursor_scope = ] cursor_scope
```

参数说明如下。

☑　[@cursor_return =] cursor_variable_name OUTPUT：已声明的游标变量名。cursor_variable_name 的数据类型为 cursor，无默认值。游标是只读的可滚动动态游标。

☑　[@cursor_scope =] cursor_scope：指定要报告的游标级别。cursor_scope 的数据类型为 int，无默认值，可取值如表 12.3 所示。

表 12.3　cursor_scope 可取的值

值	说　明
1	报告所有本地游标
2	报告所有全局游标
3	报告本地游标和全局游标

【例 12.8】声明一个游标 Cur_Employee，并使用 sp_cursor_list 报告该游标的属性。（实例位置：资源包\TM\sl\12\8）

SQL 语句如下：

```
USE db_Test
GO
DECLARE Cur_Employee CURSOR FOR
SELECT Name
FROM Employee
WHERE Name LIKE '王%'
OPEN Cur_Employee
DECLARE @Report CURSOR
EXEC master.dbo.sp_cursor_list @cursor_return = @Report OUTPUT,
    @cursor_scope = 2
FETCH NEXT from @Report
WHILE (@@FETCH_STATUS <> -1)
BEGIN
    FETCH NEXT from @Report
END
CLOSE @Report
DEALLOCATE @Report
GO
CLOSE Cur_Employee
DEALLOCATE Cur_Employee
GO
```

运行结果如图 12.8 所示。

图 12.8　sp_cursor_list 应用

12.3.2　sp_describe_cursor

sp_describe_cursor 报告服务器游标的属性。语法如下：

```
sp_describe_cursor [ @cursor_return = ] output_cursor_variable OUTPUT
    { [ , [ @cursor_source = ] N'local'
    , [ @cursor_identity = ] N'local_cursor_name' ]
    | [ , [ @cursor_source = ] N'global'
    , [ @cursor_identity = ] N'global_cursor_name' ]
    | [ , [ @cursor_source = ] N'variable'
    , [ @cursor_identity = ] N'input_cursor_variable' ]
    }
```

sp_describe_cursor 语句的参数及其说明如表 12.4 所示。

表 12.4　sp_describe_cursor 语句的参数及其说明

参　数	说　明
[@cursor_return=]output_cursor_variable OUTPUT	用于接收游标输出的声明游标变量名。output_cursor_variable 的数据类型为 cursor，无默认值。调用 sp_describe_cursor 时，该参数不得与任何游标关联。返回的游标是可滚动的动态只读游标
[@cursor_source=]{N'local'|N'global'|N'variable' }	使用局部游标名、全局游标名还是游标变量名来指定报告的游标。该参数的类型为 nvarchar（30）
[@cursor_identity=]N'local_cursor_name']	由具有 LOCAL 关键字或默认设置为 LOCAL 的 DECLARE CURSOR 语句创建的游标名。local_cursor_name 的数据类型为 nvarchar（128）
[@cursor_identity=]N'global_cursor_name']	由具有 GLOBAL 关键字或默认设置为 GLOBAL 的 DECLARE CURSOR 语句创建的游标名。global_cursor_name 的数据类型为 nvarchar（128）
[@cursor_identity=]N'input_cursor_variable']	与打开游标相关联的游标变量名。input_cursor_variable 的数据类型为 nvarchar（128）

【例 12.9】声明一个游标，并使用 sp_describe_cursor 报告该游标的属性。（**实例位置：资源包\TM\sl\12\9**）

SQL 语句如下：

```
USE db_Test
GO
DECLARE Cur_Employee CURSOR STATIC FOR
SELECT Name
FROM Employee
OPEN Cur_Employee
DECLARE @Report CURSOR
EXEC master.dbo.sp_describe_cursor @cursor_return = @Report OUTPUT,
        @cursor_source = N'global', @cursor_identity = N'Cur_Employee'
FETCH NEXT from @Report
WHILE (@@FETCH_STATUS <> -1)
BEGIN
    FETCH NEXT from @Report
END
CLOSE @Report
DEALLOCATE @Report
GO
CLOSE Cur_Employee
```

```
DEALLOCATE Cur_Employee
GO
```

运行结果如图 12.9 所示。

图 12.9　sp_describe_cursor 应用

12.4　小　　结

本章主要介绍了游标的概念、类型及游标的基本操作。游标为应用程序提供了每次对结果集处理一行或一部分行的机制。虽然游标可以解决结果集无法完成的几乎所有操作，但要避免使用游标，因为它非常消耗资源，而且会对性能产生很大的影响。游标只能在别无选择时使用。

12.5　实践与练习

（答案位置：资源包\TM\sl\12\实践与练习\）

1．使用游标查询数据，在商品表中返回指定的商品行信息。

2．为表 employee4 创建一个游标，包括编号、姓名、性别、年龄、电话号码字段。使用该游标限制用户只能更新游标的姓名和性别字段中的值，在 DECLARE CURSOR 语句的 UPDATE 子句中列出要更新的字段。

第 13 章

索引与数据完整性

本章主要介绍索引与数据完整性，包括索引的概念、索引的建立、索引的删除、索引的分析与维护、域完整性、实体完整性和引用完整性等。通过本章的学习，读者应掌握建立和删除索引的方法，能够使用索引优化数据库查询，了解数据完整性。

本章知识架构及重难点如下：

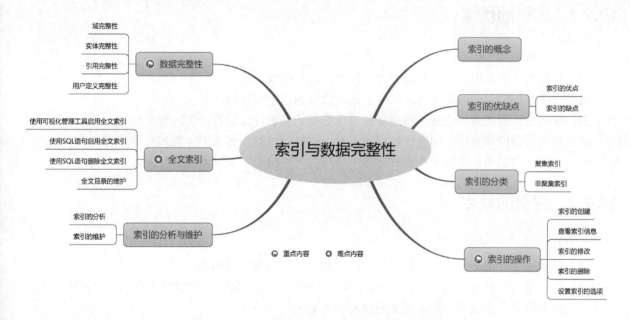

13.1 索引的概念

与书中的索引一样，数据库中的索引使用户可以快速找到表或索引视图中的特定信息。索引包含从表或视图中一个或多个列生成的键，以及映射到指定数据的存储位置的指针。通过创建设计良好的索引支持查询，可以显著提高数据库查询和应用程序的性能。索引可以减少返回查询结果集必须读取的数据量。索引还可以强制表中的行具有唯一性，从而确保表的数据完整性。

索引是一个单独的、物理的数据库结构，在 SQL Server 中，索引是为了加速对表中数据行的检索而创建的一种分散存储结构。它是针对一个表而建立的，每个索引页面中的行都含有逻辑指针，指向数据表中的物理位置，以便加速检索物理数据。因此，对表中的列是否创建索引，将对查询速度有很大的影响。一个表的存储是由两部分组成的，一部分用来存放数据页，另一部分用来存放索引页。通常索引页对于数据页来说小得多。在进行数据检索时，系统首先搜索索引页，从中找到所需数据的指针，然后通过该指针从数据页读取数据，从而提高查询速度。

13.2　索引的优缺点

索引是与表或视图关联的磁盘上的结构，可以加快从表或视图中检索行的速度。本节将介绍索引的优缺点。

13.2.1　索引的优点

索引具有以下几个优点。
- ☑　创建唯一性索引，保证数据库表中每一行数据的唯一性。
- ☑　大大加快数据的检索速度，这也是创建索引的最主要原因。
- ☑　加速表与表之间的连接，特别是在实现数据的完整性方面有特别的意义。
- ☑　在使用分组和排序子句进行数据检索时，同样可以减少查询中分组和排序的时间。
- ☑　通过使用索引，可以在查询的过程中使用优化隐藏器，提高系统的性能。

13.2.2　索引的缺点

索引具有以下几个缺点。
- ☑　创建索引和维护索引需耗费时间，并随着数据量的增加而增加。
- ☑　索引需占用物理空间，除了数据表占用数据空间之外，每一个索引还要占用一定的物理空间，如果建立聚集索引，那么需要的空间就会更大。
- ☑　当对表中的数据进行增加、删除和修改时，索引也要动态地维护，降低数据的维护速度。

13.3　索引的分类

在 SQL Server 中提供的索引类型主要有以下几类：聚集索引、非聚集索引、唯一索引、包含性列索引、索引视图、全文索引、空间索引、筛选索引和 XML 索引。

按照存储结构可以将索引分为两类：聚集索引和非聚集索引。

13.3.1　聚集索引

聚集索引根据数据行的键值在表或视图中排序和存储这些数据行。索引定义中包含聚集索引列。每个表只能有一个聚集索引，因为数据行本身只能按一个顺序排序。

只有当表包含聚集索引时，表中的数据行才按排序顺序存储。如果表具有聚集索引，则该表称为聚集表。如果表没有聚集索引，则其数据行存储在一个称为堆的无序结构中。

除个别表外，每个表都应该有聚集索引。聚集索引除了可以提高查询性能，还可以按需重新生成或重新组织控制表碎片。

聚集索引按下列方式实现。

- ☑ PRIMARY KEY 和 UNIQUE 约束。
  - ➢ 在创建 PRIMARY KEY 约束时，如果不存在该表的聚集索引且未指定唯一非聚集索引，则自动对一列或多列创建唯一聚集索引。主键列不允许空值。
  - ➢ 在创建 UNIQUE 约束时，默认情况下将创建唯一非聚集索引，以便强制 UNIQUE 约束。如果不存在该表的聚集索引，则指定唯一聚集索引。
- ☑ 独立于约束的索引。指定非聚集主键约束后，可以对非主键列的列创建聚集索引。
- ☑ 索引视图。若要创建索引视图，需对一个或多个视图列定义唯一聚集索引。视图将具体化，并且结果集存储在该索引的页级别中，其存储方式与表数据存储在聚集索引中的方式相同。

13.3.2　非聚集索引

非聚集索引具有独立于数据行的结构。非聚集索引包含非聚集索引键值，并且每个键值项都有指向包含该键值的数据行的指针。

从非聚集索引中的索引行指向数据行的指针称为行定位器。行定位器的结构取决于数据页存储在堆中还是聚集表中。对于堆，行定位器是指向行的指针；对于聚集表，行定位器是聚集索引键。

下面以图 13.1 为例对非聚集索引的结构进行详细说明。图 13.1（a）中的数据是按图 13.1（b）中的数据进行顺序存储的，在图 13.1（a）中为"地址代码"列建立索引，"指针地址"列是每条记录在表中的存储位置（通常称为指针），当查询地址代码为 01 的信息时，先在索引表中查找地址代码 01，然后根据索引表中的指针地址 2 找到第 2 条记录，提高了查询速度。

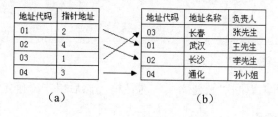

图 13.1　非聚集索引结构

13.4 索引的操作

索引是加快检索表中数据的方法。它对数据表中一个或多个列的值进行结构排序，是数据库中一个非常有用的对象。本节主要介绍如何通过可视化管理工具和 SQL 语句操作索引。

13.4.1 索引的创建

1. 使用可视化管理工具创建索引

具体操作步骤如下。

（1）启动 SQL Server Management Studio 管理工具，连接 SQL Server 数据库服务器。

（2）选择指定的数据库 db_Test，展开要创建索引的表，在表的下级菜单中右击"索引"，在弹出的快捷菜单中选择"新建索引"命令，如图 13.2 所示。弹出"新建索引"对话框，如图 13.3 所示。

图 13.2 选择"新建索引"命令

（3）在"新建索引"对话框中单击"添加"按钮，弹出"从'dbo.Inx_table'中选择列"对话框，在该对话框中选择要添加到索引中的表列，如图 13.4 所示。

图 13.3 "新建索引"对话框

图 13.4 选择列

（4）单击"确定"按钮，返回"新建索引"对话框，然后单击"确定"按钮，完成索引的创建。

2. 使用 SQL 语句创建索引

CREATE INDEX 语句为给定表或视图创建一个改变物理顺序的聚集索引，也可以创建一个具有查询功能的非聚集索引。语法如下：

```
CREATE [ UNIQUE ] [ CLUSTERED | NONCLUSTERED ] INDEX index_name
    ON { table | view } ( column [ ASC | DESC ] [ ,...n ] )
[ WITH < index_option > [ ,...n] ]
[ ON filegroup ]
< index_option > ::=
  { PAD_INDEX |
     FILLFACTOR = fillfactor |
     IGNORE_DUP_KEY |
     DROP_EXISTING |
   STATISTICS_NORECOMPUTE |
   SORT_IN_TEMPDB
}
```

CREATE INDEX 语句的参数及其说明如表 13.1 所示。

表 13.1　CREATE INDEX 语句的参数及其说明

参　　数	说　　明
[UNIQUE][CLUSTERED| NONCLUSTERED]	指定创建索引的类型，参数依次为唯一索引、聚集索引和非聚集索引。当省略 UNIQUE 选项时，建立非唯一索引；省略 CLUSTERED|NONCLUSTERED 选项时，建立聚集索引；省略 NONCLUSTERED 选项时，建立唯一聚集索引
index_name	索引名。索引名在表或视图中必须唯一，但在数据库中不必唯一。索引名必须遵循标识符规则
table	包含要创建索引的列的表。可以选择指定数据库和表所有者
column	应用索引的列。指定两个或多个列名，可为指定列的组合值创建组合索引
[ASC | DESC]	确定具体某个索引列的升序或降序排序方向。默认设置为 ASC
PAD_INDEX	指定索引中间级中每个页（节点）上保持开放的空间
FILLFACTOR	指定在 SQL Server 创建索引的过程中，各索引页的填满程度
IGNORE_DUP_KEY	控制向唯一聚集索引的列插入重复的键值时发生的情况。如果为索引指定了 IGNORE_DUP_KEY，并且执行了创建重复键的 INSERT 语句，SQL Server 将发出警告信息并忽略重复的行
DROP_EXISTING	指定应删除并重建已命名的先前存在的聚集索引或非聚集索引
SORT_IN_TEMPDB	指定用于生成索引的中间排序结果将存储在 tempdb 数据库中
ON filegroup	在给定的文件组上创建指定的索引。该文件组必须已创建

【例 13.1】为 Student 表的 Sno 列创建非聚集索引。（实例位置：资源包\TM\sl\13\1）

SQL 语句如下：

```
USE db_Test
CREATE NONCLUSTERED INDEX IX_Stu_Sno
ON Student (Sno)
```

【例 13.2】为 Student 表的 Sno 列创建唯一聚集索引。（实例位置：资源包\TM\sl\13\2）

SQL 语句如下：

```
USE db_Test
CREATE UNIQUE CLUSTERED INDEX    IX_Stu_Sno1
ON Student (Sno)
```

注意

无法对表创建多个聚集索引。

【**例** 13.3】为 Student 表的 Sno 列创建组合索引。（**实例位置：资源包\TM\sl\13\3**）

SQL 语句如下：

```
USE db_Test
CREATE INDEX IX_Stu_Sno2
ON Student (Sno,Sname DESC)
```

【**例** 13.4】用 FILLFACTOR 参数为 Student 表的 Sno 列创建一个填充因子为 100 的非聚集索引。（**实例位置：资源包\TM\sl\13\4**）

SQL 语句如下：

```
USE db_Test
CREATE NONCLUSTERED INDEX   IX_Stu_Sno3
ON Student (Sno)
WITH FILLFACTOR = 100
```

【**例** 13.5】用 IGNORE_DUP_KEY 参数为 Student 表的 Sno 列创建唯一聚集索引，并且不能输入重复值。（**实例位置：资源包\TM\sl\13\5**）

SQL 语句如下：

```
USE db_Test
CREATE UNIQUE CLUSTERED INDEX IX_Stu_Sno4
ON Student (Sno)
WITH IGNORE_DUP_KEY
```

3．创建索引的原则

使用索引虽然可以增强系统的性能，提高数据的检索速度，但它需要占用大量的物理存储空间，创建索引的一般原则如下。

（1）只有表的所有者可以在同一个表中创建索引。

（2）每个表中只能创建一个聚集索引。

（3）每个表中最多可以创建 249 个非聚集索引。

（4）在经常查询的字段上建立索引。

（5）定义 text、image 和 bit 数据类型的列上不要创建索引。

（6）在外键列上可以创建索引。

（7）主键列上一定要创建索引。

（8）在那些重复值比较多、查询较少的列上不要创建索引。

13.4.2　查看索引信息

1．使用可视化管理工具查看索引信息

使用可视化管理工具查看索引信息的步骤如下。

（1）启动 SQL Server Management Studio 管理工具，连接 SQL Server 数据库服务器。

（2）选择指定的数据库，然后展开要查看索引的表。

（3）右击该表，在弹出的快捷菜单中选择"设计"命令。

（4）弹出"表结构设计"窗体，右击该窗体，在弹出的快捷菜单中选择"索引/键"命令。

（5）打开"索引/键"对话框，如图 13.5 所示。在对话框的左侧选中某个索引，在对话框的右侧查看此索引的信息，并可以修改相关的信息。

2. 使用系统存储过程查看索引信息

系统存储过程 sp_helpindex 可以报告有关表或视图上索引的信息。语法如下：

```
sp_helpindex [ @objname = ] 'name'
```

参数[@objname =] 'name'表示用户定义的表或视图的限定或非限定名称。

【**例 13.6**】使用系统存储过程 sp_helpindex，查看 db_Test 数据库中 Student 表的索引信息。（**实例位置：资源包\TM\sl\13\6**）

SQL 语句如下：

```
use db_Test
EXEC Sp_helpindex Student
```

运行结果如图 13.6 所示。

3. 利用系统表查看索引信息

查看数据库中指定表的索引信息，可以利用该数据库中的系统表 sysobjects（记录当前数据库中所有对象的相关信息）和 sysindexes（记录有关索引和建立索引表的相关信息）进行查询，系统表 sysobjects 可以根据表名查找索引表的 ID 号，再利用系统表 sysindexes 根据 ID 号查找索引文件的相关信息。

【**例 13.7**】利用系统表查看 db_Test 数据库中 Student 表中的索引信息，SQL 语句及运行结果如图 13.7 所示。（**实例位置：资源包\TM\sl\13\7**）

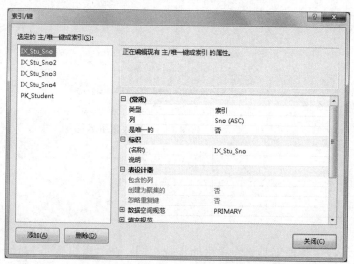

图 13.5　"索引/键"对话框

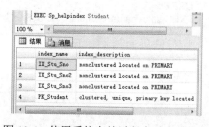

图 13.6　使用系统存储过程查看索引信息

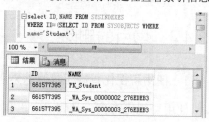

图 13.7　查看 Student 表中的索引信息

SQL 语句如下：

```
USE db_Test
SELECT ID,NAME FROM SYSINDEXES
WHERE ID=(SELECT ID FROM
SYSOBJECTS WHERE NAME ='Student')
```

13.4.3　索引的修改

1．使用可视化管理工具修改索引

使用可视化管理工具修改索引与使用可视化管理工具查看索引的步骤相同，在"索引/键"对话框中可以修改索引的相关信息。

2．使用 SQL 语句更改索引名称

在当前数据库中可以更改用户创建对象的名称。此对象可以是表、索引、列、别名数据类型或 Microsoft .NET Framework 公共语言运行时（CLR）用户定义类型。语法如下：

```
sp_rename [ @objname = ] 'object_name' ,
[ @newname = ] 'new_name'
[ , [ @objtype = ] 'object_type' ]
```

参数说明如下。

- ☑　[@objname =] 'object_name'：用户对象或数据类型的当前限定或非限定名称。
- ☑　[@newname =] 'new_name'：指定对象的新名称。
- ☑　[@objtype =] 'object_type'：要重命名的对象的类型。

【例 13.8】利用系统存储过程 sp_rename，将 IX_Stu_Sno 索引重命名为 IX_Stu_Sno1。（实例位置：资源包\TM\sl\13\8）

SQL 语句如下：

```
USE db_Test
EXEC sp_rename 'Student.IX_Stu_Sno','IX_Stu_Sno1'
```

运行结果如图 13.8 所示。

注意

　　对索引进行重命名时，需要修改的索引名格式必须为"表名.索引名"。

图 13.8　更改索引名称

13.4.4　索引的删除

1．使用可视化管理工具删除索引

使用可视化管理工具删除索引与使用可视化管理工具查看索引的步骤相同，在"索引/键"对话框中，单击"删除"按钮，就可以把当前选中的索引删除。

2．使用 SQL 语句删除索引

DROP INDEX 语句可从当前数据库中删除一个或多个关系索引、空间索引、筛选索引或 XML 索引。

DROP INDEX 语句不能删除通过定义 PRIMARY KEY 或 UNIQUE 约束创建的索引。若要删除该约束和相应的索引，需使用带有 DROP CONSTRAINT 子句的 ALTER TABLE。

DROP INDEX 语句的语法如下:

```
DROP INDEX
{ <drop_relational_or_xml_or_spatial_index> [ ,...n ]
| <drop_backward_compatible_index> [ ,...n ]
}
<drop_relational_or_xml_or_spatial_index> ::=
        index_name ON <object>
    [ WITH ( <drop_clustered_index_option> [ ,...n ] ) ]
<drop_backward_compatible_index> ::=
    [ owner_name. ] table_or_view_name.index_name
<object> ::=
{
    [ database_name. [ schema_name ] . | schema_name. ]
        table_or_view_name
}
```

DROP INDEX 语句的参数及其说明如表 13.2 所示。

表 13.2　DROP INDEX 语句的参数及其说明

参　　数	说　　明
index_name	要删除的索引名
database_name	数据库名
schema_name	该表或视图所属架构名
table_or_view_name	与该索引关联的表或视图名
<drop_clustered_index_option>	控制聚集索引选项。这些选项不能与其他索引类型一起使用

【例 13.9】删除 Student 表中的 IX_Stu_Sno_Rename 索引。(**实例位置：资源包\TM\sl\13\9**)

SQL 语句如下:

```
USE db_Test
--判断表中是否有要删除的索引
If EXISTS(Select * from sysindexes where name='IX _Stu_Sno_Rename')
 Drop Index Student.IX_Stu_Sno_Rename
```

运行结果如图 13.9 所示。

图 13.9　索引的删除

【例 13.10】删除 Student 表中的 IX_Stu_Sno3 索引和 SC 表中的 IX_SC_Sno 索引。(**实例位置：资源包\TM\sl\13\10**)

SQL 语句如下:

```
USE db_Test
Drop Index Student.IX_Stu_Sno3,SC.IX_SC_Sno
```

13.4.5 设置索引的选项

1. 设置 PAD_INDEX 选项

PAD_INDEX 选项是设置创建索引期间中间级别页中可用空间的百分比。

对于非叶级索引页需要使用 PAD_INDEX 选项设置其预留空间的大小。PAD_INDEX 选项只有在指定了 FILLFACTOR 选项时才有用，因为 PAD_INDEX 是由 FILLFACTOR 指定的百分比决定的。在默认情况下，给定中间级页上的键集，SQL Server 将确保每个索引页上的可用空间至少可以容纳一个索引允许的最大行。如果 FILLFACTOR 指定的百分比不够大，无法容纳一行，SQL Server 将在内部使用允许的最小值替代该百分比。

【例 13.11】为 Student 表的 Sno 列创建一个簇索引 IX_Stu_Sno，并将预留空间设置为 10。（**实例位置：资源包\TM\sl\13\11**）

SQL 语句如下：

```
USE db_Test
CREATE UNIQUE CLUSTERED INDEX IX_Stu_Sno
on Student(Sno)
with pad_index,fillfactor = 10
```

2. 设置 FILLFACTOR 选项

FILLFACTOR 选项是设置创建索引期间每个索引页的页级别中可用空间的百分比。

数据库系统在存储数据库文件时，有时会将用到的数据页隔断，在使用数据索引的同时会产生一定程度的碎片。为了尽量减少页拆分，在创建索引时，可以选择 FILLFACTOR（称为填充因子）选项，此选项用来指定各索引页的填满程度，即指定索引页上留出的额外的间隙和保留一定的百分比空间，从而扩充数据的存储容量和减少页拆分。FILLFACTOR 选项的取值范围是 1～100，表示用户创建索引时数据容量占页容量的百分比。

【例 13.12】在 db_Test 数据库中的 Student 表上创建基于 Sname 列的非聚集索引 IX_Stu_Sname，并且为升序，填充因子为 80。（**实例位置：资源包\TM\sl\13\12**）

SQL 语句如下：

```
USE db_Test
GO
CREATE   INDEX IX_Stu_Sname ON Student(Sname)
WITH   FILLFACTOR=80
GO
```

3. 设置 ASC/DESC 选项

排序查询是指将查询结果按指定属性的升序（ASC）或降序（DESC）排列，由 ORDER BY 子句指明。ASC/DESC 选项可以在创建索引时设置索引方式。

【例 13.13】在 Student 表中创建一个聚集索引 MR_Stu_Sage，将 Sage 字段按从大到小排序。（**实例位置：资源包\TM\sl\13\13**）

SQL 语句如下：

```
USE db_Test
CREATE CLUSTERED INDEX MR_Stu_Sage
ON Student (Sage DESC)
```

创建索引后，数据表如图 13.10 所示。

【例 13.14】在 Student 表中创建一个聚集索引 MR_Stu，将 Sage 字段按从大到小排序，Sno 字段按从小到大排序。（实例位置：资源包\TM\sl\13\14）

SQL 语句如下：

```
USE db_Test
CREATE CLUSTERED INDEX MR_Stu
ON Student (Sage DESC,Sno ASC)
```

创建索引后，数据表如图 13.11 所示。

图 13.10　对 Sage 字段进行排序

图 13.11　按多字段进行排序

4. 设置 SORT_IN_TEMPDB 选项

SORT_IN_TEMPDB 选项是确定对创建索引时生成的中间排序结果进行排序的位置。如果为 ON，排序结果存储在 tempdb 中；如果为 OFF，则存储在存储结果索引的文件组或分区方案中。

【例 13.15】用 SORT_IN_TEMPDB 选项创建 MR_Stu 索引，当 tempdb 与用户数据库位于不同的磁盘集上时，可以减少创建索引所需的时间。（实例位置：资源包\TM\sl\13\15）

SQL 语句如下：

```
CREATE UNIQUE CLUSTERED INDEX MR_Stu_Sno
ON Student (Sno ASC)
with SORT_IN_TEMPDB
```

5. 设置 STATISTICS_NORECOMPUTE 选项

STATISTICS_NORECOMPUTE 选项指定是否自动重新计算过期的索引统计信息。

【例 13.16】在 Student 表上创建索引 MR_Stu，其功能是不自动重新计算过期的索引统计信息。（实例位置：资源包\TM\sl\13\16）

SQL 语句如下：

```
USE db_Test
CREATE UNIQUE CLUSTERED INDEX MR_Stu
ON Student (Sno ASC)
with STATISTICS_NORECOMPUTE
```

6. 设置 UNIQUE 选项

UNIQUE 选项是确定是否允许并发用户在索引操作期间访问基础表或聚集索引数据以及任何关联非聚集索引。

　　为表或视图创建唯一索引（不允许存在索引值相同的两行）。视图上的聚集索引必须是 UNIQUE 索引。如果存在唯一索引，当使用 UPDATE 或 INSERT 语句产生重复值时将回滚，并显示错误信息。即使 UPDATE 或 INSERT 语句更改了许多行但只产生了一个重复值，也会出现这种情况。如果在有唯一索引并且指定了 IGNORE_DUP_KEY 子句情况下输入数据，则只有违反 UNIQUE 索引的行才会失败。在处理 UPDATE 语句时，IGNORE_DUP_KEY 不起作用。

　　【例 13.17】用 IGNORE_DUP_KEY 参数创建唯一聚集索引，并且不能输入重复值，改变行的物理排序。（实例位置：**资源包\TM\sl\13\17**）

　　SQL 语句如下：

```
USE db_Test
CREATE UNIQUE CLUSTERED INDEX MR_Stu_Sno ON Student (Sno)
WITH IGNORE_DUP_KEY
```

7. 设置 DROP_EXISTING 选项

　　DROP_EXISTING 选项是删除和重新创建现有索引。

　　删除 SQL Server 数据库中已存在的索引，并根据修改重新创建一个索引。如果创建的是一个聚集索引，并且被索引的表上还存在其他非聚集索引，通过创建可以提高表的查询性能，因为重建聚集索引将强制重建所有的非聚集索引。

　　【例 13.18】对已有的索引 MR_Stu，进行重新创建。（实例位置：**资源包\TM\sl\13\18**）

　　SQL 语句如下：

```
CREATE UNIQUE CLUSTERED INDEX MR_Stu
ON Student (Sno ASC)
with DROP_EXISTING
```

13.5　索引的分析与维护

　　索引建立后，还需对它们进行分析和维护。本节主要讲解索引的分析及维护方法。

13.5.1　索引的分析

1. 使用 SHOWPLAN 语句

　　SHOWPLAN 语句显示查询语句的执行信息，包含查询过程中连接表时采取的每个步骤以及选择哪个索引。语法如下：

```
SET SHOWPLAN_ALL { ON | OFF }
SET SHOWPLAN_TEXT { ON | OFF }
```

　　参数说明如下。

　　☑　ON：显示查询执行信息。

　　☑　OFF：不显示查询执行信息（系统默认）。

SET SHOWPLAN_ALL 是在执行或运行时设置,而不是在分析时设置。如果 SET SHOWPLAN_ALL 为 ON，则 SQL Server 返回每个语句的执行信息但不执行语句。SQL 语句不会被执行。在将此选项设置为 ON 后，将始终返回所有 SQL 语句的信息，直到将该选项设置为 OFF 为止。

SET SHOWPLAN_TEXT 是在执行或运行时设置，而不是在分析时设置。当 SET SHOWPLAN_TEXT 为 ON 时，SQL Server 将返回每个 SQL 语句的执行信息，但不执行语句。当该选项设置为 ON 后，将返回所有 SQL Server 语句的执行计划信息，直到将该选项设置为 OFF 为止。

【例 13.19】在 db_Test 数据库的 Student 表中查询所有性别为男且年龄大于 23 岁的学生信息。(**实例位置：资源包\TM\sl\13\19**)

SQL 语句如下：

```
USE db_Test
GO
SET SHOWPLAN_ALL ON
GO
SELECT Sname,Sex,Sage FROM Student WHERE Sex='男' AND Sage >23
GO
SET SHOWPLAN_ALL OFF
GO
```

运行结果如图 13.12 所示。

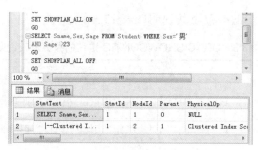

图 13.12　SHOWPLAN 语句的使用

2. 使用 STATISTICS IO 语句

STATISTICS IO 语句使 SQL Server 显示由 SQL 语句生成的磁盘活动量的信息。语法如下：

```
SET STATISTICS IO { ON | OFF }
```

如果 STATISTICS IO 为 ON，则显示统计信息；如果为 OFF，则不显示统计信息。如果将此选项设置为 ON，则所有后续的 SQL 语句返回统计信息，直到将该选项设置为 OFF 为止。

【例 13.20】在 db_Test 数据库的 Student 表中查询所有性别为男且年龄大于 20 岁的学生信息，并显示查询处理过程在磁盘活动的统计信息。(**实例位置：资源包\TM\sl\13\20**)

SQL 语句如下：

```
USE db_Test
GO
SET STATISTICS IO ON
GO
SELECT Sname,Sex,Sage FROM Student WHERE Sex='男' AND Sage >20
GO
SET STATISTICS IO OFF;
GO
```

13.5.2 索引的维护

1. 使用 DBCC SHOWCONTIG 语句

该语句显示指定表的数据和索引的碎片信息。当对表进行大量的修改或添加数据后，应该执行此语句查看有无碎片。语法如下：

```
DBCC SHOWCONTIG
[(
    { table_name | table_id | view_name | view_id }
    [ , index_name | index_id ]
)]
    [ WITH
        {
        [ , [ ALL_INDEXES ] ]
        [ , [ TABLERESULTS ] ]
        [ , [ FAST ] ]
        [ , [ ALL_LEVELS ] ]
        [ NO_INFOMSGS ]
        }
    ]
```

DBCC SHOWCONTIG 语句的参数及其说明如表 13.3 所示。

表 13.3 DBCC SHOWCONTIG 语句的参数及其说明

参 数	说 明
table_name | table_id | view_name | view_id	要检查碎片信息的表或视图。如果未指定，则检查当前数据库中的所有表和索引视图
index_name | index_id	要检查碎片信息的索引。如果未指定，则该语句将处理指定表或视图的基本索引
WITH	指定 DBCC 语句返回的信息类型的选项
FAST	指定是否要对索引执行快速扫描和输出最少信息。快速扫描不读取索引的叶级或数据级页
ALL_INDEXES	显示指定表和视图的所有索引的结果，即使指定了特定索引也是如此
TABLERESULTS	将结果显示为含附加信息的行集
ALL_LEVELS	仅为保持向后兼容性而保留
NO_INFOMSGS	取消严重级别 0～10 的所有信息性消息

【例 13.21】显示 db_Test 数据库中 Student 表的碎片信息，SQL 语句及运行结果如图 13.13 所示。（实例位置：资源包\TM\sl\13\21）

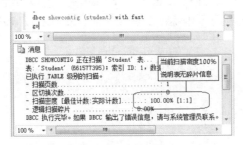

图 13.13 Student 表的碎片信息

SQL 语句如下：

```
USE db_Test
GO
DBCC SHOWCONTIG (Student) WITH FAST
GO
```

说明

当扫描密度为 100%时，说明表无碎片信息。

2. 使用 DBCC DBREINDEX 语句

DBCC DBREINDEX 语句表示对指定数据库中的表重新生成一个或多个索引。语法如下：

```
DBCC DBREINDEX
(
    table_name
    [ , index_name [ , fillfactor ] ]
)
    [ WITH NO_INFOMSGS ]
```

参数说明如下。

☑　table_name：包含要重新生成的指定索引的表名。表名必须遵循有关标识符的规则。

☑　index_name：要重新生成的索引名。索引名必须符合标识符规则。

☑　fillfactor：在创建或重新生成索引时，每个索引页上用于存储数据的空间百分比。

☑　WITH NO_INFOMSGS：取消显示严重级别 0～10 的所有信息性消息。

【例 13.22】使用填充因子 100 重建 db_Test 数据库中 Student 表上的 MR_Stu_Sno 聚集索引。（实例位置：资源包\TM\sl\13\22）

SQL 语句如下：

```
USE db_Test
GO
DBCC DBREINDEX('db_Test.dbo.Student',MR_Stu_Sno, 100)
GO
```

【例 13.23】使用填充因子 100 重建 db_Test 数据库中 Student 表上的所有索引。（实例位置：资源包\TM\sl\13\23）

SQL 语句如下：

```
USE db_Test
GO
DBCC DBREINDEX('db_Test.dbo.Student','',100)
GO
```

3. 使用 DBCC INDEXDEFRAG 语句

DBCC INDEXDEFRAG 语句指定表或视图的索引碎片整理。语法如下：

```
DBCC INDEXDEFRAG
(
    { database_name | database_id | 0 }
        , { table_name | table_id | view_name | view_id }
    [ , { index_name | index_id } [ , { partition_number | 0 } ] ]
```

```
)
    [ WITH NO_INFOMSGS ]
```

DBCC INDEXDEFRAG 语句的参数及其说明如表 13.4 所示。

表 13.4　DBCC INDEXDEFRAG 语句的参数及其说明

参　　数	说　　明
database_name | database_id | 0	包含要进行碎片整理的索引的数据库。如果指定 0，则使用当前数据库
table_name | table_id | view_ name | view_id	包含要进行碎片整理的索引的表或视图
index_name | index_id	要进行碎片整理的索引的名称或 ID。如果未指定，该语句将针对指定表或视图的所有索引进行碎片整理
partition_number | 0	要进行碎片整理的索引的分区号。如果未指定或指定 0，该语句将对指定索引的所有分区进行碎片整理
WITH NO_INFOMSGS	取消严重级别 0～10 的所有信息性消息

【例 13.24】清除 db_Test 数据库中 Student 表的 MR_Stu_Sno 索引上的碎片。（**实例位置：资源包\ TM\sl\13\24**）

SQL 语句如下：

```
USE db_Test
GO
DBCC INDEXDEFRAG (db_Test,Student,MR_Stu_Sno)
GO
```

13.6　全 文 索 引

全文索引是一种特殊类型的基于标记的功能性索引，它是由 SQL Server 全文引擎生成和维护的。生成全文索引的过程不同于生成其他类型的索引，全文引擎并非基于特定行中存储的值来构造 B 树结构，而是基于要编制索引的文本中的各个标记来生成倒排、堆积且压缩的索引结构。

13.6.1　使用可视化管理工具启用全文索引

具体操作步骤如下。

（1）启动 SQL Server Management Studio 管理工具，连接 SQL Server 数据库服务器。

（2）选择指定的数据库 db_Test，然后右击要创建索引的表，在弹出的快捷菜单中选择"全文索引"/"定义全文索引"命令，如图 13.14 所示。

（3）打开"全文索引向导"对话框，如图 13.15 所示。

（4）单击"下一步"按钮，选择唯一索引，如图 13.16 所示。

（5）单击"下一步"按钮，选择表列，如图 13.17 所示。

图 13.14　选择创建全文索引

图 13.15　"全文索引向导"对话框

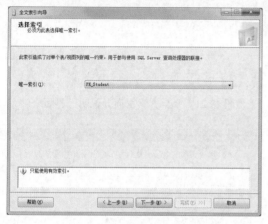

图 13.16　选择唯一索引

图 13.17　选择表列

（6）单击"下一步"按钮，选择跟踪表和视图更新的方式，如图 13.18 所示。

（7）单击"下一步"按钮，在弹出的对话框中选中"创建新目录"复选框，在"名称"文本框中输入全文目录的名称，如图 13.19 所示。

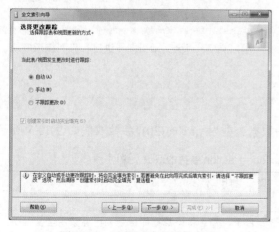

图 13.18　选择更改跟踪的方式

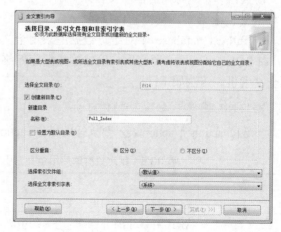

图 13.19　设置全文目录

（8）单击"下一步"按钮，弹出"定义填充计划（可选）"界面，如图 13.20 所示，此界面用来创建或修改此全文目录的填充计划（此计划是可选的）。在该界面中单击"新建表计划"或"新建目录计划"按钮，弹出新建计划的窗体，在窗体中输入计划的名称，设置执行的日期和时间，单击"确定"按钮即可。

（9）单击"下一步"按钮，弹出"全文索引向导说明"界面，如图 13.21 所示。

图 13.20 "定义填充计划（可选）"界面

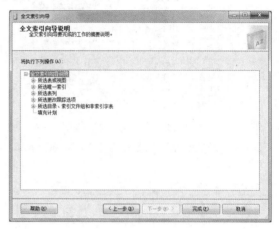

图 13.21 "全文索引向导说明"界面

（10）单击"完成"按钮，"全文索引向导进度"界面提示成功，如图 13.22 所示。

（11）单击"关闭"按钮即可。

13.6.2 使用 SQL 语句启用全文索引

1．指定数据库启用全文索引

sp_fulltext_database 用于初始化全文索引，或者从当前数据库中删除所有的全文目录。在 SQL Server 中对全文目录无效，支持它仅仅是为了保持向后兼容。sp_fulltext_database 不对给定数据库禁用全文引擎。在 SQL Server 中，所有用户创建的数据库始终启用全文索引。语法如下：

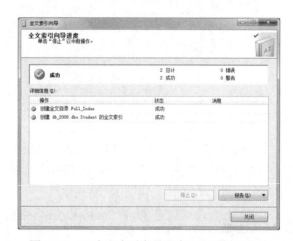

图 13.22 "全文索引向导进度"界面提示成功

```
sp_fulltext_database [@action=] 'action'
```

参数[@action=] 'action'表示要执行的操作。action 的数据类型为 varchar(20)，参数取值如表 13.5 所示。

表 13.5 指定数据库启用全文索引[@action =] 'action'参数的取值及说明

值	说 明
enable	在当前数据库中启用全文索引
disable	对于当前数据库，删除文件系统中所有的全文目录-并且将该数据库标记为已经禁用全文索引。这个动作并不在全文目录或在表上更改任何全文索引元数据

【例 13.25】使用数据库进行全文索引。(**实例位置：资源包\TM\sl\13\25**)

SQL 语句如下：

```
USE db_Test
EXEC sp_fulltext_database 'enable'
```

运行结果如图 13.23 所示。

【例 13.26】从数据库中删除全文索引。(**实例位置：资源包\TM\sl\13\26**)

SQL 语句如下：

```
USE db_Test
EXEC sp_fulltext_database 'disable'
```

运行结果如图 13.24 所示。

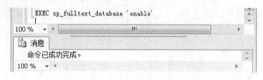
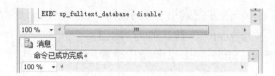

图 13.23 当前数据库启用全文索引   图 13.24 删除当前数据库的全文索引

2. 指定表启用全文索引

sp_fulltext_table 用于标记或取消标记要编制全文索引的表。语法如下：

```
sp_fulltext_table [ @tabname = ] 'qualified_table_name'
  , [ @action = ] 'action'
  [ , [ @ftcat = ] 'fulltext_catalog_name'
  , [ @keyname = ] 'unique_index_name' ]
```

参数说明如下。

☑ [@tabname =] 'qualified_table_name'：表名。该表必须存在当前的数据库中。数据类型为
   nvarchar(517)，无默认值。

☑ [@action =] 'action'：将要执行的动作。action 的数据类型为 varchar(20)，无默认值，取值如表 13.6
   所示。

表 13.6 指定表启用全文索引[@action =] 'action'参数的取值及说明

值	说 明
Create	为 qualified_table_name 引用的表创建全文索引的元数据，并且指定该表的全文索引数据驻留在 fulltext_catalog_name 中
Drop	除去全文索引上的元数据。如果全文索引是活动的，那么在除去它之前会自动停用它
Activate	停用全文索引后，激活为 qualified_table_name 聚集全文索引的数据。在激活全文索引之前，至少有一列参与这个全文索引
Deactivate	停用的全文索引，使得无法再为 qualified_table_name 聚集全文索引数据。全文索引元数据依然保留，并且该表还可以被重新激活
start_change_tracking	启动全文索引的增量填充。如果该表没有时间戳，那么启动全文索引的完全填充，开始跟踪表发生的变化
stop_change_tracking	停止跟踪表发生的变化

续表

值	说　明
update_index	将当前一系列跟踪的变化传播到全文索引
Start_background_updateindex	在变化发生时，开始将跟踪的变化传播到全文索引
Stop_background_updateindex	在变化发生时，停止将跟踪的变化传播到全文索引
start_full	启动表的全文索引的完全填充
start_incremental	启动表的全文索引的增量填充

☑ [@ftcat =] 'fulltext_catalog_name'：create 动作有效的全文目录名。对于所有其他动作，该参数必须为 NULL。fulltext_catalog_name 的数据类型为 sysname，默认值为 NULL。

☑ [@keyname =] 'unique_index_name'：有效的单键列，create 动作在 qualified_table_name 上的唯一的非空索引。对于所有其他动作，该参数必须为 NULL。unique_index_name 的数据类型为 sysname，默认值为 NULL。

用表启用全文索引的操作步骤如下。

（1）为要启用全文索引的表创建一个唯一的非空索引（在以下示例中其索引名为 MR_Emp_ID_FIND）。

（2）用表所在的数据库启用全文索引。

（3）在该数据库中创建全文索引目录（在以下示例中全文索引目录为 ML_Employ）。

（4）用表启用全文索引标记。

（5）向表中添加索引字段。

（6）激活全文索引。

（7）启动完全填充。

【例 13.27】创建一个全文索引标记，并在全文索引中添加字段。（实例位置：资源包\TM\sl\13\27）

SQL 语句如下：

```
CREATE UNIQUE CLUSTERED INDEX MR_Emp_ID_FIND ON Employee (ID) --将 Employee 表设为唯一索引
WITH IGNORE_DUP_KEY
if (select DatabaseProperty('db_Test','IsFulltextEnabled'))=0              --判断 db_Test 数据库是否可以创建全文索引
EXEC sp_fulltext_database 'enable'                                        --数据库启用全文索引
EXEC sp_fulltext_catalog 'ML_Employ','create'                            --创建全文索引目录为 ML_Employ
EXEC sp_fulltext_table 'Employee','create','ML_Employ','MR_Emp_ID_FIND'  --表启用全文索引标记
EXEC sp_fulltext_column 'Employee','Name','add'                          --添加全文索引字段
EXEC sp_fulltext_table 'Employee','activate'                             --激活全文索引
EXEC sp_fulltext_catalog 'ML_Employ','start_full'                        --启动表的全文索引的完全填充
```

13.6.3　使用 SQL 语句删除全文索引

DROP FULLTEXT INDEX 从指定的表或索引视图中删除全文索引。语法如下：

```
DROP FULLTEXT INDEX ON table_name
```

参数 table_name 表示包含要删除的全文索引的表或索引视图的名称。

【例 13.28】删除 Employee 数据表的全文索引。（实例位置：资源包\TM\sl\13\28）

SQL 语句如下：

```
USE db_Test
DROP FULLTEXT INDEX ON Employee
```

13.6.4　全文目录的维护

1．用可视化管理工具维护全文目录

具体操作步骤如下。

（1）启动 SQL Server Management Studio 管理工具，连接 SQL Server 数据库服务器。

（2）选择指定数据库中的数据表（这里以 db_Test 数据库中的 Employee 表为例，该表已经创建全文索引）。

（3）在 Employee 表上右击，在弹出的快捷菜单中选择"全文索引"命令，如图 13.25 所示。

（4）在"全文索引"的级联菜单中对全文目录进行修改，具体功能如表 13.7 所示。

图 13.25　维护全文目录

表 13.7　维护全文目录

选　　项	描　　述
删除全文索引	将选定的表从它的全文目录中删除
启动完全填充	使用选定表中的全部行对全文目录进行初始的数据填充
启动增量填充	识别选定的表最后一次填充发生的数据变化，并利用最后一次添加、删除或修改的行对全文索引进行填充
停止填充	终止当前正在运行的全文索引填充任务
手动跟踪更改	手动方式使应用程序仅获取对用户表所做的更改以及与这些更改有关的信息
自动跟踪更改	自动使应用程序仅获取对用户表所做的更改以及与这些更改有关的信息
禁用更改跟踪	不让应用程序获取对用户表所做的更改以及与这些更改有关的信息
应用跟踪的更改	使应用程序获取对用户表所做的更改及与这些更改有关的信息

2．使用 SQL 语句维护全文目录

下面以 Employee 表为例介绍如何使用 SQL 语句维护全文目录，Employee 为已经创建全文索引的数据表。

（1）完全填充。

```
EXEC sp_fulltext_table 'Employee','start_full'
```

（2）增量填充。

```
EXEC sp_fulltext_table 'Employee','start_incremental'
```

（3）更改跟踪。

```
EXEC sp_fulltext_table ' Employee ','start_change_tracking'
```

（4）后台更新。

```
EXEC sp_fulltext_table ' Employee ','start_background_updateindex'
```

（5）清除无用的全文目录。

```
EXEC sp_fulltext_service 'clean_up'
```

（6）sp_help_fulltext_catalogs。

返回指定的全文目录的 ID（ftcatid）、名称（NAME）、根目录（PATH）、状态（STATUS）以及全文索引表的数量（NUMBER_FULLTEXT_TABLES）。

【例 13.29】返回有关全文目录 QWML 的信息。（**实例位置：资源包\TM\sl\13\29**）

SQL 语句如下：

```
USE db_Test
GO
EXEC sp_help_fulltext_catalogs 'QWML' ;
GO
```

运行结果如图 13.26 所示。

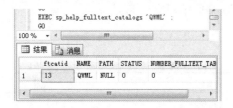

图 13.26　返回全文目录 QWML 的信息

列将返回指定全文目录的当前状态，如表 13.8 所示。

表 13.8　STATUS 列的返回状态

返 回 值	描　　　述	返 回 值	描　　　述
0	空闲	5	关闭
1	正在进行完全填充	6	正在进行增量填充
2	暂停	7	生成索引
3	已中止	8	磁盘已满，已暂停
4	正在恢复	9	更改跟踪

（7）sp_help_fulltext_tables。

该存储过程返回为全文索引注册的表的列表。

【例 13.30】返回包含在指定全文目录 QWML 中的表的信息。（**实例位置：资源包\TM\sl\13\30**）

SQL 语句如下：

```
USE db_Test
EXEC sp_help_fulltext_tables 'QWML"
```

运行结果如图 13.27 所示。

（8）sp_help_fulltext_columns。

该存储过程返回为全文索引指定的列。

【例 13.31】返回 Inx_table 表中全文索引指定的列，Inx_table 表为已创建全文索引的数据表。（实例位置：资源包\TM\sl\13\31）

SQL 语句如下：

```
USE db_Test
EXEC sp_help_fulltext_columns 'Inx_table'
```

运行结果如图 13.28 所示。

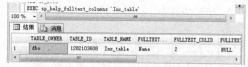

图 13.27　返回包含在指定全文目录 QWML 中的表信息　　　图 13.28　返回全文索引指定的列

13.7　数据完整性

数据完整性是 SQL Server 用于保证数据库中数据一致性的一种机制，防止非法数据存入数据库。具体的数据完整性主要体现在以下几个方面。

☑　数据类型准确无误。

☑　数据取值符合规定的范围。

☑　多个数据表之间的数据不存在冲突。

下面介绍 SQL Server 提供的 4 种数据完整性机制：域完整性、实体完整性、引用完整性和用户定义完整性。

13.7.1　域完整性

域是指数据表中的列（字段），域完整性就是指列的完整性。实现域完整性的方法有限制类型（通过数据类型）、格式（通过 CHECK 约束和规则）或可能的取值范围（通过 CHECK 约束、DEFAULT 定义、NOT NULL 定义和规则）等，它要求数据表中指定列的数据具有正确的数据类型、格式和有效的数据范围。

域完整性常见的实现机制包括以下几种。

☑　默认值（default value）。

☑　检查（check）。

☑　外键（foreign key）。

☑　数据类型（data type）。

☑　规则（rule）。

【例 13.32】创建表 student2，有学号、最好成绩和平均成绩 3 列，且最好成绩必须大于平均成绩。（实例位置：资源包\TM\sl\13\32）

SQL 语句如下：

```
CREATE TABLE student2
(
学号    char(6) not null,
最好成绩   int   not null,
平均成绩   int   not null,
CHECK(最好成绩>平均成绩)
)
```

运行结果如图 13.29 所示。

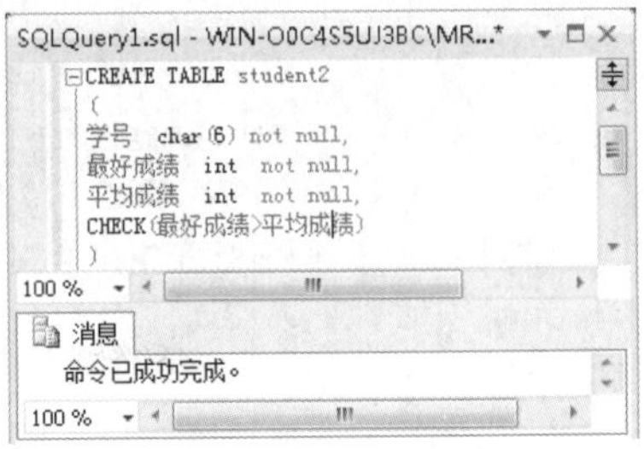

13.7.2　实体完整性

现实世界中，任何一个实体都有区别于其他实体的特征，即实体完整性。在 SQL Server 数据库中，实体完整性是指所有的记录都应该有一个唯一的标识，以确保数据表中数据的唯一性。

如果将数据库中数据表的第一行看作一个实体，可以通过以下几项实施实体完整性。

☑　唯一索引（unique index）。

☑　主键（primary key）。

☑　唯一键（unique key）。

☑　标识列（identity column）。

【例 13.33】 创建表 student3，并对借书证号字段创建 PRIMARY KEY 约束，对姓名字段定义 UNIQUE 约束。（**实例位置：资源包\TM\sl\13\33**）

SQL 语句如下：

```
USE db_Test
Go
CREATE TABLE student3
(
借书证号 char(8)  not null  CONSTRAINT  py  PRIMARY KEY,
姓名 char(8)  not null  CONSTRAINT  uk  UNIQUE,
专业   char(12) not null,
性别   bit   not null,
借书量 int   CHECK(借书量>=0 AND  借书量<=20) null
)
go
```

运行结果如图 13.30 所示。

【例 13.34】 创建表 student4，由借书证号、索书名、借书时间作为联合主键。（**实例位置：资源包\TM\sl\13\34**）

SQL 语句如下：

```
Use db_Test
CREATE TABLE student4
(
借书证号  char(8)   not null,
索书名    char(10) not null,
借书时间  date   not null,
```

图 13.29　域完整性

```
还书时间  date   not null,
PRIMARY KEY(索书名,借书证号,借书时间)
)
```

运行结果如图 13.31 所示。

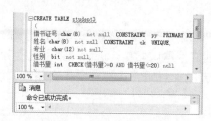

图 13.30　实体完整性

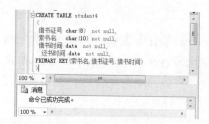

图 13.31　联合主键

13.7.3　引用完整性

引用完整性又称参照完整性，其保证主表中的数据与从表中数据的一致性。SQL Server 数据库中，参照完整性的实现是通过定义外键与主键之间或外键与唯一键之间的对应关系实现的。引用完整性确保键值在所有表中一致。引用完整性的实现方法如下。

（1）外键（foreign key）。

（2）检查（check）。

（3）触发器（trigger）。

（4）存储过程（stored procedure）

【例 13.35】创建表 student5，要求表中所用的索书名、借书证号和借书时间组合都必须出现在 student4 表中。（实例位置：资源包\TM\sl\13\35）

SQL 语句如下：

```
Use db_Test
CREATE TABLE student5
(
借书证号  char(8)   NOT NULL,
ISBN char(16) NOT NULL,
索书名  char(10) NOT NULL,
借书时间  date NOT NULL,
还书时间  date NOT NULL,
CONSTRAINT FK_point FOREIGN KEY (索书名,借书证号,借书时间)
REFERENCES student4 (索书名,借书证号,借书时间)
ON DELETE NO ACTION
)
```

运行结果如图 13.32 所示。

13.7.4　用户定义完整性

用户定义完整性使用户可以定义不属于其他任何完整性类别的特定业务规则。所有完整性类别都支持用户定义完整性，这包括 CREATE TABLE 中所有列级约束和表级约束、存储过程以及触发器。

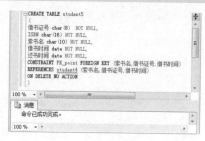

图 13.32　引用完整性

13.8 小   结

本章介绍了索引的建立、删除、分析与维护以及 4 种数据完整性。读者在了解索引概念的前提下，可以使用 SQL Server Management Studio 或者 SQL 语句建立或删除索引，进而对索引进行分析和维护，以优化对数据的访问。为了保证存储数据的合理性，读者应了解域完整性、实体完整性、引用完整性和用户定义完整性。

13.9 实践与练习

（答案位置：资源包\TM\sl\13\实践与练习\）

1．基于表 student 和 student1 创建一个视图，并在该视图上创建一个索引并查询数据。

2．创建一个多字段非聚集索引检索数据，具体实现时，为员工表（employee1）的 Name 列和 Age 列创建索引。在创建的索引中，Name 字段的优先级要高于 Age 字段。在创建多字段的索引时，各字段的排列顺序决定了其优先级，排列的字段越靠前，则具有的优先级越高。

3．在 Student 表的 Sno 字段上创建索引，并用 DBCC CHECKTABLE 命令检查 Student 表中的 I_Stu 索引的完整性。

SQL 中的事务

在数据提交过程中，事务非常重要，它是一个独立的工作单元。如果某一事务成功，则在该事务中进行的所有数据修改均会提交，成为数据库中的永久组成部分；如果事务遇到错误且必须取消或回滚，则所有数据修改均被清除。本章将从事务的概念、显式事务与隐式事务、使用事务、锁和分布式事务处理等多个方面对 SQL 事务进行详细讲解。

本章知识架构及重难点如下：

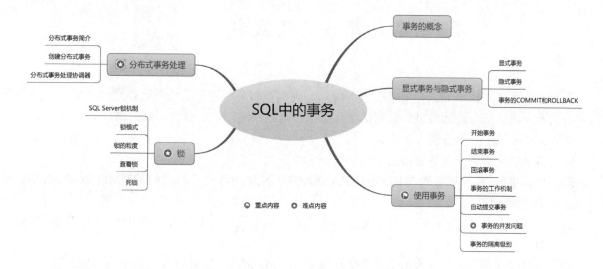

14.1　事务的概念

事务是由一系列语句构成的逻辑工作单元。事务和存储过程等批处理有一定程度上的相似之处，通常都是为了完成一定业务逻辑而将一条或者多条语句"封装"起来，使它们与其他语句之间出现一个逻辑上的边界，并形成相对独立的一个工作单元。

当使用事务修改多个数据表时，如果在处理的过程中出现了某种错误，如系统死机或突然断电等，则返回结果是数据全部没有保存。因为事务处理的结果只有两种：一种是在事务处理的过程中，如果发生了某种错误，则整个事务全部回滚，使所有对数据的修改全部撤销，事务对数据库的操作是单步执行的，当遇到错误时可以随时回滚；另一种是如果没有发生任何错误且每一步的执行都成功，则整个事务全部提交。因此，有效地使用事务不但可以提高数据的安全性，还可以增强数据的处理效率。

事务包含 4 种重要的属性，被统称为 ACID（原子性、一致性、隔离性和持久性），一个事务必须满足 ACID。

（1）原子性（atomic）：事务是一个整体的工作单元，事务对数据库所做的操作要么全部执行，要么全部取消。如果某条语句执行失败，则所有语句全部回滚。

（2）一致性（consistency）：事务在完成时，必须使所有的数据都保持一致状态。在相关数据库中，所有规则都必须应用于事务的修改，以保持数据的完整性。如果事务成功，则所有数据变为一个新的状态；如果事务失败，则所有数据处于开始之前的状态。

（3）隔离性（isolated）：由事务所做的修改必须与其他事务所做的修改隔离。事务查看数据时，数据所处的状态要么是另一并发事务修改它之前的状态，要么是另一事务修改它之后的状态，事务不会查看中间状态的数据。

（4）持久性（durability）：当事务提交后，对数据库所做的修改就永久保存下来。

14.2　显式事务与隐式事务

事务是单个的工作单元。如果某一事务成功，则在该事务中进行的所有数据修改均提交，成为数据库中的永久组成部分。如果事务遇到错误且必须取消或回滚，则所有数据修改均被清除。

SQL Server 以下列事务模式运行。

- ☑ 自动提交事务：每条单独的语句都是一个事务。
- ☑ 显式事务：每个事务均以 BEGIN TRANSACTION 语句显式开始，以 COMMIT 或 ROLLBACK 语句显式结束。
- ☑ 隐式事务：在前一个事务完成时新事务隐式启动，但每个事务仍以 COMMIT 或 ROLLBACK 语句显式完成。
- ☑ 批处理级事务：只能应用于多个活动结果集（MARS），在 MARS 会话中启动的 SQL 显式或隐式事务变为批处理级事务。当批处理完成时没有提交或回滚的批处理级事务自动由 SQL Server 进行回滚。

本节主要介绍显式事务和隐式事务。

14.2.1　显式事务

显式事务是用户自定义或指定的事务。可以通过 BEGIN TRANSACTION、COMMIT TRANSACTION、COMMIT WORK、ROLLBACK TRANSACTION 或 ROLLBACK WORK 事务处理语句定义显式事务。下面将简单介绍以上几种事务处理语句的语法和参数。

1. BEGIN TRANSACTION 语句

BEGIN TRANSACTION 语句用于启动一个事务，它标志着事务的开始。语法如下：

```
BEGIN TRAN [ SACTION ] [ transaction_name | @tran_name_variable[ WITH MARK [ 'description' ] ] ]
```

参数说明如下。

☑ transaction_name：表示设定事务名，字符个数最多为 32 个。

☑ @tran_name_variable：表示用户定义的、含有有效事务名的变量名，必须用 char、varchar、nchar 或 nvarchar 数据类型声明该变量。

☑ WITH MARK ['description']：指定在日志中标记事务，description 是描述该标记的字符串。

2. COMMIT TRANSACTION 语句

COMMIT TRANSACTION 语句用于标志一个成功的隐式事务或用户定义事务的结束。语法如下：

```
COMMIT [ TRAN [ SACTION ] [ transaction_name | @tran_name_variable ] ]
```

参数说明如下。

☑ transaction_name：表示此参数指定由前面的 BEGIN TRANSACTION 指派的事务名，此处的事务名仅用来帮助程序员阅读，以及指明 COMMIT TRANSACTION 与哪些嵌套的 BEGIN TRANSACTION 相关联。

☑ @tran_name_variable：表示用户定义的、含有有效事务名的变量名，必须用 char、varchar、nchar 或 nvarchar 数据类型声明该变量。

3. COMMIT WORK 语句

COMMIT WORK 语句用于标志事务的结束。语法如下：

```
COMMIT [WORK]
```

此语句的功能与 COMMIT TRANSACTION 相同，但 COMMIT TRANSACTION 接受用户定义的事务名。

4. ROLLBACK TRANSACTION 语句

ROLLBACK TRANSACTION 语句（参见 14.3.3 节）用于将显式事务或隐式事务回滚到事务的起点或事务内的某个保存点。当执行事务的过程中发生某种错误，可以使用 ROLLBACK TRANSACTION 语句或 ROLLBACK WORK 语句，使数据库撤销在事务中所做的更改，并使数据恢复到事务开始之前的状态。

5. ROLLBACK WORK 语句

ROLLBACK WORK 语句将用户定义的事务回滚到事务的起点。语法如下：

```
ROLLBACK [WORK]
```

此语句的功能与 ROLLBACK TRANSACTION 相同，除非 ROLLBACK TRANSACTION 接受用户定义的事务名。

14.2.2　隐式事务

隐式事务设置了一个打开和关闭开关，其处理与显式事务类似。使用 SET IMPLICIT_ TRANSACTIONS

ON 语句将隐式事务模式设置为打开。在打开隐式事务的设置开关后，执行下一条语句时自动启动一个新事务，并且每关闭一个事务时，执行下一条语句又会启动一个新事务，直到关闭了隐式事务的设置开关。

　　SQL Server 的任何数据修改语句都是隐式事务，如 ALTER TABLE、CREATE、DELETE、DROP、FETCH、GRANT、INSERT、OPEN、REVOKE、SELECT、TRUNCATE TABLE、UPDATE。这些语句都可以作为一个隐式事务的开始。如果要结束隐式事务，需要使用 COMMIT TRANSACTION 或 ROLLBACK TRANSACTION 语句来结束事务。

14.2.3　事务的 COMMIT 和 ROLLBACK

　　结束事务包括"成功时提交事务"和"失败时回滚事务"两种情况，在 SQL 中可以使用 COMMIT 和 ROLLBACK 结束事务。

1. COMMIT

　　提交事务，用在事务执行成功的情况下。COMMIT 语句保证事务的所有修改都被保存，同时 COMMIT 语句也释放事务中使用的资源，如事务使用的锁。

2. ROLLBACK

　　回滚事务，用于事务在执行失败的情况下，将显式事务或隐式事务回滚到事务的起点或事务内的某个保存点。

14.3　使 用 事 务

　　在掌握事务的概念与运行模式之后，本节继续介绍如何使用事务。

14.3.1　开始事务

　　当一个数据库连接启动事务时，在该连接上执行的所有 SQL 语句都是事务的一部分，直到事务结束。开始事务使用 BEGIN TRANSACTION 语句。下面将以示例的形式演示如何使用开始事务。

　　【例 14.1】使用事务修改 Employee 表中的数据，首先使用 BEGIN TRANSACTION 语句启动事务 update_data，然后修改指定条件的数据，最后使用 COMMIT TRANSACTION 提交事务，SQL 语句及运行结果如图 14.1 所示。（**实例位置：资源包\TM\sl\14\1**）

　　SQL 语句如下：

图 14.1　使用事务修改 Employee 表中的数据

```
USE db_Test                                        --打开数据库
SELECT * FROM Employee WHERE ID = 001
BEGIN TRANSACTION update_data                      --开始事务
  UPDATE Employee SET Name = '张婷'                --修改数据
    Where ID = 001                                 --条件
      COMMIT TRANSACTION update_data
       SELECT * FROM Employee    WHERE ID =001
```

在例 14.1 中，BEGIN TRANSACTION 语句指定一个事务的开始，update_data 语句为事务名，它可由用户自定义，但必须是有效的标识符。COMMIT TRANSACTION 语句指定事务的结束。

说明

　　BEGIN TRANSACTION 与 COMMIT TRANSACTION 之间的语句，可以是任何对数据库进行修改的语句。

14.3.2　结束事务

当一个事务执行完成之后，要将其结束，以便释放占用的内存资源，结束事务使用 COMMIT 语句。

【例 14.2】使用事务在 Employee 表中添加一条记录，并使用 COMMIT 语句结束事务，SQL 语句及运行结果如图 14.2 所示。（实例位置：资源包\TM\sl\14\2）

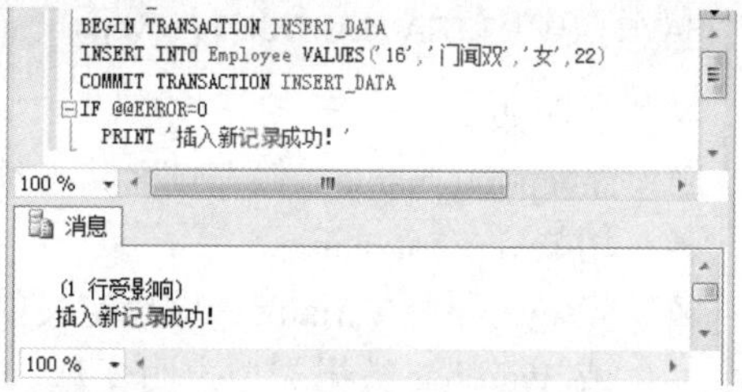

```
BEGIN TRANSACTION INSERT_DATA
INSERT INTO Employee VALUES('16','门闻双','女',22)
COMMIT TRANSACTION INSERT_DATA
IF @@ERROR=0
   PRINT '插入新记录成功！'
100 %  ◄
消息
(1 行受影响)
插入新记录成功！
100 %  ◄
```

图 14.2　使用 COMMIT 语句结束事务

SQL 语句如下：

```
USE db_Test                                        --打开数据库
SELECT * FROM Employee
BEGIN TRANSACTION INSERT_DATA                      --开始事务
  INSERT INTO Employee
   VALUES('16','门闻双','女','22')
COMMIT TRANSACTION INSERT_DATA                     --结束事务
IF @@ERROR = 0
   PRINT '插入新记录成功！'                        --输出插入成功的信息
```

在例 14.2 中，使用了@@ERROR 函数，此函数判断最后的 SQL 语句是否执行成功，有两个返回值，如果执行成功，返回 0；如果产生错误，返回错误号。每一个 SQL 语句完成时，@@ERROR 的值都会改变。

14.3.3　回滚事务

使用 ROLLBACK TRANSACTION 语句可以将显式事务或隐式事务回滚到事务的起点或事务内的某个保存点。语法如下：

```
ROLLBACK { TRAN | TRANSACTION }
    [ transaction_name | @tran_name_variable
    | savepoint_name | @savepoint_variable ]
[ ; ]
```

参数说明如下。

☑ transaction_name：是为 BEGIN TRANSACTION 上的事务分配的名称（事务名称），它必须符合标识符规则，但只使用事务名称的前 32 个字符，当嵌套事务时，transaction_name 必须是最外面的 BEGIN TRANSACTION 语句中的名称。

☑ @tran_name_variable：是用户定义的、包含有效事务名称的变量的名称，它必须用 char、varchar、nchar 或 nvarchar 数据类型声明变量。

☑ savepoint_name：是 SAVE TRANSACTION 语句中的 savepoint_name（保存点的名称），savepoint_name 必须符合标识符规则，当条件回滚只影响事务的一部分时，可使用 savepoint_name。

☑ @savepoint_variable：是用户定义的、包含有效保存点名称的变量的名称，它必须用 char、varchar、nchar 或 nvarchar 数据类型声明变量。

在 ROLLBACK TRANSACTION 语句中用到了保存点，通常使用 SAVE TRANSACTION 语句在事务内设置保存点。语法如下：

```
SAVE { TRAN | TRANSACTION } { savepoint_name | @savepoint_variable }[ ; ]
```

参数说明如下。

☑ savepoint_name：保存点名，必须符合标识符规则。当条件回滚只影响事务的一部分时，可使用 savepoint_name。

☑ @savepoint_variable：用户定义的、包含有效保存点名的变量名，必须用 char、varchar、nchar 或 nvarchar 数据类型声明变量。

14.3.4　事务的工作机制

下面将通过一个示例讲解事务的工作机制。

【例 14.3】使用事务修改 Employee 表中的数据，并将指定的员工记录删除，SQL 语句及运行结果如图 14.3 所示。
（**实例位置：资源包\TM\sl\14\3**）

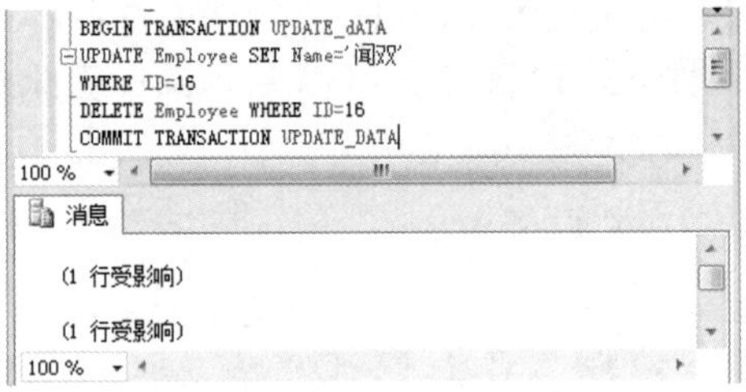

图 14.3　修改 Employee 表中的数据

SQL 语句如下：

```
USE db_Test                              --打开数据库
SELECT * FROM Employee                   --显示 Employee 表数据
BEGIN TRANSACTION UPDATE_DATA            --开始事务
  UPDATE Employee SET Name = '闻双'      --修改员工信息
  WHERE ID = 16
  DELETE Employee WHERE ID = 16          --删除指定的员工记录
COMMIT TRANSACTION UPDATE_DATA           --提交事务
```

例 14.3 中的事务的工作机制可以分为以下几点。

（1）当在代码中出现 BEGIN TRANSACTION 语句时，SQL Server 将显示事务，并给新事务分配一个事务 ID。

（2）当事务开始后，SQL Server 将运行事务体语句，并将事务体语句记录到事务日志中。

（3）在内存执行事务日志中所记录的事务体语句。

（4）当执行到 COMMIT 语句时结束事务，同时事务日志被写到数据库的日志设备上，从而保证日志可以被恢复。

14.3.5　自动提交事务

自动提交事务是 SQL Server 默认的事务处理方式，当任何一条有效的 SQL 语句被执行后，它对数据库所做的修改都被自动提交，如果发生错误，则将自动回滚并返回错误信息。

【例 14.4】使用 INSERT 语句向数据库中添加 3 条记录，由于添加了重复的主键，导致最后一条 INSERT 语句在编译时产生错误，使这条语句没有被执行，SQL 语句及运行结果如图 14.4 所示。（**实例位置：资源包\ TM\sl\14\4**）

SQL 语句如下：

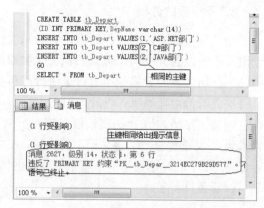

图 14.4　自动提交事务出现错误

```
USE db_Test                               --打开数据库
CREATE TABLE tb_Depart                    --创建数据表
(ID INT PRIMARY KEY, DepName VARCHAR(14)
)
INSERT INTO tb_Depart VALUES(1,'ASP.NET 部门')    --插入记录
INSERT INTO tb_Depart VALUES(2,'C#部门')          --插入记录
INSERT INTO tb_Depart VALUES(2,'JAVA 部门')       --插入记录
GO
SELECT * FROM tb_Depart                   --检索记录
```

本实例中，SQL Server 将前两条记录添加到指定的数据表中，将第 3 条记录回滚，这是因为第 3 条记录出现编译错误并且不符合条件（主键不允许重复），所以被事务回滚。

14.3.6　事务的并发问题

事务的并发问题主要体现在丢失更新或覆盖更新、未确认的相关性（脏读）、不一致的分析（不可重复读）和幻象读 4 个方面，这些是影响事务完整性的主要因素。如果没有锁定且多个用户同时访问一个数据库，则当他们的事务同时使用相同的数据时可能会发生以下几个问题。

1. 丢失更新或覆盖更新

当两个或多个事务选择同一行，然后基于最初选定的值更新该行时，发生丢失更新问题。每个事务都不知道其他事务的存在。最后的更新将重写由其他事务所做的更新，这样就导致数据丢失。

例如，最初有一份原始的电子文档，文档人员 A 和 B 同时修改此文档，当修改完成之后保存时，最后修改完成的文档必将替换第一个修改完成的文档，就造成了数据丢失更新的后果。如果文档人员 A 修改并保存之后，文档人员 B 再进行修改则可以避免该问题。

2. 未确认的相关性

如果一个事务读取了另外一个事务尚未提交的更新，则称为未确定的相关性，也称脏读。

例如，文档人员 B 复制了文档人员 A 正在修改的文档，并将文档人员 A 的文档发布，此后，文档人员 A 认为文档中存在一些问题需要重新修改，此时文档人员 B 所发布的文档就与重新修改的文档内容不一致。如果文档人员 A 将文档修改完成并确认无误的情况下，文档人员 B 再复制则可以避免该问题。

3．不一致的分析

当事务多次访问同一行数据，并且每次读取的数据不同时，将发生不一致的分析，也称不可重复读取。不一致的分析与未确认的相关性类似，因为其他事务正在更改该数据。然而，在不一致的分析中，事务所读取的数据是由进行了更改的事务提交的。而且，不一致的分析涉及多次读取同一行，并且每次信息都由其他事务更改，因而该行不可重复读取。

例如，文档人员 B 两次读取文档人员 A 的文档，但在文档人员 B 读取文档人员 A 的文档时，文档人员 A 又重新修改了该文档中的内容，在文档人员 B 第二次读取文档人员 A 的文档时，文档中的内容已被修改，此时则发生了不可重复读取的情况。如果文档人员 B 在文档人员 A 全部修改后读取文档，则可以避免该问题。

4．幻象读

幻象读和不一致的分析有些相似，当一个事务的更新结果影响另一个事务时，将发生幻象读问题。事务第一次读的行范围显示出其中一行已不复存在于第二次读或后续读中，因为该行已被其他事务删除。同样，由于其他事务的插入操作，事务的第二次或后续读显示有一行已不存在于原始读中。

例如，文档人员 B 更改了文档人员 A 提交的文档，但当文档人员 B 将更改后的文档合并到主副本时，发现文档人员 A 已将新数据添加到该文档中。如果文档人员 B 在修改文档之前，没有任何人将新数据添加到该文档中，则可以避免该问题。

14.3.7　事务的隔离级别

当事务接受不一致的数据级别时被称为事务的隔离级别。如果事务的隔离级别比较低，会增加事务的并发问题，有效地设置事务的隔离级别可以减少并发问题的发生。

设置隔离数据可以被一个进程使用，同时还可以防止其他进程的干扰。设置隔离级别定义了 SQL Server 会话中所有 SELECT 语句的默认锁定行为，当锁定用作并发控制机制时，可以解决并发问题。这使所有事务得以在彼此完全隔离的环境中运行，任何时候都可以有多个正在运行的事务。

在 SQL Server 中，使用 SET TRANSACTION ISOLATION LEVEL 语句设置事务的隔离级别。

SET TRANSACTION ISOLATION LEVEL：控制由连接发出的所有 SELECT 语句的默认事务锁定行为（锁内容参见 14.4 节）。语法如下：

```
SET TRANSACTION ISOLATION LEVEL{ READ COMMITTED | READ UNCOMMITTED | REPEATABLE READ |
SERIALIZABLE}
```

参数说明如下。

☑ READ COMMITTED：指定在读取数据时控制共享锁避免脏读，但数据可在事务结束前更改，产生不可重复读取或幻象读取数据，该选项是 SQL Server 的默认值。

☑ READ UNCOMMITTED：执行脏读或 0 级隔离锁定，这表示不发出共享锁，也不接受排他锁，该选项的作用与在事务内所有语句中的所有表上设置 NOLOCK 相同，这是 4 个隔离级别中限制最小的级别。

- ☑ REPEATABLE READ：锁定查询中使用的所有数据以防止其他用户更新数据，但是其他用户可以将新的幻象读插入数据集，且幻象读包括在当前事务的后续读取中，因为并发低于默认隔离级别，所以只在必要时才使用该选项。
- ☑ SERIALIZABLE：表示在数据集上设置一个范围锁，防止其他用户在事务完成之前更新数据集或将行插入数据集内。

SQL Server 提供了 4 种事务的隔离级别，如表 14.1 所示。

表 14.1　事务的隔离级别

隔 离 级 别	脏　　读	不可重复读	幻 象 读
Read Uncommitted（未提交读）	是	是	是
Read Committed（提交读）	否	是	是
Repeatable Read（可重复读）	否	否	是
Serializable（可串行读）	否	否	否

SQL Server 的默认隔离级别为 Read Committed，可以使用锁来实现隔离级别。

1．Read Uncommitted

此隔离级别为隔离级别中最低的级别，如果将 SQL Server 的隔离级别设置为 Read Uncommitted，可以对数据执行未提交读或脏读，并且等同于将锁设置为 NOLOCK。

【例 14.5】设置未提交读隔离级别。（**实例位置：资源包\TM\sl\14\5**）

SQL 语句如下：

```
BEGIN TRANSACTION
UPDATE Employee SET Name = '章子婷'
SET TRANSACTION ISOLATION LEVEL READ UNCOMMITTED        --设置未提交读隔离级别
COMMIT TRANSACTION
SELECT * FROM Employee
```

运行结果如图 14.5 所示。

2．Read Committed

此隔离级别为 SQL 中默认的隔离级别，将事务设置为此级别，可以在读取数据时控制共享锁以避免脏读，从而产生不可重复读取或幻象读取数据。

【例 14.6】设置提交读隔离级别。（**实例位置：资源包\TM\sl\14\6**）

SQL 语句如下：

```
SET TRANSACTION ISOLATION LEVEL Read Committed
BEGIN TRANSACTION
SELECT * FROM Employee
ROLLBACK TRANSACTION
SET TRANSACTION ISOLATION LEVEL Read Committed        --设置提交读隔离级别
UPDATE Employee SET Name = '高丽'
```

运行结果如图 14.6 所示。

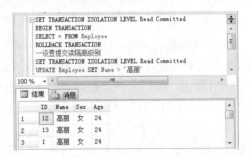

图 14.5　设置未提交读隔离级别　　　　　　　图 14.6　设置提交读隔离级别

3．Repeatable Read

此隔离级别增加了事务的隔离级别，将事务设置为此级别可以防止脏读和不可重复读。

【例 14.7】设置可重复读隔离级别。（实例位置：资源包\TM\sl\14\7）

SQL 语句如下：

```
SET TRANSACTION ISOLATION LEVEL Repeatable Read
BEGIN TRANSACTION
SELECT * FROM Employee
ROLLBACK TRANSACTION
SET TRANSACTION   ISOLATION LEVEL Repeatable Read        --设置可重复读隔离级别
INSERT INTO Employee values ('18','张雨','男','22','明日科技")
```

运行结果如图 14.7 所示。

4．Serializable

此隔离级别是所有隔离级别中限制最大的级别，它防止了所有的事务并发问题，可以适用于绝对的事务完整性的要求。

【例 14.8】设置可串行读隔离级别。（实例位置：资源包\TM\sl\14\8）

SQL 语句如下：

```
SET TRANSACTION ISOLATION LEVEL Serializable
BEGIN TRANSACTION
SELECT * FROM Employee
ROLLBACK TRANSACTION
SET TRANSACTION ISOLATION LEVEL Serializable        --设置可串行读
DELETE FROM   Employee   WHERE ID = '1'
```

运行结果如图 14.8 所示。

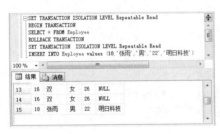

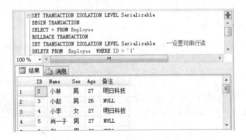

图 14.7　设置可重复读隔离级别　　　　　　　图 14.8　设置可串行读

14.4　锁

锁是一种机制，用于防止一个过程在对象上进行操作时，同某些已经在该对象上完成的事情发生冲突。锁可以防止事务的并发问题，如丢失更新、脏读、不可重复读和幻象读等。本节主要介绍锁的机制、模式等。

14.4.1　SQL Server 锁机制

锁在数据库中是一个非常重要的概念，锁可以避免事务的并发问题，在多个事务访问下能够保证数据库完整性和一致性。例如，当多个用户同时修改或查询同一个数据库中的数据时，可能导致数据不一致，为了控制此类问题的发生，SQL Server 引入了锁机制。

在各类数据库中使用的锁机制基本是一致的，但也有个别区别。当使用数据库时，SQL Server 采用系统来管理锁。例如，当用户向 SQL Server 发送某些命令时，SQL Server 将通过满足锁的条件为数据库加上适当的锁，这就是动态加锁。

在用户对数据库没有特定要求的情况下，通过系统自动管理锁即可满足基本的使用要求，相反，如果用户在数据库的完整性和一致性方面有特殊的要求，则需要使用锁来实现用户的要求。

14.4.2　锁模式

锁具有模式属性，用于确定锁的用途，如表 14.2 所示。

表 14.2　锁模式

锁　模　式	描　　述
共享（S）	用于不更改或不更新数据的操作（只读操作），如 SELECT 语句
更新（U）	用于可更新的资源。防止当多个会话在读取、锁定以及随后可能进行的资源更新时发生常见形式的死锁
排他（X）	用于数据修改操作，如 INSERT、UPDATE 或 DELETE。避免同一资源进行多重更新
意向	用于建立锁的层次结构。意向锁的类型为意向共享（IS）、意向排他（IX）以及与意向排他共享（SIX）
架构	在执行依赖于表架构的操作时使用。架构锁的类型为架构修改（Sch-M）和架构稳定性（Sch-S）
大容量更新（BU）	向表中大容量复制数据并指定 TABLOCK 提示时使用

1. 共享锁

共享锁用于保护读取的操作，允许多个并发事务读取其锁定的资源。在默认情况下，数据被读取后，SQL Server 立即释放共享锁并可以对释放的数据进行修改。例如，执行查询"SELECT * FROM table1"时，首先锁定第一页，直到在读取后的第一页被释放锁时才锁定下一页。但是，事务隔离级别连接的选项设置和 SELECT 语句中的锁定设置都可以改变 SQL Server 的这种默认设置。例如，"SELECT *
FROM table1 HOLDLOCK" 在表的查询过程中一直保存锁定，直到查询完成才释放锁定。

2．更新锁

更新锁在修改操作的初始化阶段用来锁定要被修改的资源。它可以避免使用共享锁造成的死机现
象，因为使用共享锁修改数据时，如果有两个或多个事务同时对一个事务申请了共享锁，而这些事务
都将共享锁升级为排他锁，这时，这些事务不会释放共享锁而是等待对方释放，这样很容易造成死锁。
如果一个数据在修改前直接申请更新锁并在修改数据时升级为排他锁，就可以避免死机现象。

3．排他锁

排他锁是为修改数据而保留的，它锁定的资源既不能读取也不能修改。

4．意向锁

意向锁表示 SQL Server 在资源的底层获得共享锁或排他锁的意向。例如，表级的共享意向锁表示
事务意图将排他锁释放到表的页或行中。意向锁又分为共享意向锁、独占意向锁和共享式排他锁。共
享意向锁表明事务意图在锁定底层资源上放置共享锁来读取数据；独占意向锁表明事务意图在锁定底
层资源上放置排他锁来修改数据；共享式排他锁表明事务允许其他事务使用共享锁读取顶层资源，并
意图在该资源底层上放置排他锁。

5．架构锁

架构锁用于执行依赖于表架构的操作。构架锁又分为架构修改锁和架构稳定性锁。架构修改锁表
示执行表的 DDL 操作；架构稳定性锁表示不阻塞任何事务锁并包括排他锁。在编译查询时，其他事务
（包括在表上有排他锁的事务）都能继续运行，但不能在表上执行 DDL 操作。

6．大容量更新锁

向表中大容量复制数据并且指定 tablock 提示，或者在 sp_tableoption 设置 table lock on bulk 表选项
时，使用大容量更新锁。大容量更新锁允许进程将数据并发地大容量复制到同一表中，同时防止其他
不进行大容量复制数据的进程访问该表。

14.4.3　锁的粒度

为了优化数据的并发性，可以使用 SQL Server 中锁的粒度，它可以锁定不同类型的资源。为了使
锁定的成本减至最少，SQL Server 自动将资源锁定在适合任务的级别。如果锁的粒度大，则并发性高
且开销大；如果锁的粒度小，则并发性低且开销小。

SQL Server 支持的锁粒度如表 14.3 所示。

表 14.3　SQL Server 支持的锁粒度

锁　粒　度	描　　述
行锁（RID）	行标识符。单独锁定表中的一行，这是最小的锁
键锁	锁定索引中的节点。保护可串行事务中的键范围
页锁	锁定 8 KB 的数据页或索引页

续表

锁 粒 度	描　　述
扩展盘区锁	锁定相邻的 8 个数据页或索引页
表锁	锁定整个表
数据库锁	锁定整个数据库

其中部分锁粒度介绍如下。

1．行锁

行锁的粒度最小。行锁是指事务在操作数据的过程中，锁定一行或多行的数据，其他事务不能同时处理这些行的数据。行锁占用的数据资源最小，所以在事务的处理过程中，允许其他事务操作同一个表中的其他数据。

2．页锁

页锁是指事务在操作数据的过程中，一次锁定一页。在 SQL Server 中 25 个行锁可以升级为一个页锁，当此页被锁定后，其他事务就不能操作此页数据，即使只锁定一条数据，其他事务也不能对此页数据进行操作。页锁与行锁相比，占用的数据资源要多。

3．表锁

表锁是指事务在操作数据的过程中，锁定了整个数据表。当整个数据表被锁定后，其他事务不能使用此表中的其他数据。表锁的特点是使用事务处理的数据量大，并且使用较少的系统资源。当使用表锁时，如果所占用的数据量大，将延迟其他事务的等待时间，从而降低系统的并发性能。

4．数据库锁

数据库锁锁定整个数据库，可防止任何事务或用户对此数据库进行访问，数据库锁是一种比较特殊的锁，它可以控制整个数据库的操作。

数据库锁可用于在进行数据恢复操作时，防止其他用户对此数据库进行各种操作。

14.4.4　查看锁

在 SQL Server 数据库中，查看锁的相关信息，通常使用 sys.dm_tran_locks 动态管理视图。

【例 14.9】使用 sys.dm_tran_locks 动态管理视图查看活动锁的信息，SQL 语句及运行结果如图 14.9 所示。（实例位置：资源包\TM\sl\14\9）

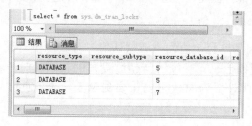

图 14.9　显示锁信息

SQL 语句如下：

```
select * from sys.dm_tran_locks
```

14.4.5 死锁

当两个或多个进程之间有循环相关性时，将会产生死锁。死锁是一种可能发生在任何多进程系统中的状态，而不仅发生在关系数据库管理系统中。

在数据库系统中，如果多个进程分别锁定了一个资源，又要访问其他进程锁定的资源，就会产生死锁，同时也会导致多个进程都处于等待状态。在事务提交或回滚之前多个进程都不能释放资源，而且它们因为等待而不能提交或回滚事务。

例如，事务 1 具有 Supplier 表上的排他锁；事务 2 具有 Part 表上的排他锁，之后需要 Supplier 表上的锁。事务 2 无法获得这个锁，因为事务 1 已拥有它。事务 2 被阻塞，等待事务 1。然而，事务 1 需要 Part 表的锁，但又无法获得锁，因为事务 2 将它锁定了。

死锁示意图如图 14.10 所示。

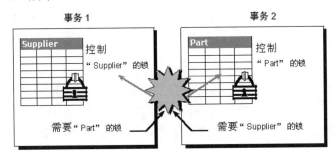

图 14.10　死锁示意图

在图 14.10 中，对于 Part 表锁资源，事务 1 与事务 2 具有相关性；对于 Supplier 表锁资源，也具有相关性。因为这些相关性形成了一个循环，所以在事务 1 和事务 2 之间存在死锁。

> **说明**
>
> 事务在提交或回滚之前不能释放持有的锁。因为事务需要对方控制的锁才能继续操作，所以它们不能提交或回滚。

可以使用 LOCK_timeout 设置程序请求锁定的最长等待时间，如果一个锁定请求等待超过了最长等待时间，那么该语句自动取消。LOCK_timeout 语句用于自定义锁超时。语法如下：

```
SET Lock_timeout[ timeout_period ]
```

参数 timeout_period 以 ms 为单位，值为-1（默认值）时表示没有超时期限（无限期等待）。值为 0 时表示不等待，一遇到锁就返回信息。当锁等待超过设置的超时值时，将返回错误。

【例 14.10】将锁超时期限设置为 5000 ms。（实例位置：资源包\TM\sl\14\10）

SQL 语句如下：

```
SET Lock_timeout 5000
```

14.5　分布式事务处理

在前面的学习中已经了解，事务是单个的工作单元，而分布式事务跨越两个或多个数据库。本节主要介绍分布式事务、创建分布式事务与分布式事务处理协调器。

14.5.1　分布式事务简介

在事务处理中，涉及一个以上数据库的事务称为分布式事务。分布式事务跨越两个或多个称为资源管理器的服务器。如果分布式事务由 Microsoft 分布式事务处理协调器（MS DTC）或其他支持 X/Open XA 分布式事务处理规范的事务管理器进行协调，则 SQL Server 可以作为资源管理器运行。

14.5.2　创建分布式事务

保证数据的完整性十分重要，要保证数据的完整性，就要在事务处理中保证事务的完整性。在分布式事务处理中主要使用了分布式事务处理协调器，一台服务器上只能运行一个处理协调器实例，必须启动了分布式事务处理协调器才能执行分布式事务，否则事务就会失败。

下面通过一个示例讲解如何创建一个分布式事务。

【例 14.11】利用分布式事务对链接的远程数据源 MR 的 db_Test 数据库中的 Employee 表和本地 Employee 表进行修改。（**实例位置：资源包\TM\sl\14\11**）

SQL 语句如下：

```
Set Xact_Abort on
Begin DISTRIBUTED TRANSACTION
Update Employee set Name = '星星' where ID = 1
Update [MR].[ db_Test].[dbo].[ Employee] set Name    = '婷子' where ID = 1
COMMIT TRANSACTION
```

注意

　　本示例在执行分布式事务时，需启动服务项 Distributed Transaction Coordinator。

在上段代码中使用了 Xact_Abort 语句，此语句可实现当出现错误时回滚当前 SQL 命令，在 Xact_Abort 语句执行之后，任何运行时的语句错误都导致当前事务自动回滚。编译错误（如语法错误）不受 Xact_Abort 语句的影响。

说明

　　分布式事务处理要保证事务的完整性，即在事务执行过程中发生错误时，已更新操作必须可以回滚，否则事务数据库就会处于不一致状态。

14.5.3　分布式事务处理协调器

分布式事务处理协调器（DTC）系统服务负责协调跨计算机系统和资源管理器分布的事务，如数据库、消息队列、文件系统和其他事务保护资源管理器。如果事务性组件是通过 COM+ 配置的，就需要 DTC 系统服务。消息队列（也称作 MSMQ）中的事务性队列和 SQL Server 跨多系统运行也需要 DTC 系统服务。

14.6　小　　结

本章主要对 SQL Server 中的事务进行了详细讲解，首先介绍事务的概念，让读者对什么是事务有一个清晰的了解；然后讲解了隐式与显式事务、如何使用事务、事务的工作机制及并发事务的使用等内容；最后还讲解了与事务关系密切的锁和分布式事务处理等内容。通过本章的学习，读者应该熟练掌握事务的使用，并能够使用事务解决数据库开发中遇到的问题。

14.7　实践与练习

（答案位置：资源包\TM\sl\14\实践与练习\）

1．使用事务在 employee4 表中添加一条记录，并使用 COMMIT 语句结束事务。

2．使用事务将 Student 表中 Sno 为 201109008 的学生的 Sname 修改为"赵雪"。

3．使用一个嵌套事务为 Student 表插入一条记录。在事务 T_A 中嵌套事务 T_B，在 T_B 中执行插入操作，然后提交 T_B，再回滚 T_A。

第 15 章

维护 SQL Server 数据库

数据库在使用的过程中，所有的对象（如表、视图和存储过程等）和数据都有可能根据需要随时更新，如果数据库出现突发的灾难性事件，导致数据丢失和损坏，后果将不堪设想，所以对数据库的维护将是数据库使用过程中一个重要的环节。

本章知识架构及重难点如下：

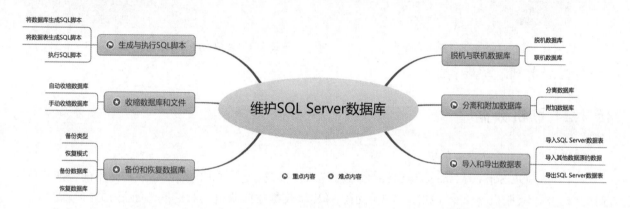

15.1　脱机与联机数据库

如果需要暂时关闭某个数据库的服务，用户可以通过选择脱机的方式来实现。脱机后，在需要时可以对暂时关闭的数据库通过联机操作的方式重新启动服务。下面分别介绍如何实现数据库的脱机与联机操作。

15.1.1　脱机数据库

脱机数据库的具体步骤如下。

（1）启动 SQL Server Management Studio 管理工具，连接 SQL Server 数据库服务器，在"对象资源管理器"中展开"数据库"节点。

（2）右击要脱机的数据库，在弹出的快捷菜单中选择"任务"/"脱机"命令，如图 15.1 所示，弹出"使数据库脱机"对话框，如图 15.2 所示。

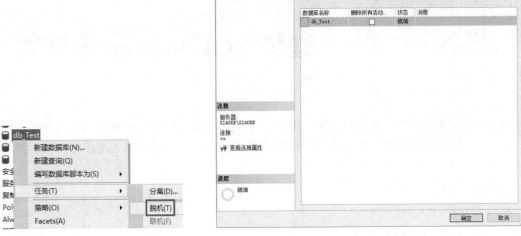

图 15.1　选择"任务"/"脱机"命令　　　　图 15.2　"使数据库脱机"对话框

（3）单击"确定"按钮即可。

15.1.2　联机数据库

联机数据库的具体步骤如下。

（1）在 SQL Server Management Studio 管理工具中，右击要联机的数据库，在弹出的快捷菜单中选择"任务"/"联机"命令，如图 15.3 所示，弹出"使数据库联机"对话框，如图 15.4 所示。

图 15.3　选择"任务"/"联机"命令

图 15.4　"使数据库联机"对话框

（2）联机完成后，单击"关闭"按钮即可。

15.2　分离和附加数据库

SQL Server 数据库的分离或附加，在执行速度和实现数据库的复制功能上更加方便、快捷。除系统数据库外，其余的数据库都可以从服务器的管理中分离出来，脱离服务器管理的同时保持数据文件和日志文件的完整性与一致性。分离后的数据库又可以根据需要重新将其附加到数据库中。本节主要介绍如何分离与附加数据库。

15.2.1　分离数据库

分离数据库不是删除数据库，它只是将数据库从服务器中分离出去。分离数据库的具体操作步骤如下。

（1）在 SQL Server Management Studio 管理工具中，右击要分离的数据库，在弹出的快捷菜单中选择"任务"/"分离"命令，弹出"分离数据库"对话框，如图 15.5 所示。

图 15.5　"分离数据库"对话框

（2）在"分离数据库"对话框中，"删除连接"表示是否断开与指定数据库的连接；"更新统计信息"表示在分离数据库之前是否更新过时的优化统计信息。这里选择"删除连接"和"更新统计信息"选项。

（3）单击"确定"按钮，完成数据库的分离操作。

15.2.2　附加数据库

与分离对应的就是附加操作，它可以将分离的数据库重新附加到数据库中，也可以附加到其他服务器组中分离的数据库。在附加数据库时，必须指定主数据文件（MDF 文件）的名称和物理位置。

附加数据库的具体操作步骤如下。

（1）在 SQL Server Management Studio 管理工具中，右击数据库，在弹出的快捷菜单中选择"附加"命令，在弹出的"附加数据库"对话框中单击"添加"按钮，在弹出的"定位数据库文件"对话框中选择要附加的数据库，如图 15.6 所示。

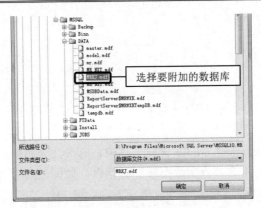

图 15.6　"定位数据库文件"对话框

（2）单击"确定"按钮，返回到"附加数据库"对话框，如图 15.7 所示。

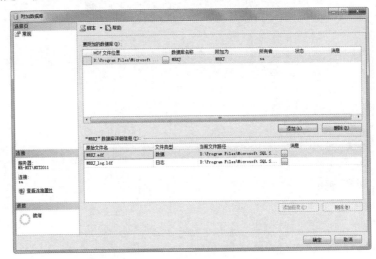

图 15.7　"附加数据库"对话框

（3）单击"确定"按钮，完成数据库的附加操作。

15.3　导入和导出数据表

SQL Server 数据库提供了强大的数据导入和导出功能，它可以在多种常用数据格式（数据库、电子表格和文本文件）之间导入或导出数据，为不同数据源间的数据转换提供了方便。本节主要介绍如何导入和导出数据表。

15.3.1　导入 SQL Server 数据表

导入数据是从 Microsoft SQL Server 的外部数据源中检索数据，然后将数据插入 SQL Server 表的过程。下面主要介绍通过导入/导出向导将 SQL Server 数据库中的部分数据表导入其他的 SQL Server 数据库中，具体操作步骤如下。

（1）在 SQL Server Management Studio 管理工具中，右击指定数据库，在弹出的快捷菜单中选择"任务"/"导入数据"命令，如图 15.8 所示，此时将弹出"SQL Server 导入和导出向导"对话框，如图 15.9 所示。

图 15.8　选择"任务"/"导入数据"命令　　　图 15.9　"SQL Server 导入和导出向导"对话框

 说明

选中"SQL Server 导入和导出向导"对话框中的"不再显示此起始页"复选框，再选择"导入数据"命令时，就不再显示如图 15.9 所示界面。

（2）单击"下一步"按钮，进入"选择数据源"界面，首先选择数据源选项，然后选择服务器名称和身份验证方式，最后选择导入数据的源数据库，如图 15.10 所示。

（3）单击"下一步"按钮，进入"选择目标"界面，选择指定要将数据库复制到何处，如图 15.11 所示。

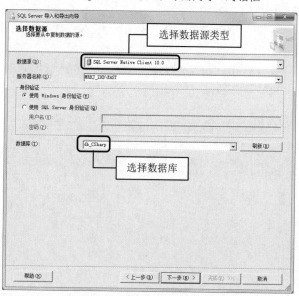

图 15.10　"选择数据源"界面

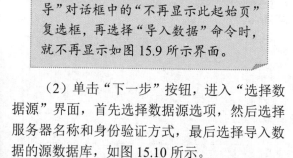 **说明**

在选择指定要将数据库复制到何处时，首先需要输入服务器名称，然后选择身份验证方式，输入用户名和密码，最后选择数据库即可。

（4）单击"下一步"按钮，进入"指定表复制或查询"界面，选择指定是从数据源复制一个或多个表和视图，还是从数据源复制查询结果，这里选中"复制一个或多个表或视图的数据"单选按钮，如图 15.12 所示。

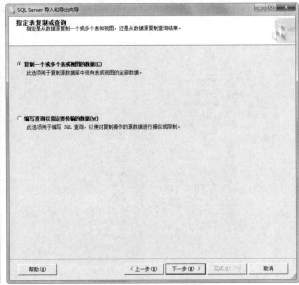

图 15.11　"选择目标"界面 　　　　　　　　　　图 15.12　"指定表复制或查询"界面

（5）单击"下一步"按钮，进入"选择源表和源视图"界面，选择一个或多个要复制的表或视图，如图 15.13 所示。

（6）单击"下一步"按钮，进入"保存并运行包"界面，该界面用于提示是否选择 SSIS 包，如图 15.14 所示。

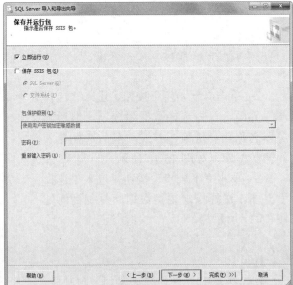

图 15.13　"选择源表和源视图"界面 　　　　　　　图 15.14　"保存并运行包"界面

（7）单击"下一步"按钮，进入"完成该向导"界面，如图 15.15 所示。

（8）单击"完成"按钮开始执行复制操作，进入"执行成功"界面，如图 15.16 所示。

图 15.15　"完成该向导"界面

图 15.16　"执行成功"界面

（9）单击"关闭"按钮，完成数据表的导入操作。

（10）展开开始选中导入的数据库，选择"表"选项，可从数据库中查看导入的数据表，如图 15.17 所示。

图 15.17　导入的数据表

15.3.2　导入其他数据源的数据

SQL Server 除了支持 Access 和 SQL Server 数据源外，还支持其他形式的数据源，如 Excel 电子表格、文本文件、大多数的 OLE DB 和 ODBC 数据源以及用户指定的 OLE DB 数据源等。本节以 Excel 表格中的数据内容导入 SQL Server 数据库为例进行介绍。

具体操作步骤如下。

（1）在 SQL Server Management Studio 管理工具中选中一个数据库，右击，在弹出的快捷菜单中选择"任务"/"导入数据"命令，如图 15.18 所示，此时将弹出"选择数据源"界面，如图 15.19 所示。

（2）在"选择数据源"界面中，首先选择数据源类型为 Microsoft Excel，然后选择 Excel 文件的

图 15.18　选择"任务"/"导入数据"命令

路径。最后，单击"下一步"按钮，进入"选择目标"界面，在该界面中选择指定要将数据库复制到何处，如图 15.20 所示。

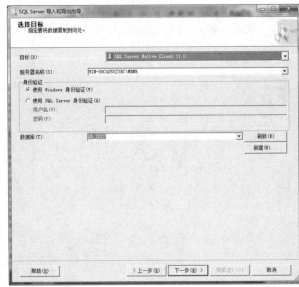

图 15.19　"选择数据源"界面　　　　　　　　　图 15.20　"选择目标"界面

（3）单击"下一步"按钮，进入"指定表复制或查询"界面，选择指定是从数据源复制一个或多个表和视图，还是从数据源复制查询结果，这里选中"复制一个或多个表或视图的数据"单选按钮，如图 15.21 所示。

（4）单击"下一步"按钮，进入"选择源表和源视图"界面，在该界面中选择一个或多个要复制的表或视图，如图 15.22 所示。

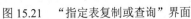

图 15.21　"指定表复制或查询"界面　　　　　　图 15.22　"选择源表和源视图"界面

（5）单击"下一步"按钮，进入"保存并运行包"界面，该界面用于提示是否保存 SSIS 包，如图 15.23 所示。

（6）单击"下一步"按钮，进入"完成该向导"界面，如图 15.24 所示。

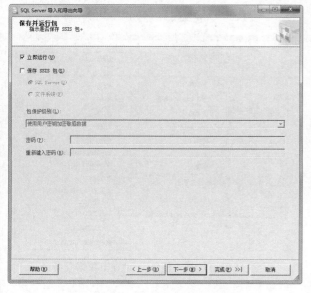

图 15.23 "保存并运行包"界面

图 15.24 "完成该向导"界面

（7）单击"完成"按钮开始执行复制操作，进入"执行成功"界面，如图 15.25 所示。

（8）单击"关闭"按钮，完成数据表的导入操作。

（9）展开数据库，打开"会员表"，可以看到在 Excel 表格转换的数据信息已经成功地导入 SQL Server 数据库中，如图 15.26 所示。Excel 表格中的内容如图 15.27 所示。

图 15.25 "执行成功"界面

图 15.26 导入的"会员表"中的数据

图 15.27 Excel 表格中的内容

15.3.3　导出 SQL Server 数据表

导出数据是将 SQL Server 实例中的数据解析为某些指定格式数据的过程，如将 SQL Server 表的内容复制到 Excel 表格中。

下面介绍通过导入/导出向导将 SQL Server 数据库的部分数据表导出到 Excel 表格中，具体操作步骤如下。

（1）在 SQL Server Management Studio 管理工具中选中一个数据库，右击，在弹出的快捷菜单中选择"任务"/"导出数据"命令，如图 15.28 所示，此时将弹出"选择数据源"界面，在该界面中选择要从中复制数据的源，选择数据源类型和数据库，如图 15.29 所示。

（2）单击"Next"按钮，在"选择目标"界面中选择要将数据库复制到何处，并选择相应的

图 15.28　选择"任务"/"导出数据"命令

目标和文件，例如，这里选择将数据库导出到 Excel 文件中，如图 15.30 所示。

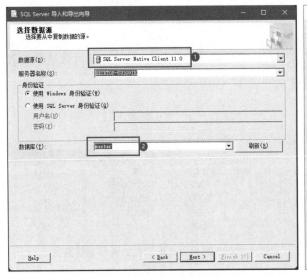

图 15.29　"选择数据源"界面

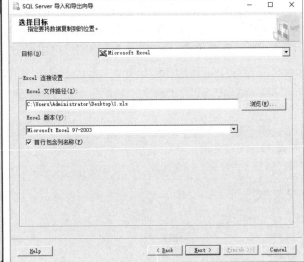

图 15.30　"选择目标"界面

（3）单击"Next"按钮，进入"指定表复制或查询"界面，在该界面中选择指定是从数据源复制一个或多个表和视图，还是从数据源复制查询结果，这里选中"复制一个或多个表或视图的数据"单选按钮，如图 15.31 所示。

（4）单击"下一步"按钮，进入"选择源表和源视图"界面，在该界面中选择一个或多个要复制的表或视图，这里选择 tb_Course 表和 tb_Grade 表，如图 15.32 所示。

图 15.31 "指定表复制或查询"界面

图 15.32 "选择源表和源视图"界面

（5）单击"下一步"按钮，进入"保存并运行包"界面，该界面用于指示是否保存 SSIS 包，如图 15.33 所示。

（6）单击"下一步"按钮，进入"完成该向导"界面，如图 15.34 所示。

图 15.33 "保存并运行包"界面

图 15.34 "完成该向导"界面

（7）单击"完成"按钮开始执行复制操作，进入"执行成功"界面，如图 15.35 所示。

（8）单击"关闭"按钮，完成数据表的导入操作。

（9）打开 1.xls，即可查看从数据库中导入的数据表的内容，如图 15.36 所示，tb_Course 表中的内容如图 15.37 所示。

图 15.35 "执行成功"界面

图 15.36 Excel 表格中的内容

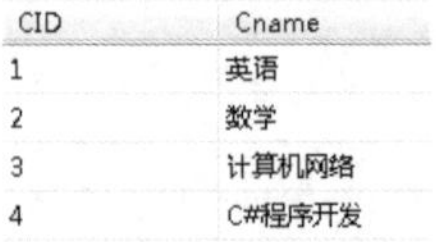

CID	Cname
1	英语
2	数学
3	计算机网络
4	C#程序开发

图 15.37 tb_Course 表中的内容

15.4 备份和恢复数据库

备份和恢复数据库是保证数据库安全性的一项重要措施。SQL Server 提供了高性能的备份和恢复功能，它可以实现多种方式的数据库备份和恢复操作，避免了由于各种故障造成的损坏而丢失数据。本节主要介绍如何实现数据库的备份与恢复操作。

15.4.1 备份类型

用于还原和恢复数据的数据副本称为"备份"。使用备份可以在发生故障后还原数据。例如，媒体故障、用户错误（如误删除了某个表）、硬件故障（如磁盘驱动器损坏或服务器报废）和自然灾难等。

创建 SQL Server 备份的目的是还原已损坏的数据。SQL Server 支持完整备份和差异备份。数据库备份对日常管理非常有用，如将数据库从一台服务器复制到另一台服务器，设置数据库镜像以及存档。在数据库大小允许时建议使用这种方式。SQL Server 支持以下数据库备份类型。

☑ 完整备份：包括特定数据库（或者一组特定的文件组或文件）中的所有数据，以及可以恢复这些数据的足够的日志。

☑ 差异备份：基于数据的最新完整备份，称为差异的"基准"或者差异基准。差异基准是读/写数据的完整备份。差异备份包括自建立差异基准后发生更改的数据。通常，建立基准备份之后很短时间内执行的差异备份比完整备份的基准更小，创建速度也更快。因此，使用差异备份可以加快频繁备份的速度，从而降低数据丢失的风险。

☑　文件备份：可以分别备份和还原数据库中的文件。使用文件备份能够只还原损坏的文件，而不用还原数据库的其余部分，从而加快了恢复速度。

15.4.2　恢复模式

恢复模式旨在控制事务日志维护。恢复模式有 3 种：简单恢复、完全恢复和大容量日志记录恢复。通常，数据库使用完全恢复或简单恢复。

（1）简单恢复：允许将数据库恢复到最新的备份。

简单恢复仅用于测试和开发数据库或包含的大部分数据为只读的数据库。简单恢复所需的管理最少，数据只能恢复到最近的完整备份或差异备份，不备份事务日志，且使用的事务日志空间最小。

与以下两种恢复模式相比，简单恢复更容易管理，但如果数据文件损坏，出现数据丢失的风险系数很高。

（2）完全恢复：允许将数据库恢复到故障点状态。

完全恢复提供了最大的灵活性，使数据库可以恢复到更早的时间点，在最大范围内防止出现故障时丢失数据。与简单恢复相比，完全恢复和大容量日志记录恢复向数据提供更多的保护。

（3）大容量日志记录恢复：允许大容量日志记录操作。

大容量日志记录恢复是对完全恢复的补充。对某些大规模操作（如创建索引或大容量复制），它比完全恢复性能更高，占用的日志空间更少。不过，大容量日志记录恢复降低时点恢复的灵活性。

15.4.3　备份数据库

备份数据库可执行不同类型的 SQL Server 数据库备份（完整备份、差异备份和文件备份）。

下面以备份数据库 MRKJ 为例介绍如何备份数据库，具体操作步骤如下。

（1）在 SQL Server Management Studio 管理工具中，右击要备份的数据库 MRKJ，在弹出的快捷菜单中选择"任务"/"备份"命令，如图 15.38 所示。

（2）打开"备份数据库"对话框，如图 15.39 所示。在"常规"选项卡中设置备份数据库的数据源和备份地址。

图 15.38　选择"任务"/"备份"命令

在"备份数据库"对话框中设置以下几项。

☑　在"数据库"下拉列表框中验证数据库名，如果需要也可以更改备份的数据库名。

☑　在"备份类型"下拉列表框中选择数据库备份的类型，这里选择"完整"备份。同时选中"备份组件"中的"数据库"单选按钮，备份整个数据库。

☑　根据需要通过"备份集过期时间"选项设置备份的过期天数，取值范围为 0～9999，0 表示备份集将永不过期。

☑　在"目标"选项组中单击"添加"按钮，弹出"选择备份目标"对话框，如图 15.40 所示，这里选中"文件名"单选按钮，单击其后的"浏览"按钮 ，选择文件名及其路径。

（3）单击"确定"按钮，返回"备份数据库"对话框。打开"选项"选项卡，如图 15.41 所示。在"覆盖介质"选项组中选择"备份到现有介质集"/"追加到现有备份集"选项，把备份文件追加到指定介质上，同时保留以前的所有备份。

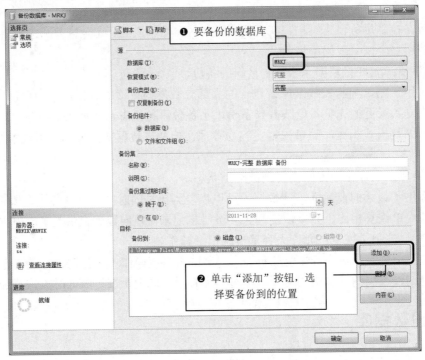

图 15.39　"备份数据库"对话框

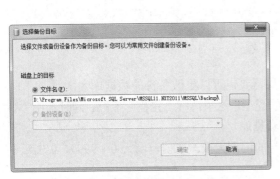

图 15.40　"选择备份目标"对话框　　　　图 15.41　"备份数据库"对话框的"选项"选项卡

（4）单击"确定"按钮，系统弹出备份成功的提示信息，如图 15.42 所示。单击"确定"按钮后即可完成数据库的完整备份。

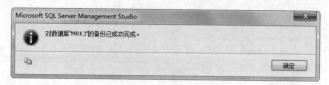

图 15.42　提示信息

15.4.4　恢复数据库

数据库备份的目的是便于数据恢复。如果发生机器错误、用户操作错误等，用户就可以对备份过的数据库进行恢复。

下面以恢复数据库 MRKJ 为例介绍如何恢复数据库，具体操作步骤如下。

（1）在 SQL Server Management Studio 管理工具中，右击要恢复的数据库 MRKJ，在弹出的快捷菜单中选择"任务"/"还原"/"数据库"命令，如图 15.43 所示。

（2）打开"还原数据库"对话框，在"常规"选项卡中设置还原的目标和源数据库，在该对话框中保留默认设置即可，如图 15.44 所示。

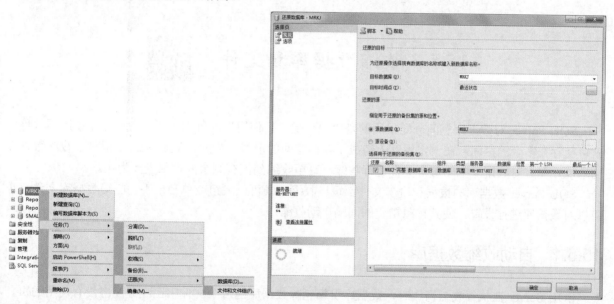

图 15.43　选择"任务"/"还原"/"数据库"命令　　　　图 15.44　"还原数据库"对话框

（3）打开"选项"选项卡，设置还原操作时采用的形式以及恢复完成后的状态，如图 15.45 所示。在"还原选项"选项组中选中"覆盖现有数据库"复选框，以便在恢复时覆盖现有数据库及其相关文件。

（4）单击"确定"按钮，系统提示还原成功，如图 15.46 所示。单击"确定"按钮后即可完成数据库的还原操作。

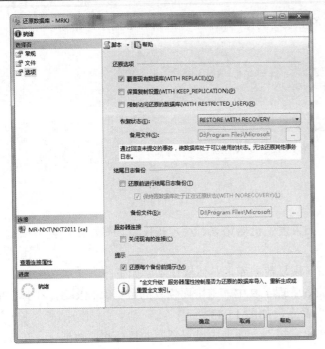

图 15.45　"选项"选项卡

图 15.46　提示信息

15.5　收缩数据库和文件

SQL Server 对数据库空间分配采用的是"先分配、后使用"的机制，所以数据库在使用的过程中就可能存在多余的空间，在一定程度上造成了存储空间的浪费。为此，SQL Server 提供了收缩数据库的功能，允许对数据库中的每个文件进行收缩，直至收缩到没有剩余的可用空间为止。

SQL Server 数据库的数据和日志文件都可以收缩，既可以成组或单独地手动收缩数据库文件，也可以对数据库进行设置，使其按照指定的间隔自动收缩。

15.5.1　自动收缩数据库

SQL Server 在执行收缩操作时，数据库引擎删除数据库的每个文件中已经分配但没有使用的页，收缩后的数据库空间将自动减少。下面介绍如何自动收缩数据库，具体操作步骤如下。

（1）在 SQL Server Management Studio 管理工具中，右击指定的数据库，在弹出的快捷菜单中选择"属性"命令，弹出"数据库属性"对话框，打开"选项"选项卡。

（2）在"其他选项"列表中单击"自动"/"自动收缩"文本框，将自动收缩设置为 True，如图 15.47 所示，然后单击"确定"按钮。数据库引擎定期检查每个数据库空间的使用情况，如果发现大量闲置的空间，就会自动收缩数据库文件的大小。

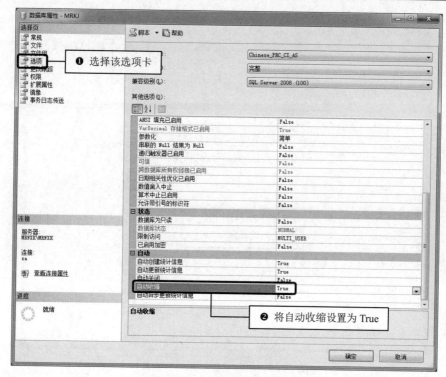

图 15.47　自动收缩数据库设置

15.5.2　手动收缩数据库

除了自动收缩数据库外，用户也可以手动收缩数据库或数据库中的文件。下面介绍如何手动收缩数据库，具体操作步骤如下。

（1）在 SQL Server Management Studio 管理工具中，右击要收缩的数据库，在弹出的快捷菜单中选择"任务"/"收缩"/"数据库"命令，如图 15.48 所示。

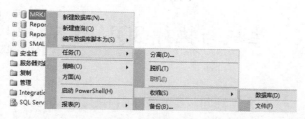

图 15.48　选择"任务"/"收缩"/"数据库"命令

 说明

若要收缩单个数据库文件，可以右击要收缩的数据库，在弹出的快捷菜单中选择"任务"/"收缩"/"文件"命令即可收缩文件。

（2）进入"收缩数据库"对话框，如图 15.49 所示。该对话框中各选项的说明如下。

☑　数据库：显示要收缩的数据库名。

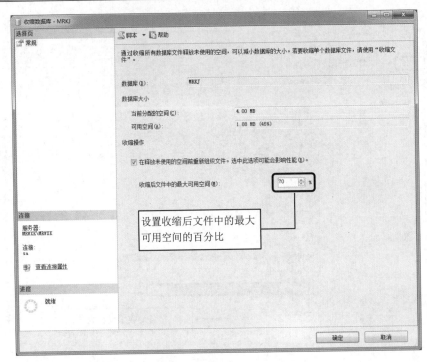

图 15.49　"收缩数据库"对话框

☑ 数据库大小："当前分配的空间"显示所选数据库已经分配的空间，"可用空间"显示所选数据库的日志文件和数据文件的可用空间。

☑ 收缩操作：选中"在释放未使用的空间前重新组织文件。选中此选项可能会影响性能"复选框，系统按指定百分比收缩数据库；通过微调按钮设置"收缩后文件中的最大可用空间"的百分比（取值范围为 0～99）。

（3）设置完成后，单击"确定"按钮，进行数据库收缩操作。

15.6　生成与执行 SQL 脚本

脚本是存储在文件中的一系列 SQL 语句，是可再用的模块化代码。用户通过 SQL Server Management Studio 可以对指定文件中的脚本进行修改、分析和执行。

本节主要介绍如何将数据库、数据表生成脚本，以及如何执行脚本。

15.6.1　将数据库生成 SQL 脚本

数据库在生成脚本文件后，可以在不同的计算机之间传送。下面讲解如何将数据库生成 SQL 脚本文件，具体操作步骤如下。

（1）在 SQL Server Management Studio 管理工具中，右击指定的数据库，在弹出的快捷菜单中选择"编写数据库脚本为"/"CREATE 到"/"文件"命令，如图 15.50 所示。

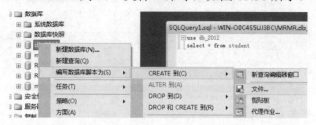

图 15.50　编写数据库脚本模式

（2）进入"另存为"对话框，如图 15.51 所示。在该对话框中选择保存位置，在"文件名"文本框中写入相应的脚本名。单击"保存"按钮，开始编写 SQL 脚本。

图 15.51　保存数据库文件

15.6.2　将数据表生成 SQL 脚本

除了将数据库生成脚本文件外，用户还可以根据需要将指定的数据表生成脚本文件。下面讲解如何将数据库中的数据表生成脚本文件，具体操作步骤如下。

（1）在 SQL Server Management Studio 管理工具中展开指定的数据库的"表"选项。

（2）右击数据表，在弹出的快捷菜单中选择"编写表脚本为"/"CREATE 到"/"文件"命令，如图 15.52 所示。

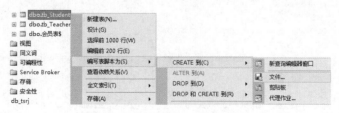

图 15.52　编写数据表脚本模式

（3）进入"另存为"对话框，如图 15.53 所示。在该对话框中选择保存位置，在"文件名"文本框中写入相应的脚本名，单击"保存"按钮，开始编写 SQL 脚本。

图 15.53　保存数据表文件

15.6.3　执行 SQL 脚本

脚本文件生成后，用户可以通过 SQL Server Management Studio 对指定的脚本文件进行修改，然后执行该脚本文件。执行 SQL 脚本文件的具体操作步骤如下。

（1）启动 SQL Server Management Studio，连接 SQL Server 数据库服务器。

（2）选择"文件"/"打开"/"文件"命令，弹出"打开文件"对话框，从中选择保存过的脚本文件，单击"打开"按钮，脚本文件就被加载到 SQL Server Management Studio 中，如图 15.54 所示。

```
student.sql - WIN...dministrator (57))  ×
    USE db_2021
    GO
    SET ANSI_NULLS ON
    GO

    SET QUOTED_IDENTIFIER ON
    GO

CREATE TABLE [dbo].[Student](
    [Sno] [nchar](10) NOT NULL,
    [Sname] [nchar](10) NOT NULL,
    [Sex] [nchar](10) NULL,
    [Sage] [tinyint] NULL,
 CONSTRAINT [PK_Student] PRIMARY KEY CLUSTERED
(
    [Sno] ASC
)WITH (PAD_INDEX = OFF, STATISTICS_NORECOMPUTE = OFF, IGNORE_DUP_KEY = OFF, ALLOW_ROW_LOCKS =
) ON [PRIMARY]

    GO

    ALTER TABLE [dbo].[Student] ADD  CONSTRAINT [DF_Student_Sno]  DEFAULT (N'女') FOR [Sno]
    GO
```

图 15.54　脚本文件

（3）在打开的脚本文件中对代码进行修改。修改完成后，按住 Ctrl+F5 快捷键或单击 ✓ 按钮对脚本语言进行分析，然后使用 F5 键或单击 ! 执行(X) 按钮执行脚本。

15.7　小　　结

本章介绍了 SQL Server 中对数据库的维护管理。读者应熟练掌握脱机与联机数据库、分离和附加数据库、导入和导出数据表、备份和恢复数据库等操作，并能够执行将数据库或数据表生成 SQL 脚本的操作。

15.8　实践与练习

（答案位置：资源包\TM\sl\15\实践与练习\）

1．通过对 sysdatabases 表执行 SELECT 语句，获取当前 SQL Server 实例中所有数据库信息，使用 syslogins 表验证登录账户，通过查询语句查询登录账户名不为 sa 的数据库。

2．完整备份数据库 M1，将其备份到 G 盘，然后使用 RESTORE DATABASE 从 G 盘上的备份中还原数据库 M1。

第 16 章

数据库的安全机制

安全性对于任何一个数据库管理系统来说都非常重要，本章将对 SQL Server 数据库的安全性进行详细讲解，包括数据库的登录管理、用户及权限管理等。

本章知识架构及重难点如下：

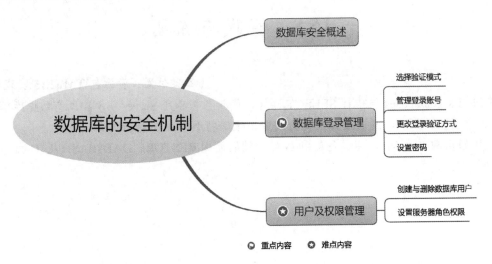

16.1 数据库安全概述

SQL Server 提供了内置的安全性和数据保护，可以根据用户的权限不同，决定用户是否可以登录到当前的 SQL Server 数据库，以及可以对数据库实现哪些操作，在一定程度上避免了数据因使用不当或非法访问而造成泄漏和破坏。

16.2 数据库登录管理

要对 SQL Server 中的数据库进行操作，需要先使用登录名登录 SQL Server 服务器，然后再对数据库进行操作。然而，在对数据库进行操作时，其所操作的数据库中还要存在与登录名相匹配的数据库用户，本节将介绍登录名的创建与删除，更改登录用户的验证方式等。

16.2.1　选择验证模式

验证模式是指数据库服务器如何处理用户名与密码，SQL Server 的验证方式包括 Windows 验证模式与混合验证模式。用户可根据需要选择相应的验证模式。

1．Windows 验证模式

Windows 验证模式是 SQL Server 使用 Windows 操作系统中的信息验证账户名和密码。这是默认的身份验证模式，比混合验证模式安全。Windows 验证使用 Kerberos 安全协议，通过强密码的复杂性验证提供密码强制策略，提供账户锁定与密码过期功能。

2．混合验证模式

允许用户使用 Windows 身份验证或 SQL Server 身份验证进行连接。通过 Windows 用户账户连接的用户可以使用 Windows 验证的受信任连接。

16.2.2　管理登录账号

在 SQL Server 中有两种登录账户：一种是登录服务器的登录名，另一种是使用数据库的用户账号。登录名是指能登录到 SQL Server 的账号，它属于服务器层面，本身并不能让用户访问服务器中的数据库，而登录者要使用服务器中的数据库时，必须有用户账号才能存取数据库。本节介绍如何创建、修改和删除服务器登录名。

管理员可以通过 SQL Server Management Studio 工具对 SQL Server 中的登录名进行创建、修改和删除等操作。

1．创建登录名

在 SQL Server 中可以创建的登录账户有两种：一种是 SQL Server 标准登录账户，如 sa 账户；另一种是 Windows 系统账户登录 SQL Server，如 Administrator 账户。创建登录名的步骤如下。

（1）创建标准登录账户。

☑ 使用 Microsoft SQL Server Management Studio 连接到需要创建标准登录账户的 SQL Server 服务器。

☑ 单击"服务器名"/"安全性"/"登录名"展开连接的服务器，并在"登录名"界面列中右击，在弹出的快捷菜单中选择"新建登录名"命令，如图 16.1 所示。

☑ 弹出"登录名-新建"对话框，在"登录名"文本框中输入创建的登录名，并选中"SQL Server 身份验证"单选按钮，在"密码"及"确认密码"文本框

图 16.1　Microsoft SQL Server Management Studio 中展开服务器后

中输入创建的登录名登录时所用的密码，如图 16.2 所示。

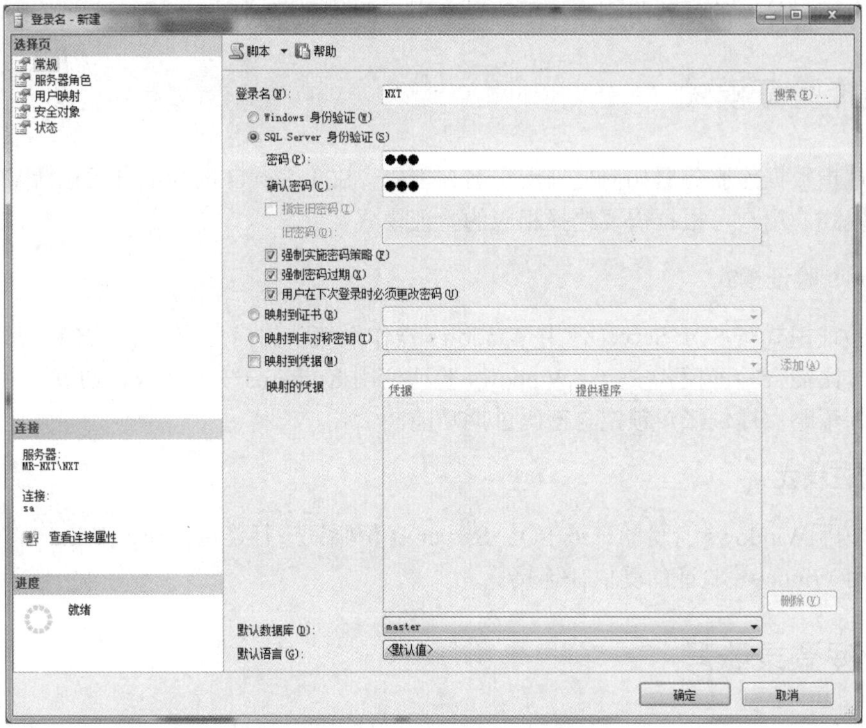

图 16.2　"登录名-新建"对话框

☑　输入要创建的登录名与密码后，单击"确定"按钮即可完成创建标准登录账户。

（2）创建 Windows 系统账户登录 SQL Server。

☑　按照创建标准登录账户的方法打开"登录名-新建"对话框，选中"Windows 身份验证"单选
按钮，单击"搜索"按钮。

☑　在弹出的"选择用户或组"对话框中，单击"对象类型"按钮，弹出"对象类型"对话框，
如图 16.3 所示，在此对话框中可以选择查找对象的类型。

☑　单击"确定"按钮，在弹出的"选择用户或组"对话框中，单击"位置"按钮，打开"位置"
对话框，如图 16.4 所示，在此对话框中选择进行搜索的位置。

图 16.3　选择查找对象类型

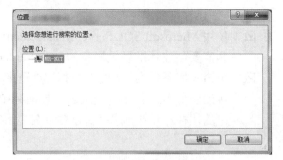

图 16.4　搜索位置

☑ 单击"确定"按钮，弹出"选择用户或组"对话
   框，在文本框内输入要选择的对象名，如图 16.5
   所示。

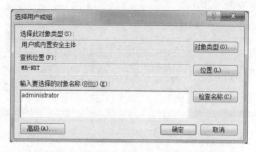

注意

对象名可以是用户名、计算机名或者组对话框。

☑ 单击"确定"按钮进行查找，将创建的系统用户
   对象添加到"登录名-新建"对话框中的"登录
   名"处，如图 16.6 所示。

图 16.5   "选择用户或组"对话框

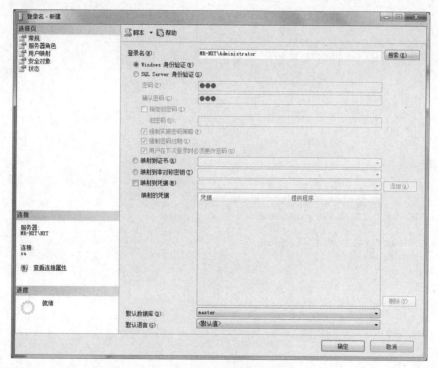

图 16.6   显示创建的登录名

☑ 在"登录名-新建"对话框中输入所创建的登录名。若选中"Windows 身份验证"单选按钮，
   可通过单击"搜索"按钮，查找并添加 Windows 操作系统中的用户名；若选中"SQL Server
   身份验证"单选按钮，则需在"密码"与"确认密码"文本框中输入登录时采用的密码。

☑ 在"默认数据库"与"默认语言"下拉列表框中选择该登录名登录 SQL Server 后默认使用的
   数据库与语言。

☑ 单击"确定"按钮，即可成功创建 SQL Server 登录名。

（3）执行 SQL 语句创建登录名。

在 SQL Server Management Studio 工具中也可通过执行 CREATE LOGIN 语句创建登录名。该语句
语法如下：

```
CREATE LOGIN login_name
```

```
{
  WITH
    <
      PASSWORD = 'password'
      [ HASHED ]
      [ MUST_CHANGE ]
      [

          ,
          <
            SID = sid
            |
            DEFAULT_DATABASE = database
            |
            DEFAULT_LANGUAGE = language
            |
            CHECK_EXPIRATION = { ON | OFF}
            |
            CHECK_POLICY = { ON | OFF}
            [ CREDENTIAL = credential_name ]
          >
          [ ,... ]
      ]
    >
  |
  FROM
  <
    WINDOWS
      [
        WITH
          <
            DEFAULT_DATABASE = database
            |
            DEFAULT_LANGUAGE = language
          >
          [ ,... ]
      ]
    |
    CERTIFICATE certname
    |
    ASYMMETRIC KEY asym_key_name
  >
}
```

CREATE LOGIN 语句语法中的参数及其说明如表 16.1 所示。

表 16.1　CREATE LOGIN 语句语法中的参数及其说明

参　　数	说　　明
login_name	指定创建的登录名。有 4 种类型的登录名：SQL Server 登录名、Windows 登录名、证书映射登录名和非对称密钥映射登录名。如果从 Windows 域账户映射 login_name，则 login_name 必须用方括号（[ ]）括起来
PASSWORD = 'password'	仅适用于 SQL Server 登录名。指定正在创建的登录名的密码。此值提供时已经过哈希运算
HASHED	仅适用于 SQL Server 登录名。指定在 PASSWORD 参数后输入的密码已经过哈希运算。如果未选择此选项，则在将作为密码输入的字符串存储到数据库之前，对其进行哈希运算

续表

参　数	说　明
MUST_CHANGE	仅适用于 SQL Server 登录名。如果包括此选项，则 SQL Server 在首次使用新登录名时提示用户输入新密码
SID = sid	仅适用于 SQL Server 登录名。指定新 SQL Server 登录名的 GUID。如果未选择此选项，则 SQL Server 自动指派 GUID
DEFAULT_DATABASE = database	指定将指派给登录名的默认数据库。默认设置为 master 数据库
DEFAULT_LANGUAGE = language	指定将指派给登录名的默认语言，默认语言设置为服务器的当前默认语言。即使服务器的默认语言发生更改，登录名的默认语言仍保持不变
CHECK_EXPIRATION = { ON | OFF }	仅适用于 SQL Server 登录名。指定是否对此登录名强制实施密码过期策略。默认值为 OFF
CHECK_POLICY = { ON | OFF }	仅适用于 SQL Server 登录名。指定应对此登录名强制实施运行 SQL Server 的计算机的 Windows 密码策略。默认值为 ON
CREDENTIAL = credential_name	将映射到新 SQL Server 登录名的凭据名。该凭据必须已存在于服务器中
WINDOWS	指定将登录名映射到 Windows 登录名
CERTIFICATE certname	指定将与此登录名关联的证书名。此证书必须已存在于 master 数据库中
ASYMMETRIC KEY asym_key_name	指定将与此登录名关联的非对称密钥名。此密钥必须已存在于 master 数据库中

【例 16.1】使用 CREATE 语句创建以 SQL Server 方式登录的登录名。（**实例位置：资源包\TM\sl\16\1**）

代码如下：

```
CREATE LOGIN Mr WITH PASSWORD = 'MrSoft'
```

执行 SQL 语句创建登录名的具体步骤如下。

（1）启动 SQL Server Management Studio 工具。

（2）通过弹出的"连接到服务器"对话框输入服务器名称，并选择登录服务器使用的身份验证模式，输入用户名与密码，单击"连接"按钮连接到服务器。

（3）单击工具栏中的 新建查询(N) 按钮，打开"查询编辑器"。该编辑器用来创建和运行 SQL 脚本，如图 16.7 所示。

（4）在"查询编辑器"内编辑创建登录名的 SQL 语句。按住 F5 键执行编辑的 SQL 语句，完成创建登录名操作，如图 16.8 所示。

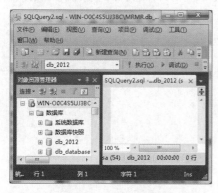

图 16.7 查询编辑器

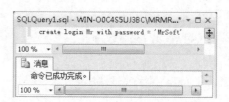

图 16.8 执行 SQL 语句创建登录名

285

2. 修改登录名

（1）手动修改登录名。

☑ 启动 SQL Server Management Studio 工具。

☑ 通过弹出的"连接到服务器"对话框，输入服务器名，选择登录服务器使用的身份验证模式，输入用户名与密码，单击"连接"按钮连接到服务器中。

☑ 单击"对象资源管理器"中的⊞号，依次展开服务器名称/"安全性"/"登录名"。

☑ 选择"登录名"下需要修改的登录名，右击，在弹出的快捷菜单中选择"属性"命令，如图 16.9 所示。

☑ 在弹出的"登录属性"对话框中修改有关该登录名的信息，如图 16.10 所示，单击"确定"按钮即可完成修改。

图 16.9　修改登录名

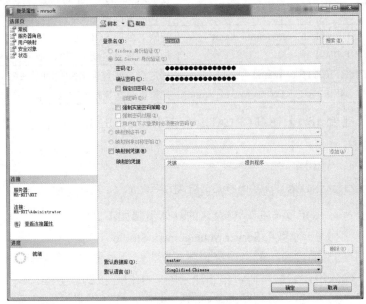

图 16.10　"登录属性"对话框

（2）执行 SQL 语句修改登录名。

通过执行 ALTER LOGIN 语句，也可以修改 SQL Server 登录名的属性。该语句语法如下：

```
ALTER LOGIN login_name
  {
    <
    ENABLE | DISABLE
    >
    |
    WITH
    <
      PASSWORD = 'password'
      [
        OLD_PASSWORD = 'oldpassword'
        | <MUST_CHANGE | UNLOCK>
        [ <MUST_CHANGE | UNLOCK> ]
      ]
```

```
    | DEFAULT_DATABASE = database
    | DEFAULT_LANGUAGE = language
    | NAME = login_name
    | CHECK_POLICY = { ON | OFF }
    | CHECK_EXPIRATION = { ON | OFF }
    | CREDENTIAL = credential_name
    | NO CREDENTIAL
  >
  [ ,... ]
}
```

ALTER LOGIN 语句语法中的参数及其说明如表 16.2 所示。

表 16.2　ALTER LOGIN 语句语法中的参数及其说明

参　　数	说　　明
login_name	指定正在更改的 SQL Server 登录名
ENABLE | DISABLE	启用或禁用此登录
PASSWORD = 'password'	仅适用于 SQL Server 登录账户。指定正在更改登录的密码
OLD_PASSWORD = 'oldpassword'	仅适用于 SQL Server 登录账户。要指派新密码登录的当前密码
MUST_CHANGE	仅适用于 SQL Server 登录账户。如果包括此选项，则 SQL Server 在首次使用已更改的登录时提示输入更新的密码
UNLOCK	仅适用于 SQL Server 登录账户。指定应解锁被锁定的登录
DEFAULT_DATABASE = database	指定将指派给登录的默认数据库
DEFAULT_LANGUAGE = language	指定将指派给登录的默认语言
NAME = login_name	正在重命名的登录的新名称。如果是 Windows 登录，则与新名称对应的 Windows 主体的 SID 必须匹配与 SQL Server 中的登录相关联的 SID。SQL Server 登录的新名称不能包含反斜杠字符（\）
CHECK_POLICY = { ON | OFF }	仅适用于 SQL Server 登录账户。指定应对此登录账户强制实施运行 SQL Server 的计算机的 Windows 密码策略。默认值为 ON
CHECK_EXPIRATION = { ON | OFF }	仅适用于 SQL Server 登录账户。指定是否对此登录账户强制实施密码过期策略。默认值为 OFF
CREDENTIAL = credential_name	将映射到 SQL Server 登录的凭据名。该凭据必须已存在于服务器中
NO CREDENTIAL	删除登录到服务器凭据的当前所有映射

【例 16.2】使用 ALTER 语句更改 SQL Server 登录方式的登录名密码。（**实例位置：资源包\TM\sl\16\2**）

代码如下：

```
ALTER LOGIN Mr WITH PASSWORD = 'MrSoft'
```

执行 SQL 语句修改登录名属性的具体步骤如下。

（1）启动 SQL Server Management Studio 工具。

（2）通过弹出的"连接到服务器"对话框，输入服务器名，并选择登录服务器使用的身份验证模式，输入用户名与密码，单击"连接"按钮连接到服务器中。

（3）单击工具栏中的 新建查询(N) 按钮，打开 SQL 查询编辑器。

（4）在 SQL 查询编辑器内编辑修改登录名的 SQL 语句。通过按住 F5 键执行编辑的 SQL 语句，完成修改登录名操作，如图 16.11 所示。

3. 删除登录名

（1）手动删除登录名。

☑ 使用 Microsoft SQL Server Management Studio 连接需要删除登录名的 SQL Server 服务器。

☑ 选择服务器名/"安全性"/"登录名"展开所连接的服务器，并在登录名界面列中选择需要删除的登录名，右击，在弹出的快捷菜单中选择"删除"命令，如图 16.12 所示。

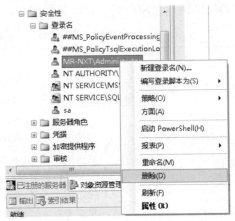

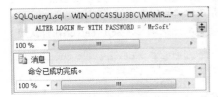

图 16.11 执行 SQL 语句修改登录名　　　　图 16.12 在 Microsoft SQL Server Management Studio 中选择要删除的登录名

☑ 在弹出的"删除对象"对话框中单击"确定"按钮，即可删除该登录名，如图 16.13 所示。

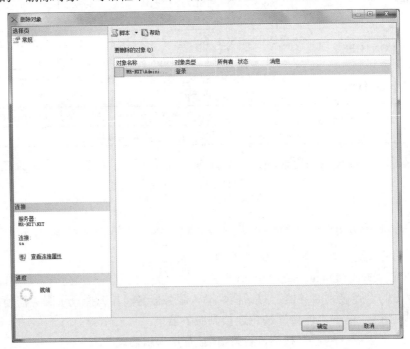

图 16.13 "删除对象"对话框

☑ 在弹出的 Microsoft SQL Server Management Studio 提示框中单击"确定"按钮，即可完成登录名的删除，如图 16.14 所示。

（2）执行 SQL 语句删除登录名。

通过执行 DROP LOGIN 语句将 SQL Server 中的登录名删除，该语句语法如下：

```
DROP LOGIN login_name                    --login_name 为指定要删除的登录名
```

【例 16.3】使用 DROP 语句删除"Mr"登录名。（实例位置：资源包\TM\sl\16\3）

代码如下：

```
DROP LOGIN Mr
```

执行 SQL 语句删除登录名的具体步骤如下。

（1）启动 SQL Server Management Studio 工具。

（2）通过弹出的"连接到服务器"对话框输入服务器名，并选择登录服务器使用的身份验证模式，输入用户名与密码，单击"连接"按钮连接到服务器中。

（3）单击工具栏中的 新建查询(N) 按钮，打开 SQL 查询编辑器。

（4）在查询编辑器内编辑删除登录名的 SQL 语句。按住 F5 键执行编辑的 SQL 语句，完成删除登录名操作，如图 16.15 所示。

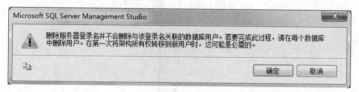

图 16.14　Microsoft SQL Server Management Studio 提示框

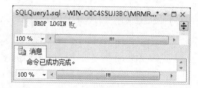

图 16.15　执行 SQL 语句删除登录名

16.2.3　更改登录验证方式

登录用户的验证方式一般是在 SQL Server 安装时确定。如果需要改变登录用户的验证方式，只能通过 SQL Server Configuration Manager 改变服务器的验证方式。改变登录用户验证方式的步骤如下。

（1）启动 SQL Server Management Studio 工具。

（2）通过"连接到服务器"对话框连接需要改变登录用户验证方式的 SQL Server 服务器，如图 16.16 所示。

（3）若连接正确，SQL Server Management Studio 中的"对象资源管理器"面板将出现刚连接的服务器。

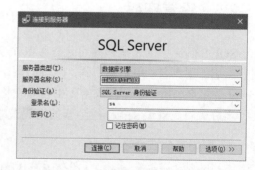

图 16.16　"连接到服务器"对话框

选中这个服务器，右击，在弹出的快捷菜单中选择"属性"命令，如图 16.17 所示。

（4）在弹出的"服务器属性"对话框中选择"选择页"/"安全性"选项，如图 16.18 所示。

 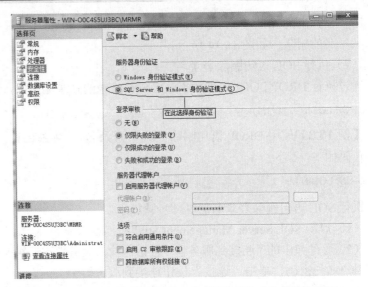

图 16.17　选择"属性"命令　　　　图 16.18　"服务器属性"对话框显示的"安全性"页面

（5）在"服务器身份验证"选项组内重新选择登录用户的验证方式。选择完成后单击"确定"按钮，这时会弹出 Microsoft SQL Server Management Studio 提示框，提示重新启动 SQL Server 后所做的更改才会生效，如图 16.19 所示。

图 16.19　Microsoft SQL Server Management Studio 提示框

（6）单击"确定"按钮后，重新启动 SQL Server 服务器，即可更改登录用户验证方式。

16.2.4　设置密码

SQL Server 中的密码最多可包含 128 个字符，其中包括字母、符号和数字。在 SQL 语句中经常使用登录名、用户名、角色和密码，所以必须用英文双引号（""）或方括号（[ ]）分隔某些符号，如 SQL Server 登录名、用户、角色或密码中含有空格、以空格开头、以$或@字符开头等，都需要在 SQL 语句中使用分隔符。SQL Server 服务器的密码策略有以下两种。

1．密码复杂性策略

密码复杂性策略通过增加可用的密码数量阻止强力攻击。实施该策略时，密码必须符合以下几个原则。

☑ 密码不得包含全部或部分用户账户名。部分账户名是指 3 个或 3 个以上两端用"空白"（空格、制表符、Enter 键等）或"-""_""#"等字符分隔的连续字母、数字字符。

☑ 密码长度至少为 6 个字符。

☑ 密码包含英文大写字母（A～Z）、英文小写字母（a～z）、10 个基本数字（0～9）、非字母数字（如!、$、#或%）4 类字符中的 3 类。

2．密码过期策略

密码过期策略用于管理密码的使用期限。如果选中了密码过期策略，系统将提醒用户更改旧密码和账户，并禁用过期的密码。

16.3　用户及权限管理

16.3.1　创建与删除数据库用户

登录名创建之后，用户只能通过该登录名访问整个 SQL Server，而不是 SQL Server 中的某个数据库。若想用户能够访问 SQL Server 中的某个数据库，还需要给这个用户授予访问这个数据库的权限，也就是在所要访问的数据库中为该用户创建一个数据库用户账户。本节将介绍如何创建及删除数据库用户。

1．创建数据库用户

创建数据库用户的具体步骤如下。

（1）使用 Microsoft SQL Server Management Studio 连接需要创建数据库用户的 SQL Server 服务器。

（2）单击服务器名/"数据库"/"数据库名称"/"安全性"/"用户"展开连接的服务器，并在用户界面列中右击，在弹出的快捷菜单中选择"新建用户"命令，如图 16.20 所示。

（3）在弹出的"数据库用户-新建"对话框中输入操作数据库的用户名，以及登录服务器的登录名，并选择其相应的架构与数据库中的角色。例如，新建用户名为 mr，并分配架构与角色如图 16.21 所示。

图 16.20　选择"新建用户"命令

图 16.21　创建数据库用户名

2．删除数据库用户

删除数据库用户的具体步骤如下。

（1）启动 SQL Server Management Studio 工具。

（2）通过弹出的"连接到服务器"对话框输入服务器名，并选择登录服务器使用的身份验证模式，输入用户名与密码，单击"连接"按钮连接服务器。

（3）单击"对象资源管理器"中的⊞号，依次展开服务器名称/"数据库"/"数据库名称"/"安全性"/"用户"，在需删除的用户上右击，在弹出的快捷菜单中选择"删除"命令，如图 16.22 所示。

（4）在弹出的"删除对象"对话框中确认删除的用户名称，单击"确定"按钮即可将该用户删除。

图 16.22　删除用户

16.3.2　设置服务器角色权限

创建相应的登录名后，需要为其分配相应的角色权限。为登录名设置角色权限的步骤如下。

（1）使用 Microsoft SQL Server Management Studio 连接需要分配角色权限的 SQL Server 服务器。

（2）单击服务器名/"安全性"/"登录名"展开所连接的服务器，选择需要设置权限的登录名，右击，在弹出的快捷菜单中选择"属性"命令，打开"登录属性"对话框，如图 16.23 所示。

（3）在"选择页"中选择"服务器角色"，如图 16.24 所示。"服务器角色"页面包含的角色都是 SQL Server 固有的，不允许改变。这些角色的权限涵盖了 SQL Server 管理中的各个方面。

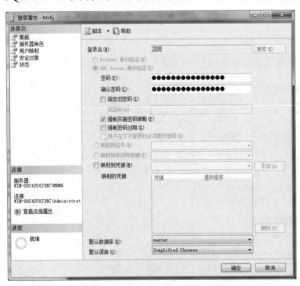

图 16.23　"登录属性"对话框

图 16.24　"登录属性"对话框显示的"服务器角色"页面

SQL Server 包含的服务器角色说明如表 16.3 所示。

表 16.3　SQL Server 包含的服务器角色名及说明

角 色 名	说　　　明
bulkadmin	运行 BULK INSERT 语句。该语句可将文本文件内的数据导入 SQL Server 的数据库中
dbcreator	创建、更改、删除和还原任何数据库
diskadmin	管理磁盘文件
processadmin	终止在数据库引擎实例中运行的进程
public	通过为其设置权限从而为所有数据库设置相同权限
securityadmin	管理登录名及其属性，还可以重置 SQL Server 登录名的密码
serveradmin	更改服务器范围的配置选项和关闭服务器
setupadmin	添加和删除连接服务器，并可以执行某些系统存储过程
sysadmin	在数据库引擎中执行任何活动

（4）在"服务器角色"对话框中选中相应的角色，单击"确定"按钮，即可完成角色设置。

16.4　小　　　结

本章介绍了加强 SQL Server 安全管理的方式，如 SQL Server 身份验证、创建数据库用户、SQL Server 角色和 SQL Server 权限等。读者应该熟悉两种 SQL Server 身份验证模式，并能够进行创建和管理登录账户、为数据库指定用户、为 SQL Server 添加或删除用户等操作。

16.5　实践与练习

（答案位置：资源包\TM\sl\16\实践与练习\）

1．为数据库 pubs 创建用户账户 MrKj。
2．设置数据库 pubs 的访问权限，使数据库用户 MrKj 可以在数据库 pubs 中创建表和插入记录。

第 *4* 篇

项目实战

本篇分别使用 Visual C++、C#、Java 3 种主流语言，结合 SQL Server 数据库实现了 3 个大中型、完整的管理系统，通过这 3 个项目，运用软件工程的设计思想，帮助读者学习如何进行软件项目的实践开发。书中基本按照编写系统分析→系统设计→数据库与数据表设计→公共类设计→创建项目→实现项目→项目总结的过程进行介绍，带领读者一步一步亲身体验开发项目的全过程。

项目实战

酒店客房管理系统 —— 使用经典的Visual C++ + 语言与SQL Server 数据库结合开发项目

企业人事管理系统 —— 与SQL Server数据库结合最好的C#语言开发项目

学生成绩管理系统 —— 应用最广的Java语言与SQL Server数据库结合开发项目

第 17 章

Visual C++ + SQL Server 实现
酒店客房管理系统

随着市场经济的发展、人们生活水平的不断提高以及异地办公、旅游人数的增多，酒店业不断壮大，人们对住宿条件的要求也不断提高。传统的人工管理已经不能适应复杂的客房管理需求，各酒店为了提高管理水平都先后使用计算机进行管理，这就需要开发符合客房管理要求的管理系统。本章以软件工程的思想介绍酒店客房管理系统的开发过程。

本章知识架构及重难点如下：

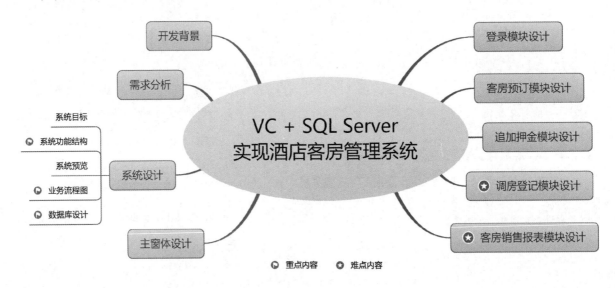

17.1 开发背景

当今，旅游经济和各种商务活动促进了酒店行业的快速发展。同时，随着酒店的数量越来越多，人们的要求也越来越高，住宿行业的竞争越来越激烈。如何在激烈的市场竞争中生存和发展，是每一个酒店必然面临的问题。提高酒店的经营管理，为顾客提供更优质的服务，同时降低运营成本是发展的关键。面对信息时代的机遇和挑战，利用科技手段提高企业管理效率无疑是一条行之有效的途径。

计算机的智能化管理技术可以极大限度地提高酒店服务管理水平。因此，采用全新的计算机客房管理系统已成为提高酒店管理效率，改善服务水平的重要手段之一。管理方面的信息化已成为现代化管理的重要标志。

以往的人工操作管理中存在着许多问题。例如：

- ☑ 人工计算账单容易出现错误。
- ☑ 收银工作中容易发生账单丢失。
- ☑ 客人具体消费信息难以查询。
- ☑ 无法对以往营业数据进行查询。

17.2　需 求 分 析

根据酒店客房使用的具体情况，系统主要功能包括以下几个方面。

- ☑ 住宿管理。
- ☑ 客房管理。
- ☑ 挂账管理。
- ☑ 查询统计。
- ☑ 日结数据统计。
- ☑ 系统设置。

17.3　系 统 设 计

17.3.1　系统目标

面对酒店行业的高速发展和酒店行业信息化发展的过程中出现的问题，酒店客房管理系统应能够达到以下目标。

- ☑ 实现多点操作的信息共享，相互之间的信息传递准确、快捷和顺畅。
- ☑ 服务管理信息化，可随时掌握客人住宿、挂账率、客房状态等。
- ☑ 系统界面友好美观，操作简单易行，查询灵活方便，数据存储安全。
- ☑ 客户档案、挂账信息和预警系统相结合，可对往来客户进行住宿监控，防止坏账的发生。
- ☑ 通过酒店客房管理系统的实施，可逐步提高酒店客房的管理水平，提升员工的素质。
- ☑ 系统维护方便可靠，有较高的安全性，满足实用性、先进性的要求。

17.3.2　系统功能结构

根据客房的具体情况，系统主要功能包括以下几个方面。

- ☑ 住宿管理：客房预订、入住登记、调房登记、续住登记和退房登记。
- ☑ 客房管理：房态设置、宿费提醒和房态查询。
- ☑ 查询统计：预订查询、住宿查询、退房查询和宿费查询。
- ☑ 报表管理（日结）：预收报表和客房销售查询。
- ☑ 挂账管理：客房管理、挂账查询和客户结款。
- ☑ 系统设置：系统初始化、权限管理和密码设置。

为了清晰、全面地介绍客房管理系统的功能，以及各个模块间的从属关系，下面以结构图的形式列出系统功能，如图 17.1 所示。

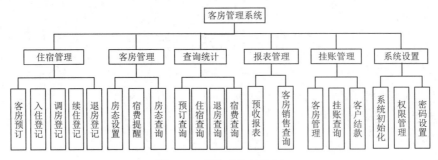

图 17.1　系统功能结构图

17.3.3　系统预览

本系统包含多个功能模块，这里给出主要的窗体界面图，帮助读者更快地了解本系统的结构功能。

主窗体包含打开其他窗体的菜单和主要功能的命令按钮，是程序最主要的界面。其运行效果如图 17.2 所示。

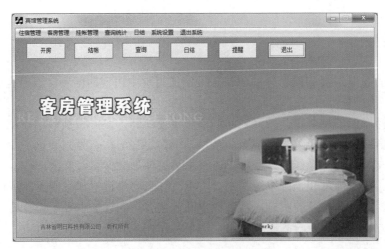

图 17.2　系统主界面

客房预订模块记录客户的预订客房信息，实现对预订信息的管理。其界面效果如图 17.3 所示。

追加押金模块记录追加押金的信息，并显示客人的当前住宿信息。其运行界面如图 17.4 所示。

调房登记模块记录客人的调房信息。其运行界面如图 17.5 所示。

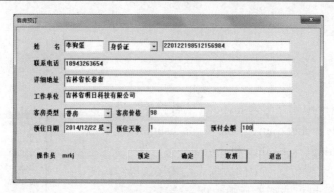

图 17.3 "客房预订"界面

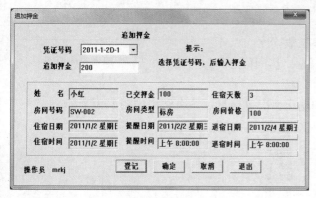

图 17.4 "追加押金"界面

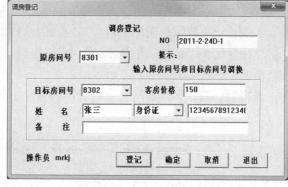

图 17.5 "调房登记"界面

17.3.4 业务流程图

客房管理系统业务流程图如图 17.6 所示。

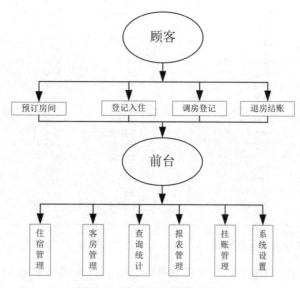

图 17.6 客房管理系统流程图

17.3.5　数据库设计

1．数据库概要说明

在 SQL Server 数据库中建立名为 myhotel 的数据库，设计以下数据表：checkinregtable、checkoutregtable、guazhanginfo、kfyd、regmoneytable、roomsetting、setability 和 usertalbe。

如图 17.7 所示为本系统数据库中的数据表结构图，该结构图中包含系统所有的数据表，可以清晰地反映数据库信息。

名称	架构
📁 系统表	
checkinregtable	dbo
checkoutregtable	dbo
guazhanginfo	dbo
kfyd	dbo
regmoneytable	dbo
roomsetting	dbo
setability	dbo
usertalbe	dbo

图 17.7　数据表结构图

2．主要数据表结构

下面给出主要数据表的结构，其他表的结构参见数据库。

住宿登记表：记录住宿登记信息，包括住宿人信息、房间信息和住宿情况，该表结构如图 17.8 所示。

退宿登记表：记录退房登记信息，包括住宿和退房情况等信息，该表结构如图 17.9 所示。

MRKJ_ZHD\EAST.my...o.checkinregtable

列名	数据类型	允许 Null 值
▶ 凭证号码	nvarchar(20)	☑
姓名	nvarchar(50)	☑
证件名称	nvarchar(20)	☑
证件号码	nvarchar(20)	☑
详细地址	nvarchar(50)	☑
出差事由	nvarchar(50)	☑
房间号	nvarchar(20)	☑
客房类型	nvarchar(10)	☑
联系电话	nvarchar(20)	☑
客房价格	money	☑
住宿日期	datetime	☑
住宿时间	datetime	☑
住宿天数	float	☑
宿费	money	☑
折扣	float	☑
应收宿费	money	☑
预收金额	money	☑
提醒日期	datetime	☑
退宿日期	datetime	☑
备注	nvarchar(50)	☑
标志	nvarchar(1)	☑
日期	datetime	☑
时间	datetime	☑
结款方式	nvarchar(10)	☑
退宿时间	datetime	☑
提醒时间	datetime	☑
摘要	nvarchar(200)	☑
BZ	float	☑
		☐

图 17.8　住宿登记表

MRKJ_ZHD\EAST.my...checkoutregtable

列名	数据类型	允许 Null 值
凭证号码	nvarchar(20)	☑
姓名	nvarchar(50)	☑
证件名称	nvarchar(20)	☑
证件号码	nvarchar(20)	☑
详细地址	nvarchar(50)	☑
工作单位	nvarchar(50)	☑
房间号	nvarchar(20)	☑
客房类型	nvarchar(10)	☑
客房价格	money	☑
住宿日期	datetime	☑
住宿时间	datetime	☑
住宿天数	float	☑
宿费	money	☑
折扣或招待	nvarchar(16)	☑
折扣	float	☑
应收宿费	money	☑
杂费	money	☑
电话费	money	☑
会议费	money	☑
存车费	money	☑
赔偿费	money	☑
金额总计	money	☑
预收宿费	money	☑
退还宿费	money	☑
退房日期	datetime	☑
退房时间	datetime	☑
日期	datetime	☑
时间	datetime	☑
备注	nvarchar(50)	☑
联系电话	nvarchar(20)	☑
BZ	float	☑

图 17.9　退宿登记表

客房设置表：存储客房的基本信息和客房状态信息等，该表结构如图 17.10 所示。

客房预订表：记录客房预订信息，包括预订人信息和房间信息等，该表结构如图 17.11 所示。

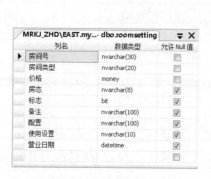

图 17.10　客房设置表

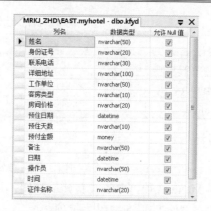

图 17.11　客房预订表

17.4　主窗体设计

17.4.1　主窗体概述

主程序界面是应用程序提供给用户访问其他功能模块的平台，根据实际需要，客房管理系统的主界面采用了传统的"菜单/工具栏/状态栏"风格。客房管理系统的主程序界面如图 17.12 所示。

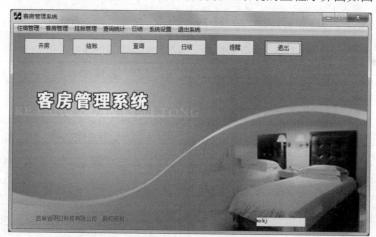

图 17.12　客房管理系统的主程序界面

17.4.2　主窗体实现过程

1．客户区设计

在生成的对话框内添加图片、静态文本、标签、编辑框和按钮等资源。
控件的 ID 和标题如表 17.1 所示。

表 17.1　控件的 ID 和标题

控件 ID	标　　题	控件 ID	标　　题
ID_BTN_borrowroom	开房	ID_BTN_daysummery	日结
ID_BTN_returnroom	结账	ID_BTN_alert	提醒
ID_BTN_mainfind	查询	ID_CLOSE	退出

2．菜单设计

（1）选择 insert/Resource 命令，弹出"插入资源"对话框，如图 17.13 所示。

（2）选择 Menu 选项，单击"新建"按钮，插入空白菜单，设置 ID 属性为 IDR_mainMENU，然后按照如图 17.14 所示的界面编辑菜单项。

图 17.13　"插入资源"对话框

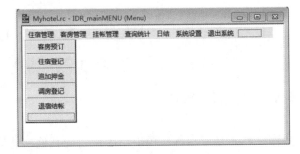

图 17.14　菜单项

主菜单的各个子菜单的 ID 和标题属性如表 17.2 所示。

表 17.2　主菜单的各个子菜单的 ID 和标题属性

控件 ID	标　　题	控件 ID	标　　题
ID_MENU_checkinreg	住宿登记	ID_MENU_regmoneytable	登记预收报表
ID_MENU_roomsetting	客房设置	ID_MENU_saleroomtable	客房销售报表
ID_MENU_checkout	退宿结账	ID_MENU_saleroomsummary	客房销售统计
ID_MENU_addmoney	追加押金	ID_MENU_adm_setting	操作员设置
ID_MENU_changeroomreg	调房登记	ID_MENU_pwd_setting	密码设置
ID_MENU_findroom	客房查询	ID_MENU_setting_begin	初始化
ID_MENU_findguazhang	挂账查询	ID_MENU_setting_ability	权限设置
ID_MENU_guazhangmoney	客户结款	ID_MENU_findroomstate	房态查看
ID_MENU_findcheckinreg	住宿查询	ID_MENU_roomprebook	客房预订
ID_MENU_findcheckoutreg	退宿查询	ID_MENU_findprebookroom	预订房查询
ID_MENU_findroomfee	宿费提醒		

3．代码分析

（1）系统主界面操作根据用户的权限设定，所以应加入连接数据库功能，即在 stdafx.h 文件中加入以下代码，提供加入 ADO 的支持。

```
//添加 ADO 支持
#import "c:\program files\common files\system\ado\msado15.dll" \ no_namespace \ rename ("EOF", "adoEOF")
```

并在 Myhotel.h 中加入以下代码：

```
CDatabase m_DB;
_ConnectionPtr m_pConnection;
```

此外，在 myhotel.cpp 的初始化函数中加入连接数据库的代码：

```
try                                              //连接数据库
{
  CString strConnect;
  strConnect.Format("DSN=myhotel;");
  if(!m_DB.OpenEx(strConnect,CDatabase::useCursorLib))
  {
  AfxMessageBox("Unable to Connect to the Specified Data Source");
  return FALSE ;
  }
}
catch(CDBException *pE)                           //抛出异常
{
    pE->ReportError();
    pE->Delete();
    return FALSE;
}
//初始化 COM，创建 ADO 连接等操作
AfxOleInit();
m_pConnection.CreateInstance(__uuidof(Connection));
//在 ADO 操作中建议语句中要常用 try...catch()捕获错误信息
try
{
    //打开本地数据库
m_pConnection->Open("Provider=MSDASQL.1;Persist Security Info=False;Data Source = myhotel","","", adModeUnknown);
}
catch(_com_error e)                              //抛出可能发生的异常
{
    AfxMessageBox("数据库连接失败，确认数据库配置正确!");
    return FALSE;
}
```

（2）主窗口初始化时，需要根据登录操作员的权限设置其可以进行的操作，此功能由函数 setuserability()来完成，代码如下：

```
void CMyhotelDlg::setuserability()
{
    m_pRecordset.CreateInstance(__uuidof(Recordset));
    _variant_t var,varIndex;
    CString strsqlshow;
    strsqlshow.Format("SELECT * FROM setability where  操作员 ='%s'",loguserid);
    try                                          //打开数据库连接
    {
        m_pRecordset->Open((_variant_t)(strsqlshow),     //查询表中所有字段
            theApp.m_pConnection.GetInterfacePtr(),        //获取数据库的 IDispatch 指针
                    adOpenDynamic,
                    adLockOptimistic,
                    adCmdText);
    }
    catch(_com_error *e)                         //捕获异常的发生
    {
```

```
            AfxMessageBox(e->ErrorMessage());
    }
    mynenu=AfxGetMainWnd()->GetMenu();                      //获得主菜单指针
CString ling="0";
}
try
    {
        if(!m_pRecordset->BOF)                              //判断指针是否在数据集最后
            m_pRecordset->MoveFirst();
        else
        {
            AfxMessageBox("表内数据为空");
            return;
        }
        MessageBox("eeeeeeeeee");
        //读取数据表内"客房预订"字段内容
        var = m_pRecordset->GetCollect("客房预订");
        if(var.vt != VT_NULL)
        {
            if((LPCSTR)_bstr_t(var)==ling)                  //判断是否有权限操作客房预订模块
            {                                               //如果没有权限就使该菜单呈灰色显示
                EnableMenuItem(mynenu->m_hMenu,ID_MENU_roomprebook,MF_DISABLED|MF_GRAYED);
            }
        }
        //读取数据表内"住宿登记"字段内容
        var = m_pRecordset->GetCollect("住宿登记");
        if(var.vt != VT_NULL)
        {
            if((LPCSTR)_bstr_t(var)==ling)                  //判断是否有权限操作住宿登记模块
            {                                               //如果没有权限就使该菜单呈灰色显示
                EnableMenuItem(mynenu->m_hMenu,ID_MENU_checkinreg,MF_DISABLED|MF_GRAYED);
            }
        }
        //读取数据表内"追加押金"字段内容
        var = m_pRecordset->GetCollect("追加押金");
        if(var.vt != VT_NULL)
        {
            if((LPCSTR)_bstr_t(var)==ling)                  //判断是否有权限操作追加押金模块
            {                                               //如果没有权限就使该菜单呈灰色显示
                EnableMenuItem(mynenu->m_hMenu,ID_MENU_addmoney,MF_DISABLED|MF_GRAYED);
            }
        }
        //读取数据表内"调房登记"字段内容
        var = m_pRecordset->GetCollect("调房登记");
        if(var.vt != VT_NULL)
        {
            if((LPCSTR)_bstr_t(var)==ling)                  //判断是否有权限操作调房登记模块
            {                                               //如果没有权限就使该菜单呈灰色显示
                EnableMenuItem(mynenu->m_hMenu,ID_MENU_changeroomreg,MF_DISABLED |MF_GRAYED);
            }
        }
        //其他菜单设计代码参见资源包
        mynenu->Detach();
        DrawMenuBar();                                      //重绘主菜单
    catch(_com_error *e)                                    //捕获异常
    {
        AfxMessageBox(e->ErrorMessage());                   //弹出错误信息框
    }
    m_pRecordset->Close();                                  //关闭记录集
```

```
        m_pRecordset = NULL;
}
```

（3）在实现主窗体时，需要创建几个函数，创建 OnSysCommand 函数代码如下：

```
void CMyhotelDlg::OnSysCommand(UINT nID, LPARAM lParam)
{
        if ((nID & 0xFFF0) == IDM_ABOUTBOX)
        {
                CAboutDlg dlgAbout;
                dlgAbout.DoModal();
        }
        else
        {
                CDialog::OnSysCommand(nID, lParam);
        }
}
```

创建 OnPaint() 函数代码如下：

```
void CMyhotelDlg::OnPaint()
{CPaintDC dc(this);
        CBitmap bit;
        CDC memDC;
        CRect rect;
        this->GetClientRect(&rect);
        bit.LoadBitmap(IDB_MAINBK);
        BITMAP bmpInfo;
        bit.GetBitmap(&bmpInfo);
        int imgWidth = bmpInfo.bmWidth;
        int imgHeight = bmpInfo.bmHeight;
        memDC.CreateCompatibleDC(&dc);
        memDC.SelectObject(&bit);
        dc.StretchBlt(0,0,rect.Width(),rect.Height(),&memDC,0,0,imgWidth,imgHeight,SRCCOPY);
        memDC.DeleteDC();
        bit.DeleteObject();
}
```

创建 OnQueryDragIcon()、OnMENUcheckinreg()、OnBTNborrowroom()函数代码如下：

```
HCURSOR CMyhotelDlg::OnQueryDragIcon()
{
        return (HCURSOR) m_hIcon;
}
void CMyhotelDlg::OnMENUcheckinreg()
{
CCheckinregdlg mycheckindlg;
        mycheckindlg.DoModal();
}
void CMyhotelDlg::OnBTNborrowroom()
{
        OnMENUcheckinreg();
}
```

创建 OnMENUroomsetting()、OnMENUcheckout()、OnBTNreturnroom()函数代码如下：

```
void CMyhotelDlg::OnMENUroomsetting()
{
        CSetroomdlg mysetroomdlg;
        mysetroomdlg.DoModal();
}
```

```
void CMyhotelDlg::OnMENUcheckout()
{
    CCheckoutdlg mycheckoutdlg;
    mycheckoutdlg.DoModal();
}
void CMyhotelDlg::OnBTNreturnroom()
{
OnMENUcheckout();
}
```

创建 OnMENUaddmoney()、OnMENUchangeroomreg()、OnMENUfindroom()函数代码如下：

```
void CMyhotelDlg::OnMENUaddmoney()
{
CAddmoneydlg myaddmoneydlg;
    myaddmoneydlg.DoModal();
}
void CMyhotelDlg::OnMENUchangeroomreg()
{
CChangeroomdlg mychangeroomdlg;
    mychangeroomdlg.DoModal();
}
void CMyhotelDlg::OnMENUfindroom()
{
CFindroomdlg myfindroomdlg;
    myfindroomdlg.DoModal();
}
```

17.5 登录模块设计

17.5.1 登录模块概述

为了防止非法用户进入系统，本软件设计了系统登录窗口。在程序启动时，首先弹出"登录"窗口，要求用户输入登录信息，如果输入不正确，将禁止进入系统。登录模块的运行效果如图 17.15 所示。

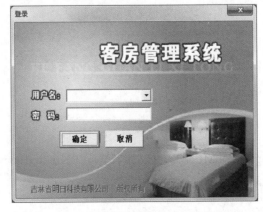

图 17.15 登录模块的运行效果

17.5.2　登录模块技术分析

本模块使用 CUserset 类实现对数据源的连接。这里是通过 ODBC 数据源进行连接的，在连接数据库之前，先在系统上创建一个名为 myhotel 的数据源。userset.cpp 中的代码如下：

```
CString CUserset::GetDefaultConnect()
{
    return _T("ODBC;DSN=myhotel");
}
CString CUserset::GetDefaultSQL()
{
    return _T("[dbo].[user]");
}
```

17.5.3　登录模块设计过程

▦　本模块使用的数据表：usertalbe

（1）选择 Insert/Resource 命令，打开添加资源界面。选择 Dialog 选项，单击 New 按钮，插入新的对话框。

（2）利用类向导为此对话框资源设置属性。在 Name 文本框中输入对话框类名，如 CLoginDlg，在 Base class 下拉列表框中选择一个基类，这里为 CDialog，单击 OK 按钮创建对话框。

（3）在工作区的资源视图中选择新创建的对话框，向对话框中添加静态文本、下拉列表框、编辑框和按钮等资源。主要资源属性如表 17.3 所示。

表 17.3　主要资源属性

控件 ID	对应变量/标题属性	控件 ID	对应变量/标题属性
IDC_COMBO_username	m_username	IDOK	确定
IDC_password	m_password	IDCANCEL	取消

（4）建立和数据库的映射，利用类向导建立记录集的映射类，如图 17.16 所示。

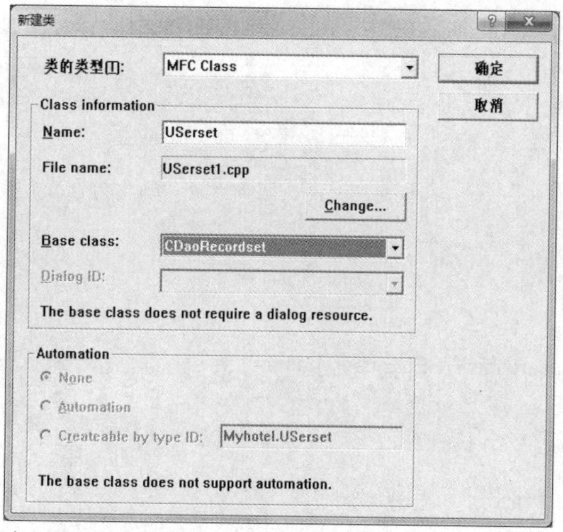

图 17.16　"新建类"对话框

307

选择基类为 CDaoRecordset，单击"OK"按钮进入下一步，如图 17.17 所示。

选择数据源类型为 ODBC，并选择所使用的数据源 myhotel，单击 OK 按钮，进入下一步，如图 17.18 所示。

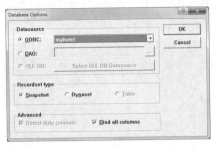

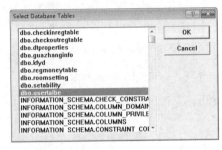

图 17.17 "Database Options"对话框　　　　图 17.18 "Select Database Tables"对话框

选择要关联的数据表，因为是操作员登录信息，所以选择 dbo.usertalbe 数据表，单击 OK 按钮完成映射。

此时可以看到已经创建了一个新类 CUserset，其头文件的关键代码如下：

```
class CUserset : public CRecordset
{
public:
    CUserset(CDatabase* pDatabase = NULL);
    DECLARE_DYNAMIC(CUserset)
    CString m_user_name;
    CString m_user_pwd;
    public:
    virtual CString GetDefaultConnect();          //默认连接字符串
    virtual CString GetDefaultSQL();              //获取记录的默认 SQL 语句
    virtual void DoFieldExchange(CFieldExchange* pFX);   //支持 RFX
#ifdef _DEBUG
    virtual void AssertValid() const;
    virtual void Dump(CDumpContext& dc) const;
#endif
};
```

（5）单击"确定"按钮，登录到系统主界面，此按钮的相应函数如下：

```
void CLoginDlg::OnOK()
{
    CString sqlStr;
    UpdateData(true);
    if(m_username.IsEmpty())                       //判断用户名是否为空
    {
        AfxMessageBox("请输入用户名!");
        return;
    }
    //创建查询语句
    sqlStr="SELECT * FROM usertalbe WHERE user_name='";
    sqlStr+=m_username;
    sqlStr+="'";
    sqlStr+="AND user_pwd='";
    sqlStr+=m_password;
    sqlStr+="'";
    //打开数据库
    if(!myuserset.Open(AFX_DB_USE_DEFAULT_TYPE,sqlStr))
```

```
    {
        AfxMessageBox("user 表打开失败!");
        return;
    }
    loguserid=m_username;                                    //保存操作员 ID，其他窗口中会用到该数据
    if(!myuserset.IsEOF())                                   //关闭数据库连接
    {
        myuserset.Close();
        CDialog::OnOK();
    }
    else
    {
        AfxMessageBox("登录失败!");                          //给出错误提示
        m_username=_T("");
        m_password=_T("");
        UpdateData(false);                                   //更新显示
        myuserset.Close();                                   //关闭数据库连接
        return;
    }
}
```

（6）按住 Enter 键时控制输入焦点，加入 PreTranslateMessage 方法，代码如下：

```
BOOL CLoginDlg::PreTranslateMessage(MSG* pMsg)
{
    if(pMsg->message==WM_KEYDOWN&&pMsg->wParam==VK_RETURN)
    {
        DWORD def_id=GetDefID();
        if(def_id!=0)
        {
            //MSG 消息的结构中的 hwnd 存储的是接收该消息的窗口句柄
            CWnd *wnd=FromHandle(pMsg->hwnd);
            char class_name[16];
            if(GetClassName(wnd->GetSafeHwnd(),class_name,sizeof(class_name))!=0)
            {
                DWORD style=::GetWindowLong(pMsg->hwnd,GWL_STYLE);
                if((style&ES_MULTILINE)==0)
                {
                    if(strnicmp(class_name,"edit",5)==0)
                    {   //将焦点设置到默认按钮上
                        GetDlgItem(LOWORD(def_id))->SetFocus();
                        pMsg->wParam=VK_TAB;                     //重载 Enter 键消息为 Tab 键消息
                    }
                }
            }
        }
    }
    return CDialog::PreTranslateMessage(pMsg);
}
```

（7）登录模块与数据库连接代码如下：

```
BOOL CLoginDlg::OnInitDialog()
{
    CDialog::OnInitDialog();
    //使用 ADO 创建数据库记录集
    m_pRecordset.CreateInstance(__uuidof(Recordset));
    _variant_t var;
    CString struser;
    //在 ADO 操作中建议语句中要常用 try...catch()来捕获错误信息
```

```
        try
        {
                //打开数据库
                m_pRecordset->Open("SELECT * FROM usertalbe",        //查询表中所有字段
                                    theApp.m_pConnection.GetInterfacePtr(),   //获取数据库的 IDispatch 指针
                                    adOpenDynamic,
                                    adLockOptimistic,
                                    adCmdText);
        }
        catch(_com_error *e)                          //捕获打开数据库可能发生的异常情况并实时显示提示
        {
                AfxMessageBox(e->ErrorMessage());
        }
        try
        {
                if(!m_pRecordset->BOF)                         //判断指针是否在数据集最后
                        m_pRecordset->MoveFirst();
                while(!m_pRecordset->adoEOF)
                {
                        var = m_pRecordset->GetCollect("user_name");
                        if(var.vt != VT_NULL)
                                struser = (LPCSTR)_bstr_t(var);
                        m_usernamectr.AddString(struser);       //从数据库获得
                        m_pRecordset->MoveNext();               //移动数据指针
                }
        }
        catch(_com_error *e)                          //捕获异常
        {
                AfxMessageBox(e->ErrorMessage());
        }
        //关闭记录集
        m_pRecordset->Close();
        m_pRecordset = NULL;
        //更新显示
        UpdateData(false);
        return TRUE;
}
```

（8）在登录界面中，需要对图片加以限制，在 LoginDlg.cpp 文件中，写入如下代码：

```
void CLoginDlg::OnPaint()
{
        CPaintDC dc(this);
        CBitmap bit;
        CDC memDC;
        CRect rect;
        this->GetClientRect(&rect);
        bit.LoadBitmap(IDB_LOGINBK);
        BITMAP bmpInfo;
        bit.GetBitmap(&bmpInfo);
        int imgWidth = bmpInfo.bmWidth;
        int imgHeight = bmpInfo.bmHeight;
        memDC.CreateCompatibleDC(&dc);
        memDC.SelectObject(&bit);
        dc.StretchBlt(0,0,rect.Width(),rect.Height(),&memDC,0,0,imgWidth,imgHeight,SRCCOPY);
        memDC.DeleteDC();
        bit.DeleteObject();
}
```

17.6　客房预订模块设计

17.6.1　客房预订模块概述

　　住宿管理模块包括客房预订、入住登记、续住登记、调房登记、退房登记等功能子模块。下面详细介绍客房预订子模块的设计。客房预订模块实现客房预订的功能，主要登记客户的姓名、证件、证件号码和预住日期等信息，是为预订客户提供服务的模块。其运行界面如图 17.19 所示。

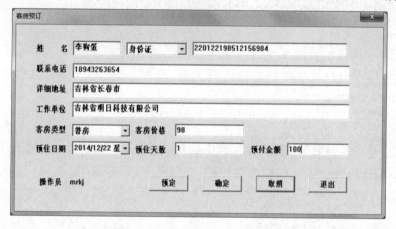

图 17.19　"客房预订"运行界面

17.6.2　客房预订模块技术分析

　　客房预订模块实现将预订客房信息插入数据表中，主要是通过打开记录集，然后使用 AddNew() 方法向数据表中插入一个新记录实现对客房预订信息的添加。AddNew() 方法用于向记录集中添加一个空行，然后设置这个空行的每个字段值，从而实现将一条记录添加到数据表中。

17.6.3　客房预订模块实现过程

　　▣　本模块使用的数据表：kfyd

　　（1）选择 Insert/Resource 命令打开添加资源界面，选择 Dialog 选项，单击 New 按钮，插入新的对话框。

　　（2）利用类向导为此对话框资源设置属性。在 Name 文本框中输入对话框类名，如 CRoomprebookdlg，在 Base class 下拉列表框中选择一个基类 CDialog，单击 OK 按钮创建对话框。

　　（3）在工作区的资源视图中选择新创建的对话框，向对话框中添加静态文本、下拉列表框、编辑框、按钮和日期选择控件等资源。

各个主要控件的 ID 和变量如表 17.4 所示。

表 17.4　各个主要控件的 ID 和变量

控件 ID	变　　量	控件 ID	变　　量
IDC_COMBOprebookidkind	m_prebookidkind	IDC_prebookidnumber	m_prebookidnumber
IDC_COMBOroomkind	m_prebookroomkind	IDC_prebookname	m_prebookname
IDC_DATETIMEPICKERprecheckindate	m_prebookcheckindate	IDC_prebooktelnumber	m_prebooktelnumber
IDC_prebookaddr	m_prebookaddr	IDC_prebookworkcompany	m_prebookworkcompany
IDC_prebookdays	m_prebookdays	IDC_roommoney	m_prebookroommoney
IDC_prebookhandinmoney	m_prebookhandinmoney	IDC_STATICshowuser	m_showuser

（4）在其对应的头文件 Roomprebookdlg.h 中添加以下声明代码：

```
CString gustname;
CString gustaddr;
CString zhengjian;
CString zhengjian_number;
CString checkinreg_reason;
_ConnectionPtr m_pConnection;
_CommandPtr m_pCommand;
_RecordsetPtr m_pRecordset;
```

确定预订客房，单击"确定"按钮向数据库中插入预订记录，其响应函数如下：

```
void CRoomprebookdlg::OnOK()
{
    UpdateData(true);
    /*
     *   检查身份证的号是否为 15 位或者为 18 位
    */
    CString strCertifyCode;                             //证件号
    //获得证件号
    int nCertifyCodeLength=m_prebookidnumber.GetLength();    //获得证件号的长度
    if(nCertifyCodeLength!=15&&nCertifyCodeLength!=18)
    {
        if(m_prebookidkind=="身份证")                       //若选择的是身份证
        {
            MessageBox("你的身份证的号的位数不正确!\n 应该为 15 位或者 18 位!","身份证错误",MB_OK);
            return ;
        }
    }
    m_pRecordset.CreateInstance(__uuidof(Recordset));
    //在 ADO 操作中建议语句中要常用 try...catch()来捕获错误信息
    try                                                 //打开数据表
    {
        m_pRecordset->Open("SELECT * FROM kfyd",        //查询表中所有字段
            theApp.m_pConnection.GetInterfacePtr(),      //获取数据库的 IDispatch 指针
                    adOpenDynamic,
                    adLockOptimistic,
                    adCmdText);
    }
    catch(_com_error *e)                                //捕获异常情况
    {
        AfxMessageBox(e->ErrorMessage());
    }
```

```
try
{
        //写入各字段值
        m_pRecordset->AddNew();
        //向数据表"姓名"字段写入数据
        m_pRecordset->PutCollect("姓名",_variant_t(m_prebookname));
        //向数据表"身份证号"字段写入数据
        m_pRecordset->PutCollect("身份证号", _variant_t(m_prebookidnumber));
        //向数据表"联系电话"字段写入数据
        m_pRecordset->PutCollect("联系电话", _variant_t(m_prebooktelnumber));
        //向数据表"详细地址"字段写入数据
        m_pRecordset->PutCollect("详细地址", _variant_t(m_prebookaddr));
        //向数据表"工作单位"字段写入数据
        m_pRecordset->PutCollect("工作单位", _variant_t(m_prebookworkcompany));
        //向数据表"客房类型"字段写入数据
        m_pRecordset->PutCollect("客房类型", _variant_t(m_prebookroomkind));
        //向数据表"客房价格"字段写入数据
        m_pRecordset->PutCollect("客房价格", _variant_t(m_prebookroommoney));
        CString checkindate;
        int nYear,nDay,nMonth;
        int nhour,nmin,nsecond;
        CString sYear,sDay,sMonth;
        nYear=m_prebookcheckindate.GetYear();                    //提取年份
        nDay=m_prebookcheckindate.GetDay();                      //提取日
        nMonth=m_prebookcheckindate.GetMonth();                  //提取月份
        sYear.Format("%d",nYear);                                //转换为字符串
        sDay.Format("%d",nDay);                                  //转换为字符串
        sMonth.Format("%d",nMonth);                              //转换为字符串
        //格式化时间
        checkindate.Format("%s-%s-%s",sYear,sMonth,sDay);
        //向数据表"预住日期"字段写入数据
        m_pRecordset->PutCollect("预住日期",_variant_t(checkindate));
        //向数据表"预住天数"字段写入数据
        m_pRecordset->PutCollect("预住天数", _variant_t(m_prebookdays));
        //向数据表"预付金额"字段写入数据
        m_pRecordset->PutCollect("预付金额", _variant_t(m_prebookhandinmoney));
        CString nowdate,nowtime;
        CTime tTime;
        tTime=tTime.GetCurrentTime();
        nYear=tTime.GetYear();                                   //提取年份
        nDay=tTime.GetDay();                                     //提取日
        nMonth=tTime.GetMonth();                                 //提取月份
        sYear.Format("%d",nYear);                                //转换为字符串
        sDay.Format("%d",nDay);                                  //转换为字符串
        sMonth.Format("%d",nMonth);                              //转换为字符串
        //格式化时间
        nowdate.Format("%s-%s-%s",sYear,sMonth,sDay);
        CString shour,smin,ssecond;
        nhour=tTime.GetHour();                                   //提取小时
        nmin=tTime.GetMinute();                                  //提取分钟
        nsecond=tTime.GetSecond();                               //提取秒
        shour.Format("%d",nhour);                                //转换为字符串
        smin.Format("%d",nmin);                                  //转换为字符串
        ssecond.Format("%d",nsecond);                            //转换为字符串
        //格式化时间
        nowtime.Format("%s:%s:%s",shour,smin,ssecond);
        m_pRecordset->PutCollect("日期", _variant_t(nowdate));
        m_pRecordset->PutCollect("时间", _variant_t(nowtime));
        //向数据表"证件名称"字段写入数据
```

```
            m_pRecordset->PutCollect("证件名称", _variant_t(m_prebookidkind));
            //更新数据表
            m_pRecordset->Update();
            AfxMessageBox("预订成功!");
        }
    catch(_com_error *e)                                          //抛出异常情况，并显示
    {
    AfxMessageBox(e->ErrorMessage());
    }
    //关闭记录集
    m_pRecordset->Close();
m_pRecordset = NULL;
}
```

在预订房间时，需要选择一个房间的类型，实现的具体代码如下：

```
void CRoomprebookdlg::OnCloseupCOMBOroomkind()
{
    CString roomkind;
    //获得输入值
    UpdateData(true);
    roomkind=m_prebookroomkind;
    //如果客房类型是标房
    if(m_prebookroomkind=="标房")
    {
        m_prebookroommoney="138";
    }
    //如果客房类型是普房
    if(m_prebookroomkind=="普房")
    {
        m_prebookroommoney="98";
    }
    //如果客房类型是双人间
    if(m_prebookroomkind=="双人间")
    {
        m_prebookroommoney="168";
    }
    //如果客房类型是套房
    if(m_prebookroomkind=="套房")
    {
        m_prebookroommoney="268";
    }
    //更新显示
    UpdateData(false);
}
```

如果顾客想在入住之前换房间，需要重新修改预订信息，实现这个功能的代码如下：

```
void CRoomprebookdlg::Oncancelprebookroom()
{
    //输入变量初始化
    m_prebookidkind = _T("");
    m_prebookroomkind = _T("");
    m_prebookcheckindate = 0;
    m_prebookaddr = _T("");
    m_prebookdays = _T("");
    m_prebookhandinmoney = _T("");
    m_prebookidnumber = _T("");
    m_prebookname = _T("");
    m_prebooktelnumber = _T("");
```

```
    m_prebookworkcompany = _T("");
    m_prebookroommoney = _T("");
    CTime tTime;
    tTime=tTime.GetCurrentTime();
    //设置登记的默认时间
    m_prebookcheckindate=tTime;
    //更新显示
    UpdateData(false);
}
BOOL CRoomprebookdlg::OnInitDialog()
{
    CDialog::OnInitDialog();
    m_showuser=loguserid;
    enable(0);
    //更新输入框状态
    CTime tTime;
    tTime=tTime.GetCurrentTime();
    //设置登记的默认时间
    m_prebookcheckindate=tTime;
    UpdateData(false);
    return TRUE;
}
void CRoomprebookdlg::OnBtnroomyuding()
{
    enable(1);                                          //更新输入框状态
}
void CRoomprebookdlg::enable(bool bEnabled)
{
    //更改输入框等控件状态，方便使用，防止错误操作
    GetDlgItem(IDC_COMBOprebookidkind)->EnableWindow(bEnabled);
    GetDlgItem(IDC_COMBOroomkind)->EnableWindow(bEnabled);
    GetDlgItem(IDC_DATETIMEPICKERprecheckindate)->EnableWindow(bEnabled);
    GetDlgItem(IDC_prebookaddr)->EnableWindow(bEnabled);
    GetDlgItem(IDC_prebookdays)->EnableWindow(bEnabled);
    GetDlgItem(IDC_prebookhandinmoney)->EnableWindow(bEnabled);
    GetDlgItem(IDC_prebookidnumber)->EnableWindow(bEnabled);
    GetDlgItem(IDC_prebookname)->EnableWindow(bEnabled);
    GetDlgItem(IDC_prebooktelnumber)->EnableWindow(bEnabled);
    GetDlgItem(IDC_prebookworkcompany)->EnableWindow(bEnabled);
    GetDlgItem(IDC_roommoney)->EnableWindow(bEnabled);
    GetDlgItem(IDOK)->EnableWindow(bEnabled);
    GetDlgItem(IDcancelprebookroom)->EnableWindow(bEnabled);
}
```

17.7　追加押金模块设计

17.7.1　追加押金模块概述

追加押金是为方便客户追加预交的住房押金而设计的，在此子对话框中只要选择客户的凭证号码，然后输入追加的金额就可以轻松地完成追加操作，其运行界面如图 17.20 所示。

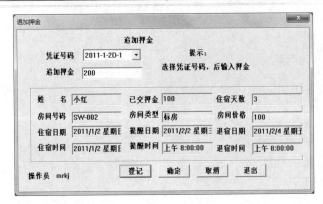

图 17.20　"追加押金"运行界面

17.7.2　追加押金模块技术分析

追加押金模块用于将追加押金信息记录到数据表中。在打开窗体时，"凭证号码"组合框中自动显示当前数据库中的凭证号码，可直接在此选择一个凭证号码。这个凭证号码是在窗体初始化时添加到组合框中的。通过查询符合条件的记录，使用循环语句将记录添加到组合框中，其实现代码如下：

```
while(!m_pRecordset->adoEOF)
{
    var = m_pRecordset->GetCollect("凭证号码");
    if(var.vt != VT_NULL)
            strregnumber = (LPCSTR)_bstr_t(var);
    m_addmoney_regnumberctr.AddString(strregnumber);
    m_pRecordset->MoveNext();                        //移动记录指针到下一条记录
}
```

17.7.3　追加押金模块实现过程

📋　本模块使用的数据表：checkinregtable

（1）选择 Insert/Resource 命令打开添加资源界面，选择 Dialog 选项，单击 New 按钮，插入新的对话框。

（2）利用类向导为此对话框资源设置属性。在 Name 文本框中输入对话框类名，如 CAddmoneydlg，在 Base class 下拉列表框中选择一个基类 CDialog，单击 OK 按钮创建对话框。

（3）在工作区的资源视图中选择新创建的对话框，向对话框中添加静态文本、下拉列表框、编辑框、按钮和时间日期选择控件等资源。

各个控件的 ID 和对应变量如表 17.5 所示。

表 17.5　各个控件的 ID 和对应变量

控件 ID	对 应 变 量	控件 ID	对 应 变 量
IDC_COMBO_regnumber	m_addmoney_regnumberctr	IDC_EDIT_roomnumber	m_addmoney_roomnumber
IDC_COMBO_regnumber	m_addmoney_regnumber	IDC_EDIT_alarmdate	m_addmoney_alarmdate
IDC_EDIT_name	m_addmoney_name	IDC_EDIT_alarmtime	m_addmoney_alarmtime

续表

控件 ID	对 应 变 量	控件 ID	对 应 变 量
IDC_EDIT_outdate	m_addmoney_outdate	IDC_EDIT_checkdays	m_addmoney_checkdays
IDC_EDIT_outtime	m_addmoney_outtime	IDC_EDIT_indate	m_addmoney_indate
IDC_EDIT_prehandmoney	m_addmoney_prehandmoney	IDC_EDIT_intime	m_addmoney_intime
IDC_EDIT_roomlevel	m_addmoney_roomlevel	IDC_addmoney	m_addmoney
IDC_EDIT_roommoney	m_addmoney_roommoney	IDC_STATICshowuser	m_showuser

（4）在对应类的头文件 Addmoneydlg.h 中声明以下变量：

```
_ConnectionPtr m_pConnection;
_CommandPtr m_pCommand;
_RecordsetPtr m_pRecordset;
_RecordsetPtr m_pRecordsetout;
```

对话框的初始化函数完成住宿客户凭证号码的准备等其他的初始化工作，该对话框类的初始化函数如下：

```
BOOL CAddmoneydlg::OnInitDialog()
{
    CDialog::OnInitDialog();
    //使用 ADO 创建数据库记录集
    m_pRecordset.CreateInstance(__uuidof(Recordset));
    _variant_t var;
    CString strregnumber;
    //在 ADO 操作建议语句中要常用 try...catch()捕获错误信息
    try
    {
        m_pRecordset->Open("SELECT * FROM checkinregtable",        //查询表中所有字段
        theApp.m_pConnection.GetInterfacePtr(),                    //获取连接对象的接口指针
        adOpenDynamic,
        adLockOptimistic,
        adCmdText);
    }
    catch(_com_error *e)                                           //抛出异常
    {
        AfxMessageBox(e->ErrorMessage());
    }
    try
    {
        if(!m_pRecordset->BOF)                                     //判断指针是否在数据集最后
            m_pRecordset->MoveFirst();
        else
        {
            AfxMessageBox("表内数据为空");
            return false;
        }
        while(!m_pRecordset->adoEOF)
        {
            var = m_pRecordset->GetCollect("凭证号码");
            if(var.vt != VT_NULL)
                strregnumber = (LPCSTR)_bstr_t(var);
            m_addmoney_regnumberctr.AddString(strregnumber);
```

```
            m_pRecordset->MoveNext();                        //移动记录指针到下一条记录
        }
    }
    catch(_com_error *e)                                     //如果读数异常，给出提示
    {
        AfxMessageBox(e->ErrorMessage());
    }
    //关闭记录集
    m_pRecordset->Close();
    m_pRecordset = NULL;
    m_showuser=loguserid;
    //更新显示
    UpdateData(false);
    enable(0);
    return TRUE;
}
```

完成追加押金操作的"确定"按钮的处理函数，代码如下：

```
void CAddmoneydlg::OnOK()
{
    UpdateData(true);
    //获得输入框内的输入数据
    m_pRecordsetout.CreateInstance(__uuidof(Recordset));
    CString strsqlstore;
    strsqlstore.Format("SELECT * FROM checkinregtable where 凭证号码='%s'",m_addmoney_regnumber);
    try                                                      //连接数据库
    {
        m_pRecordsetout->Open(_variant_t(strsqlstore),       //查询表中所有字段
        theApp.m_pConnection.GetInterfacePtr(),              //获取连接对象的接口指针
                        adOpenDynamic,
                        adLockOptimistic,
                        adCmdText);
    }
    catch(_com_error *e)                                     //捕获连接数据库异常
    {
        AfxMessageBox(e->ErrorMessage());
    }
    try                                                      //更新数据库
    {
        float theaddedmoney=atof(m_addmoney_prehandmoney)+atof(m_addmoney);
        char strtheaddedmoney[50];
        _gcvt(theaddedmoney, 4, strtheaddedmoney );          //格式转换
        //写入数据表
        m_pRecordsetout->PutCollect("预收金额", _variant_t(strtheaddedmoney));
        m_pRecordsetout->Update();
        //更新数据库完毕
        AfxMessageBox("追加成功!");
    }
    catch(_com_error *e)                                     //捕获连接数据库异常
    {
        AfxMessageBox(e->ErrorMessage());
    }
}
```

在追加押金时，需要进行登记，"登记"按钮处理的函数代码如下：

```
void CAddmoneydlg::OnCloseupCOMBOregnumber()
{
    _variant_t var;
    //使用 ADO 创建数据库记录集
    m_pRecordset.CreateInstance(__uuidof(Recordset));
    //在 ADO 操作建议语句中要常用 try...catch()捕获错误信息
    UpdateData(true);
    m_addmoney_regnumberctr.GetWindowText(m_addmoney_regnumber);
    CString strsql;
    strsql.Format("SELECT * FROM checkinregtable where 凭证号码='%s'",m_addmoney_regnumber);
    try
    {
        //打开数据表
        m_pRecordset->Open(_variant_t(strsql),                          //查询表中所有字段
                            theApp.m_pConnection.GetInterfacePtr(),      //获取连接对象的接口指针
                            adOpenDynamic,
                            adLockOptimistic,
                            adCmdText);
    }
    catch(_com_error *e)                                                 //捕获异常
    {
        AfxMessageBox(e->ErrorMessage());
    }
    try
    {
        //判断指针是否在数据集最后
        if(!m_pRecordset->BOF)
                m_pRecordset->MoveFirst();
        else
        {
                AfxMessageBox("表内数据为空");
                return ;
        }
        //读取姓名
        var = m_pRecordset->GetCollect("姓名");
        if(var.vt != VT_NULL)
                m_addmoney_name = (LPCSTR)_bstr_t(var);
        //读取房间号
        var = m_pRecordset->GetCollect("房间号");
        if(var.vt != VT_NULL)
                m_addmoney_roomnumber = (LPCSTR)_bstr_t(var);
        //读取客房类型
        var = m_pRecordset->GetCollect("客房类型");
        if(var.vt != VT_NULL)
                m_addmoney_roomlevel = (LPCSTR)_bstr_t(var);
        //读取客房价格
        var = m_pRecordset->GetCollect("客房价格");
        if(var.vt != VT_NULL)
                m_addmoney_roommoney = (LPCSTR)_bstr_t(var);
        //读取住宿天数
        var = m_pRecordset->GetCollect("住宿天数");
        if(var.vt != VT_NULL)
                m_addmoney_checkdays = atof((LPCSTR)_bstr_t(var));
        //读取住宿日期
```

```
        var = m_pRecordset->GetCollect("住宿日期");
        if(var.vt != VT_NULL)
            m_addmoney_indate = (LPCSTR)_bstr_t(var);
        //读取住宿时间
        var = m_pRecordset->GetCollect("住宿时间");
        if(var.vt != VT_NULL)
            m_addmoney_intime = (LPCSTR)_bstr_t(var);
        //读取预收金额
        var = m_pRecordset->GetCollect("预收金额");
        if(var.vt != VT_NULL)
            m_addmoney_prehandmoney = (LPCSTR)_bstr_t(var);
        else
            m_addmoney_prehandmoney="000";
        //读取退宿日期
        var = m_pRecordset->GetCollect("退宿日期");
        if(var.vt != VT_NULL)
            m_addmoney_outdate = (LPCSTR)_bstr_t(var);
        //读取退宿时间
        var = m_pRecordset->GetCollect("退宿时间");
        if(var.vt != VT_NULL)
            m_addmoney_outtime = (LPCSTR)_bstr_t(var);
        //读取提醒日期
        var = m_pRecordset->GetCollect("提醒日期");
        if(var.vt != VT_NULL)
            m_addmoney_alarmdate = (LPCSTR)_bstr_t(var);
        //读取提醒时间
        var = m_pRecordset->GetCollect("提醒时间");
        if(var.vt != VT_NULL)
            m_addmoney_alarmtime = (LPCSTR)_bstr_t(var);
        //更新显示
        UpdateData(false);
    }
    catch(_com_error *e)
    {
        AfxMessageBox(e->ErrorMessage());   //如果读数异常，给出提示
    }
    //关闭记录集
    m_pRecordset->Close();
    m_pRecordset = NULL;
    //更新显示
    UpdateData(false);
}
```

在追加押金时，需要将对应的输入框初始化设置，具体代码如下：

```
void CAddmoneydlg::Onaddmoney()
{
    //初始化输入框内容
    m_addmoney_regnumber = _T("");
    m_addmoney_name = _T("");
    m_addmoney_outdate = _T("");
    m_addmoney_outtime = _T("");
    m_addmoney_prehandmoney = _T("");
    m_addmoney_roomlevel = _T("");
    m_addmoney_roommoney = _T("");
    m_addmoney_roomnumber = _T("");
```

```
    m_addmoney_alarmdate = _T("");
    m_addmoney_alarmtime = _T("");
    m_addmoney_checkdays = 0.0f;
    m_addmoney_indate = _T("");
    m_addmoney_intime = _T("");
    m_addmoney = _T("");
    UpdateData(false);
}
```

其他函数的处理代码见源程序。

17.8　调房登记模块设计

17.8.1　调房登记模块概述

调房登记模块是为实现客户调房而设计的，有的客户可能在住宿期间要求调换房间，该模块通过选择原房间号码和目标房间号码实现调房操作，其界面如图 17.21 所示。

图 17.21　"调房登记"界面

17.8.2　调房登记模块技术分析

调房登记模块根据选择的房间号，在住宿登记表中查询相关记录。如果查询到记录，则将记录显示在窗体上，然后输入目标房间号记录，将记录保存到住宿登记表中。根据房间号读取相关住宿信息的主要代码如下：

```
if(!m_pRecordset->BOF)                              //判断指针是否在数据集最后
        m_pRecordset->MoveFirst();
else
{
        AfxMessageBox("表内数据为空");
        return ;
}
//从数据表中读取客房价格字段
var = m_pRecordset->GetCollect("客房价格");
if(var.vt != VT_NULL)
        m_changeroom_roommoney = (LPCSTR)_bstr_t(var);
```

17.8.3 调房登记模块实现过程

▦ 本模块使用的数据表：Checkinregtable

（1）选择 Insert/Resource 命令打开添加资源界面，选择 Dialog 选项，单击 New 按钮，插入新的对话框。

（2）利用类向导为此对话框资源设置属性。在 Name 文本框中输入对话框类名，如 CChangeroomdlg，在 Base class 下拉列表框中选择一个基类 CDialog，单击 OK 按钮创建对话框。

（3）在工作区的资源视图中选择新创建的对话框，向对话框中添加静态文本、下拉列表框、编辑框和按钮等资源。

各个控件的 ID 和对应变量如表 17.6 所示。

表 17.6　各个控件的 ID 和对应变量

控件 ID	对 应 变 量	控件 ID	对 应 变 量
IDC_COMBO_destroom	m_destroomctr	IDC_changeroom_idnumber	m_changeroom_idnumber
IDC_COMBO_sourceroom	m_sourceroomctr	IDC_changeroom_name	m_changeroom_name
IDC_COMBO_sourceroom	m_sourceroom	IDC_changeroom_roommoney	m_changeroom_roommoney
IDC_COMBO_destroom	m_destroom	IDC_changeroomdlg_regnumber	m_changeroom_regnumber
IDC_changeroom_beizhu	m_changeroom_beizhu	IDC_STATICshowuser	m_showuser
IDC_changeroom_idkind	m_changeroom_idkind		

（4）在对应类的头文件 Changeroomdlg.h 中声明以下变量：

```
void enable(bool bEnabled);
CString destroomlevel;
_ConnectionPtr m_pConnection;
_CommandPtr m_pCommand;
_RecordsetPtr m_pRecordset;
_RecordsetPtr m_pRecordsetout;
```

该对话框类的初始化函数如下：

```
BOOL CChangeroomdlg::OnInitDialog()
{
    CDialog::OnInitDialog();
    //使用 ADO 创建数据库记录集
    m_pRecordset.CreateInstance(__uuidof(Recordset));
    _variant_t var;
    CString strroomnumber;
    //在 ADO 操作建议语句中要常用 try...catch()捕获错误信息
    try
    {
        m_pRecordset->Open("SELECT * FROM checkinregtable",    //查询表中所有字段
        theApp.m_pConnection.GetInterfacePtr(),                //获取连接对象的接口指针
                            adOpenDynamic,
                            adLockOptimistic,
                            adCmdText);
    }
    catch(_com_error *e)                                        //捕获连接数据库异常
```

```
    {
        AfxMessageBox(e->ErrorMessage());
    }
    try
    {
        if(!m_pRecordset->BOF)                              //判断指针是否在数据集最后
            m_pRecordset->MoveFirst();
        else
        {
            AfxMessageBox("表内数据为空");
            return false;
        }
        //从数据库表中读取数据
        while(!m_pRecordset->adoEOF)
        {
            //读取房间号
            var = m_pRecordset->GetCollect("房间号");
            if(var.vt != VT_NULL)
            strroomnumber = (LPCSTR)_bstr_t(var);
            m_sourceroomctr.AddString(strroomnumber);       //添加到列表
            m_destroomctr.AddString(strroomnumber);
            m_pRecordset->MoveNext();                       //移动记录集指针
        }
    }
    catch(_com_error *e)                                    //捕获异常
    {
        AfxMessageBox(e->ErrorMessage());
    }
    //关闭记录集
    m_pRecordset->Close();
    m_pRecordset = NULL;
    //获得操作员ID
    m_showuser=loguserid;
    //显示更新
    UpdateData(false);
    enable(0);
    return TRUE;
}
```

完成调房登记模块的“确定”按钮的处理函数，代码如下：

```
void CChangeroomdlg::OnOK()
{
    UpdateData(true);
    m_pRecordsetout.CreateInstance(__uuidof(Recordset));
    CString strsqlstore;
    strsqlstore.Format("SELECT * FROM checkinregtable where 凭证号码='%s'",m_changeroom_regnumber);
    //打开数据库
    try
    {
        m_pRecordsetout->Open(_variant_t(strsqlstore),      //查询表中所有字段
        //获取数据库的IDispatch指针
        theApp.m_pConnection.GetInterfacePtr(),
                        adOpenDynamic,
                        adLockOptimistic,
                        adCmdText);
    }
    catch(_com_error *e)
```

```
{
        //捕获打开数据库时的异常情况，并给出提示
        AfxMessageBox(e->ErrorMessage());
    }
    try
    {

        //往数据库内写入数据
        CString zhaiyao;
        zhaiyao.Format("从原房间%s调换到目标房间%s",m_sourceroom,m_destroom);
        m_pRecordsetout->PutCollect("房间号", _variant_t(m_destroom));
        //写入数据表"房间号"字段
        m_pRecordsetout->PutCollect("摘要", _variant_t( zhaiyao));
        //写入数据表"摘要"字段
        m_pRecordsetout->PutCollect("客房价格", _variant_t(m_changeroom_roommoney));
        //写入数据表"客房价格"字段
        m_pRecordsetout->PutCollect("客房类型", _variant_t(destroomlevel));
        //写入数据表"客房类型"字段
        m_pRecordsetout->Update();
        //写入数据完毕，给出提示
        AfxMessageBox("调换成功!");
    }
    catch(_com_error *e)                               //捕获写入数据时的异常情况，实时显示
    {
        AfxMessageBox(e->ErrorMessage());
    }
}
```

顾客要求调房，就需要提供证件等有效信息进行查询确认，实现的具体代码如下：

```
void CChangeroomdlg::OnCloseupCOMBOsourceroom()
{
    _variant_t var;
    //使用 ADO 创建数据库记录集
    m_pRecordset.CreateInstance(__uuidof(Recordset));
    //在 ADO 操作建议语句中常用 try...catch()捕获错误信息
    //获取输入框内容
    UpdateData(true);
    CString strsql;
    strsql.Format("SELECT * FROM checkinregtable where 房间号='%s'",m_sourceroom);
    try
    {
        //打开数据库
        m_pRecordset->Open(_variant_t(strsql),          //查询表中所有字段
            theApp.m_pConnection.GetInterfacePtr(),      //获取数据库的 IDispatch 指针
            adOpenDynamic,
            adLockOptimistic,
            adCmdText);
    }
    catch(_com_error *e)
    {
        //捕获异常
        AfxMessageBox(e->ErrorMessage());
    }
    try
    {
        if(!m_pRecordset->BOF)                           //判断指针是否在数据集最后
            m_pRecordset->MoveFirst();
        else
        {
            AfxMessageBox("表内数据为空");
```

```
                return ;
            }
            //从数据表中读取数据
            //从数据表中读取"姓名"字段
            var = m_pRecordset->GetCollect("姓名");
            if(var.vt != VT_NULL)
                    m_changeroom_name= (LPCSTR)_bstr_t(var);
            //从数据表中读取"凭证号码"字段
            var = m_pRecordset->GetCollect("凭证号码");
            if(var.vt != VT_NULL)
                    m_changeroom_regnumber= (LPCSTR)_bstr_t(var);
            //从数据表中读取"证件名称"字段
            var = m_pRecordset->GetCollect("证件名称");
            if(var.vt != VT_NULL)
                    m_changeroom_idkind  = (LPCSTR)_bstr_t(var);
            //从数据表中读取"证件号码"字段
            var = m_pRecordset->GetCollect("证件号码");
            if(var.vt != VT_NULL)
                    m_changeroom_idnumber = (LPCSTR)_bstr_t(var);
            //从数据表中读取"备注"字段
            var = m_pRecordset->GetCollect("备注");
            if(var.vt != VT_NULL)
                    m_changeroom_beizhu = (LPCSTR)_bstr_t(var);
            UpdateData(false);                              //更新显示
        }
        catch(_com_error *e)                               //捕获异常
        {
            AfxMessageBox(e->ErrorMessage());
        }
        //关闭记录集
        m_pRecordset->Close();
        m_pRecordset = NULL;
        //更新显示
        UpdateData(false);
}
```

调房登记选择房间类型等相关信息，实现的具体代码如下：

```
void CChangeroomdlg::OnCloseupCOMBOdestroom()
{
    _variant_t var;
    //使用 ADO 创建数据库记录集
    m_pRecordset.CreateInstance(__uuidof(Recordset));
    //在 ADO 操作建议语句中常用 try...catch()捕获错误信息
    UpdateData(true);
    CString strsql;
    strsql.Format("SELECT * FROM checkinregtable where 房间号='%s'",m_destroom);
    try                                                    //打开数据库
    {
        m_pRecordset->Open(_variant_t(strsql),             //查询表中所有字段
            theApp.m_pConnection.GetInterfacePtr(),        //获取数据库的 IDispatch 指针
            adOpenDynamic,
            adLockOptimistic,
            adCmdText);
    }
    catch(_com_error *e)
    {
        //捕获打开数据库时可能发生的异常情况
        AfxMessageBox(e->ErrorMessage());
    }
```

```
try
{
        if(!m_pRecordset->BOF)                          //判断指针是否在数据集最后
            m_pRecordset->MoveFirst();
        else
        {
            AfxMessageBox("表内数据为空");
            return ;
        }
        //从数据表中读取"客房价格"字段
        var = m_pRecordset->GetCollect("客房价格");
        if(var.vt != VT_NULL)
            m_changeroom_roommoney = (LPCSTR)_bstr_t(var);
        //从数据表中读取"客房类型"字段
        var = m_pRecordset->GetCollect("客房类型");
        if(var.vt != VT_NULL)
            destroomlevel = (LPCSTR)_bstr_t(var);
        //读取数据完毕，然后更新显示
        UpdateData(false);
}
catch(_com_error *e)                                    //捕获异常
{
        AfxMessageBox(e->ErrorMessage());
}
//关闭记录集
m_pRecordset->Close();
m_pRecordset = NULL;
UpdateData(false);                                      //更新显示
}
```

其他部分的代码见源程序。

17.9 客房销售报表模块设计

17.9.1 客房销售报表模块概述

客房销售报表模块实现客房销售报表信息的管理，可以按照时间段对该时间段内客房销售统计报表的详细信息进行精确的查询。其运行界面如图 17.22 所示。

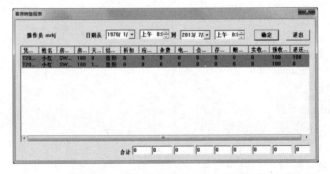

图 17.22 "客房销售报表"运行界面

17.9.2　客房销售报表模块技术分析

客房销售报表根据指定的时间进行查询，查询的结果为指定时间内的数据信息。这是根据给定时间构造时间对象，与数据表中的时间进行比较，若符合条件则添加到窗体列表中，其实现关键代码如下：

```
CString outyear,outmonth,outday;
outyear=m_checkoutdate.Mid(0,4);
outmonth=m_checkoutdate.Mid(5,m_checkoutdate.Find('-',6)-5);
outday=m_checkoutdate.Mid(m_checkoutdate.ReverseFind('-')+1,
m_checkoutdate.GetLength()-m_checkoutdate.ReverseFind('-'));
//构造时间对象
CTime outtime(atoi(outyear),atoi(outmonth),atoi(outday),m_rooms
alebegintime.GetHour(),m_roomsalebegintime.GetMinute(),m_roomsalebegintime.GetSecond());
//构造时间对象
CTime begintime(m_roomsalebegindate.GetYear(),m_roomsale
begindate.GetMonth(),m_roomsalebegindate.GetDay(),m_roomsalebegintime.GetHour(),m_roomsalebegintime.GetMinute(),
m_roomsalebegintime.GetSecond());
//构造时间对象
CTime endtime(m_roomsaleenddate.GetYear(),m_roomsaleenddate.
GetMonth(),m_roomsaleenddate.GetDay(),m_roomsaleendtime.GetHour(),m_roomsaleendtime.GetMinute(),m_roomsaleendt
ime.GetSecond());
```

17.9.3　客房销售报表模块实现过程

📖　本模块使用的数据表：checkoutregtable

（1）选择 Insert/Resource 命令打开添加资源界面，选择 Dialog 选项，单击 New 按钮，插入新的对话框。

（2）利用类向导为此对话框资源设置属性。在 Name 文本框中输入对话框类名，如 CRoomsaledlg，在 Base class 下拉列表框中选择一个基类 CDialog，单击 OK 按钮创建对话框。

（3）在工作区的资源视图中选择新创建的对话框，向对话框中添加静态文本、列表、编辑框、按钮和时间日期选择控件等资源。

各个控件的 ID 和对应变量/标题如表 17.7 所示。

表 17.7　各个控件的 ID 和对应变量/标题

控件 ID	对应变量/标题	控件 ID	对应变量/标题
IDC_LIST_roomsale	m_roomsale_list	IDC_parkmoney	m_show_parkmoney
IDC_DATETIMEPICKERroomsale_endtime	m_roomsaleendtime	IDC_pregetroommoney	m_show_pregetroommoney
IDC_DATETIMEPICKERroomsale_enddate	m_roomsaleenddate	IDC_shouldgetmoney	m_show_shouldgetmoney
IDC_DATETIMEPICKERroomsale_begintime	m_roomsalebegintime	IDC_sumgetmoney	m_show_sumgetmoney
IDC_DATETIMEPICKERroomsale_begindate	m_roomsalebegindate	IDC_telmoney	m_show_telmoney

续表

控件 ID	对应变量/标题	控件 ID	对应变量/标题
IDC_meetingmoney	m_show_meetingmoney	IDC_STATICshowuser	m_showuser
IDC_backroommoney	m_show_backroommoney	IDOK	确定
IDC_mendmoney	m_show_mendmoney	IDCANCEL	退出
IDC_mixmoney	m_show_mixmoney		

（4）在该对话框类对应的头文件 Roomsaledlg.h 中声明以下变量：

```
_ConnectionPtr m_pConnection;
_CommandPtr m_pCommand;
_RecordsetPtr m_pRecordset;
_RecordsetPtr m_pRecordsetfind;
CString m_realmoney;
CString m_room_money;
CString m_regnumber;
CString m_gustname;
CString m_gustaddr;
CString m_addr;
CString m_pre_discount;
CString m_roomlevel;
CString m_zhengjian_number;
CString m_checkinreg_reason;
CString m_discount_kind;
CString m_roomnumber;
CString m_zhengjian;
CString m_checkindate;
CString m_alarmdate;
CString m_alarmtime;
CString m_checkintime;
CString m_checkoutdate;
CString m_checkouttime;
CString m_checkdays;
CString m_discountnumber;
CString m_tel_money;
CString m_park_money;
CString m_mix_money;
CString m_mend_money;
CString m_meeting_money;
CString m_pre_handinmoney;
CString m_reback_money;
float sum_realmoney,sum_pregetmoney;
```

在该对话框类对应的源文件 Roomsaledlg.cpp 中，关键代码是"确定"按钮的处理函数。单击"确定"按钮即可统计选定时间段的客房销售的详细信息，代码如下：

```
void CRoomsaledlg::OnOK()
{
    UpdateData(true);
    m_pRecordset.CreateInstance(__uuidof(Recordset));
    _variant_t var;
    m_roomsale_list.DeleteAllItems();
    int i=0;
    //在 ADO 操作建议语句中常用 try...catch()捕获错误信息
    try
    {
```

```
          //打开数据表
          m_pRecordset->Open("SELECT * FROM checkoutregtable",          //查询表中所有字段
          //获取数据库的 IDispatch 指针
          theApp.m_pConnection.GetInterfacePtr(),
                              adOpenDynamic,
                              adLockOptimistic,
                              adCmdText);
      }
      catch(_com_error *e)                                              //抛出异常
      {
          AfxMessageBox(e->ErrorMessage());
      }
      try
      {
          //判断指针是否在数据集最后
          if(!m_pRecordset->BOF)
              m_pRecordset->MoveFirst();
          else
          {
              AfxMessageBox("表内数据为空");
              return;
          }
          //从数据库表中读取数据
          while(!m_pRecordset->adoEOF)
          {
              //循环读取数据
              var = m_pRecordset->GetCollect("退房日期");
              if(var.vt != VT_NULL)
                  m_checkoutdate = (LPCSTR)_bstr_t(var);
              CString outyear,outmonth,outday;
              outyear=m_checkoutdate.Mid(0,4);
              outmonth=m_checkoutdate.Mid(5,m_checkoutdate.Find('-',6)-5);
              outday=m_checkoutdate.Mid(m_checkoutdate.ReverseFind('-')+1,
m_checkoutdate.GetLength()-m_ checkoutdate.ReverseFind('-'));
              //构造时间对象
              CTime outtime(atoi(outyear),atoi(outmonth),atoi(outday),
m_roomsalebegintime.GetHour(),m_roomsalebegintime.GetMinute(),m_roomsalebegintime.GetSecond());
              //构造时间对象
              CTime begintime(m_roomsalebegindate.GetYear(),m_roomsalebegindate.
GetMonth(),m_roomsalebegindate.GetDay(),m_roomsalebegintime.GetHour(),m_roomsalebegintime.GetMinute(),m_roomsal
ebegintime.GetSecond());
              //构造时间对象
              CTime endtime(m_roomsaleenddate.GetYear(),m_roomsaleenddate.
GetMonth(),m_roomsaleenddate.GetDay(),m_roomsaleendtime.GetHour(),m_roomsaleendtime.GetMinute(),m_roomsaleendt
ime.GetSecond());
              if((outtime<endtime)&&(outtime>begintime))                 //满足条件的数据被读取，并在列表框内显示
              {
              //读取数据表中"凭证号码"字段数据
              var = m_pRecordset->GetCollect("凭证号码");
              if(var.vt != VT_NULL)
                  m_regnumber = (LPCSTR)_bstr_t(var);
              //在列表内显示该字段内容
              m_roomsale_list.InsertItem(i,m_regnumber.GetBuffer(50));
              //读取数据表中"姓名"字段数据
              var = m_pRecordset->GetCollect("姓名");
              if(var.vt != VT_NULL)
                  m_gustname = (LPCSTR)_bstr_t(var);
              //在列表内显示该字段内容
              m_roomsale_list.SetItemText(i,1,m_gustname.GetBuffer(50));
```

```
//读取数据表中"房间号"字段数据
var = m_pRecordset->GetCollect("房间号");
if(var.vt != VT_NULL)
    m_roomnumber = (LPCSTR)_bstr_t(var);
//在列表内显示该字段内容
m_roomsale_list.SetItemText(i,2,m_roomnumber.GetBuffer(50));
//读取数据表中"客房价格"字段数据
var = m_pRecordset->GetCollect("客房价格");
if(var.vt != VT_NULL)
    m_room_money = (LPCSTR)_bstr_t(var);
//在列表内显示该字段内容
m_roomsale_list.SetItemText(i,3,m_room_money.GetBuffer(50));
//读取数据表中"住宿天数"字段数据
var = m_pRecordset->GetCollect("住宿天数");
if(var.vt != VT_NULL)
    m_checkdays = (LPCSTR)_bstr_t(var);
//在列表内显示该字段内容
m_roomsale_list.SetItemText(i,4,m_checkdays.GetBuffer(50));
//读取数据表中"折扣或招待"字段数据
var = m_pRecordset->GetCollect("折扣或招待");
if(var.vt != VT_NULL)
    m_discount_kind = (LPCSTR)_bstr_t(var);
//在列表内显示该字段内容
m_roomsale_list.SetItemText(i,5,m_discount_kind.GetBuffer(50));
//读取数据表中"折扣"字段数据
var = m_pRecordset->GetCollect("折扣");
if(var.vt != VT_NULL)
    m_discountnumber = (LPCSTR)_bstr_t(var);
//在列表内显示该字段内容
m_roomsale_list.SetItemText(i,6,m_discountnumber.GetBuffer(50));
//读取数据表中"应收宿费"字段数据
var = m_pRecordset->GetCollect("应收宿费");
if(var.vt != VT_NULL)
    m_pre_discount = (LPCSTR)_bstr_t(var);
//在列表内显示该字段内容
m_roomsale_list.SetItemText(i,7,m_pre_discount.GetBuffer(50));
    m_show_shouldgetmoney=m_show_shouldgetmoney+atof(m_pre_discount);
//读取数据表中"杂费"字段数据
    var = m_pRecordset->GetCollect("杂费");
if(var.vt != VT_NULL)
    m_mix_money = (LPCSTR)_bstr_t(var);
//在列表内显示该字段内容
m_roomsale_list.SetItemText(i,8,m_mix_money.GetBuffer(50));
m_show_mixmoney=m_show_mixmoney+atof(m_mix_money);
//读取数据表中"电话费"字段数据
var = m_pRecordset->GetCollect("电话费");
if(var.vt != VT_NULL)
    m_tel_money = (LPCSTR)_bstr_t(var);
//在列表内显示该字段内容
m_roomsale_list.SetItemText(i,9,m_tel_money.GetBuffer(50));
m_show_telmoney=m_show_telmoney+atof(m_tel_money);
//读取数据表中"会议费"字段数据
var = m_pRecordset->GetCollect("会议费");
if(var.vt != VT_NULL)
    m_meeting_money = (LPCSTR)_bstr_t(var);
//在列表内显示该字段内容
m_roomsale_list.SetItemText(i,10,m_meeting_money.GetBuffer(50));
m_show_meetingmoney=m_show_meetingmoney+atof(m_meeting_money);
//读取数据表中"存车费"字段数据
```

```
                var = m_pRecordset->GetCollect("存车费");
                if(var.vt != VT_NULL)
                    m_park_money = (LPCSTR)_bstr_t(var);
                //在列表内显示该字段内容
                m_roomsale_list.SetItemText(i,11,m_park_money.GetBuffer(50));
                m_show_parkmoney=m_show_parkmoney+atof(m_park_money);
                //读取数据表中"赔偿费"字段数据
                var = m_pRecordset->GetCollect("赔偿费");
                if(var.vt != VT_NULL)
                    m_mend_money = (LPCSTR)_bstr_t(var);
                //在列表内显示该字段内容
                m_roomsale_list.SetItemText(i,12,m_mend_money.GetBuffer(50));
                m_show_mendmoney=m_show_mendmoney+atof(m_mend_money);
                //读取数据表中"金额总计"字段数据
                var = m_pRecordset->GetCollect("金额总计");
                if(var.vt != VT_NULL)
                    m_realmoney = (LPCSTR)_bstr_t(var);
                //在列表内显示该字段内容
                m_roomsale_list.SetItemText(i,13,m_realmoney.GetBuffer(50));
                    m_show_sumgetmoney=m_show_sumgetmoney+atof(m_realmoney);
                //读取数据表中"预收宿费"字段数据
                var = m_pRecordset->GetCollect("预收宿费");
                if(var.vt != VT_NULL)
                    m_pre_handinmoney = (LPCSTR)_bstr_t(var);
                //在列表内显示该字段内容
                m_roomsale_list.SetItemText(i,14,m_pre_handinmoney.GetBuffer(50));
                m_show_pregetroommoney=m_show_pregetroommoney+atof(m_pre_handinmoney);
                //读取数据表中"退还宿费"字段数据
                var = m_pRecordset->GetCollect("退还宿费");
                if(var.vt != VT_NULL)
                    m_reback_money = (LPCSTR)_bstr_t(var);
                //在列表内显示该字段内容
                m_roomsale_list.SetItemText(i,15,m_reback_money.GetBuffer(50));
                m_show_backroommoney=m_show_backroommoney+atof(m_reback_money);
                i++;                                      //移动记录集指针到下一条记录
                m_pRecordset->MoveNext();
                }
        else                                              //如果不满足条件就直接跳过此记录
            {
                m_pRecordset->MoveNext();
                continue;
            }
        }
    }
    catch(_com_error *e)                                  //捕获异常
    {
        AfxMessageBox(e->ErrorMessage());
    }
    //关闭记录集
    m_pRecordset->Close();
    m_pRecordset = NULL;
    UpdateData(false);
}
```

在 Roomsaledlg.cpp 源文件中，实现报表信息的代码如下：

```
BOOL CRoomsaledlg::OnInitDialog()
{
    CDialog::OnInitDialog();
    CTime tTime;
```

```
tTime=tTime.GetCurrentTime();
//设置默认时间
m_roomsaleenddate=tTime;
//设置列表框颜色
m_roomsale_list.SetTextColor(RGB(0, 0, 0));
m_roomsale_list.SetTextBkColor(RGB(140, 180, 20));
//初始化列表框
m_roomsale_list.InsertColumn(1,"凭证号码");
m_roomsale_list.InsertColumn(2,"姓名");
m_roomsale_list.InsertColumn(3,"房间号");
m_roomsale_list.InsertColumn(4,"房价");
m_roomsale_list.InsertColumn(5,"天数");
m_roomsale_list.InsertColumn(6,"结款方式");
m_roomsale_list.InsertColumn(7,"折扣");
m_roomsale_list.InsertColumn(8,"应收宿费");
m_roomsale_list.InsertColumn(9,"杂费");
m_roomsale_list.InsertColumn(10,"电话费");
m_roomsale_list.InsertColumn(11,"会议费");
m_roomsale_list.InsertColumn(12,"存车费");
m_roomsale_list.InsertColumn(13,"赔偿费");
m_roomsale_list.InsertColumn(14,"实收金额");
m_roomsale_list.InsertColumn(15,"预收宿费");
m_roomsale_list.InsertColumn(16,"退还宿费");
RECT rect;
m_roomsale_list.GetWindowRect(&rect);
int wid=rect.right-rect.left;
int i=0;
m_roomsale_list.SetColumnWidth(0,wid/16);
m_roomsale_list.SetColumnWidth(1,wid/16);
m_roomsale_list.SetColumnWidth(2,wid/16);
m_roomsale_list.SetColumnWidth(3,wid/20);
m_roomsale_list.SetColumnWidth(4,wid/20);
m_roomsale_list.SetColumnWidth(5,wid/16);
m_roomsale_list.SetColumnWidth(6,wid/16);
m_roomsale_list.SetColumnWidth(7,wid/16);
m_roomsale_list.SetColumnWidth(8,wid/16);
m_roomsale_list.SetColumnWidth(9,wid/16);
m_roomsale_list.SetColumnWidth(10,wid/16);
m_roomsale_list.SetColumnWidth(11,wid/16);
m_roomsale_list.SetColumnWidth(12,wid/16);
m_roomsale_list.SetColumnWidth(13,wid/14);
m_roomsale_list.SetColumnWidth(14,wid/14);
m_roomsale_list.SetColumnWidth(15,wid/14);
//设置列表框风格
 m_roomsale_list.SetExtendedStyle(LVS_EX_FULLROWSELECT);
//使用 ADO 创建数据库记录集
m_pRecordset.CreateInstance(__uuidof(Recordset));
 _variant_t var;
//在 ADO 操作建议语句中常用 try...catch()捕获错误信息
try
{
    //打开数据表
    m_pRecordset->Open("SELECT * FROM checkoutregtable",     //查询表中所有字段
                    theApp.m_pConnection.GetInterfacePtr(),   //获取数据库的 IDispatch 指针
                    adOpenDynamic,
                    adLockOptimistic,
                    adCmdText);
}
catch(_com_error *e)                                          //抛出异常情况
```

```
{
        AfxMessageBox(e->ErrorMessage());
}
try
{
        if(!m_pRecordset->BOF)                                    //判断指针是否在数据集最后
                m_pRecordset->MoveFirst();
        else
        {
                AfxMessageBox("表内数据为空");
                return false;
        }
        while(!m_pRecordset->adoEOF)                              //循环读取数据
        {
                //读取数据表中"凭证号码"字段数据
                var = m_pRecordset->GetCollect("凭证号码");
                if(var.vt != VT_NULL)
                        m_regnumber = (LPCSTR)_bstr_t(var);
        //在列表框内显示该字段内容
                m_roomsale_list.InsertItem(i,m_regnumber.GetBuffer(50));
        //读取数据表中"姓名"字段数据
                var = m_pRecordset->GetCollect("姓名");
                if(var.vt != VT_NULL)
                        m_gustname = (LPCSTR)_bstr_t(var);
                //在列表框内显示该字段内容
                m_roomsale_list.SetItemText(i,1,m_gustname.GetBuffer(50));
                //读取数据表中"房间号"字段数据
                var = m_pRecordset->GetCollect("房间号");
                if(var.vt != VT_NULL)
                        m_roomnumber = (LPCSTR)_bstr_t(var);
                //在列表框内显示该字段内容
                m_roomsale_list.SetItemText(i,2,m_roomnumber.GetBuffer(50));
                //读取数据表中"客房价格"字段数据
                var = m_pRecordset->GetCollect("客房价格");
                if(var.vt != VT_NULL)
                        m_room_money = (LPCSTR)_bstr_t(var);
                //在列表框内显示该字段内容
                m_roomsale_list.SetItemText(i,3,m_room_money.GetBuffer(50));
                //读取数据表中"住宿天数"字段数据
                var = m_pRecordset->GetCollect("住宿天数");
                if(var.vt != VT_NULL)
                        m_checkdays = (LPCSTR)_bstr_t(var);
                //在列表框内显示该字段内容
                m_roomsale_list.SetItemText(i,4,m_checkdays.GetBuffer(50));
                //读取数据表中"折扣或招待"字段数据
                var = m_pRecordset->GetCollect("折扣或招待");
                if(var.vt != VT_NULL)
                        m_discount_kind = (LPCSTR)_bstr_t(var);
                //在列表框内显示该字段内容
                m_roomsale_list.SetItemText(i,5,m_discount_kind.GetBuffer(50));
                //读取数据表中"折扣"字段数据
                var = m_pRecordset->GetCollect("折扣");
                if(var.vt != VT_NULL)
                        m_discountnumber = (LPCSTR)_bstr_t(var);
                //在列表框内显示该字段内容
                m_roomsale_list.SetItemText(i,6,m_discountnumber.GetBuffer(50));
                //读取数据表中"应收宿费"字段数据
                var = m_pRecordset->GetCollect("应收宿费");
                if(var.vt != VT_NULL)
```

```
                m_pre_discount = (LPCSTR)_bstr_t(var);
        //在列表框内显示该字段内容
        m_roomsale_list.SetItemText(i,7,m_pre_discount.GetBuffer(50));
        //读取数据表中"杂费"字段数据
        var = m_pRecordset->GetCollect("杂费");
        if(var.vt != VT_NULL)
                m_mix_money = (LPCSTR)_bstr_t(var);
        //在列表框内显示该字段内容
        m_roomsale_list.SetItemText(i,8,m_mix_money.GetBuffer(50));
        //读取数据表中"电话费"字段数据
        var = m_pRecordset->GetCollect("电话费");
        if(var.vt != VT_NULL)
                m_tel_money = (LPCSTR)_bstr_t(var);
        //在列表框内显示该字段内容
        m_roomsale_list.SetItemText(i,9,m_tel_money.GetBuffer(50));
        //读取数据表中"会议费"字段数据
        var = m_pRecordset->GetCollect("会议费");
        if(var.vt != VT_NULL)
                m_meeting_money = (LPCSTR)_bstr_t(var);
        //在列表框内显示该字段内容
        m_roomsale_list.SetItemText(i,10,m_meeting_money.GetBuffer(50));
        //读取数据表中"存车费"字段数据
        var = m_pRecordset->GetCollect("存车费");
        if(var.vt != VT_NULL)
                m_park_money = (LPCSTR)_bstr_t(var);
        //在列表框内显示该字段内容
        m_roomsale_list.SetItemText(i,11,m_park_money.GetBuffer(50));
        //读取数据表中"赔偿费"字段数据
        var = m_pRecordset->GetCollect("赔偿费");
        if(var.vt != VT_NULL)
                m_mend_money = (LPCSTR)_bstr_t(var);
        //在列表框内显示该字段内容
        m_roomsale_list.SetItemText(i,12,m_mend_money.GetBuffer(50));
        //读取数据表中"金额总计"字段数据
        var = m_pRecordset->GetCollect("金额总计");
        if(var.vt != VT_NULL)
                m_realmoney = (LPCSTR)_bstr_t(var);
        //在列表框内显示该字段内容
        m_roomsale_list.SetItemText(i,13,m_realmoney.GetBuffer(50));
        //读取数据表中"预收宿费"字段数据
        var = m_pRecordset->GetCollect("预收宿费");
        if(var.vt != VT_NULL)
                m_pre_handinmoney = (LPCSTR)_bstr_t(var);
        //在列表框内显示该字段内容
        m_roomsale_list.SetItemText(i,14,m_pre_handinmoney.GetBuffer(50));
        //读取数据表中"退还宿费"字段数据
        var = m_pRecordset->GetCollect("退还宿费");
        if(var.vt != VT_NULL)
                m_reback_money = (LPCSTR)_bstr_t(var);
        //在列表框内显示该字段内容
        m_roomsale_list.SetItemText(i,15,m_reback_money.GetBuffer(50));
        i++;
        m_pRecordset->MoveNext();                               //记录集指针下移一条记录
    }
}
catch(_com_error *e)                                            //抛出异常情况，提示用户
{
    AfxMessageBox(e->ErrorMessage());
}
```

```
//关闭记录集
m_pRecordset->Close();
m_pRecordset = NULL;
//变量赋值
m_show_meetingmoney=0;
m_show_backroommoney=0;
m_show_mendmoney=0;
m_show_mixmoney=0;
m_show_parkmoney=0;
m_show_pregetroommoney=0;
m_show_shouldgetmoney=0;
m_show_sumgetmoney=0;
m_show_telmoney=0;
m_showuser=loguserid;
UpdateData(false);
return TRUE;
}
```

17.10　小　　结

　　本章的主要内容是根据酒店客房管理的实际情况设计一个管理系统。通过本章的学习，读者可以了解一个酒店客房管理系统的开发流程。本章通过详细的讲解及简洁的代码使读者能够更快、更好地掌握数据库管理系统的开发技术，增加读者的实际开发能力和项目经验。

第 18 章

C# + SQL Server 实现
企业人事管理系统

人事管理是现代企业管理工作不可缺少的一部分，是推动企业走向科学化、规范化的重要抓手。员工是企业生存的主要元素，员工的增减、变动将直接影响企业的整体运作。企业员工越多、分工越细、关联越紧密，要做的统计工作也越多，人事管理的难度就越大。随着企业的不断壮大，建立自动化的企业人事管理系统就显得非常必要，本章将通过使用 C#+ SQL Server 技术开发一个企业人事管理系统。

本章知识架构及重难点如下：

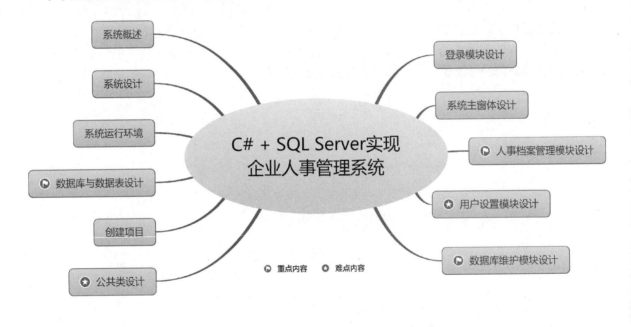

18.1 系统概述

鉴于一些企业人事管理软件的不足，本章要求能够设计一个可以方便、快捷地对职工信息进行添加、修改、删除，并且可以在数据库中存储职工的照片的管理系统。为了能够更好地存储职工信息，可以将职工信息添加到 Word 文档或者 Excel 表格中，这样不但便于保存，还可以通过 Word 文档或者 Excel 表格进行打印。

18.2　系　统　设　计

18.2.1　系统目标

根据企业对人事管理的要求，制定企业人事管理系统的目标如下。

- ☑ 操作简单方便、界面简洁美观。
- ☑ 在查看员工信息时，可以对当前员工的家庭情况、培训情况进行添加、修改、删除操作。
- ☑ 方便、快捷地全方位数据查询。
- ☑ 按照指定的条件对员工进行统计。
- ☑ 可以将员工信息以表格的形式导出到 Word 文档中以便进行打印。
- ☑ 可以将员工信息导出到 Excel 表格中以便进行打印。
- ☑ 灵活的数据备份、还原及清空功能。
- ☑ 由于该系统的使用对象较多，所以要有较好的权限管理。
- ☑ 能够在当前运行的系统中重新进行登录。
- ☑ 系统运行稳定、安全可靠。

18.2.2　系统功能结构

企业人事管理系统的功能结构如图 18.1 所示。

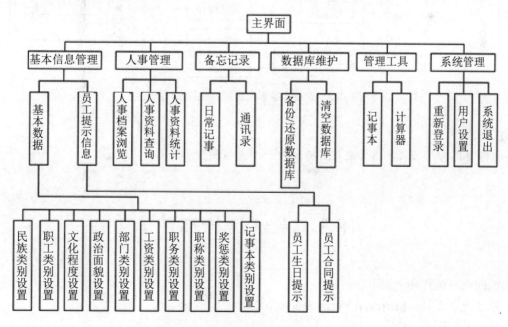

图 18.1　企业人事管理系统的功能结构

18.2.3　系统业务流程图

企业人事管理系统的业务流程如图 18.2 所示。

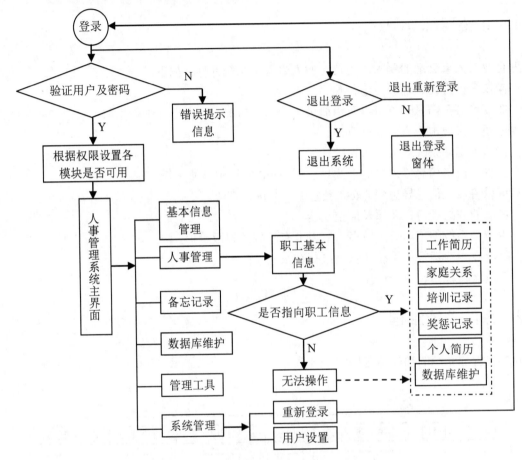

图 18.2　企业人事管理系统的业务流程图

注意

在制作项目前，必须根据其实现目标制作业务流程图。

18.3　系统运行环境

本系统的程序运行环境如下。

☑　系统开发工具：Microsoft Visual Studio 2022。

☑　系统开发语言：C#。

- ☑　数据库管理软件：SQL Server 数据库。
- ☑　运行平台：Windows 7（SP1）/Windows 10。
- ☑　运行环境：Microsoft .NET Framework SDK v4.5 及以上。

18.4　数据库与数据表设计

开发应用程序时，对数据库的操作是必不可少的。数据库设计是根据程序的需求及其实现功能制定的，数据库设计的合理性将直接影响程序的开发过程。

18.4.1　数据库分析

企业人事管理系统主要用来记录一个企业中所有员工的基本信息以及每个员工的工作简历、家庭成员、奖惩记录等，数据量是根据企业员工的多少来决定的。SQL Server 数据库系统在安全性、准确性和运行速度方面有绝对的优势，并且处理数据量大、效率高，所以本系统采用了 SQL Server 数据库作为后台数据库。数据库命名为 db_PWMS，其中包含 23 张数据表，用于存储不同的信息，详细信息如图 18.3 所示。

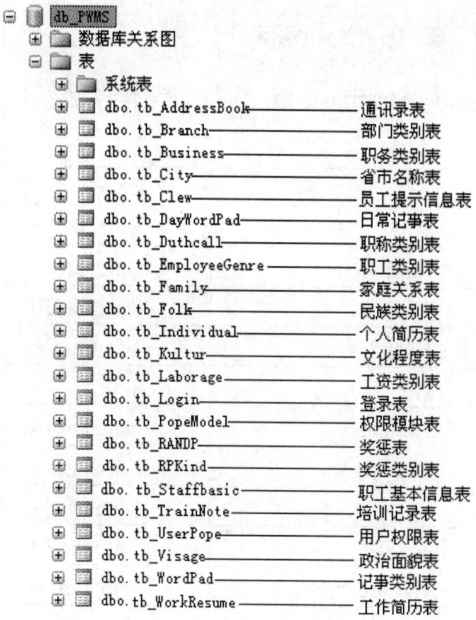

```
db_PWMS
  数据库关系图
  表
    系统表
    dbo.tb_AddressBook————通讯录表
    dbo.tb_Branch————部门类别表
    dbo.tb_Business————职务类别表
    dbo.tb_City————省市名称表
    dbo.tb_Clew————员工提示信息表
    dbo.tb_DayWordPad————日常记事表
    dbo.tb_Duthcall————职称类别表
    dbo.tb_EmployeeGenre————职工类别表
    dbo.tb_Family————家庭关系表
    dbo.tb_Folk————民族类别表
    dbo.tb_Individual————个人简历表
    dbo.tb_Kultur————文化程度表
    dbo.tb_Laborage————工资类别表
    dbo.tb_Login————登录表
    dbo.tb_PopeModel————权限模块表
    dbo.tb_RANDP————奖惩表
    dbo.tb_RFKind————奖惩类别表
    dbo.tb_Staffbasic————职工基本信息表
    dbo.tb_TrainNote————培训记录表
    dbo.tb_UserPope————用户权限表
    dbo.tb_Visage————政治面貌表
    dbo.tb_WordPad————记事类别表
    dbo.tb_WorkResume————工作简历表
```

图 18.3　企业人事管理系统中用到的数据表

18.4.2　主要数据表结构

数据表结构和创建过程基本相同，这里介绍几个主要数据表结构。

1. tb_UserPope

tb_UserPope 表（用户权限表）用于保存每个操作员使用程序的相关权限，该表的结构如表 18.1 所示。

表 18.1　用户权限表

字　段　名	数据类型	主　键　否	描　　述
AutoID	int	是	自动编号
ID	varchar(5)	否	操作员编号
PopeName	varchar(50)	否	权限名称
Pope	int	否	权限标识

2. tb_PopeModel

tb_PopeModel 表（权限模块表）用于保存程序中涉及的所有权限名称，该表的结构如表 18.2 所示。

表 18.2　权限模块表

字 段 名	数 据 类 型	主 键 否	描 述
ID	int	是	编号
PopeName	varchar(50)	否	权限名称

3．tb_EmployeeGenre

tb_EmployeeGenre 表（职工类别表）用于保存职工类别的相关信息，该表的结构如表 18.3 所示。

表 18.3　职工类别表

字 段 名	数 据 类 型	主 键 否	描 述
ID	int	是	编号
EmployeeName	varchar(20)	否	职工类型

4．tb_Staffbasic

tb_Staffbasic 表（职工基本信息表）用于保存职工的基本信息，该表的结构如表 18.4 所示。

表 18.4　职工基本信息表

字 段 名	数 据 类 型	主 键 否	描 述
ID	varchar(5)	是	职工编号
StaffName	varchar(20)	否	职工姓名
Folk	varchar(20)	否	民族
Birthday	datetime	否	出生日期
Age	int	否	年龄
Culture	varchar(14)	否	文化程度
Marriage	varchar(4)	否	婚姻
Sex	varchar(4)	否	性别
Visage	varchar(14)	否	政治面貌
IDCard	varchar(20)	否	身份证号
Workdate	datetime	否	单位工作时间
WorkLength	int	否	工龄
Employee	varchar(20)	否	职工类型
Business	varchar(10)	否	职务类型
Laborage	varchar(10)	否	工资类别
Branch	varchar(14)	否	部门类别
Duthcall	varchar(14)	否	职称类别
Phone	varchar(14)	否	电话号码
Handset	varchar(11)	否	手机号
School	varchar(24)	否	毕业学校
Speciality	varchar(20)	否	主修专业
GraduateDate	datetime	否	毕业时间
Address	varchar(50)	否	家庭地址
Photo	image	否	个人照片
BeAware	varchar(30)	否	省
City	varchar(30)	否	市

续表

字　段　名	数据类型	主　键　否	描　　述
M_Pay	float	否	月工资
Bank	varchar(20)	否	银行账号
Pact_B	datetime	否	合同起始日期
Pact_E	datetime	否	合同结束日期
Pact_Y	float	否	合同年限

5. tb_Family

tb_Family 表（家庭关系表）用于保存家庭关系的相关信息，该表的结构如表 18.5 所示。

表 18.5　家庭关系表

字　段　名	数据类型	主　键　否	描　　述
ID	varchar(5)	是	编号
Stu_ID	varchar(5)	否	职工编号
LeagueName	varchar(20)	否	家庭成员名称
Nexus	varchar(10)	否	与本人的关系
BirthDate	datetime	否	出生日期
WorkUnit	varchar(24)	否	工作单位
Business	varchar(10)	否	职务
Visage	varchar(10)	否	政治面貌
phone	varchar(14)	否	电话号码

6. tb_WorkResume

tb_WorkResume 表（工作简历表）用于保存工作简历的相关信息，该表的结构如表 18.6 所示。

表 18.6　工作简历表

字　段　名	数据类型	主　键　否	描　　述
ID	varchar(5)	是	编号
Stu_ID	varchar(5)	否	职工编号
BeginDate	datetime	否	开始时间
EndDate	datetime	否	结束时间
WorkUnit	varchar(24)	否	工作单位
Branch	varchar(14)	否	部门
Business	varchar(14)	否	职务

7. tb_RANDP

tb_RANDP 表（奖惩表）用于保存职工奖惩记录的信息，该表的结构如表 18.7 所示。

表 18.7　奖惩表

字　段　名	数　据　类　型	主　键　否	描　　　述
ID	varchar(5)	是	编号
Stu_ID	varchar(5)	否	职工编号
RPKind	varchar(20)	否	奖惩种类
RPDate	datetime	否	奖惩时间
SealMan	varchar(10)	否	批准人
QuashDate	datetime	否	撤销时间
QuashWhys	varchar(50)	否	撤销原因

8．tb_Individual

tb_Individual 表（个人简历表）用于保存职工个人简历的信息，该表的结构如表 18.8 所示。

表 18.8　个人简历表

字　段　名	数　据　类　型	主　键　否	描　　　述
ID	varchar(5)	是	编号
Memo	text	否	内容

9．tb_DayWordPad

tb_DayWordPad 表（日常记事表）用于保存人事方面的一些日常事情，该表的结构如表 18.9 所示。

表 18.9　日常记事表

字　段　名	数　据　类　型	主　键　否	描　　　述
ID	int	是	编号
BlotterDate	datetime	否	记事时间
BlotterSort	varchar(20)	否	记事类别
Motif	varchar(20)	否	主题
Wordpa	text	否	内容

10．tb_TrainNote

tb_TrainNote 表（培训记录表）用于保存职工培训记录的相关信息，该表的结构如表 18.10 所示。

表 18.10　培训记录表

字　段　名	数　据　类　型	主　键　否	描　　　述
ID	varchar(5)	是	编号
Stu_ID	varchar(5)	否	职工编号
TrainFashion	varchar(20)	否	培训方式
BeginDate	datetime	否	培训开始时间
EndDate	datetime	否	培训结束时间
Speciality	varchar(20)	否	培训专业

续表

字　段　名	数据类型	主　键　否	描　　述
TrainUnit	varchar(30)	否	培训单位
CultureMemo	varchar(50)	否	培训内容
Charge	float	否	费用
Effect	varchar(20)	否	效果

11．tb_AddressBook

tb_AddressBook 表（通讯录表）用于保存职工的其他联系信息，该表的结构如表 18.11 所示。

表 18.11　通讯录表

字　段　名	数据类型	主　键　否	描　　述
ID	varchar(5)	是	编号
Name	varchar(20)	否	职工姓名
Sex	varchar(4)	否	性别
Phone	varchar(13)	否	家庭电话
QQ	varchar(15)	否	QQ 号
WorkPhone	varchar(13)	否	工作电话
E-mail	varchar(32)	否	邮箱地址
Handset	varchar(11)	否	手机号

说明

由于篇幅有限，这里只列举了重要的数据表的结构，其他的数据表结构可参见资源包中的数据库文件。

18.4.3　数据表逻辑关系

为了使读者能够更好地了解职工基本信息表与其他各表之间的关系，在这里给出数据表关系图，如图 18.4 所示。通过图 18.4 所示的关系可以看出，职工基本信息表的一些字段，可以在相关联的表中获取指定的值，并通过职工基本信息表的 ID 值与家庭关系表、培训记录表、奖惩表等建立关系。

为了使读者能够更好地理解用户登录表与用户权限表、权限模板表之间的关系，下面给出其表间关系图，如图 18.5 所示。通过图 18.5 可以看出，在用户登录时，可以根据用户 ID 在用户权限表中调用相关的权限。当添加用户时，可以通过权限模板表中的信息，将权限名称自动添加到用户权限表中，以方便在前台中对用户进行添加操作。

说明

制作数据表的关系图是十分重要的，只有将各表之间的关系梳理清楚，才可以通过表关系制作相应的触发器。在开发项目时对一个表进行操作，相应的关系表也会随之改变。

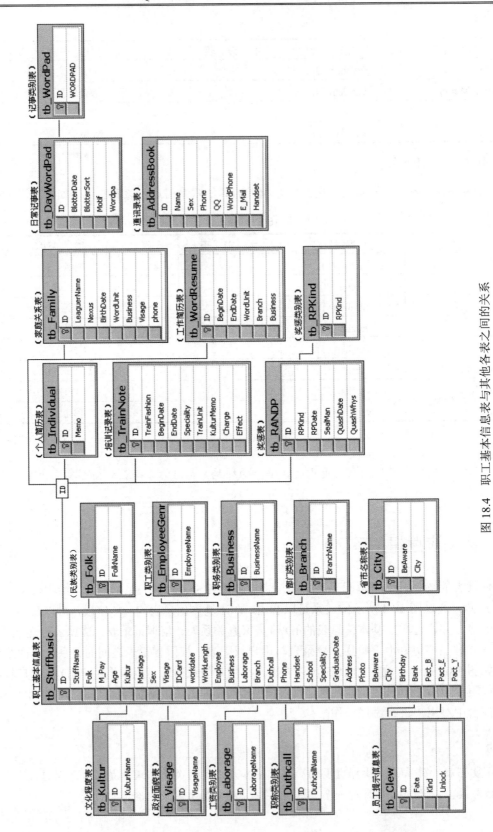

图 18.4 职工基本信息表与其他各表之间的关系

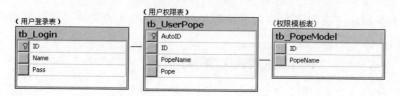

图 18.5　用户登录表与用户权限表、权限模板表之间的关系

18.5　创建项目

在 Visual Studio 2019 开发环境中创建 PWMS 项目的步骤如下。

（1）在 Windows 10 操作系统的"开始"菜单中找到 Visual Studio 2019，单击打开。

（2）在 Visual Studio 2019 的开始使用界面中单击"创建新项目"，在弹出的"创建新项目"对话框中选择"Windows 窗体应用(.NET Framework)"选项，单击"下一步"按钮，弹出"配置新项目"对话框，按照图 18.6 所示进行配置，单击"创建"按钮，即可创建一个空白的 PWMS 项目。

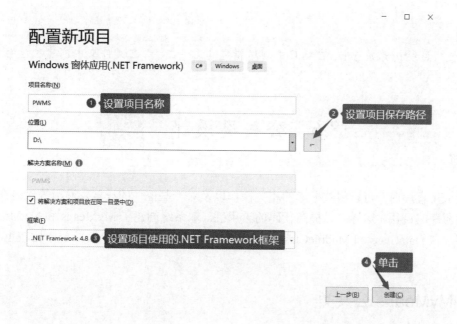

图 18.6　"配置新项目"对话框

（3）创建 PWMS 项目后，为了方便以后的开发工作和规范系统的整体架构，可以先创建系统中可能用到的文件夹（例如，创建一个名为 DataClass 的文件夹，用于保存程序中用到的数据库文件），这样在开发时，只需将创建的类文件或窗体文件保存到相应的文件夹中即可。在项目中创建文件夹非常简单，只需选中当前项目，右击，在弹出的快捷菜单中选择"添加"/"新建文件夹"命令即可，如图 18.7 所示。

（4）按照以上步骤，依次创建企业人事管理系统中可能用到的文件夹，并重命名。下面给出创建完成后的效果，如图 18.8 所示。

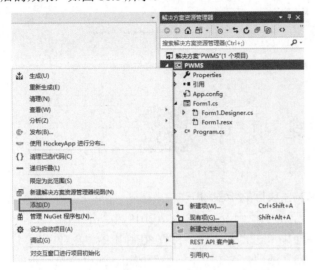

图 18.7　选择"添加"/"新建文件夹"命令

图 18.8　文件夹组织结构

说明

为了使项目结构更加清晰，在项目中创建指定的文件夹，并在文件夹中创建相应的类、窗体等。

18.6　公共类设计

在开发应用程序时，可以将数据库的相关操作以及对一些控件的设置、遍历等封装在自定义类中，以便在开发程序时调用，这样可以提高代码的重用性。本系统创建了 MyMeans 和 MyModule 两个公共类，分别存放在 DataClass 和 ModuleClass 文件夹中。下面分别对这两个公共类中比较重要的方法进行详细讲解。

18.6.1　MyMeans 公共类

MyMeans 公共类封装了本系统中所有与数据库连接的方法，可以通过该类的方法与数据库建立连接，并对数据信息进行添加、修改、删除以及读取等操作。在命名空间区域引用 System.Data.SqlClient 命名空间，主要代码如下：

```
using System.Data.SqlClient;
namespace PWMS.DataClass
{
    class MyMeans
    {
```

```
#region　全局变量
public static string Login_ID = "";                              //定义全局变量，记录当前登录的用户编号
public static string Login_Name = "";                            //定义全局变量，记录当前登录的用户名
//定义静态全局变量，记录"基础信息"各窗体中的表名、SQL 语句以及要添加和修改的字段名
public static string Mean_SQL = "", Mean_Table = "", Mean_Field = "";
//定义一个 SqlConnection 类型的静态公共变量 My_con，用于判断数据库是否连接成功
public static SqlConnection My_con;
//定义 SQL Server 连接字符串，用户在使用时，将 Data Source 改为自己的 SQL Server 服务器名
public static string M_str_sqlcon = "Data Source=XIAOKE;Database=db_PWMS;User
id=sa;PWD=";
public static int Login_n = 0;                                    //用户登录与重新登录的标识
//存储职工基本信息表中的 SQL 语句
public static string AllSql = "Select * from tb_Staffbasic";
#endregion

    …自定义方法，如 getcon、con_close、getcom 等方法
    }
}
```

下面对 MyMeans 类中的自定义方法进行详细介绍。

注意

在项目中连接 SQL Server 数据库是用本机名称，如果在其他计算机上运行该项目，应用本地计算机的名称进行连接。

1. getcon 方法

getcon 方法是用 static 定义的静态方法，其功能是建立与数据库的连接，然后通过 SqlConnection 对象的 Open 方法打开与数据库的连接，并返回 SqlConnection 对象的信息。代码如下：

```
public static SqlConnection getcon()
{
    My_con = new SqlConnection(M_str_sqlcon);                     //用 SqlConnection 对象与指定的数据库相连接
    My_con.Open();                                                //打开数据库连接
    return My_con;                                                //返回 SqlConnection 对象的信息
}
```

2. con_close 方法

con_close 方法的主要功能是对数据库操作后，判断是否与数据库连接。如果连接，则关闭数据库连接。代码如下：

```
public void con_close()
{
    if (My_con.State == ConnectionState.Open) {                  //判断是否打开与数据库的连接
        My_con.Close();                                          //关闭数据库的连接
        My_con.Dispose();                                        //释放 My_con 变量的所有空间
    }
}
```

3. getcom 方法

getcom 方法的主要功能是用 SqlDataReader 对象以只读的方式读取数据库中的信息，并以 SqlDataReader 对象返回，其中，SQLstr 参数表示传递的 SQL 语句。代码如下：

```
public SqlDataReader getcom(string SQLstr)
{
    getcon();                                              //打开与数据库的连接
    //创建一个 SqlCommand 对象，用于执行 SQL 语句
    SqlCommand My_com = My_con.CreateCommand();
    My_com.CommandText = SQLstr;                           //获取指定的 SQL 语句
    SqlDataReader My_read = My_com.mp4cuteReader();        //执行 SQL 语句，生成一个 SqlDataReader 对象
    return My_read;
}
```

4．getsqlcom 方法

getsqlcom 方法的主要功能是通过 SqlCommand 对象执行数据库中的添加、修改和删除操作，并在执行完后，关闭与数据库的连接，其中，SQLstr 参数表示传递的 SQL 语句。代码如下：

```
public void getsqlcom(string SQLstr)
{
    getcon();                                              //打开与数据库的连接
    //创建一个 SqlCommand 对象，用于执行 SQL 语句
    SqlCommand SQLcom = new SqlCommand(SQLstr, My_con);
    SQLcom.mp4cuteNonQuery();                              //执行 SQL 语句
    SQLcom.Dispose();                                      //释放所有空间
    con_close();                                           //调用 con_close 方法，关闭数据库连接
}
```

5．getDataSet 方法

getDataSet 方法的主要功能是通过 SqlCommand 对象执行数据库中的添加、修改和删除操作，并在执行完后，关闭与数据库的连接，其中，SQLstr 参数表示传递的 SQL 语句。代码如下：

```
public DataSet getDataSet(string SQLstr, string tableName)
{
    getcon();                                              //打开与数据库的连接
    SqlDataAdapter SQLda = new SqlDataAdapter(SQLstr, My_con);
    DataSet My_DataSet = new DataSet();                    //创建 DataSet 对象
    SQLda.Fill(My_DataSet, tableName);
    con_close();                                           //关闭数据库的连接
    return My_DataSet;                                     //返回 DataSet 对象的信息
}
```

> 💡 **说明**
>
> 为了在项目中对不同的数据表进行操作，可以进行数据库的连接和断开操作，数据表的添加、修改、删除和查询使用指定的方法进行封装，以便重复调用。

18.6.2 MyModule 公共类

MyModule 公共类将系统中所有窗体的动态调用以及动态生成添加、修改、删除和查询的 SQL 语句等全部封装到指定的自定义方法中，以便在开发程序时重复调用，这样可以大大简化程序的开发过程。由于该类中应用了可视化组件的基类和对数据库进行操作的相关对象，在命名空间区域中引用 System.Windows. Forms 和 using System.Data.SqlClient 命名空间。主要代码如下：

```
//以下是添加的命名空间
```

```csharp
using System.Windows.Forms;
using System.Data;
using System.Data.SqlClient;
namespace PWMS.ModuleClass
{
    class MyModule
    {
        #region  公共变量
        //声明 MyMeans 类的一个对象，以调用其方法
        DataClass.MyMeans MyDataClass = new PWMS.DataClass.MyMeans();
        public static string ADDs = "";                           //用来存储添加或修改的 SQL 语句
        public static string FindValue = "";                      //存储查询条件
        public static string Address_ID = "";                     //存储通讯录添加修改时的 ID 编号
        public static string User_ID = "";                        //存储用户的 ID 编号
        public static string User_Name = "";                      //存储用户名
        #endregion
        …自定义方法，如 Show_Form、TreeMenuF、Part_SaveClass 等方法
    }
}
```

因篇幅有限，下面只对几个比较重要的方法进行介绍。

1. Show_Form 方法

Show_Form 方法通过 FrmName 参数传递窗体名称，调用相应的子窗体,因本系统中存在公共窗体，也就是在同一个窗体模块中可以显示不同的窗体，所以用参数 n 进行标识。调用公共窗体，实际上就是通过不同的 SQL 语句，在显示窗体时以不同的数据进行显示，以实现不同窗体的显示效果。主要代码如下：

```csharp
#region  窗体的调用
/// <summary>
///窗体的调用
/// </summary>
/// <param name="FrmName">调用窗体的 Text 属性值</param>
/// <param name="n">标识</param>
public void Show_Form(string FrmName, int n)
{
    if (n == 1)
    {
        if (FrmName == "人事档案管理")                            //判断当前要打开的窗体
        {
            PerForm.F_ManFile FrmManFile = new PWMS.PerForm.F_ManFile();
            FrmManFile.Text = "人事档案管理";                     //设置窗体名称
            FrmManFile.ShowDialog();                             //显示窗体
            FrmManFile.Dispose();
        }
        if (FrmName == "人事资料查询")
        {
            PerForm.F_Find FrmFind = new PWMS.PerForm.F_Find();
            FrmFind.Text = "人事资料查询";
            FrmFind.ShowDialog();
            FrmFind.Dispose();
        }
        if (FrmName == "人事资料统计")
        {
            PerForm.F_Stat FrmStat = new PWMS.PerForm.F_Stat();
            FrmStat.Text = "人事资料统计";
            FrmStat.ShowDialog();
```

```
        FrmStat.Dispose();
    }
    if (FrmName == "员工生日提示")
    {
        InfoAddForm.F_ClewSet FrmClewSet = new PWMS.InfoAddForm.F_ClewSet();
        FrmClewSet.Text = "员工生日提示";                              //设置窗体名称
        //设置窗体的 Tag 属性，用于在打开窗体时判断窗体的显示类型
        FrmClewSet.Tag = 1;
        FrmClewSet.ShowDialog();                                  //显示窗体
        FrmClewSet.Dispose();
    }
    if (FrmName == "员工合同提示")
    {
        InfoAddForm.F_ClewSet FrmClewSet = new PWMS.InfoAddForm.F_ClewSet();
        FrmClewSet.Text = "员工合同提示";
        FrmClewSet.Tag = 2;
        FrmClewSet.ShowDialog();
        FrmClewSet.Dispose();
    }
    if (FrmName == "日常记事")
    {
        PerForm.F_WordPad FrmWordPad = new PWMS.PerForm.F_WordPad();
        FrmWordPad.Text = "日常记事";
        FrmWordPad.ShowDialog();
        FrmWordPad.Dispose();
    }
    if (FrmName == "通讯录")
    {
        PerForm.F_AddressList FrmAddressList = new PWMS.PerForm.F_AddressList();
        FrmAddressList.Text = "通讯录";
        FrmAddressList.ShowDialog();
        FrmAddressList.Dispose();
    }
    if (FrmName == "备份/还原数据库")
    {
        PerForm.F_HaveBack FrmHaveBack = new PWMS.PerForm.F_HaveBack();
        FrmHaveBack.Text = "备份/还原数据库";
        FrmHaveBack.ShowDialog();
        FrmHaveBack.Dispose();
    }
    if (FrmName == "清空数据库")
    {
        PerForm.F_ClearData FrmClearData = new PWMS.PerForm.F_ClearData();
        FrmClearData.Text = "清空数据库";
        FrmClearData.ShowDialog();
        FrmClearData.Dispose();
    }
    if (FrmName == "重新登录")
    {
        F_Login FrmLogin = new F_Login();
        FrmLogin.Tag = 2;
        FrmLogin.ShowDialog();
        FrmLogin.Dispose();
    }
    if (FrmName == "用户设置")
    {
        PerForm.F_User FrmUser = new PWMS.PerForm.F_User();
        FrmUser.Text = "用户设置";
        FrmUser.ShowDialog();
```

```
                FrmUser.Dispose();
            }
            if (FrmName == "计算器")
            {
                System.Diagnostics.Process.Start("calc.mp4");
            }
            if (FrmName == "记事本")
            {
                System.Diagnostics.Process.Start("notepad.mp4");
            }
            if (FrmName == "系统帮助")
            {
                System.Diagnostics.Process.Start("readme.doc");
            }
        }
        if (n == 2)
        {
            String FrmStr = "";                                    //记录窗体名称
            if (FrmName == "民族类别设置")                          //判断要打开的窗体
            {
                DataClass.MyMeans.Mean_SQL = "select * from tb_Folk";    //SQL 语句
                DataClass.MyMeans.Mean_Table = "tb_Folk";                //表名
                DataClass.MyMeans.Mean_Field = "FolkName";               //添加、修改数据的字段名
                FrmStr = FrmName;
            }
            if (FrmName == "职工类别设置")
            {
                DataClass.MyMeans.Mean_SQL = "select * from tb_EmployeeGenre";
                DataClass.MyMeans.Mean_Table = "tb_EmployeeGenre";
                DataClass.MyMeans.Mean_Field = "EmployeeName";
                FrmStr = FrmName;
            }
            if (FrmName == "文化程度设置")
            {
                DataClass.MyMeans.Mean_SQL = "select * from tb_Culture";
                DataClass.MyMeans.Mean_Table = "tb_Culture";
                DataClass.MyMeans.Mean_Field = "CultureName";
                FrmStr = FrmName;
            }
            if (FrmName == "政治面貌设置")
            {
                DataClass.MyMeans.Mean_SQL = "select * from tb_Visage";
                DataClass.MyMeans.Mean_Table = "tb_Visage";
                DataClass.MyMeans.Mean_Field = "VisageName";
                FrmStr = FrmName;
            }
            if (FrmName == "部门类别设置")
            {
                DataClass.MyMeans.Mean_SQL = "select * from tb_Branch";
                DataClass.MyMeans.Mean_Table = "tb_Branch";
                DataClass.MyMeans.Mean_Field = "BranchName";
                FrmStr = FrmName;
            }
            if (FrmName == "工资类别设置")
            {
                DataClass.MyMeans.Mean_SQL = "select * from tb_Laborage";
                DataClass.MyMeans.Mean_Table = "tb_Laborage";
                DataClass.MyMeans.Mean_Field = "LaborageName";
                FrmStr = FrmName;
```

```
            }
            if (FrmName == "职务类别设置")
            {
                DataClass.MyMeans.Mean_SQL = "select * from tb_Business";
                DataClass.MyMeans.Mean_Table = "tb_Business";
                DataClass.MyMeans.Mean_Field = "BusinessName";
                FrmStr = FrmName;
            }
            if (FrmName == "职称类别设置")
            {
                DataClass.MyMeans.Mean_SQL = "select * from tb_Duthcall";
                DataClass.MyMeans.Mean_Table = "tb_Duthcall";
                DataClass.MyMeans.Mean_Field = "DuthcallName";
                FrmStr = FrmName;
            }
            if (FrmName == "奖惩类别设置")
            {
                DataClass.MyMeans.Mean_SQL = "select * from tb_RPKind";
                DataClass.MyMeans.Mean_Table = "tb_RPKind";
                DataClass.MyMeans.Mean_Field = "RPKind";
                FrmStr = FrmName;
            }
            if (FrmName == "记事本类别设置")
            {
                DataClass.MyMeans.Mean_SQL = "select * from tb_WordPad";
                DataClass.MyMeans.Mean_Table = "tb_WordPad";
                DataClass.MyMeans.Mean_Field = "WordPad";
                FrmStr = FrmName;
            }
            InfoAddForm.F_Basic FrmBasic = new PWMS.InfoAddForm.F_Basic();
            FrmBasic.Text = FrmStr;                          //设置窗体名称
            FrmBasic.ShowDialog();                           //显示调用的窗体
            FrmBasic.Dispose();
        }
    }
#endregion
```

📐 **说明**

在开发项目时，窗体的调用是必不可少的，可以将窗体的调用过程写在一个方法中，并通过窗体名称显示指定的窗体。

2．GetMenu 方法

GetMenu 方法的主要功能是将 MenuStrip 菜单中的菜单项按照级别动态添加到 TreeView 控件的相应节点中，其中，treeV 参数表示要添加节点的 TreeView 控件，MenuS 参数表示要获取信息的 MenuStrip 菜单。主要代码如下：

```
#region    将 StatusStrip 控件中的信息添加到 treeView 控件中
/// <summary>
///读取菜单中的信息
/// </summary>
/// <param name="treeV">TreeView 控件</param>
/// <param name="MenuS">MenuStrip 控件</param>
public void GetMenu(TreeView treeV, MenuStrip MenuS)
{
```

```
//遍历 MenuStrip 组件中的一级菜单项
for (int i = 0; i < MenuS.Items.Count; i++)
{
    //将一级菜单项的名称添加到 TreeView 组件的根节点中，并设置当前节点的子节点 newNode1
    TreeNode newNode1 = treeV.Nodes.Add(MenuS.Items[i].Text);
    //将当前菜单项的所有相关信息存入 ToolStripDropDownItem 对象中
    ToolStripDropDownItem newmenu = (ToolStripDropDownItem)MenuS.Items[i];
    //判断当前菜单项中是否有二级菜单项
    if (newmenu.HasDropDownItems && newmenu.DropDownItems.Count > 0)
        for (int j = 0; j < newmenu.DropDownItems.Count; j++)       //遍历二级菜单项
        {
            //将二级菜单名称添加到 TreeView 组件的子节点 newNode1 中，并设置当前节点的子节点
            TreeNode newNode2 = newNode1.Nodes.Add(newmenu.DropDownItems[j].Text);
            //将当前菜单项的所有相关信息存入 ToolStripDropDownItem 对象中
            ToolStripDropDownItem newmenu2 = (ToolStripDropDownItem)newmenu.DropDownItems[j];
            //判断二级菜单项中是否有三级菜单项
            if (newmenu2.HasDropDownItems && newmenu2.DropDownItems.Count > 0)
                for (int p = 0; p < newmenu2.DropDownItems.Count; p++)  //遍历三级菜单项
                    //将三级菜单名称添加到 TreeView 组件的子节点 newNode2 中
                    newNode2.Nodes.Add(newmenu2.DropDownItems[p].Text);
        }
}
#endregion
```

> **说明**
>
> 在设置节点时，同一级别上的每个节点必须具有唯一的 Value 属性值。

3. Clear_Control 方法

　　Clear_Control 方法的主要功能是清空可视化控件集中指定控件的文本信息及图片，主要用于在添加数据信息时，对相应文本框进行清空。其中，Con 参数表示可视化控件的控件集合。主要代码如下：

```
#region  遍历清空指定的控件
/// <summary>
///清空指定类型控件的文本及图片信息
/// </summary>
/// <param name="Con">可视化控件</param>
public void Clear_Control(Control.ControlCollection Con)
{
    foreach (Control C in Con){                                 //遍历可视化组件中的所有控件
        if (C.GetType().Name == "TextBox")                      //判断是否为 TextBox 控件
            if (((TextBox)C).Visible == true)                   //判断当前控件是否为显示状态
                ((TextBox)C).Clear();                           //清空当前控件
        if (C.GetType().Name == "MaskedTextBox")                //判断是否为 MaskedTextBox 控件
            if (((MaskedTextBox)C).Visible == true)             //判断当前控件是否为显示状态
                ((MaskedTextBox)C).Clear();                     //清空当前控件
        if (C.GetType().Name == "ComboBox")                     //判断是否为 ComboBox 控件
            if (((ComboBox)C).Visible == true)                  //判断当前控件是否为显示状态
                ((ComboBox)C).Text = "";                        //清空当前控件的 Text 属性值
        if (C.GetType().Name == "PictureBox")                   //判断是否为 PictureBox 控件
            if (((PictureBox)C).Visible == true)                //判断当前控件是否为显示状态
                ((PictureBox)C).Image = null;                   //清空当前控件的 Image 属性
    }
}
#endregion
```

4．Part_SaveClass 方法

Part_SaveClass 方法的主要功能是通过部分控件名 BoxName 与 i 值（数字）相结合，在可视化控件集中查找指定的控件，并根据 Sarr 参数中的字段名，组合成添加或修改语句，将生成后的语句存储在公共变量 ADDs 中。主要代码如下：

```csharp
#region  保存添加或修改的信息
/// <summary>
///保存添加或修改的信息
/// </summary>
/// <param name="Sarr">数据表中的所有字段</param>
/// <param name="ID1">第一个字段值</param>
/// <param name="ID2">第二个字段值</param>
/// <param name="Contr">指定控件的数据集</param>
/// <param name="BoxName">要搜索的控件名称</param>
/// <param name="TableName">数据表名称</param>
/// <param name="n">控件的个数</param>
/// <param name="m">标识，用于判断是添加还是修改</param>
public void Part_SaveClass(string Sarr, string ID1, string ID2, Control.ControlCollection Contr, string BoxName, string TableName, int n, int m)
{
    string tem_Field = "", tem_Value = "";
    int p = 2;
    if (m == 1){                                          //当 m 为 1 时，表示添加数据信息
        if (ID1 != "" && ID2 == ""){                      //根据参数值判断添加的字段
            tem_Field = "ID";
            tem_Value = "'" + ID1 + "'";
            p = 1;
        }
        else{
            tem_Field = "Sta_id,ID";
            tem_Value = "'" + ID1 + "','" + ID2 + "'";
        }
    }
    else
        if (m == 2){                                      //当 m 为 2 时，表示修改数据信息
            if (ID1 != "" && ID2 == ""){                  //根据参数值判断添加的字段
                tem_Value = "ID='" + ID1 + "'";
                p = 1;
            }
            else
                tem_Value = "Sta_ID='" + ID1 + "',ID='" + ID2 + "'";
        }

    if (m > 0){                                           //生成部分添加、修改语句
        string[] Parr = Sarr.Split(Convert.ToChar(','));
        for (int i = p; i < n; i++)
        {
            //通过 BoxName 参数获取要进行操作的控件名称
            string sID = BoxName + i.ToString();
            foreach (Control C in Contr){                 //遍历控件集中的相关控件
                if (C.GetType().Name == "TextBox" | C.GetType().Name == "MaskedTextBox" | C.GetType().Name ==
"ComboBox")
                    if (C.Name == sID){                   //如果在控件集中找到相应的组件
                        string Ctext = C.Text;
                        if (C.GetType().Name == "MaskedTextBox")  //如果当前是 MaskedTextBox 控件
                            Ctext = Date_Format(C.Text);          //对当前控件的值进行格式化
                        if (m == 1){                              //组合 SQL 语句中 insert 的相关语句
```

```
                    tem_Field = tem_Field + "," + Parr[i];
                    if (Ctext == "")
                        tem_Value = tem_Value + "," + "NULL";
                    else
                        tem_Value = tem_Value + "," + "'" + Ctext + "'";
                }
                if (m == 2)
                {                                            //组合 SQL 语句中 update 的相关语句
                    if (Ctext=="")
                        tem_Value = tem_Value + "," + Parr[i] + "=NULL";
                    else
                        tem_Value = tem_Value + "," + Parr[i] + "='" + Ctext + "'";
                }
            }
        }
    }
    ADDs = "";
    if (m == 1)                                              //生成 SQL 的添加语句
        ADDs = "insert into " + TableName + " (" + tem_Field + ") values(" + tem_Value + ")";
    if (m == 2)                                              //生成 SQL 的修改语句
        if (ID2 == "")                                       //根据 ID2 参数，判断修改语句的条件
            ADDs = "update " + TableName + " set " + tem_Value + " where ID='" + ID1 + "'";
        else
            ADDs = "update " + TableName + " set " + tem_Value + " where ID='" + ID2 + "'";
    }
}
#endregion
```

Part_SaveClass 方法中的参数及其说明如表 18.12 所示。

表 18.12　Part_SaveClass 方法中的参数及其说明

参　　数	说　　明
Sarr	要添加或修改表的部分字段名称，字段名必须以 "," 号分隔
ID1	数据表中的 ID 字段名，在修改表时，可用于条件字段
ID2	数据表中的职工编号字段名，可以为空
Contr	可视化控件集，用于在该控件集中查找控件信息
BoxName	获取控件的部分名称，用于查找相关控件
TableName	要进行添加、修改的数据表名称
n	控件集中要获取控件信息的个数
m	标识，用于判断是生成添加语句，还是修改语句

注意

在 Part_SaveClass 方法中查找的控件名，必须以 BoxName_i 格式命名（如 Word_1）。

5. Find_Grids 方法

Find_Grids 方法的主要功能是查找指定可视化控件集中控件名包含 TName 参数值的所有控件，并根据控件名称获取相应表的字段名。当查找的控件为 TextBox 时，根据当前控件的部分名称查找相应的 ComboBox 控件（用来记录逻辑运算符），通过 ANDSign 参数将具有相关性的控件组合成查询条件，存入公共变量 FindValue 中。主要代码如下：

355

```
#region  组合查询条件
/// <summary>
///根据控件是否为空组合查询条件
/// </summary>
/// <param name="GBox">GroupBox 控件的数据集</param>
/// <param name="TName">获取信息控件的部分名称</param>
/// <param name="ANDSign">查询关系</param>
public void Find_Grids(Control.ControlCollection GBox, string TName, string ANDSign)
{
    string sID = "";                                            //定义局部变量
    if (FindValue.Length>0)
        FindValue = FindValue + ANDSign;
            foreach (Control C in GBox){                         //遍历控件集上的所有控件
        //判断是否为遍历的控件
        if (C.GetType().Name == "TextBox" | C.GetType().Name == "ComboBox"){
        if (C.GetType().Name == "ComboBox" && C.Text!=""){       //当指定控件不为空时
            sID = C.Name;
             //当 TName 参数是当前控件名中的部分信息时
            if (sID.IndexOf(TName) > -1){
                //用 "_" 符号分隔当前控件的名称，获取相应的字段名
                string[] Astr = sID.Split(Convert.ToChar('_'));
                //生成查询条件
                FindValue = FindValue + "(" + Astr[1] + " = '" + C.Text + "')" + ANDSign;
            }
                }
        //如果当前为 TextBox 控件，并且控件不为空
        if (C.GetType().Name == "TextBox" && C.Text != "")
        {
            sID = C.Name;                                        //获取当前控件的名称
            //判断 TName 参数值是否为当前控件名的子字符串
            if (sID.IndexOf(TName) > -1)
            {
                string[] Astr = sID.Split(Convert.ToChar('_'));
                //以 "_" 为分隔符，将控件名存入一维数组中
                string m_Sign = "";                             //用于记录逻辑运算符
                string mID = "";                                //用于记录字段名
                if (Astr.Length > 2)                            //当数组的元素个数大于 2 时
                    mID = Astr[1] + "_" + Astr[2];              //将最后两个元素组成字段名
                else
                    mID = Astr[1];                              //获取当前条件所对应的字段名称
                foreach (Control C1 in GBox)                     //遍历控件集
                {
                    if (C1.GetType().Name == "ComboBox")        //判断是否为 ComboBox 组件
                    //判断当前组件名是否包含条件组件的部分文件名
                    if ((C1.Name).IndexOf(mID) > -1)
                    {
                        if (C1.Text == "")                      //当查询条件为空时
                            break;                              //退出本次循环
                        else
                        {
                            m_Sign = C1.Text;                   //将条件值存储到 m_Sgin 变量中
                            break;
                        }
                    }
                }
                if (m_Sign != "")                               //当该条件不为空时
                    //组合 SQL 语句的查询条件
                    FindValue = FindValue + "(" + mID + m_Sign + C.Text + ")" + ANDSign;
            }
```

```
            }
        }
    }
    if (FindValue.Length > 0)              //当存储查询条件的变量不为空时，删除逻辑运算符 AND 和 OR
    {
        if (FindValue.IndexOf("AND") > -1)                      //判断是否用 AND 连接条件
            FindValue = FindValue.Substring(0, FindValue.Length - 4);
        if (FindValue.IndexOf("OR") > -1)                       //判断是否用 OR 连接条件
            FindValue = FindValue.Substring(0, FindValue.Length - 3);
    }
    else
        FindValue = "";
}
#endregion
```

Find_Grids 方法中的参数及其说明如表 18.13 所示。

表 18.13　Find_Grids 方法中的参数及其说明

参　　数	说　　明
GBox	用于查找的控件集
TName	获取控件的部分名称，用于查找相关控件
ANDSign	逻辑运算符 AND 或 OR

注意

在 Find_Grids 方法中查找的条件控件 ComboBox 或 TextBox，必须以"TName+相应字段名"命名（如查找民族类别的控件，其控件名为 Find_Folk，其中 Find_是传递的 TName 参数值，Folk 为相应表的字段名）。存储逻辑运算符的 ComboBox 控件必须以"相应表的字段名+_Sign"命名（如当 TextBox 控件名为 Find_Age 时，相应的 ComboBox 控件名为 Age_Sign），这样便于根据控件名称进行组合。

6．GetAutocoding 方法

GetAutocoding 方法的主要功能是在添加数据时自动获取添加数据的编号。其实现过程是通过表名和 ID 字段在表中查找最大的 ID 值，并将 ID 值加 1 返回。当表中无记录时，返回"0001"。TableName 参数表示进行自动编号的表名，ID 参数表示数据表的编号字段。主要代码如下：

```
#region    自动编号
/// <summary>
///在添加信息时自动计算编号
/// </summary>
/// <param name="TableName">表名</param>
/// <param name="ID">字段名</param>
/// <returns>返回 String 对象</returns>
public String GetAutocoding(string TableName, string ID)
{
    //查找指定表中 ID 号为最大的记录
    SqlDataReader MyDR = MyDataClass.getcom("select max(" + ID + ") NID from " + TableName);
    int Num = 0;
    if (MyDR.HasRows)                                          //当查找到记录时
    {
        MyDR.Read();                                          //读取当前记录
```

```
        if (MyDR[0].ToString() == "")
            return "0001";
        Num = Convert.ToInt32(MyDR[0].ToString());      //将当前找到的最大编号转换成整数
        ++Num;                                           //最大编号加
        string s = string.Format("{0:0000}", Num);       //将整数值转换成指定格式的字符串
        return s;                                        //返回自动生成的编号
    }
    else
    {
        return "0001";                                   //当数据表没有记录时，返回
    }
}
#endregion
```

7. TreeMenuF 方法

TreeMenuF 方法在单击 TreeView 控件的节点时被调用，其主要功能是通过所选节点的文本名称，在 MenuStrip 控件中进行遍历查找。如果找到，并且为可用状态，则通过 Show_Form 方法动态调用相关的窗体。代码如下：

```
#region   用 TreeView 控件调用 StatusStrip 控件下各菜单的单击事件
/// <summary>
///用 TreeView 控件调用 StatusStrip 控件下各菜单的单击事件
/// </summary>
/// <param name="MenuS">MenuStrip 控件</param>
/// <param name="e">TreeView 控件的 TreeNodeMouseClickEventArgs 类</param>
public void TreeMenuF(MenuStrip MenuS, TreeNodeMouseClickEventArgs e)
{
    string Men = "";
    for (int i = 0; i < MenuS.Items.Count; i++)                    //遍历 MenuStrip 控件中的主菜单项
    {
        Men = ((ToolStripDropDownItem)MenuS.Items[i]).Name;       //获取主菜单项的名称
        //如果 MenuStrip 控件的菜单项没有子菜单
        if (Men.IndexOf("Menu") == -1)
        {
            //当节点名称与菜单项名称相等时
            if (((ToolStripDropDownItem)MenuS.Items[i]).Text == e.Node.Text)
            //判断当前菜单项是否可用
            if (((ToolStripDropDownItem)MenuS.Items[i]).Enabled == false)
            {
                MessageBox.Show("当前用户无权限调用" + "\"" + e.Node.Text + "\"" + "窗体");
                break;
            }
            else
                //调用相应的窗体
                Show_Form(((ToolStripDropDownItem)MenuS.Items[i]).Text.Trim(), 1);
        }
        ToolStripDropDownItem newmenu = (ToolStripDropDownItem)MenuS.Items[i];
        //遍历二级菜单项
        if (newmenu.HasDropDownItems && newmenu.DropDownItems.Count > 0)
            for (int j = 0; j < newmenu.DropDownItems.Count; j++)
            {
                Men = newmenu.DropDownItems[j].Name;              //获取二级菜单项的名称
                if (Men.IndexOf("Menu") == -1)
                {
                    if ((newmenu.DropDownItems[j]).Text == e.Node.Text)
                        if ((newmenu.DropDownItems[j]).Enabled == false)
                        {
```

```
                                MessageBox.Show("当前用户无权限调用" + "\"" + e.Node.Text + "\"" + "窗体");
                                break;
                        }
                        else
                                Show_Form((newmenu.DropDownItems[j]).Text.Trim(), 1);
                }
                ToolStripDropDownItem newmenu2 = (ToolStripDropDownItem)newmenu.DropDownItems[j];
                //遍历三级菜单项
                if (newmenu2.HasDropDownItems && newmenu2.DropDownItems.Count > 0)
                    for (int p = 0; p < newmenu2.DropDownItems.Count; p++)
                    {
                        if ((newmenu2.DropDownItems[p]).Text == e.Node.Text)
                            if ((newmenu2.DropDownItems[p]).Enabled == false)
                            {
                                MessageBox.Show("当前用户无权限调用" + "\"" + e.Node.Text + "\"" + "窗体");
                                break;
                            }
                            else
                                if ((newmenu2.DropDownItems[p]).Text.Trim() == "员工生日提示" ||
(newmenu2.DropDownItems[p]).Text.Trim() == "员工合同提示")
                                    Show_Form((newmenu2.DropDownItems[p]).Text.Trim(), 1);
                                else
                                    Show_Form((newmenu2.DropDownItems[p]).Text.Trim(), 2);
                    }
            }
        }
    }
}
#endregion
```

说明

ToolStripDropDownItem 类主要用于将指定的项装载到下拉容器中，可以通过将 DropDown 属性设置为 ToolStripDropDown，以及设置 ToolStripDropDown 的 Items 属性来执行此操作。可通过 DropDownItems 属性访问已添加的下拉项。

8. MainPope 方法

MainPope 方法的主要功能是通过当前登录用户的名称,在权限用户表中查询当前用户的所有权限,并根据权限设置菜单栏中各菜单项的可用状态。其中，MenuS 参数是要设置的菜单栏控件，UName 参数为当前用户的名称。代码如下：

```
#region  根据用户权限设置主窗体菜单
/// <summary>
///根据用户权限设置菜单是否可用
/// </summary>
/// <param name="MenuS">MenuStrip 控件</param>
/// <param name="UName">当前登录用户名</param>
public void MainPope(MenuStrip MenuS, String UName)
{
    string Str = "";
    string MenuName = "";
    DataSet DSet = MyDataClass.getDataSet("select ID from tb_Login where Name='" + UName + "'", "tb_Login");
                                                //获取当前登录用户的信息
    string UID = Convert.ToString(DSet.Tables[0].Rows[0][0]);      //获取当前用户编号
    DSet = MyDataClass.getDataSet("select ID,PopeName,Pope from tb_UserPope where ID='" + UID + "'", "tb_UserPope");
                                                //获取当前用户的权限信息
```

```
    bool bo = false;
    for (int k = 0; k < DSet.Tables[0].Rows.Count; k++)              //遍历当前用户的权限名称
    {
        Str = Convert.ToString(DSet.Tables[0].Rows[k][1]);          //获取权限名称
        if (Convert.ToInt32(DSet.Tables[0].Rows[k][2]) == 1)        //判断权限是否可用
            bo = true;
        else
            bo = false;
        for (int i = 0; i < MenuS.Items.Count; i++)                 //遍历菜单栏中的一级菜单项
        {
            //记录当前菜单项下的所有信息
            ToolStripDropDownItem newmenu = (ToolStripDropDownItem)MenuS.Items[i];
            //如果当前菜单项有子级菜单项
            if (newmenu.HasDropDownItems && newmenu.DropDownItems.Count > 0)
                for (int j = 0; j < newmenu.DropDownItems.Count; j++)   //遍历二级菜单项
                {
                    MenuName = newmenu.DropDownItems[j].Name;           //获取当前菜单项的名称
                    if (MenuName.IndexOf(Str) > -1)                     //如果包含权限名称
                        newmenu.DropDownItems[j].Enabled = bo;          //根据权限设置可用状态
                    //记录当前菜单项的所有信息
                    ToolStripDropDownItem newmenu2 = (ToolStripDropDownItem)newmenu.
                    DropDownItems[j];
                    //如果当前菜单项有子级菜单项
                    if (newmenu2.HasDropDownItems && newmenu2.DropDownItems.Count > 0)
                        //遍历三级菜单项
                        for (int p = 0; p < newmenu2.DropDownItems.Count; p++)
                        {
                            //获取当前菜单项的名称
                            MenuName = newmenu2.DropDownItems[p].Name;
                            if (MenuName.IndexOf(Str) > -1)             //如果包含权限名称
                                newmenu2.DropDownItems[p].Enabled = bo; //根据权限设置可用状态
                        }
                }
        }
    }
}
#endregion
```

9. Amend_Pope 方法

Amend_Pope 方法的主要功能是修改指定用户的权限，其中，GBox 参数是包含权限复选框的容器控件，TID 参数为当前用户的编号。代码如下：

```
#region  修改指定用户权限
/// <summary>
///修改指定用户的权限
/// </summary>
/// <param name="GBox">GroupBox 控件的数据集</param>
/// <param name="TID">获取用户编号</param>
public void Amend_Pope(Control.ControlCollection GBox, string TID)
{
    string CheckName = "";
    int tt = 0;                                                     //定义一个变量，用来表示是否拥有权限
    foreach (Control C in GBox)                                     //循环查找 GroupBox 包含的控件
    {
        if (C.GetType().Name == "CheckBox")                        //判断控件类型是不是 CheckBox
        {
            if (((CheckBox)C).Checked)                             //判断复选框是否选中
                tt = 1;
```

```
        else
            tt = 0;
        CheckName = C.Name;
        string[] Astr = CheckName.Split(Convert.ToChar('_'));          //截取复选框的名称，并存放到一个数组中
        //修改用户权限
        MyDataClass.getsqlcom("update tb_UserPope set Pope=" + tt + " where (ID='" + TID + "') and (PopeName='" +
Astr[1].Trim() + "')");
        }
    }
}
#endregion
```

 说明

(CheckBox) Control 主要是将 Control 强制转换成 CheckBox 类，在强制转换前必须通过 Control 的 GetType()方法的 Name 属性获取其控件类型。如果类型不正确，则触发异常。

18.7　登录模块设计　

📋 本模块使用的数据表：tb_Login

登录模块要求输入正确的用户名和密码才能进入主窗体，以此提高程序的安全性，保护数据资料不外泄。系统登录模块如图 18.9 所示。

图 18.9　系统登录模块

18.7.1　设计登录窗体

新建一个 Windows 窗体，命名为 F_Login.cs，用于实现系统的登录功能，将窗体的 FormBorderStyle 属性设置为 None，以便去掉窗体的标题栏。登录窗体用到的主要控件如表 18.14 所示。

表 18.14　登录窗体用到的主要控件

控 件 类 型	控件 ID	主要属性设置	用　　途
abl TextBox	textName	无	输入登录用户名
	textPass	PasswordChar 属性设置为 "*"	输入用户密码
ab Button	butLogin	Text 属性设置为 "登录"	登录
	butClose	Text 属性设置为 "取消"	取消
PictureBox	pictureBox1	SizeMode 属性设置为 StretchImage	显示登录窗体的背景图片

18.7.2　按下 Enter 键时移动鼠标焦点

当用户在"用户名"文本框中输入值，并按下 Enter 键，将鼠标焦点移动到"密码"文本框中。当在"密码"文本框中输入值，并按下 Enter 键，将鼠标焦点移动到"登录"按钮上。代码如下：

```
private void textName_KeyPress(object sender, KeyPressEventArgs e)
{
    if (e.KeyChar == '\r')                              //判断是否按下 Enter 键
        textPass.Focus();                              //将鼠标焦点移动到"密码"文本框
}
private void textPass_KeyPress(object sender, KeyPressEventArgs e)
{
    if (e.KeyChar == '\r')                              //判断是否按下 Enter 键
        butLogin.Focus();                              //将鼠标焦点移动到"登录"按钮
}
```

说明

KeyPressEventArgs 指定在用户按键时撰写的字符。例如,当用户按 Shift+A 快捷键时,KeyChar 属性返回一个大写字母 A。

18.7.3 登录功能的实现

当用户输入用户名和密码后,单击"登录"按钮进行登录。在"登录"按钮的 Click 事件中,首先判断用户名和密码是否为空,如果为空,则弹出提示框,通知用户将登录信息填写完整;然后判断用户名和密码是否正确,如果正确,则进入本系统。详细代码如下:

```
private void butLogin_Click(object sender, EventArgs e)
{
    if (textName.Text != "" & textPass.Text != "")
    {
        //用自定义方法 getcom()在 tb_Login 数据表中查找是否有当前登录用户
        SqlDataReader temDR = MyClass.getcom("select * from tb_Login where Name='" + textName.Text.Trim()
+ "' and Pass='" + textPass.Text.Trim() + "'");
        bool ifcom = temDR.Read();                      //必须用 Read()方法读取数据
        //当有记录时,表示用户名和密码正确
        if (ifcom)
        {
            DataClass.MyMeans.Login_Name = textName.Text.Trim();     //将用户名记录到公共变量中
            DataClass.MyMeans.Login_ID = temDR.GetString(0);         //获取当前操作员编号
            DataClass.MyMeans.My_con.Close();                        //关闭数据库连接
            DataClass.MyMeans.My_con.Dispose();                      //释放所有资源
            DataClass.MyMeans.Login_n = (int)(this.Tag);             //记录当前窗体的 Tag 属性值
            this.Close();                                            //关闭当前窗体
        }
        else
        {
            MessageBox.Show("用户名或密码错误! ", "提示", MessageBoxButtons.OK, MessageBoxIcon. Information);
            textName.Text = "";
            textPass.Text = "";
        }
        MyClass.con_close();                            //关闭数据库连接
    }
    else
        MessageBox.Show("请将登录信息填写完整! ", "提示", MessageBoxButtons.OK, MessageBoxIcon. Information);
}
```

18.8　系统主窗体设计

📋 本模块使用的数据表：tb_UserPope

　　主窗体是程序操作过程中必不可少的，它是人机交互中的重要环节。通过主窗体，用户可以调用系统相关的各子模块，快速掌握本系统中实现的各个功能。企业人事管理系统中，登录窗体验证成功后，用户进入主窗体。主窗体被分为 4 个部分，最上面是系统菜单栏，可以通过它调用系统中的所有子窗体。菜单栏下面是工具栏，它以按钮的形式使用户能够方便地调用最常用的子窗体。窗体的左边是一个树状导航菜单，该导航菜单中的各节点是根据菜单栏中的项自动生成的。窗体的最下面用状态栏显示当前登录的用户名。企业人事管理系统主窗体如图 18.10 所示。

图 18.10　企业人事管理系统主窗体

18.8.1　设计菜单栏

　　菜单栏运行效果如图 18.11 所示。

图 18.11　菜单栏运行效果

　　本系统的菜单栏是通过 MenuStrip 控件实现的，设计菜单栏的具体步骤如下。

　　（1）从工具箱中拖放一个 MenuStrip 控件置于企业人事管理系统的主窗体中。

　　（2）为菜单栏中的各个菜单项设置菜单名称，如图 18.12 所示。在输入菜单名称时，系统会自动产生输入下一个菜单名称的提示。

　　（3）选中菜单项，单击其"属性"对话框中的 DropDownItems 选项后面的 按钮，弹出"项集合编辑器"对话框，如图 18.13 所示。该对话框中可以为菜单项设置 Name 名称，也可以继续通过单击其

DropDownItems 选项后面的■按钮添加子项。

图 18.12　为菜单栏添加项

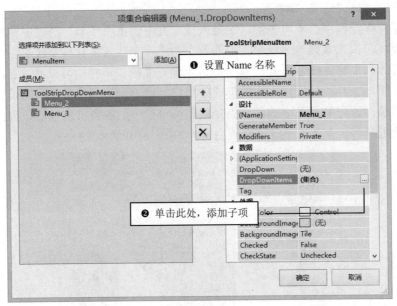

图 18.13　为菜单栏中的项命名并添加子项

　　菜单栏设计完成后，单击菜单栏中的各菜单项调用相应的子窗体，为了使程序的制作过程更加简便，将所有子窗体的调用封装到 MyModule 公共类的 Show_Form 方法中，只需要获取当前调用窗体的名称及标识，即可调用相应的窗体。下面以单击"人事管理"/"人事档案管理"菜单项为例进行说明。代码如下：

```
private void Tool_Staffbasic_Click(object sender, EventArgs e)
{
    //用 MyModule 公共类中的 Show_Form()方法调用各窗体
    MyMenu.Show_Form(sender.ToString().Trim(), 1);
}
```

说明

　　sender.ToString().Trim()表示获取当前对象的 Text 属性值，即当前单击菜单项的文本。如果调用的是"基础信息管理"/"基础数据"下的子菜单项，则把 Show_Form 方法中的 1 改为 2，因为"基础数据"菜单下的所有子菜单项调用的是一个公共窗体。

18.8.2　设计工具栏

　　工具栏运行效果如图 18.14 所示。

人事档案管理　人事资料查询　员工合同提示　｜通讯录　日常记事　退出系统

图 18.14　工具栏运行效果

本系统的工具栏是通过 ToolStrip 控件实现的，设计工具栏的具体步骤如下。

（1）从工具箱中拖放一个 ToolStrip 控件置于企业人事管理系统的主窗体中，单击 ToolStrip 控件后面的下拉按钮，可以选择为工具栏添加控件的类型，如图 18.15 所示。

（2）为工具栏添加完控件之后，选中添加的工具栏项，右击，在弹出的快捷菜单中选择"设置图像"命令，可以为工具栏项设置显示的图像，如图 18.16 所示。

（3）工具栏中的项默认只显示图像，如果需要同时显示文本和图像，可以选中工具栏项，右击，在弹出的快捷菜单中依次选择 DisplayStyle/ImageAndText 命令，如图 18.17 所示。

图 18.15　为工具栏添加控件　　　图 18.16　选择"设置图像"命令　　　图 18.17　选择 DisplayStyle/ImageAndText 命令

按照以上步骤，依次添加工具栏项。

工具栏是一种为用户提供方便的操作系统常用功能的方式，它在实现时主要调用菜单栏中相应菜单项的 Click 事件。例如，"人事档案管理"工具栏项的 Click 事件代码如下：

```
private void Button_Staffbasic_Click(object sender, EventArgs e)
{
    if (Tool_Staffbasic.Enabled==true)
        Tool_Staffbasic_Click(sender, e);                            //调用人事档案管理菜单项的单击事件
    else
        MessageBox.Show("当前用户无权限调用" + "\"" + ((ToolStripButton)sender).Text + "\"" + "窗体");
}
```

 说明

单击（Click）事件中的 sender 参数是事件源，用于引用引发事件的实例。

18.8.3　设计导航菜单

导航菜单运行效果如图 18.18 所示。

本系统的导航菜单是通过 TreeView 控件实现的，导航菜单中的项根据菜单栏自动生成，它主要调用了公共类 MyModule 的 GetMenu 方法。代码如下：

图 18.18　导航菜单运行效果

```
//实例化公共类 MyModule 的一个对象
ModuleClass.MyModule MyMenu = new PWMS.ModuleClass.MyModule();
MyMenu.GetMenu(treeView1, menuStrip1);        //使用菜单栏中的项填充导航菜单
```

当使用树状导航菜单的下拉列表打开相应的子窗体时，可以在 TreeView 控件的节点单击事件（NodeMouseClick）中调用相应的子窗体。代码如下：

```
private void treeView1_NodeMouseClick(object sender, TreeNodeMouseClickEventArgs e)
{
    if (e.Node.Text.Trim() == "系统退出")                //如果当前节点的文本为"系统退出"
    {
        Application.Exit();                           //关闭应用程序
    }
    MyMenu.TreeMenuF(menuStrip1, e);                  //用 MyModule 公共类中的 TreeMenuF()方法调用各窗体
}
```

说明

TreeMenuF 方法是在 MyModule 公共类中定义的，用来通过当前节点的文本信息在 menuStrip1 控件中进行遍历查找。如果找到，并且为可用状态，则调用相应窗体；否则弹出"当前用户无权限调用×××窗体"对话框。

18.8.4　设计状态栏

状态栏运行效果如图 18.19 所示。

本系统的状态栏是通过 StatusStrip 控件实现的，设计状态栏的具体步骤如下。

（1）从工具箱中拖放一个 StatusStrip 控件置于企业人事管理系统的主窗体中，单击 StatusStrip 控件后面的下拉按钮，可以选择为状态栏添加控件的类型，如图 18.20 所示。

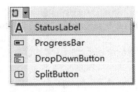

图 18.19　状态栏运行效果　　　　　　　　图 18.20　为状态栏添加控件

（2）本系统中的状态栏主要显示欢迎信息和当前登录的用户，因此这里用到了 3 个 StatusLabel 控件，其中前两个 StatusLabel 控件的 Text 属性分别设置为"||欢迎使用企业人事管理系统||"和"当前登录用户："，第三个 StatusLabel 控件用来显示当前登录的用户名。状态栏设计完成之后的效果如图 18.21 所示。

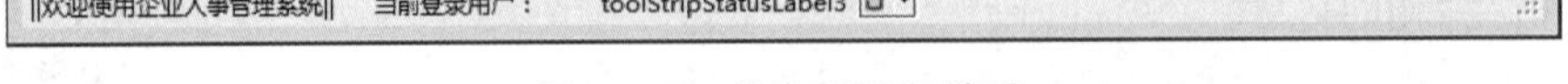

图 18.21　状态栏设计效果

在状态栏中显示当前登录用户名的代码如下：

```
statusStrip1.Items[2].Text = DataClass.MyMeans.Login_Name;    //在状态栏中显示当前登录的用户名
```

18.9　人事档案管理模块设计

📑 本模块使用的数据表：tb_Folk、tb_Culture、tb_Visage、tb_EmployeeGenre、tb_Business、tb_Laborage、tb_Branch、tb_Duthcall、tb_City、tb_Staffbasic、tb_WorkResume、tb_Family、tb_TrainNote、tb_RANDP、tb_Individual。

"人事档案管理"窗体用来对职工的基本信息、家庭情况、工作简历、培训记录等进行浏览以及添加、修改、删除。在主窗体中，可以通过菜单栏中的"人事管理"/"人事档案管理"调用"人事档案管理"窗体，也可以通过工具栏中的"人事档案管理"按钮或导航菜单中的下拉列表进行调用。"人事档案管理"窗体由 4 个部分组成，分别为分类查询、浏览按钮、职工信息栏和信息操作栏。其中，"分类查询"主要通过职工的类别，对职工进行简单查询。"浏览按钮"通过按钮对职工信息栏进行浏览。职工信息栏用来显示当前所记录的所有职工信息。信息操作栏用来对职工的相关信息进行添加、修改、删除、浏览等操作，并可以将职工的基本信息在 Word 文档或者 Excel 表格中以自定义表格的形式进行显示。"人事档案管理"窗体运行结果如图 18.22 所示。

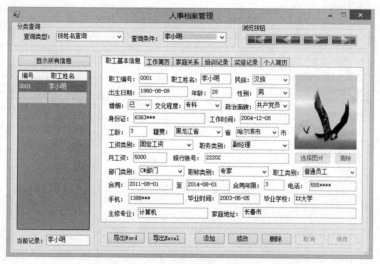

图 18.22　"人事档案管理"窗体运行结果

> **说明**
>
> 人事档案管理模块中有多个面板，它们实现的功能大部分是相同的，因此下面以"职工基本信息"面板为例进行讲解。

18.9.1　设计人事档案管理窗体

新建一个 Windows 窗体，命名为 F_MainFile.cs，主要用于对企业的人事档案信息进行管理。"人事档案管理"窗体用到的主要控件如表 18.15 所示。

表 18.15 "人事档案管理"窗体用到的主要控件

控 件 类 型	控件 ID	主要属性设置	用 途
abl TextBox	S_0	将其 ReadOnly 属性设置为 TRUE	自动生成职工编号
	S_1	无	输入职工姓名
	S_4	无	输入年龄
	S_9	无	输入身份证号
	S_11	无	输入工龄
	S_25	无	输入月工资
	S_26	无	输入银行账号
	S_29	无	输入合同年限
	S_17	无	输入电话号码
	S_18	无	输入手机号码
	S_19	无	输入毕业学校
	S_20	无	输入主修专业
	S_22	无	输入家庭地址
	textBox1	无	显示当前查看的记录是第几条
#- MaskedTextBox	S_3	无	输入职工出生日期
	S_10	无	输入工作时间
	S_27	无	输入合同开始日期
	S_28	无	输入合同结束日期
	S_21	无	输入毕业时间
ComboBox	comboBox1	其 Items 属性设置如图 18.23 所示	选择查询类型
	comboBox2	无	选择查询条件
	S_2	无	选择民族
	S_7	在其 Items 属性中添加两项，分别为"男"和"女"	选择性别
	S_6	在其 Items 属性中添加两项，分别为"已"和"未"	选择婚姻状态
	S_5	无	选择文化程度
	S_8	无	选择政治面貌
	S_23	无	选择省份
	S_24	无	选择市
	S_14	无	选择工资类别
	S_13	无	选择职务类别
	S_15	无	选择部门类别
	S_16	无	选择职称类别
	S_12	无	选择职工类别

续表

控 件 类 型	控件 ID	主要属性设置	用 途
(ab) Button	button1	无	查看所有员工信息
	N_First	无	查看第一条记录
	N_Previous	无	查看上一条记录
	N_Next	无	查看下一条记录
	N_Cauda	无	查看最后一条记录
	Img_Save	将其 Enabled 属性设置为 FALSE	选择职工头像
	Img_Clear	将其 Enabled 属性设置为 FALSE	清除职工头像
	Sta_Table	无	将职工信息导出到 Word 文档中
	Sub_Excel	无	将职工信息导出到 Excel 表格中
	Sta_Add	无	清空各文本框及下拉列表,以执行添加操作
	Sta_Amend	无	将"保存"按钮设置为可用以执行修改操作
	Sta_Delete	无	删除选中的职工信息
	Sta_Cancel	将其 Enabled 属性设置为 FALSE	将各按钮的状态恢复到初始化时的状态
	Sta_Save	将其 Enabled 属性设置为 FALSE	执行职工添加或修改操作
OpenFileDialog	openFileDialog1	无	打开选择职工头像的对话框
PictureBox	S_Photo	将其 SizeMode 属性设置为 StretchImage	显示选择的职工头像
DataGridView	dataGridView1	将其 SelectionMode 属性设置为 FullRowSelect	显示职工编号和姓名信息
TabControl	tabControl1	添加 6 个面板,分别将其 Text 属性设置为 "职工基本信息""工作简历""家庭关系" "培训记录""奖惩记录""个人简历"	显示"人事档案管理"窗体中的各个控制面板

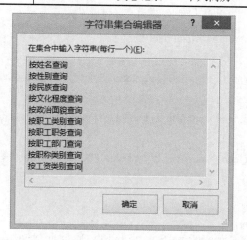

图 18.23 "查询类型"下拉列表 Items 属性设置

18.9.2　添加/修改人事档案信息

单击"添加"按钮，首先调用 MyModule 公共类中的 Clear_Control 方法，将指定控件集下的控件清空，然后根据表名和 ID 字段调用 MyModule 公共类中的 GetAutocoding 方法进行自动编号。代码如下：

```
private void Sta_Add_Click(object sender, EventArgs e)
{
    MyMC.Clear_Control(tabControl1.TabPages[0].Controls);        //清空职工基本信息的相应文本框
    S_0.Text = MyMC.GetAutocoding("tb_Staffbasic", "ID");        //自动添加编号
    hold_n = 1;                                                  //用于记录添加操作的标识
    MyMC.Ena_Button(Sta_Add, Sta_Amend, Sta_Cancel, Sta_Save, 0, 0, 1, 1);
    groupBox5.Text = "当前正在添加信息";
    Img_Clear.Enabled = true;                                    //使图片选择按钮为可用状态
    Img_Save.Enabled = true;
}
```

单击"修改"按钮，该按钮的功能只是用 hold_n 标识记录当前状态为修改状态，并修改其他相关按钮的可用状态。代码如下：

```
private void Sta_Amend_Click(object sender, EventArgs e)
{
    hold_n = 2;                                                  //用于记录修改操作的标识
    MyMC.Ena_Button(Sta_Add, Sta_Amend, Sta_Cancel, Sta_Save, 0, 0, 1, 1);
    groupBox5.Text = "当前正在修改信息";
    Img_Clear.Enabled = true;                                    //使图片选择按钮为可用状态
    Img_Save.Enabled = true;
}
```

 说明

自定义变量 hold_n 是用于添加和修改操作的标识，如果 hold_n 值不为 1 或 2，将不做任何操作。

单击"保存"按钮，根据 hold_n 标识判断执行的是添加操作还是修改操作，并调用"取消"按钮的单击事件功能，将各按钮的状态恢复到初始状态。代码如下：

```
private void Stu_Save_Click(object sender, EventArgs e)
{
    if (tabControl1.SelectedTab.Name == "tabPage6")             //如果当前是"个人简历"选项卡
    {
        //通过 MyMeans 公共类中的 getcom 方法查询当前职工是否添加了个人简历
        SqlDataReader Read_Memo = MyDataClass.getcom("Select * from tb_Individual where ID='" + tem_ID + "'");
        if (Read_Memo.Read())                                   //如果有记录
            //将当前设置的个人简历进行修改
            MyDataClass.getsqlcom("update tb_Individual set Memo='" + Ind_Mome.Text + "' where ID='" + tem_ID + "'");
        else
            //如果没有记录，则进行添加操作
            MyDataClass.getsqlcom("insert into tb_Individual (ID,Memo) values('" + tem_ID + "','" + Ind_Mome. Text + "')");
    }
    else                                                        //如果当前是"职工基本信息"选项卡
    {
        //定义字符串变量，并存储"职工基本信息表"中的所有字段
        string All_Field = "ID,StuffName,Folk,Birthday,Age,Culture,Marriage,Sex,Visage,IDCard,Workdate, WorkLength, Employee,
Business,Laborage,Branch,Duthcall,Phone,Handset,School,Speciality,GraduateDate,Address,BeAware,City,M_Pay, Bank,Pact_B,
Pact_E,Pact_Y";
        if (hold_n == 1 || hold_n == 2)                         //判断当前是添加还是修改操作
```

```
    {
        ModuleClass.MyModule.ADDs = "";                              //清空 MyModule 公共类中的 ADDs 变量
        //用 MyModule 公共类中的 Part_SaveClass()方法组合添加或修改的 SQL 语句
        MyMC.Part_SaveClass(All_Field,  S_0.Text.Trim(),  "",  tabControl1.TabPages[0].Controls,  "S_",
    "tb_Staffbasic", 30, hold_n);
        //如果 ADDs 变量不为空，则通过 MyMeans 公共类中的 getsqlcom 方法执行添加、修改操作
        if (ModuleClass.MyModule.ADDs != "")
            MyDataClass.getsqlcom(ModuleClass.MyModule.ADDs);
        if (Ima_n > 0)                                               //如果图片标识大于 0
        {
            //通过 MyModule 公共类中的 SaveImage()方法将图片存入数据库中
            MyMC.SaveImage(S_0.Text.Trim(), imgBytesIn);
        }
        Sta_Cancel_Click(sender, e);                                 //调用 "取消" 按钮的单击事件
    }
}
```

在添加和修改人事档案信息时，当为职工选择头像后，需要将选择的头像转换成字节数组，然后再存放到数据库中。将头像转换成字节数组的实现代码如下：

```
#region    将图片转换成字节数组
public void Read_Image(OpenFileDialog openF, PictureBox MyImage)
{
    openF.Filter = "*.jpg|*.jpg|*.bmp|*.bmp";                        //指定 OpenFileDialog 控件打开的文件格式
    if (openF.ShowDialog(this) == DialogResult.OK)                  //如果打开了图片文件
    {
        try
        {
            //将图片文件存入 PictureBox 控件中
            MyImage.Image = System.Drawing.Image.FromFile(openF.FileName);
            string strimg = openF.FileName.ToString();              //记录图片的所在路径
            //将图片以文件流的形式进行保存
            FileStream fs = new FileStream(strimg, FileMode.Open, FileAccess.Read);
            BinaryReader br = new BinaryReader(fs);
            imgBytesIn = br.ReadBytes((int)fs.Length);              //将流读入字节数组中
        }
        catch
        {
            MessageBox.Show("您选择的图片不能被读取或文件类型不对！", "错误", MessageBoxButtons.OK,
    MessageBoxIcon.Warning);
            S_Photo.Image = null;
        }
    }
}
#endregion
```

📖 **说明**

BinaryReader 类是用特定的编码将基元数据类型读作二进制值。如果该流为 null，或是已关闭，将触发异常。

18.9.3　删除人事档案信息

单击"删除"按钮，将职工基本信息表中的当前记录全部删除，同时根据当前记录的编号，删除

工作简历表、家庭关系表、培训记录表、奖惩记录表和个人简历表中的相关记录。代码如下：

```
private void Stu_Delete_Click(object sender, EventArgs e)
{
    if (dataGridView1.RowCount < 2)                                    //判断 dataGridView1 控件中是否有记录
    {
        MessageBox.Show("数据表为空，不可以删除。");
        return;
    }
    //删除职工信息表中的当前记录及其他相关表中的信息
    MyDataClass.getsqlcom("Delete tb_Staffbasic where ID='" + S_0.Text.Trim() + "'");
    MyDataClass.getsqlcom("Delete tb_WorkResume where Stu_ID='" + S_0.Text.Trim() + "'");
    MyDataClass.getsqlcom("Delete tb_Family where Sta_ID='" + S_0.Text.Trim() + "'");
    MyDataClass.getsqlcom("Delete tb_TrainNote where Sta_ID='" + S_0.Text.Trim() + "'");
    MyDataClass.getsqlcom("Delete tb_RANDP where Sta_ID='" + S_0.Text.Trim() + "'");
    MyDataClass.getsqlcom("Delete tb_WorkResume where Sta_ID='" + S_0.Text.Trim() + "'");
    MyDataClass.getsqlcom("Delete tb_Individual where ID='" + S_0.Text.Trim() + "'");
    Sta_Cancel_Click(sender, e);                                       //调用"取消"按钮的单击事件
}
```

18.9.4 单条件查询人事档案信息

单条件查询人事档案信息运行效果如图 18.24 所示。

图 18.24 单条件查询人事档案信息运行效果

当在"查询类型"下拉列表框中选择查询的类型时，"查询条件"下拉列表框中的值随之改变，然后在"查询条件"下拉列表框中选择要查询的内容，系统根据选择的查询条件调用自定义方法 Condition_Lookup 在数据库中的相关记录，并显示在 DataGridView 控件中。单条件查询人事档案信息的实现代码如下：

```
private void comboBox1_TextChanged(object sender, EventArgs e)
{
    //向 comboBox2 控件中添加相应的查询条件
    switch (comboBox1.SelectedIndex)
    {
        case 0:
        {
            //职工姓名
            MyMC.CityInfo(comboBox2, "select distinct StuffName from tb_Staffbasic", 0);
            tem_Field = "StuffName";
            break;
        }
        case 1:                                                        //性别
        {
            comboBox2.Items.Clear();
            comboBox2.Items.Add("男");
            comboBox2.Items.Add("女");
            tem_Field = "Sex";
```

```
                break;
            }
        case 2:
            {
                MyMC.CoPassData(comboBox2, "tb_Folk");              //民族类别
                tem_Field = "Folk";
                break;
            }
        case 3:
            {
                MyMC.CoPassData(comboBox2, "tb_Culture");           //文化程度
                tem_Field = "Culture";
                break;
            }
        case 4:
            {
                MyMC.CoPassData(comboBox2, "tb_Visage");            //政治面貌
                tem_Field = "Visage";
                break;
            }
        case 5:
            {
                MyMC.CoPassData(comboBox2, "tb_EmployeeGenre");     //职工类别
                tem_Field = "Employee";
                break;
            }
        case 6:
            {
                MyMC.CoPassData(comboBox2, "tb_Business");          //职务类别
                tem_Field = "Business";
                break;
            }
        case 7:
            {
                MyMC.CoPassData(comboBox2, "tb_Branch");            //部门类别
                tem_Field = "Branch";
                break;
            }
        case 8:
            {
                MyMC.CoPassData(comboBox2, "tb_Duthcall");          //职称类别
                tem_Field = "Duthcall";
                break;
            }
        case 9:
            {
                MyMC.CoPassData(comboBox2, "tb_Laborage");          //工资类别
                tem_Field = "Laborage";
                break;
            }
    }
}
private void comboBox2_TextChanged(object sender, EventArgs e)
{
```

```
    try
    {
        tem_Value = comboBox2.SelectedItem.ToString();
        Condition_Lookup(tem_Value);
    }
    catch
    {
        comboBox2.Text = "";
        MessageBox.Show("只能以选择方式查询。");
    }
}
```

实现单条件查询人事档案信息时，用到了自定义方法 Condition_Lookup，该方法用来根据指定的条件查找职工信息，并显示在 DataGridView 控件中。Condition_Lookup 方法的实现代码如下：

```
#region  按条件显示"职工基本信息"表的内容
/// <summary>
///通过公共变量动态进行查询
/// </summary>
/// <param name="C_Value">条件值</param>
public void Condition_Lookup(string C_Value)
{
    MyDS_Grid = MyDataClass.getDataSet("Select * from tb_Staffbasic where " + tem_Field + "='" + tem_Value + "'",
"tb_Staffbasic");
    dataGridView1.DataSource = MyDS_Grid.Tables[0];
    textBox1.Text = Grid_Inof(dataGridView1);                        //显示职工信息表的当前记录
}
#endregion
```

18.9.5 逐条查看人事档案信息

"浏览按钮"区域中的 4 个按钮主要实现逐条查看人事档案信息功能，其运行效果如图 18.25 所示。

图 18.25 逐条查看人事档案信息运行效果

当单击图 18.25 中的 4 个按钮时，程序根据单击按钮的 ID 判断将要执行"第一条""上一条""下一条""最后一条" 4 项操作中的哪项操作。"浏览按钮"区域中的 4 个按钮的实现代码如下：

```
private void N_First_Click(object sender, EventArgs e)                 //第一条
{
    int ColInd = 0;
    //判断 DataGridView 控件的当前单元格的列索引
    if (dataGridView1.CurrentCell.ColumnIndex == -1 || dataGridView1.CurrentCell.ColumnIndex>1)
        ColInd = 0;
    else
        ColInd = dataGridView1.CurrentCell.ColumnIndex;
    if ((((Button)sender).Name) == "N_First")                          //判断当前单击的是不是"第一条"
    {
        dataGridView1.CurrentCell = this.dataGridView1[ColInd, 0];      //将当前控件的索引设置为 0
        MyMC.Ena_Button(N_First, N_Previous, N_Next, N_Cauda, 0, 0, 1, 1);
```

```
        }
        if ((((Button)sender).Name) == "N_Previous")          //判断当前单击的是不是"上一条"
        {
            if (dataGridView1.CurrentCell.RowIndex == 0)        //判断当前行的索引是否为 0
            {
                //调用公共类中的方法设置 4 个按钮的状态
                MyMC.Ena_Button(N_First, N_Previous, N_Next, N_Cauda, 0, 0, 1, 1);
            }
            else
            {
//重新给当前单元格赋值
                dataGridView1.CurrentCell = this.dataGridView1[ColInd, dataGridView1.CurrentCell. RowIndex - 1];
                MyMC.Ena_Button(N_First, N_Previous, N_Next, N_Cauda, 1, 1, 1, 1);
            }
        }
        if ((((Button)sender).Name) == "N_Next")               //判断当前单击的是不是"下一条"
{
        //判断当前行索引是不是最后一行
        if (dataGridView1.CurrentCell.RowIndex == dataGridView1.RowCount-2)
        {
            //调用公共类中的方法设置 4 个按钮的状态
            MyMC.Ena_Button(N_First, N_Previous, N_Next, N_Cauda, 1, 1, 0, 0);
        }
        else
        {
//重新给当前单元格赋值
        dataGridView1.CurrentCell = this.dataGridView1[ColInd, dataGridView1.CurrentCell.RowIndex + 1];
            MyMC.Ena_Button(N_First, N_Previous, N_Next, N_Cauda, 1, 1, 1, 1);
        }
    }
        if ((((Button)sender).Name) == "N_Cauda")              //判断当前单击的是不是"最后一条"
{
        //将当前单元格索引设置为最后一行
        dataGridView1.CurrentCell = this.dataGridView1[ColInd, dataGridView1.RowCount - 2];
        MyMC.Ena_Button(N_First, N_Previous, N_Next, N_Cauda, 1, 1, 0, 0);
    }
}
private void N_Previous_Click(object sender, EventArgs e)      //上一条
{
    N_First_Click(sender, e);
}
private void N_Next_Click(object sender, EventArgs e)          //下一条
{
    N_First_Click(sender, e);
}
private void N_Cauda_Click(object sender, EventArgs e)         //最后一条
{
    N_First_Click(sender, e);
}
```

说明

在设置具有焦点的单元格时，可以用 dataGridView1[列数,行数]指定单元格的位置。

18.9.6　将人事档案信息导出为 Word 文档

将人事档案信息导出为 Word 文档，如图 18.26 所示。

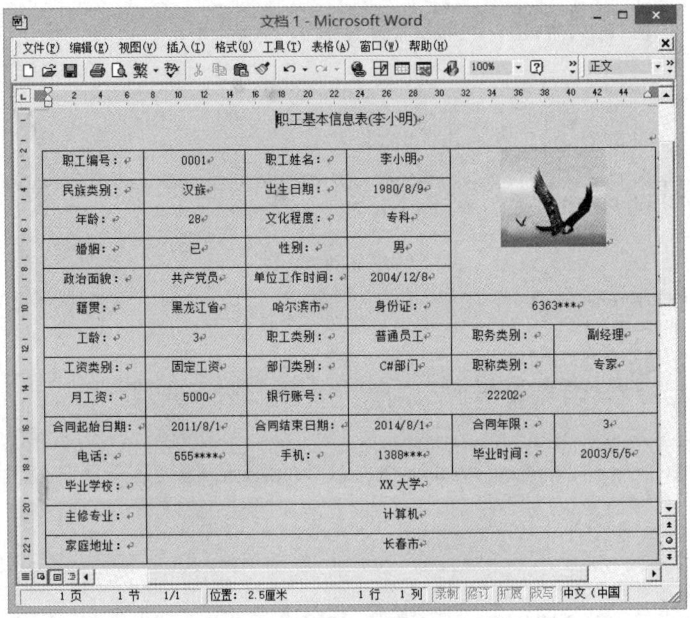

职工基本信息表(李小明)

职工编号：	0001	职工姓名：	李小明		
民族类别：	汉族	出生日期：	1980/8/9		
年龄：	28	文化程度：	专科		
婚姻：	已	性别：	男		
政治面貌：	共产党员	单位工作时间：	2004/12/8		
籍贯：	黑龙江省	哈尔滨市	身份证：	6363***	
工龄：	3	职工类别：	普通员工	职务类别：	副经理
工资类别：	固定工资	部门类别：	C#部门	职称类别：	专家
月工资：	5000	银行账号：	22202		
合同起始日期：	2011/8/1	合同结束日期：	2014/8/1	合同年限：	3
电话：	555****	手机：	1388***	毕业时间：	2003/5/5
毕业学校：	XX 大学				
主修专业：	计算机				
家庭地址：	长春市				

图 18.26　导出的 Word 文档

为了便于职工信息的存储及打印，单击“导出 Word”按钮，可以将职工信息以表格的形式存入 Word 文档中。将人事档案信息导出为 Word 文档的实现代码如下：

```
private void but_Table_Click(object sender, EventArgs e)
{
    object Nothing = System.Reflection.Missing.Value;
    object missing = System.Reflection.Missing.Value;
    //创建 Word 文档
    Microsoft.Office.Interop.Word.Application wordApp = new Microsoft.Office.Interop.Word.Application();
    Microsoft.Office.Interop.Word.Document wordDoc = wordApp.Documents.Add(ref Nothing, ref Nothing, ref Nothing, ref
Nothing);
    wordApp.Visible = true;
    //设置文档宽度
    wordApp.Selection.PageSetup.LeftMargin = wordApp.CentimetersToPoints(float.Parse("2"));
    wordApp.ActiveWindow.ActivePane.HorizontalPercentScrolled = 11;
    wordApp.Selection.PageSetup.RightMargin = wordApp.CentimetersToPoints(float.Parse("2"));
    Object start = Type.Missing;
    Object end = Type.Missing;
    PictureBox pp = new PictureBox();                                  //新建一个 PictureBox 控件
    int p1 = 0;
    for (int i = 0; i < MyDS_Grid.Tables[0].Rows.Count; i++)
    {
        try
        {
            ShowData_Image((byte[])(MyDS_Grid.Tables[0].Rows[i][23]), pp);
```

```
        pp.Image.Save(@"D:\22.bmp");                                    //将图片存入指定的路径
    }
    catch
    {
        p1 = 1;
    }
    object rng = Type.Missing;
    string strInfo = "职工基本信息表" + "(" + MyDS_Grid.Tables[0].Rows[i][1].ToString() + ")";
    start = 0;
    end = 0;
    wordDoc.Range(ref start, ref end).InsertBefore(strInfo);            //插入文本
    wordDoc.Range(ref start, ref end).Font.Name = "Verdana";           //设置字体
    wordDoc.Range(ref start, ref end).Font.Size = 20;                  //设置字号
    wordDoc.Range(ref start, ref end).ParagraphFormat.Alignment = Microsoft.Office.Interop.Word. WdParagraphAlignment.
wdAlignParagraphCenter;                          //设置文字居中
    start = strInfo.Length;
    end = strInfo.Length;
    wordDoc.Range(ref start, ref end).InsertParagraphAfter();          //插入 Enter 键
    object missingValue = Type.Missing;
    object location = strInfo.Length; //如果 location 超过已有字符的长度会出错。要比"明细表"串多一个字符
    Microsoft.Office.Interop.Word.Range rng2 = wordDoc.Range(ref location, ref location);
    Microsoft.Office.Interop.Word.Table tab = wordDoc.Tables.Add(rng2, 14, 6, ref missingValue, ref missingValue);
    tab.Rows.HeightRule = Microsoft.Office.Interop.Word.WdRowHeightRule.wdRowHeightAtLeast;
    tab.Rows.Height = wordApp.CentimetersToPoints(float.Parse("0.8"));
    tab.Range.Font.Size = 10;
    tab.Range.Font.Name = "宋体";
    //设置表格样式
    tab.Borders.InsideLineStyle = Microsoft.Office.Interop.Word.WdLineStyle.wdLineStyleSingle;
    tab.Borders.InsideLineWidth = Microsoft.Office.Interop.Word.WdLineWidth.wdLineWidth050pt;
    tab.Borders.InsideColor = Microsoft.Office.Interop.Word.WdColor.wdColorAutomatic;
    wordApp.Selection.ParagraphFormat.Alignment = Microsoft.Office.Interop.Word.WdParagraphAlignment. wdAlign
ParagraphRight;                                          //设置右对齐
    //第 5 行显示
    tab.Cell(1, 5).Merge(tab.Cell(5, 6));
    //第 6 行显示
    tab.Cell(6, 5).Merge(tab.Cell(6, 6));
    //第 9 行显示
    tab.Cell(9, 4).Merge(tab.Cell(9, 6));
    //第 12 行显示
    tab.Cell(12, 2).Merge(tab.Cell(12, 6));
    //第 13 行显示
    tab.Cell(13, 2).Merge(tab.Cell(13, 6));
    //第 14 行显示
    tab.Cell(14, 2).Merge(tab.Cell(14, 6));
    //第 1 行赋值
    tab.Cell(1, 1).Range.Text = "职工编号：";
    tab.Cell(1, 2).Range.Text = MyDS_Grid.Tables[0].Rows[i][0].ToString();
    tab.Cell(1, 3).Range.Text = "职工姓名：";
    tab.Cell(1, 4).Range.Text = MyDS_Grid.Tables[0].Rows[i][1].ToString();
    //插入图片
    if (p1 == 0)
    {
        string FileName = @"D:\22.bmp";                                //图片所在路径
        object LinkToFile = false;
```

```
            object SaveWithDocument = true;
            object Anchor = tab.Cell(1, 5).Range;                          //指定图片插入的区域
            //将图片插入单元格中
            tab.Cell(1, 5).Range.InlineShapes.AddPicture(FileName, ref LinkToFile, ref SaveWithDocument, ref Anchor);
        }
        p1 = 0;
        //第 2 行赋值
        tab.Cell(2, 1).Range.Text = "民族类别：";
        tab.Cell(2, 2).Range.Text = MyDS_Grid.Tables[0].Rows[i][2].ToString();
        tab.Cell(2, 3).Range.Text = "出生日期：";
        try
        {
            tab.Cell(2, 4).Range.Text = Convert.ToString(Convert.ToDateTime(MyDS_Grid.Tables[0].Rows[i][3]). ToShort
DateString());
        }
        catch { tab.Cell(2, 4).Range.Text = ""; }
        //第 3 行赋值
        tab.Cell(3, 1).Range.Text = "年龄：";
        tab.Cell(3, 2).Range.Text = Convert.ToString(MyDS_Grid.Tables[0].Rows[i][4]);
        tab.Cell(3, 3).Range.Text = "文化程度：";
        tab.Cell(3, 4).Range.Text = MyDS_Grid.Tables[0].Rows[i][5].ToString();
        //第 4 行赋值
        tab.Cell(4, 1).Range.Text = "婚姻：";
        tab.Cell(4, 2).Range.Text = MyDS_Grid.Tables[0].Rows[i][6].ToString();
        tab.Cell(4, 3).Range.Text = "性别：";
        tab.Cell(4, 4).Range.Text = MyDS_Grid.Tables[0].Rows[i][7].ToString();
        //第 5 行赋值
        tab.Cell(5, 1).Range.Text = "政治面貌：";
        tab.Cell(5, 2).Range.Text = MyDS_Grid.Tables[0].Rows[i][8].ToString();
        tab.Cell(5, 3).Range.Text = "单位工作时间：";
        try
        {
            tab.Cell(5, 4).Range.Text = Convert.ToString(Convert.ToDateTime(MyDS_Grid.Tables[0].Rows[0][10]). ToShort
DateString());
        }
        catch { tab.Cell(5, 4).Range.Text = ""; }
        //第 6 行赋值
        tab.Cell(6, 1).Range.Text = "籍贯：";
        tab.Cell(6, 2).Range.Text = MyDS_Grid.Tables[0].Rows[i][24].ToString();
        tab.Cell(6, 3).Range.Text = MyDS_Grid.Tables[0].Rows[i][25].ToString();
        tab.Cell(6, 4).Range.Text = "身份证：";
        tab.Cell(6, 5).Range.Text = MyDS_Grid.Tables[0].Rows[i][9].ToString();
        //第 7 行赋值
        tab.Cell(7, 1).Range.Text = "工龄：";
        tab.Cell(7, 2).Range.Text = Convert.ToString(MyDS_Grid.Tables[0].Rows[i][11]);
        tab.Cell(7, 3).Range.Text = "职工类别：";
        tab.Cell(7, 4).Range.Text = MyDS_Grid.Tables[0].Rows[i][12].ToString();
        tab.Cell(7, 5).Range.Text = "职务类别：";
        tab.Cell(7, 6).Range.Text = MyDS_Grid.Tables[0].Rows[i][13].ToString();
        //第 8 行赋值
        tab.Cell(8, 1).Range.Text = "工资类别：";
        tab.Cell(8, 2).Range.Text = MyDS_Grid.Tables[0].Rows[i][14].ToString();
        tab.Cell(8, 3).Range.Text = "部门类别：";
        tab.Cell(8, 4).Range.Text = MyDS_Grid.Tables[0].Rows[i][15].ToString();
```

```csharp
        tab.Cell(8, 5).Range.Text = "职称类别：";
        tab.Cell(8, 6).Range.Text = MyDS_Grid.Tables[0].Rows[i][16].ToString();
        //第 9 行赋值
        tab.Cell(9, 1).Range.Text = "月工资：";
        tab.Cell(9, 2).Range.Text = Convert.ToString(MyDS_Grid.Tables[0].Rows[i][26]);
        tab.Cell(9, 3).Range.Text = "银行账号：";
        tab.Cell(9, 4).Range.Text = MyDS_Grid.Tables[0].Rows[i][27].ToString();
        //第 10 行赋值
        tab.Cell(10, 1).Range.Text = "合同起始日期：";
        try
        {
            tab.Cell(10, 2).Range.Text = Convert.ToString(Convert.ToDateTime(MyDS_Grid.Tables[0].Rows[i][28]). ToShort
DateString());
        }
        catch { tab.Cell(10, 2).Range.Text = ""; }
        tab.Cell(10, 3).Range.Text = "合同结束日期：";
        try
        {
            tab.Cell(10, 4).Range.Text = Convert.ToString(Convert.ToDateTime(MyDS_Grid.Tables[0].Rows[i][29]). ToShort
DateString());
        }
        catch { tab.Cell(10, 4).Range.Text = ""; }
        tab.Cell(10, 5).Range.Text = "合同年限：";
        tab.Cell(10, 6).Range.Text = Convert.ToString(MyDS_Grid.Tables[0].Rows[i][30]);
        //第 11 行赋值
        tab.Cell(11, 1).Range.Text = "电话：";
        tab.Cell(11, 2).Range.Text = MyDS_Grid.Tables[0].Rows[i][17].ToString();
        tab.Cell(11, 3).Range.Text = "手机：";
        tab.Cell(11, 4).Range.Text = MyDS_Grid.Tables[0].Rows[i][18].ToString();
        tab.Cell(11, 5).Range.Text = "毕业时间：";
        try
        {
            tab.Cell(11, 6).Range.Text = Convert.ToString(Convert.ToDateTime(MyDS_Grid.Tables[0].Rows[i][21]). ToShort
DateString());
        }
        catch { tab.Cell(11, 6).Range.Text = ""; }
        //Convert.ToString(MyDS_Grid.Tables[0].Rows[i][21]);
        //第 12 行赋值
        tab.Cell(12, 1).Range.Text = "毕业学校：";
        tab.Cell(12, 2).Range.Text = MyDS_Grid.Tables[0].Rows[i][19].ToString();
        //第 13 行赋值
        tab.Cell(13, 1).Range.Text = "主修专业：";
        tab.Cell(13, 2).Range.Text = MyDS_Grid.Tables[0].Rows[i][20].ToString();
        //第 14 行赋值
        tab.Cell(14, 1).Range.Text = "家庭地址：";
        tab.Cell(14, 2).Range.Text = MyDS_Grid.Tables[0].Rows[i][22].ToString();
        wordDoc.Range(ref start, ref end).InsertParagraphAfter();                    //插入 Enter 键
        wordDoc.Range(ref start, ref end).ParagraphFormat.Alignment = Microsoft.Office.Interop.Word. WdParagraphAlignment.
wdAlignParagraphCenter;                                        //设置字体居中
    }
    #endregion
}
```

说明

在 C#中如果要对 Word 文档进行操作，必须对 Word 进行引用。其添加步骤为：首先，在"解决方案资源管理器"中的"引用"上右击，在弹出的快捷菜单中选择"添加引用"命令；然后，在打开的"引用管理器"窗体中选择"程序集"/"扩展"；最后，在该选项卡中选择 Microsoft.Office. Interop.Word，单击"确定"按钮即可。

18.9.7　将人事档案信息导出为 Excel 表格

将人事档案信息导出为 Excel 表格，如图 18.27 所示。

图 18.27　导出的 Excel 表格

为了便于职工信息的存储及打印，单击"导出 Excel"按钮，可以将职工信息导入 Excel 表格中。将人事档案信息导出为 Excel 表格的实现代码如下：

```
private void Sub_Excel_Click(object sender, EventArgs e)
{
    object rng = Type.Missing;
    //创建 Excel 对象
    Microsoft.Office.Interop.Excel.Application excel = new Microsoft.Office.Interop.Excel.Application();
    Microsoft.Office.Interop.Excel.Workbook workbook = excel.Application.Workbooks.Add(Microsoft.Office. Interop.Excel.
XlWBATemplate.xlWBATWorksheet);
    Microsoft.Office.Interop.Excel.Worksheet worksheet = (Microsoft.Office.Interop.Excel.Worksheet)(workbook. Worksheets[1]);
```

```
Microsoft.Office.Interop.Excel.Range range = null;
//获取除第 1 行之外的所有单元格范围
range = worksheet.Range[excel.Cells[2, 1], excel.Cells[15, 6]];
range.ColumnWidth = 15;                                          //设置单元格宽度
range.RowHeight = 25;                                            //设置单元格高度
range.Borders.LineStyle = 1;                                     //设置边框线的宽度
//设置边框线的样式
range.BorderAround2(1, Microsoft.Office.Interop.Excel.XlBorderWeight.xlThin, Microsoft.Office.Interop.Excel. XlColorIndex.
xlColorIndexAutomatic, Color.Black, Type.Missing);
range.Font.Size = 12;                                            //设置字号
range.Font.Name = "宋体";                                        //设置字体
//设置对齐格式为左对齐
range.HorizontalAlignment = Microsoft.Office.Interop.Excel.XlVAlign.xlVAlignJustify;
PictureBox pp = new PictureBox();                                //新建一个 PictureBox 控件
int p1 = 0;                                                      //定义一个标识，用来标识是否存在照片
for (int i = 0; i < MyDS_Grid.Tables[0].Rows.Count; i++)
{
    try
    {
        //获取照片
        ShowData_Image((byte[])(MyDS_Grid.Tables[0].Rows[i][23]), pp);
        pp.Image.Save(@"D:\22.bmp");                             //将图片存入指定的路径
    }
    catch
    {
        p1 = 1;
    }
    //设置标题名称
    string strInfo = "职工基本信息表" + "(" + MyDS_Grid.Tables[0].Rows[i][1].ToString() + ")";
    //设置第 1 行要合并的表格
    range = worksheet.Range[excel.Cells[1, 1], excel.Cells[1, 6]];
    range.Merge();                                               //合并单元格
    range.Font.Size = 30;                                        //设置第 1 行的字号
    range.Font.Name = "宋体";                                    //设置第 1 行的字体
    range.Font.FontStyle = "Bold";                               //设置第 1 行字体为粗体
    //设置标题居中显示
    range.HorizontalAlignment = Microsoft.Office.Interop.Excel.XlVAlign.xlVAlignCenter;
    excel.Cells[1, 1] = strInfo;                                 //设置标题
    //第 2～6 行的合并范围，用来显示照片
    range = worksheet.Range[excel.Cells[2, 5], excel.Cells[6, 6]];
    range.Merge(true);
    //第 7 行显示
    range = worksheet.Range[excel.Cells[7, 5], excel.Cells[7, 6]];
    range.Merge(true);
    //第 10 行显示
    range = worksheet.Range[excel.Cells[10, 4], excel.Cells[10, 6]];
    range.Merge(true);
    //第 13 行显示
    range = worksheet.Range[excel.Cells[13, 2], excel.Cells[13, 6]];
    range.Merge(true);
    //第 14 行显示
    range = worksheet.Range[excel.Cells[14, 2], excel.Cells[14, 6]];
    range.Merge(true);
    //第 15 行显示
```

```
        range = worksheet.Range[excel.Cells[15, 2], excel.Cells[15, 6]];
        range.Merge(true);
        //第 1 行赋值
        excel.Cells[2, 1] = "职工编号：";
        excel.Cells[2, 2] = MyDS_Grid.Tables[0].Rows[i][0].ToString();
        excel.Cells[2, 3] = "职工姓名：";
        excel.Cells[2, 4] = MyDS_Grid.Tables[0].Rows[i][1].ToString();
        //插入照片
        if (p1 == 0)
        {
            string FileName = @"D:\22.bmp";                          //照片所在路径
            range = worksheet.Range[excel.Cells[2, 5], excel.Cells[6, 5]];
            range.Merge();
worksheet.Shapes.AddPicture(FileName,Microsoft.Office.Core.MsoTriState.msoFalse,Microsoft.Office.Core.MsoTriState.mso
True,418, 43, 100, 115);
        }
        p1 = 0;
        //第 2 行赋值
        excel.Cells[3, 1] = "民族类别：";
        excel.Cells[3, 2] = MyDS_Grid.Tables[0].Rows[i][2].ToString();
        excel.Cells[3, 3] = "出生日期：";
        try
        {
            excel.Cells[3, 4] = Convert.ToString(Convert.ToDateTime(MyDS_Grid.Tables[0].Rows[i][3]). ToShortDateString());
        }
        catch { excel.Cells[3, 4] = ""; }
        //第 3 行赋值
        excel.Cells[4, 1] = "年龄：";
        excel.Cells[4, 2] = Convert.ToString(MyDS_Grid.Tables[0].Rows[i][4]);
        excel.Cells[4, 3] = "文化程度：";
        excel.Cells[4, 4] = MyDS_Grid.Tables[0].Rows[i][5].ToString();
        //第 4 行赋值
        excel.Cells[5, 1] = "婚姻：";
        excel.Cells[5, 2] = MyDS_Grid.Tables[0].Rows[i][6].ToString();
        excel.Cells[5, 3] = "性别：";
        excel.Cells[5, 4] = MyDS_Grid.Tables[0].Rows[i][7].ToString();
        //第 5 行赋值
        excel.Cells[6, 1] = "政治面貌：";
        excel.Cells[6, 2] = MyDS_Grid.Tables[0].Rows[i][8].ToString();
        excel.Cells[6, 3] = "单位工作时间：";
        try
        {
            excel.Cells[6, 4] = Convert.ToString(Convert.ToDateTime(MyDS_Grid.Tables[0].Rows[0][10]). ToShortDateString());
        }
        catch { excel.Cells[6, 4] = ""; }
        //第 6 行赋值
        excel.Cells[7, 1] = "籍贯：";
        excel.Cells[7, 2] = MyDS_Grid.Tables[0].Rows[i][24].ToString();
        excel.Cells[7, 3] = MyDS_Grid.Tables[0].Rows[i][25].ToString();
        excel.Cells[7, 4] = "身份证：";
        excel.Cells[7, 5] = MyDS_Grid.Tables[0].Rows[i][9].ToString();
        //第 7 行赋值
        excel.Cells[8, 1] = "工龄：";
        excel.Cells[8, 2] = Convert.ToString(MyDS_Grid.Tables[0].Rows[i][11]);
```

```csharp
excel.Cells[8, 3] = "职工类别： ";
excel.Cells[8, 4] = MyDS_Grid.Tables[0].Rows[i][12].ToString();
excel.Cells[8, 5] = "职务类别： ";
excel.Cells[8, 6] = MyDS_Grid.Tables[0].Rows[i][13].ToString();
//第 8 行赋值
excel.Cells[9, 1] = "工资类别： ";
excel.Cells[9, 2] = MyDS_Grid.Tables[0].Rows[i][14].ToString();
excel.Cells[9, 3] = "部门类别： ";
excel.Cells[9, 4] = MyDS_Grid.Tables[0].Rows[i][15].ToString();
excel.Cells[9, 5] = "职称类别： ";
excel.Cells[9, 6] = MyDS_Grid.Tables[0].Rows[i][16].ToString();
//第 9 行赋值
excel.Cells[10, 1] = "月工资： ";
excel.Cells[10, 2] = Convert.ToString(MyDS_Grid.Tables[0].Rows[i][26]);
excel.Cells[10, 3] = "银行账号： ";
excel.Cells[10, 4] = MyDS_Grid.Tables[0].Rows[i][27].ToString();
//第 10 行赋值
excel.Cells[11, 1] = "合同起始日期： ";
try
{
    excel.Cells[11, 2] = Convert.ToString(Convert.ToDateTime(MyDS_Grid.Tables[0].Rows[i][28]). ToShortDateString());
}
catch { excel.Cells[11, 2] = ""; }
excel.Cells[11, 3] = "合同结束日期： ";
try
{
    excel.Cells[11, 4] = Convert.ToString(Convert.ToDateTime(MyDS_Grid.Tables[0].Rows[i][29]). ToShortDateString());
}
catch { excel.Cells[11, 4] = ""; }
excel.Cells[11, 5] = "合同年限： ";
excel.Cells[11, 6] = Convert.ToString(MyDS_Grid.Tables[0].Rows[i][30]);
//第 11 行赋值
excel.Cells[12, 1] = "电话： ";
excel.Cells[12, 2] = MyDS_Grid.Tables[0].Rows[i][17].ToString();
excel.Cells[12, 3] = "手机： ";
excel.Cells[12, 4] = MyDS_Grid.Tables[0].Rows[i][18].ToString();
excel.Cells[12, 5] = "毕业时间： ";
try
{
    excel.Cells[12, 6] = Convert.ToString(Convert.ToDateTime(MyDS_Grid.Tables[0].Rows[i][21]). ToShortDateString());
}
catch { excel.Cells[12, 6] = ""; }
//Convert.ToString(MyDS_Grid.Tables[0].Rows[i][21]);
//第 12 行赋值
excel.Cells[13, 1] = "毕业学校： ";
excel.Cells[13, 2] = MyDS_Grid.Tables[0].Rows[i][19].ToString();
//第 13 行赋值
excel.Cells[14, 1] = "主修专业： ";
excel.Cells[14, 2] = MyDS_Grid.Tables[0].Rows[i][20].ToString();
//第 14 行赋值
excel.Cells[15, 1] = "家庭地址： ";
excel.Cells[15, 2] = MyDS_Grid.Tables[0].Rows[i][22].ToString();
if (!System.IO.File.Exists("D:\\" + strInfo + ".xlsx"))
    worksheet.SaveAs("D:\\" + strInfo + ".xlsx", Type.Missing, Type.Missing, Type.Missing, Type.Missing, Type.Missing,
```

```
Type.Missing, Type.Missing, Type.Missing, Type.Missing);
        else
            worksheet.Copy(Type.Missing, Type.Missing);
        workbook.Save();                                        //保存工作表
        workbook.Close(false, Type.Missing, Type.Missing);      //关闭工作表
        MessageBox.Show("基本信息表导出到 Excel 成功，位置: D:\\" + strInfo + ".xlsx", "提示");
    }
}
```

说明

在 C#中如果要对 Excel 表格进行操作，必须对 Excel 进行引用。其添加步骤为：首先，在"解决方案资源管理器"中的"引用"上右击，在弹出的快捷菜单中选择"添加引用"命令；然后，在打开的"引用管理器"窗体中选择 COM / "类型库"；最后，在该选项卡中选择 Microsoft Excel 版本号 Object Library，单击"确定"按钮即可。

18.10 　用户设置模块设计

▦ 本模块使用的数据表：tb_Login、tb_UserPope

用户设置模块主要对企业人事管理系统中的用户信息进行管理，包括对用户信息的添加、修改和删除等操作，还可以为指定的用户设置操作权限。另外，如果要对管理员信息进行修改、删除和设置操作权限等操作，系统就会提示不能对管理员进行操作。"用户设置"对话框如图 18.28 所示。

图 18.28 　"用户设置"对话框

18.10.1 　设计用户设置窗体

新建一个 Windows 窗体，命名为 F_User.cs，主要用于对系统的用户信息进行管理。"用户设置"窗体用到的主要控件如表 18.16 所示。

表 18.16　"用户设置"窗体用到的主要控件

控 件 类 型	控件 ID	主要属性设置	用　途
 ToolStrip	toolStrip1	添加 5 个 ToolStripButton 按钮，并分别命名为 tool_UserAdd、tool_UserAmend、tool_UserDelete、tool_UserPopedom 和 tool_Close	作为该窗体中的工具栏
DataGridView	dataGridView1	将其 SelectionMode 属性设置为 FullRowSelect	显示用户信息

18.10.2　添加/修改用户信息

"添加用户"和"修改用户"窗体的运行效果分别如图 18.29 和图 18.30 所示。

图 18.29　添加用户信息

图 18.30　修改用户信息

在 F_User 窗体中单击工具栏中的"添加"/"修改"按钮，实例化 F_UserAdd 窗体的一个对象，并分别为该对象的 Tag 属性赋值为 1 和 2，以标识在 F_UserAdd 窗体中将执行哪种操作。工具栏中的"添加"/"修改"按钮的实现代码如下：

```
private void tool_UserAdd_Click(object sender, EventArgs e)
{
    //实例化 F_UserAdd 窗体类对象
    PerForm.F_UserAdd FrmUserAdd = new F_UserAdd();
    //设置 F_UserAdd 窗体的 Tag 属性为 1，以标识执行添加操作
    FrmUserAdd.Tag = 1;
    FrmUserAdd.Text = tool_UserAdd.Text + "用户";        //设置 F_UserAdd 窗体的标题
    FrmUserAdd.ShowDialog(this);                          //以对话框形式显示窗体
}
private void tool_UserAmend_Click(object sender, EventArgs e)
{
    if (ModuleClass.MyModule.User_ID.Trim() == "0001")   //判断选择的是否为超级用户
    {
        MessageBox.Show("不能修改超级用户。");
        return;
    }
    //实例化 F_UserAdd 窗体类对象
    PerForm.F_UserAdd FrmUserAdd = new F_UserAdd();
    //设置 F_UserAdd 窗体的 Tag 属性为 2，以标识执行修改操作
    FrmUserAdd.Tag = 2;
    FrmUserAdd.Text = tool_UserAmend.Text + "用户";       //设置 F_UserAdd 窗体的标题
    FrmUserAdd.ShowDialog(this);                          //以对话框形式显示窗体
}
```

在 F_UserAdd 窗体中单击"保存"按钮，判断"用户名"文本框和"密码"文本框是否为空。如果为空，则弹出提示信息；否则，根据该窗体的 Tag 属性判断是执行用户添加操作，还是执行用户修

改操作。"保存"按钮的实现代码如下：

```
private void button1_Click(object sender, EventArgs e)
{
    if (text_Name.Text == "" && text_Pass.Text == "")          //判断用户名和密码是否为空
    {
        MessageBox.Show("请将用户名和密码添加完整。");
        return;
    }
    DSet = MyDataClass.getDataSet("select Name from tb_Login where Name='" + text_Name.Text + "'", "tb_Login");
    //判断窗体的 Tag 属性是否为 2，以执行修改操作
    if ((int)this.Tag == 2 && text_Name.Text == ModuleClass.MyModule.User_Name)
    {
        MyDataClass.getsqlcom("update tb_Login set Name='" + text_Name.Text + "',Pass='" + text_Pass. Text + "' where
ID='" + ModuleClass.MyModule.User_ID + "'");
        return;
    }
    if (DSet.Tables[0].Rows.Count > 0)                          //判断用户是否已经存在
    {
        MessageBox.Show("当前用户名已存在，请重新输入。");      //弹出提示信息
        text_Name.Text = "";
        text_Pass.Text = "";
        return;
    }
    //判断窗体的 Tag 属性是否为 1，以执行添加操作
    if ((int)this.Tag == 1)
    {
        AutoID = MyMC.GetAutocoding("tb_Login", "ID");          //自动生成编号
        //调用公共类中的方法添加用户信息
        MyDataClass.getsqlcom("insert into tb_Login (ID,Name,Pass) values('" + AutoID + "','" + text_Name. Text + "','" +
text_Pass.Text + "')");
        MyMC.ADD_Pope(AutoID, 0);                               //为新添加的用户设置权限
        MessageBox.Show("添加成功。");
    }
    else
    {
        //调用公共类中的方法修改用户信息
        MyDataClass.getsqlcom("update tb_Login set Name='" + text_Name.Text + "',Pass='" + text_Pass. Text + "' where
ID='" + ModuleClass.MyModule.User_ID + "'");
        //判断新添加的用户编号是否与登录用户的编号相同
        if (ModuleClass.MyModule.User_ID == DataClass.MyMeans.Login_ID)
            DataClass.MyMeans.Login_Name = text_Name.Text;      //设置登录用户名为"用户名"文本框的值
        MessageBox.Show("修改成功。");
    }
    this.Close();                                               //关闭当前窗体
}
```

18.10.3 删除用户基本信息

在 F_User 窗体中单击工具栏中的"删除"按钮，判断要删除的用户是不是管理员。如果是，则弹出提示信息，提示不能修改管理员信息；否则，删除选中的用户信息，同时删除其权限信息。工具栏中"删除"按钮的实现代码如下：

```
private void tool_UserDelete_Click(object sender, EventArgs e)
{
    if (ModuleClass.MyModule.User_ID != "")
```

```
    {
        if (ModuleClass.MyModule.User_ID.Trim() == "0001")          //判断要删除的用户是否为超级用户
        {
            MessageBox.Show("不能删除超级用户。");
            return;
        }
        //删除用户信息
        MyDataClass.getsqlcom("Delete tb_Login where ID='" + ModuleClass.MyModule.User_ID.Trim() + "'");
        //删除用户权限信息
        MyDataClass.getsqlcom("Delete tb_UserPope where ID='" + ModuleClass.MyModule.User_ID.Trim() + "'");
        //在数据库中查找所有用户信息，并将结果存储在 DataSet 数据集中
        MyDS_Grid = MyDataClass.getDataSet("select ID as 编号,Name as 用户名 from tb_Login", "tb_Login");
        dataGridView1.DataSource = MyDS_Grid.Tables[0];          //为 DataGridView 控件设置数据源
    }
    else
        MessageBox.Show("无法删除空数据表。");
}
```

说明

在对数据表中的数据进行删除后，必须对窗体中的数据进行更新，以显示最新的数据内容。

18.10.4　设置用户操作权限

在 F_User 窗体中单击工具栏中的"权限"按钮，弹出"用户权限设置"窗体，如图 18.31 所示。

图 18.31　设置用户操作权限的运行效果

"用户权限设置"窗体中可以设置用户的权限，在该窗体中选中要拥有权限的复选框，单击"保存"按钮，调用 MyModule 公共类中的 Amend_Pope 方法为用户设置权限，同时将 MyMeans 公共类中的静态变量 Login_n 设置为 2，以便在调用"重新登录"窗体时，使用新设置的权限对其进行初始化。设置用户操作权限的实现代码如下：

```
private void User_Save_Click(object sender, EventArgs e)
{
    //调用公共类的 Amend_Pope 方法为指定的用户设置权限
    MyMC.Amend_Pope(groupBox2.Controls, ModuleClass.MyModule.User_ID);
    //判断登录用户的编号是否与修改的用户编号相同
    if (DataClass.MyMeans.Login_ID == ModuleClass.MyModule.User_ID)
        //将静态变量 Login_n 设置为 2，以便在调用"重新登录"窗体时，使用新设置的权限对其进行初始化
```

```
        DataClass.MyMeans.Login_n = 2;
}
```

18.11　数据库维护模块设计

数据库维护模块主要对企业人事管理系统中的数据信息进行备份和还原操作，其运行结果如图 18.32 所示。

图 18.32　"备份/还原数据库"窗体

18.11.1　设计数据库维护窗体

新建一个 Windows 窗体，命名为 F_HaveBack.cs，主要用于对该系统的数据进行备份和还原。数据库维护窗体用到的主要控件如表 18.17 所示。

表 18.17　数据库维护窗体用到的主要控件

控 件 类 型	控件 ID	主要属性设置	用　　途
abl TextBox	textBox1	将 Text 属性设置为 "\bar"	备份数据库的默认路径
	textBox2	无	指定备份数据库的路径
	textBox3	无	输入备份文件的路径名
ab Button	button1	无	执行数据库备份操作
	button2	无	选择要存放备份文件的路径
	button3	无	关闭当前窗体
	button4	无	选择备份文件的存放路径
	button5	无	执行数据库还原操作
	button6	无	关闭当前窗体
⊙ RadioButton	radioButton1	将 Checked 属性设置为 TRUE	是否将备份文件放到默认路径中
	radioButton2	无	是否指定新的备份文件路径
OpenFileDialog	openFileDialog1	无	选择备份文件的对话框
FolderBrowserDialog	folderBrowserDialog1	无	选择存放备份文件路径的对话框
TabControl	tabControl1	添加两个选项卡，并分别将其 Text 属性设置为 "备份数据库" 和 "还原数据库"	显示"备份数据库"和"还原数据库"两个选项卡

18.11.2　备份数据库

在"备份数据库"选项卡中单击"备份"按钮，程序首先判断是将备份文件存放到默认路径下，还是存放到用户选择的路径下，然后对数据库文件进行备份。备份数据库的实现代码如下：

```csharp
private void button1_Click(object sender, EventArgs e)
{
    string Str_dar = "";
    if (radioButton1.Checked == true)                          //判断默认路径是否选中
        Str_dar = System.Environment.CurrentDirectory + "\\bar\\";
    if (radioButton2.Checked == true)                          //判断自定义路径是否选中
        Str_dar = textBox2.Text+ "\\";
    if (textBox2.Text == "" & radioButton2.Checked == true)
    {
        MessageBox.Show("请选择备份数据库文件的路径。");
        return;
    }
    try
    {
        //定义数据库备份的 SQL 语句
        Str_dar = "backup database db_PWMS to disk='" + Str_dar+System.DateTime.Now.ToShortDateString(). Replace
("/","")+MyMC.Time_Format(System.DateTime.Now.ToString())+".bak" + "'";
        //调用公共类中的方法执行数据库备份操作
        MyDataClass.getsqlcom(Str_dar);
        MessageBox.Show("数据备份成功！", "提示", MessageBoxButtons.OK, MessageBoxIcon.Information);
    }
    catch (Exception ex)
    {
        MessageBox.Show(ex.Message, "提示", MessageBoxButtons.OK, MessageBoxIcon.Information);
    }
}
```

说明

在对数据库中的数据进行备份时，必须关闭当前数据库的所有连接。

18.11.3　还原数据库

还原数据库运行效果如图 18.33 所示。

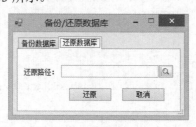

图 18.33　还原数据库运行效果

在"还原数据库"选项卡中单击"还原"按钮，程序首先调用 kill 命令将与 db_PWMS 数据库有关的进程全部强行关闭，然后重新备份该数据库的日志文件，同时对该数据库进行还原操作。还原数据库的实现代码如下：

```
private void button5_Click(object sender, EventArgs e)
{
    if (textBox3.Text == "")                                    //判断备份文件路径是否为空
    {
        MessageBox.Show("请选择备份数据库文件的路径。");
        return;
    }
    try
    {
        //判断数据库连接状态是否打开
        if (DataClass.MyMeans.My_con.State == ConnectionState.Open)
        {
            DataClass.MyMeans.My_con.Close();                   //关闭数据库连接
        }
        string DateStr = "Data Source=mrwxk\\wxk;Database=master;User id=sa;PWD=";
        SqlConnection conn = new SqlConnection(DateStr);        //实例化 SqlConnection 连接对象
        conn.Open();                                           //打开数据库连接
        //-------------------强行关闭所有连接 db_PWMS 数据库的进程--------------
        string strSQL = "select spid from master..sysprocesses where dbid=db_id( 'db_PWMS') ";
        SqlDataAdapter Da = new SqlDataAdapter(strSQL, conn);   //实例化 SqlDataAdapter 类对象
        DataTable spidTable = new DataTable();                 //实例化 DataTable 对象
        Da.Fill(spidTable);                                    //填充 DataTable 数据表
        SqlCommand Cmd = new SqlCommand();                     //实例化 SqlCommand 对象
        Cmd.CommandType = CommandType.Text;                    //设置 SqlCommand 命令的类型
        Cmd.Connection = conn;                                 //设置 SqlCommand 命令的连接对象
        //循环访问 DataTable 数据表中的行
        for (int iRow = 0; iRow < spidTable.Rows.Count ; iRow++)
        {
            Cmd.CommandText = "kill " + spidTable.Rows[iRow][0].ToString(); //强行关闭用户进程
            Cmd.mp4cuteNonQuery();                             //执行 SqlCommand 命令
        }
        conn.Close();                                          //关闭数据库连接
        conn.Dispose();                                        //释放数据库连接资源
        //重新连接数据库
        SqlConnection Tem_con = new SqlConnection(DataClass.MyMeans.M_str_sqlcon);
        Tem_con.Open();                                        //打开数据库连接
        //使用数据库还原语句实例化 SqlCommand 对象
        SqlCommand SQLcom = new SqlCommand("backup log db_PWMS to disk='"
            + textBox3.Text.Trim() + "'use master restore database db_PWMS from disk='"
            + textBox3.Text.Trim() + "'", Tem_con);
        SQLcom.mp4cuteNonQuery();                              //执行数据库还原操作
        SQLcom.Dispose();                                      //释放 SqlCommand 对象
        Tem_con.Close();                                       //关闭数据库连接
        Tem_con.Dispose();                                     //释放数据库连接资源
        MessageBox.Show("数据还原成功！ ", "提示", MessageBoxButtons.OK, MessageBoxIcon.Information);
        MyDataClass.con_open();
        MyDataClass.con_close();
        MessageBox.Show("为了避免数据丢失，在数据库还原后将关闭整个系统。");
        Application.Exit();                                    //退出当前应用程序
```

```
}
catch (Exception ex)
{
    MessageBox.Show(ex.Message, "提示", MessageBoxButtons.OK, MessageBoxIcon.Information);
}
}
```

18.12　小　　结

本章根据软件的开发流程，对企业人事管理系统的开发过程进行了详细讲解。通过本章的学习，读者能够掌握如何用自定义方法对多个不同的数据表进行添加、修改、删除以及多字段组合查询等操作。另外，还应该掌握将数据库中的信息导出到 Word 文档和 Excel 表格中的方法，以方便打印。

第 19 章

Java + SQL Server 实现
学生成绩管理系统

随着教育的发展，学校的学生人数越来越多。为了提高管理效率，减少学校开支，使用软件管理学生的学籍、选课、成绩等信息已成为必然。本章将使用 Java+SQL Server 开发一个学生成绩管理系统。

本章知识架构及重难点如下：

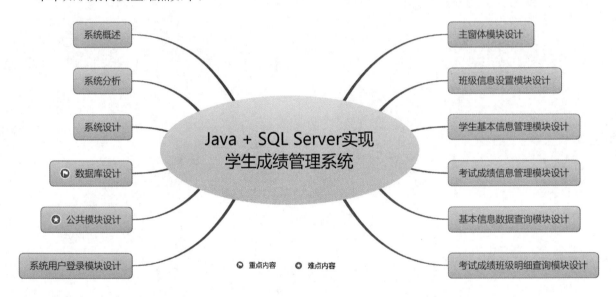

19.1 系 统 概 述

学生信息是学校一项非常重要的数据资源。学生信息管理包括学籍档案管理、教学管理、成绩管理、后勤管理等。其包含的数据量大，涉及的人员面广，需要非常精准，且需要及时更新。通过计算机软件来管理学生成绩信息，有着手工管理无法比拟的优点，如检索迅速、查找方便、可靠性高、存储量大、保密性好、寿命长、成本低等。这些优点能提高学校信息管理效率，也是学校管理向科学化、正规化发展的必要条件。

本章主要讲解如何开发一个学生成绩管理系统，以实现对批量学生信息的管理，如增加、浏览、查询、删除、统计学生信息等，实现学生管理工作的系统化和自动化。

19.2　系　统　分　析

19.2.1　需求分析

需求分析是进行项目开发的起点，经过与客户大量沟通，以及实际的调查与分析，本系统应该具有以下功能。

☑　简单、友好的操作界面，以方便管理员的日常管理工作。
☑　整个系统的操作流程简单，易于上手。
☑　完备的学生成绩管理功能。
☑　全面的系统维护管理功能，方便日后系统维护。
☑　强大的基础信息设置功能。

19.2.2　可行性研究

学生成绩管理系统是学生信息管理工作的一部分。使用计算机管理学生成绩信息，可以提高学生成绩管理工作的效率，有利于学校及时掌握学生的学习成绩、成长状况等一系列信息，进而调整学校的管理工作。

19.3　系　统　设　计

19.3.1　系统目标

通过对学生成绩管理工作深入调查与研究，本系统设计完成后应达到以下目标。

☑　窗体界面设计友好、美观，方便管理员日常操作。
☑　基本信息可全面设置，数据录入方便、快捷。
☑　数据检索功能强大、灵活，提高日常数据的管理工作。
☑　具有良好的系统扩展功能。
☑　最大限度地实现系统易维护性和易操作性。
☑　系统运行稳定，系统数据安全可靠。

19.3.2　系统功能结构

学生成绩管理系统功能结构如图 19.1 所示。

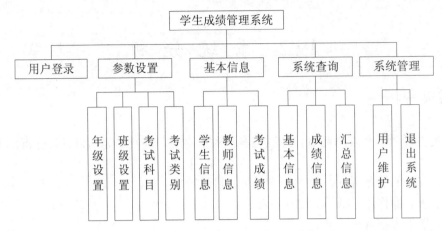

图 19.1　学生成绩管理系统功能结构

19.3.3　系统预览

学生成绩管理系统由多个模块组成，下面仅列出几个典型模块的窗体界面，其他窗体参见资源包中的源程序。"系统用户登录"窗体运行效果如图 19.2 所示，主要用于限制非法用户进入系统内部。

系统主窗体运行效果如图 19.3 所示，这里可以调用执行学生成绩管理系统的所有功能。

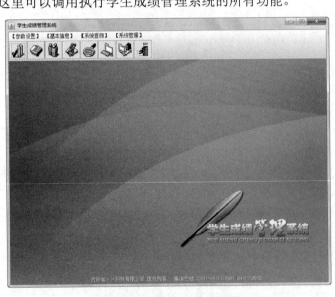

图 19.2　"系统用户登录"窗体运行效果　　　　　图 19.3　系统主窗体运行效果

"年级信息设置"窗体运行效果如图 19.4 所示，这里可对年级信息进行增加、删除、修改操作。

"学生基本信息管理"窗体运行效果如图 19.5 所示，这里可对学生基本信息进行增加、删除、修改操作。

"基本信息数据查询"窗体运行效果如图 19.6 所示，这里可查询学生的基本信息。

"用户数据信息维护"窗体运行效果如图 19.7 所示，这里可完成用户信息的增加、修改和删除操作。

图 19.4　"年级信息设置"窗体运行效果

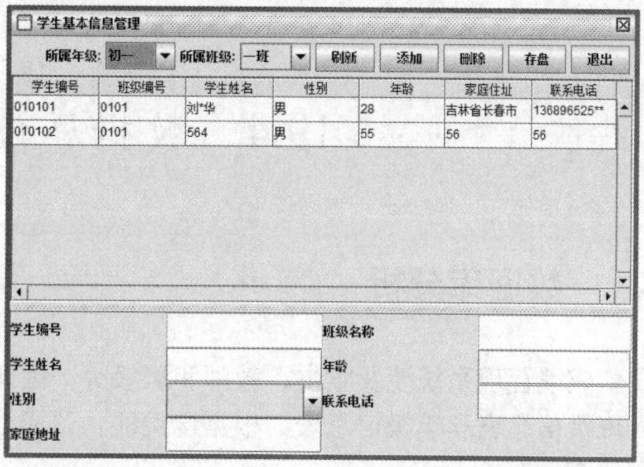

图 19.5　"学生基本信息管理"窗体运行效果

图 19.6　"基本信息数据查询"窗体运行效果

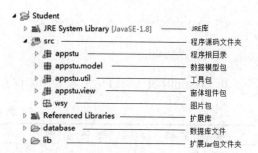

图 19.7　"用户数据信息维护"窗体运行效果

19.3.4　构建开发环境

在开发学生成绩管理系统时，需要具备下面的软件环境。

☑　操作系统：Windows 7 及以上。

☑　Java 开发包：JDK 8 及以上。

☑　数据库：SQL Server。

19.3.5　文件夹组织结构

在进行系统开发前，需要规划文件夹组织结构，即建立多个文件夹，对各个功能模块进行划分，实现统一管理。这样做的优点是易于开发、管理和维护。学生成绩管理系统文件夹组织结构如图 19.8 所示。

```
🗁 Student
  ▷ 🗂 JRE System Library [JavaSE-1.8]  ——— JRE库
  ⊿ 🗁 src                              ——— 程序源码文件夹
    ▷ 🗂 appstu                         ——— 程序根目录
    ▷ 🗂 appstu.model                   ——— 数据模型包
    ▷ 🗂 appstu.util                    ——— 工具包
    ▷ 🗂 appstu.view                    ——— 窗体组件包
    ▷ 🗁 wsy                            ——— 图片包
  ▷ 🗁 Referenced Libraries            ——— 扩展库
  ▷ 🗁 database                        ——— 数据库文件
  ▷ 🗁 lib                             ——— 扩展Jar包文件
```

图 19.8　学生成绩管理系统文件夹组织结构

19.4 数据库设计

19.4.1 数据库分析

学生成绩管理系统涉及学生、教师和班级等，因此除了基本的学生信息表之外，还要设计教师信息表、班级信息表和年级信息表。根据学生的学习成绩结构，还需要设计科目表、考试种类表和考试科目成绩表。

19.4.2 数据库概念设计

本系统数据库采用 SQL Server 数据库，系统数据库名称为 DB_Student，共包含 8 张表，数据表树型结构如图 19.9 所示。该图已包含了系统所有数据表。

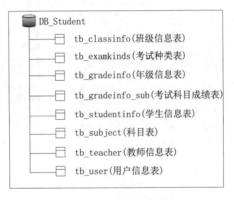

图 19.9　数据表树型结构

19.4.3 数据库逻辑结构设计

图 19.9 中各个表的详细说明如下。

1. tb_classinfo

tb_classinfo 表（班级信息表）用来保存班级信息，其结构如表 19.1 所示。

表 19.1　tb_classinfo 表

字 段 名 称	数 据 类 型	长　　度	是 否 主 键	描　　述
classID	varchar	10	是	班级编号
gradeID	varchar	10		年级编号
className	varchar	20		班级名称

2. tb_examkinds

tb_examkinds 表（考试种类表）用来保存考试种类信息，其结构如表 19.2 所示。

表 19.2　tb_examkinds 表

字 段 名 称	数 据 类 型	长　　度	是 否 主 键	描　　述
kindID	varchar	20	是	考试类别编号
kindName	varchar	20		考试类别名称

3. tb_gradeinfo

tb_gradeinfo 表（年级信息表）用来保存年级信息，其结构如表 19.3 所示。

表 19.3　tb_gradeinfo 表

字 段 名 称	数 据 类 型	长　　度	是 否 主 键	描　　述
gradeID	varchar	10	是	年级编号
gradeName	varchar	20		年级名称

4. tb_gradeinfo_sub

tb_gradeinfo_sub 表（考试科目成绩表）用来保存考试科目成绩信息，其结构如表 19.4 所示。

表 19.4　tb_gradeinfo_sub 表

字 段 名 称	数 据 类 型	长　　度	是 否 主 键	描　　述
stuid	varchar	10	是	学生编号
stuname	varchar	50		学生姓名
kindID	varchar	10	是	考试类别编号
code	varchar	10	是	考试科目编号
grade	float	8		考试成绩
examdate	datetime	8		考试日期

5. tb_studentinfo

tb_studentinfo 表（学生信息表）用来保存学生信息，其结构如表 19.5 所示。

表 19.5　tb_ studentinfo 表

字 段 名 称	数 据 类 型	长　　度	是 否 主 键	描　　述
stuid	varchar	10	是	学生编号
classID	varchar	10		班级编号
stuname	varchar	20		学生姓名
sex	varchar	10		学生性别
age	int	4		学生年龄
addr	varchar	50		家庭住址
phone	varchar	20		联系电话

6. tb_subject

tb_subject 表（科目表）用来保存科目信息，其结构如表 19.6 所示。

表 19.6　tb_subject 表

字 段 名 称	数 据 类 型	长 度	是 否 主 键	描 述
code	varchar	10	是	科目编号
subject	varchar	40		科目名称

7. tb_teacher

tb_teacher 表（教师信息表）用来保存教师的相关信息，其结构如表 19.7 所示。

表 19.7　tb_teacher 表

字 段 名 称	数 据 类 型	长 度	是 否 主 键	描 述
teaid	varchar	10	是	教师编号
classID	varchar	10		班级编号
teaname	varchar	20		教师姓名
sex	varchar	10		教师性别
knowledge	varchar	20		教师职称
knowlevel	varchar	20		教师等级

8. tb_user

tb_user 表（用户信息表）用来保存用户的相关信息，其结构如表 19.8 所示。

表 19.8　tb_user 表

字 段 名 称	数 据 类 型	长 度	是 否 主 键	描 述
userid	varchar	50	是	用户编号
username	varchar	50		用户姓名
pass	varchar	50		用户口令

19.5　公共模块设计

实体类对象使用 JavaBean 结构化后台数据表，完成对数据表的封装。在定义实体类时需要设置与数据表字段相对应的成员变量，并为这些字段设置相应的 get 与 set 方法。

19.5.1　各种实体类的编写

在项目中通常编写相应的实体类，下面以学生实体类为例说明实体类的编写，具体操作步骤如下。

（1）在 Eclipse 中创建类 Obj_student.java，在类中创建与数据表 tb_studentinfo 字段相对应的成员变量。

（2）在 Eclipse 菜单栏中选择"源代码"/"生成 Getter 与 Setter"命令，这样 Obj_student.java 实体类就创建完成了。其代码如下：

```java
public class Obj_student {
    private String stuid;                          //定义学生信息编号变量
    private String classID;                        //定义班级编号变量
    private String stuname;                        //定义学生姓名变量
    private String sex;                            //定义学生性别变量
    private int age;                               //定义学生年龄变量
    private String address;                        //定义学生地址变量
    private String phone;                          //定义学生电话变量
    public String getStuid() {
        return stuid;
    }
    public String getClassID() {
        return classID;
    }
    public String getStuname() {
        return stuname;
    }
    public String getSex() {
        return sex;
    }
    public int getAge() {
        return age;
    }
    public String getAddress() {
        return address;
    }
    public String getPhone() {
        return phone;
    }
    public void setStuid(String stuid) {
        this.stuid = stuid;
    }
    public void setClassID(String classID) {
        this.classID = classID;
    }
    public void setStuname(String stuname) {
        this.stuname = stuname;
    }
    public void setSex(String sex) {
        this.sex = sex;
    }
    public void setAge(int age) {
        this.age = age;
    }
    public void setAddress(String address) {
        this.address = address;
    }
    public void setPhone(String phone) {
        this.phone = phone;
    }
}
```

其他实体类的设计与学生实体类相似，不同的是对应的后台表结构。读者可以参考资源包中的源文件完成。

19.5.2　操作数据库公共类的编写

1. 连接数据库的公共类 CommonaJdbc.java

数据库连接在整个项目开发中占据着非常重要的位置，如果数据库连接失败，功能再强大的系统都不能运行。在 appstu.util 包中建立类 CommonaJdbc.java 文件，在该文件中定义一个静态类型的类变量 connection，用来建立与数据库的连接，这样在其他类中就可以直接访问这个变量，其代码如下：

```java
public class CommonaJdbc {
    public static Connection conection = null;
    public CommonaJdbc() {
        getCon();
    }
    private Connection getCon() {
        try {
            Class.forName("com.microsoft.sqlserver.jdbc.SQLServerDriver");
            conection = DriverManager.getConnection("jdbc:sqlserver://localhost:1433;DatabaseName=
            DB_Student ", "sa",     "123456");
        } catch (java.lang.ClassNotFoundException classnotfound) {
            classnotfound.printStackTrace();
        } catch (java.sql.SQLException sql) {
            new appstu.view.JF_view_error(sql.getMessage());
            sql.printStackTrace();
        }
        return conection;
    }
}
```

2. 操作数据库的公共类 JdbcAdapter.java

在 util 包下建立公共类 JdbcAdapter.java 文件，该类封装了对所有数据表的添加、修改、删除操作，前台业务中的相应功能都是通过这个类来完成的。

（1）该类以 19.5.1 节中设计的各种实体对象为参数，执行类中的相应方法。为了保证数据操作的准确性，需要定义一个私有的类方法 validateID 完成数据的验证功能。validateID 方法通过数据表的主键判断表中是否存在这条数据，如果存在，则生成数据表的更新语句；如果不存在，则生成数据表的添加语句。下面是 validateID 方法的关键代码。

```java
private boolean validateID(String id, String tname, String idvalue) {
    String sqlStr = null;
    sqlStr = "select count(*) from " + tname + " where " + id + " = '" + idvalue + "'";  //定义 SQL 语句
    try {
        con = CommonaJdbc.conection;                    //获取数据库连接
        pstmt = con.prepareStatement(sqlStr);           //获取 PreparedStatement 实例
        java.sql.ResultSet rs = null;                   //获取 ResultSet 实例
        rs = pstmt.executeQuery();                      //执行 SQL 语句
        if (rs.next()) {
            if (rs.getInt(1) > 0)                       //如果数据表中有值
                return true;                            //返回 TRUE 值
        }
```

```
    } catch (java.sql.SQLException sql) {                          //如果产生异常
        sql.printStackTrace();                                     //输出异常
        return false;                                              //返回 FALSE 值
    }
    return false;                                                  //返回 FALSE 值
}
```

（2）定义一个私有类方法 AdapterObject()，执行数据表的所有操作，方法参数为生成的 SQL 语句。关键代码如下：

```
private boolean AdapterObject(String sqlState) {
    boolean flag = false;
    try {
        con = CommonaJdbc.conection;                               //获取数据库连接
        pstmt = con.prepareStatement(sqlState);                    //获取 PreparedStatement 实例
        pstmt.execute();                                           //执行该 SQL 语句
        flag = true;                                               //将标识量修改为 TRUE
        JOptionPane.showMessageDialog(null, infoStr + "数据成功!!!", "系统提示",
        JOptionPane.INFORMATION_MESSAGE);                          //弹出相应提示对话框
    } catch (java.sql.SQLException sql) {
        flag = false;
        sql.printStackTrace();
    }
    return flag;                                                   //将标识量返回
}
```

（3）公共类中封装了所有表操作，且其实现方法是一样的，因此这里仅以学生表中 InsertOrUpdateObject()方法的操作为例进行详细讲解。其他方法的编写，读者可参考资源包中的源代码。关键代码如下：

```
public boolean InsertOrUpdateObject(Obj_student objstudent) {
    String sqlStatement = null;
    if (validateID("stuid", "tb_studentinfo", objstudent.getStuid())) {
        sqlStatement = "Update tb_studentinfo set stuid = '" + objstudent.getStuid() + "',classID = '"
            + objstudent.getClassID() + "',stuname = '" + objstudent.getStuname() + "',sex = '"
            + objstudent.getSex() + "',age = '" + objstudent.getAge() + "',addr = '" + objstudent.getAddress()
            + "',phone = '" + objstudent.getPhone() + "' where stuid = '" + objstudent.getStuid().trim() + "'";
        infoStr = "更新学生信息";
    } else {
        sqlStatement = "Insert tb_studentinfo(stuid,classid,stuname,sex,age,addr,phone) values ('"
            + objstudent.getStuid() + "','" + objstudent.getClassID() + "','" + objstudent.getStuname() + "','"
            + objstudent.getSex() + "','" + objstudent.getAge() + "','" + objstudent.getAddress() + "','"
            + objstudent.getPhone() + "')";
        infoStr = "添加学生信息";
    }
    return AdapterObject(sqlStatement);
}
```

（4）定义公共方法 InsertOrUpdate_Obj_gradeinfo_sub，用来执行学生成绩存盘操作。该方法的参数为学生成绩对象 Obj_gradeinfo_sub 数组变量，定义 String 类型变量 sqlStr，然后在循环体中调用 stmt 的 addBatch()方法，将 sqlStr 变量放入 Batch 中，最后执行 stmt 的 executeBatch()方法。关键代码如下：

```
public boolean InsertOrUpdate_Obj_gradeinfo_sub(Obj_gradeinfo_sub[] object) {
    try {
        con = CommonaJdbc.conection;
        stmt = con.createStatement();
        for (int i = 0; i < object.length; i++) {
```

```
            String sqlStr = null;
            if (validateobjgradeinfo(object[i].getStuid(), object[i].getKindID(), object[i].getCode())) {
                sqlStr = "update tb_gradeinfo_sub set stuid = '" + object[i].getStuid() + "',stuname = '"
                    + object[i].getSutname() + "',kindID = '" + object[i].getKindID() + "',code = '"
                    + object[i].getCode() + "',grade = " + object[i].getGrade() + " ,examdate = '"
                    + object[i].getExamdate() + "' where stuid = '" + object[i].getStuid() + "' and kindID = '"
                    + object[i].getKindID() + "' and code = '" + object[i].getCode() + "'";

            } else {
                sqlStr = "insert   tb_gradeinfo_sub(stuid,stuname,kindID,code,grade,examdate)    values ('"
                    + object[i].getStuid() + "','" + object[i].getSutname() + "','" + object[i].getKindID() + "','"
                    + object[i].getCode() + "'," + object[i].getGrade() + " ,'" + object[i].getExamdate() + "')";
            }
            System.out.println("sqlStr = " + sqlStr);
            stmt.addBatch(sqlStr);
        }
        stmt.executeBatch();
        JOptionPane.showMessageDialog(null,"学生成绩数据存盘成功!!!","系统提示",
                JOptionPane.INFORMATION_MESSAGE);
    } catch (java.sql.SQLException sqlerror) {
        new appstu.view.JF_view_error("错误信息为：" + sqlerror.getMessage());
        return false;
    }
    return true;
}
```

（5）定义公共方法 Delete_Obj_gradeinfo_sub，用来删除学生成绩。该方法的设计思路与方法 InsertOr Update_Obj_gradeinfo_sub 类似，都是通过循环控制生成批处理语句，然后执行批处理命令。所不同的是，该方法生成的语句是删除语句。Delete_Obj_gradeinfo_ sub()方法的关键代码如下：

```
public boolean Delete_Obj_gradeinfo_sub(Obj_gradeinfo_sub[] object) {
    try {
        con = CommonaJdbc.conection;
        stmt = con.createStatement();
        for (int i = 0; i < object.length; i++) {
            String sqlStr = null;
            sqlStr = "Delete From tb_gradeinfo_sub   where stuid = '" + object[i].getStuid() + "' and kindID = '"
                + object[i].getKindID() + "' and code = '"+ object[i].getCode() + "'";
            System.out.println("sqlStr = " + sqlStr);
            stmt.addBatch(sqlStr);
        }
        stmt.executeBatch();
        JOptionPane.showMessageDialog(null,"学生成绩数据删除成功!!!","系统提示",
                JOptionPane.INFORMATION_MESSAGE);
    } catch (java.sql.SQLException sqlerror) {
        new appstu.view.JF_view_error("错误信息为：" + sqlerror.getMessage());
        return false;
    }
    return true;
}
```

（6）定义删除数据表的公共类方法 DeleteObject，用来执行删除数据表的操作。关键代码如下：

```
public boolean DeleteObject(String deleteSql) {
    infoStr = "删除";
    return AdapterObject(deleteSql);
}
```

3. 检索数据的公共类 RetrieveObject.java

数据检索功能在整个系统中占有重要位置。系统中的所有查询都是通过 RetrieveObject.java 公共类实现的，该类通过传递查询语句，调用相应的类方法，从而查询满足条件的数据或者数据集合。在这个公共类中定义了 3 种不同的方法，来满足系统的查询要求。

（1）定义类的公共方法 getObjectRow，用来检索满足条件的数据，返回的值类型为 Vector。关键代码如下：

```java
public Vector getObjectRow(String sqlStr) {
    Vector vdata = new Vector();                                        //定义一个集合
    connection = CommonaJdbc.conection;                                 //获取一个数据库连接
    try {
        rs = connection.prepareStatement(sqlStr).executeQuery();        //获取一个 ResultSet 实例
        rsmd = rs.getMetaData();                                        //获取一个 ResultSetMetaData 实例
        while (rs.next()) {
            for (int i = 1; i <= rsmd.getColumnCount(); i++) {
                vdata.addElement(rs.getObject(i));                      //将数据库结果集中的数据添加到集合中
            }
        }
    } catch (java.sql.SQLException sql) {
        sql.printStackTrace();
        return null;
    }
    return vdata;                                                       //将集合返回
}
```

（2）定义类的公共方法 getTableCollection()，用来检索所有满足条件的数据集合，返回的值类型为 Collection。关键代码如下：

```java
public Collection getTableCollection(String sqlStr) {
    Collection collection = new Vector();
    connection = CommonaJdbc.conection;
    try {
        rs = connection.prepareStatement(sqlStr).executeQuery();
        rsmd = rs.getMetaData();
        while (rs.next()) {
            Vector vdata = new Vector();
            for (int i = 1; i <= rsmd.getColumnCount(); i++) {
                vdata.addElement(rs.getObject(i));
            }
            collection.add(vdata);
        }
    } catch (java.sql.SQLException sql) {
        new appstu.view.JF_view_error("执行的 SQL 语句为:\n" + sqlStr + "\n 错误信息为：" + sql.getMessage());
        sql.printStackTrace();
        return null;
    }
    return collection;
}
```

（3）定义类方法 getTableModel，用来生成一个表格数据模型，返回类型为 DefaultTableModel。该方法中，数组参数 name 用来生成表模型中的列名。关键代码如下：

```java
public DefaultTableModel getTableModel(String[] name, String sqlStr) {
    Vector vname = new Vector();
    for (int i = 0; i < name.length; i++) {
```

```
            vname.addElement(name[i]);
        }
        DefaultTableModel tableModel = new DefaultTableModel(vname, 0);      //定义一个 DefaultTableModel 实例
        connection = CommonaJdbc.conection;
        try {
            rs = connection.prepareStatement(sqlStr).executeQuery();
            rsmd = rs.getMetaData();
            while (rs.next()) {
                Vector vdata = new Vector();
                for (int i = 1; i <= rsmd.getColumnCount(); i++) {
                    vdata.addElement(rs.getObject(i));
                }
                tableModel.addRow(vdata);                                     //将集合添加到表格模型中
            }
        } catch (java.sql.SQLException sql) {
            sql.printStackTrace();
            return null;
        }
        return tableModel;                                                   //将表格模型实例返回
}
```

4．产生流水号的公共类 ProduceMaxBh.java

在 appstu.util 包下建立公共类文件 ProduceMaxBh.java，并在类中定义公共方法 getMaxBh，该方法用来生成一个最大的流水号。首先通过参数来获得数据表中的最大号码，然后根据这个号码产生一个最大编号。关键代码如下：

```
public String getMaxBh(String sqlStr, String whereID) {
    appstu.util.RetrieveObject reobject = new RetrieveObject();
    Vector vdata = null;
    Object obj = null;
    vdata = reobject.getObjectRow(sqlStr);
    obj = vdata.get(0);
    String maxbh = null, newbh = null;
    if (obj == null) {
        newbh = whereID + "01";
    } else {
        maxbh = String.valueOf(vdata.get(0));
        String subStr = maxbh.substring(maxbh.length() - 1, maxbh.length());
        subStr = String.valueOf(Integer.parseInt(subStr) + 1);
        if (subStr.length() == 1)
            subStr = "0" + subStr;
        newbh = whereID + subStr;
    }
    return newbh;
}
```

19.6　系统用户登录模块设计

19.6.1　系统用户登录模块概述

系统用户登录模块主要用来验证用户的登录信息，完成用户的登录功能。该模块的窗体界面如图 19.10 所示。

图 19.10　"系统用户登录"界面

19.6.2　系统用户登录模块技术分析

系统用户登录模块需要解决的主要问题是如何让窗体居中显示。首先要获得显示器的大小，使用 Toolkit 类的 getScreenSize()方法。语法如下：

`public abstract Dimension getScreenSize() throws HeadlessException`

Toolkit 类是一个抽象类，不能使用 new 获得其对象。该类中定义的 getDefaultToolkit()方法可以获得 Toolkit 类型的对象。语法如下：

`public static Toolkit getDefaultToolkit()`

在获得了屏幕的大小之后，通过简单的计算，即可让窗体居中显示。

19.6.3　系统用户登录模块实现过程

　　📖　系统登录使用的主要数据表：tb_type、tb_personnel

1. 界面设计

登录窗体的界面设计比较简单，具体设计步骤如下。

（1）在 Eclipse 中的"包资源管理器"视图中选择项目，在项目的 src 文件夹上右击，在弹出的快捷菜单中选择"新建"/"其他"命令，在弹出的"新建"对话框的"输入过滤文本"文本框中输入"JFrame"，然后选择 WindowBuilder/Swing Designer/JFrame 节点。

（2）在 New JFrame 对话框中输入包名 appstu.view，类名 JF_login，单击"完成"按钮。该文件继承 javax.swing 包下面的 JFrame 类，JFrame 类提供了一个包含标题、边框和其他平台专用修饰的顶层窗口。

（3）类创建完成后，选择编辑器左下角的 Designer 选项卡，打开 UI 设计器，设置布局管理器类型为 BorderLayout。

（4）在 Palette 控件托盘中单击 Swing Containers 区域中的 JPanel 按钮，将该控件拖曳到 contentPane 控件中，此时该 JPanel 默认放置在整个容器的中部，可以在 Properties 选项卡的 constraints 对应的属性中修改该控件的布局。同时在 Palette 托盘中选择两个 JLabel、一个 JTextFiled 控件和一个 JPasswordField 控件放置到 JPanel 容器中。设置这两个 JLabel 的 text 属性为"用户名"和"密码"。

（5）以相同的方式从 Palette 控件托盘中选择一个 JPanel 容器拖曳到 contentPane 控件中，设置该面板位于布局管理器的上方，然后在该面板中放置一个 JLabel 控件。再选择一个 JPanel 容器拖曳到 contentPane 控件中，使该面板位于布局管理器的下方，选择两个 JButton 控件放置在该面板中。

通过以上几个步骤完成了整个用户登录的窗体设计，具体的 JF_login 类中控件名称设置如图 19.11 所示。

图 19.11　JF_login 类中控件的名称设置

2. 代码设计

登录窗体的具体设置步骤如下。

（1）当用户输入用户名、密码后，按下 Enter 键，系统校验该用户是否存在。在公共方法 jTextField1_keyPressed()中，定义一个 String 类型变量 sqlSelect 用来生成 SQL 查询语句，然后再定义一个公共类 RetrieveObject 类型变量 retrieve，调用 retrieve 的 getObjectRow()方法，其参数为 sqlSelect，用来判断该用户是否存在。jTextField1_keyPressed()方法的关键代码如下：

```java
public void jTextField1_keyPressed(KeyEvent keyEvent) {
    if (keyEvent.getKeyCode() == KeyEvent.VK_ENTER) {
        String sqlSelect = null;
        Vector vdata = null;
        //根据该用户输入的用户名查询该用户名在数据库中是否存在
        sqlSelect = "select username from tb_user where userid = '" + jTextField1.getText().trim() + "'";
        RetrieveObject retrieve = new RetrieveObject();
        vdata = retrieve.getObjectRow(sqlSelect);                       //调用 getObjectRow 方法执行该 SQL 语句
        if (vdata.size() > 0) {
            jPasswordField1.requestFocus();                            //焦点放置在 "密码" 文本框中
        } else {
            //如果该用户名不存在，则弹出相应的提示对话框
            JOptionPane.showMessageDialog(null, "输入的用户 ID 不存在，请重新输入!!!", "系统提示",
                                            JOptionPane.ERROR_MESSAGE);
            jTextField1.requestFocus();                               //焦点放置在 "用户名" 文本框中
        }
    }
}
```

（2）如果用户名存在，再输入对应的口令，当输入的口令正确时，单击 "登录" 按钮，进入系统。公共方法 jBlogin_actionPerformed 的设计与 jTextField1_keyPressed 方法的设计相似，其关键代码如下：

```java
public void jBlogin_actionPerformed(ActionEvent e) {
    if (jTextField1.getText().trim().length() == 0 || jPasswordField1.getPassword().length == 0) {
```

```
        JOptionPane.showMessageDialog(null, "用户密码不允许为空", "系统提示",
                                               JOptionPane.ERROR_MESSAGE);
        return;
    }
    String pass = null;
    pass = String.valueOf(jPasswordField1.getPassword());
    String sqlSelect = null;
    sqlSelect = "select count(*) from tb_user where userid = '" + jTextField1.getText().trim() + "' and pass = '"
                                               + pass + "'";

    Vector vdata = null;
    appstu.util.RetrieveObject retrieve = new appstu.util.RetrieveObject();
    vdata = retrieve.getObjectRow(sqlSelect);              //执行 SQL 语句
    if (Integer.parseInt(String.valueOf(vdata.get(0))) > 0) {   //如果验证成功
        AppMain frame = new AppMain();                    //实例化系统主窗体
        this.setVisible(false);                           //设置该主窗体不可见
    } else {                                              //如果验证不成功
        JOptionPane.showMessageDialog(null, "输入的口令不正确,请重新输入!!!", "系统提示",
                                 JOptionPane.ERROR_MESSAGE);//弹出相应的消息对话框
        jTextField1.setText(null);                        //将"用户名"文本框置空
        jPasswordField1.setText(null);                    //将"密码"文本框置空
        jTextField1.requestFocus();                       //将焦点放置在"用户名"文本框中
        return;
    }
}
```

19.7　主窗体模块设计

19.7.1　主窗体模块概述

用户登录成功后，进入系统主界面。在主界面中完成学生成绩信息的各类操作，包括参数的基本设置，学生/教师基本信息的录入、查询，成绩的录入、查询等功能。系统主窗体运行效果如图 19.12 所示。

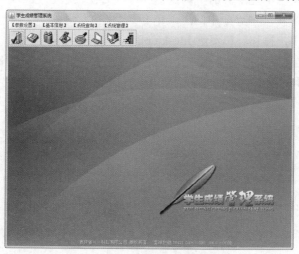

图 19.12　系统主窗体运行效果

19.7.2　主窗体模块技术分析

主窗体模块利用的主要技术是 JDesktopPane 类的使用。JDesktopPane 类用于创建多文档界面或虚拟桌面的容器。用户可创建 JInternalFrame 对象并将其添加到 JDesktopPane。JDesktopPane 扩展了 JLayeredPane，以管理可能的重叠内部窗体。它还维护了对 DesktopManager 实例的引用，这是由 UI 类为当前的外观（L&F）设置的。注意，JDesktopPane 不支持边界。

JDesktopPane 类通常用作 JInternalFrames 的父类，为 JInternalFrames 提供一个可插入的 DesktopManager 对象。特定于 L&F 的实现 installUI 负责正确设置 desktopManager 变量。JInternalFrame 的父类是 JDesktopPane 时，它应该将其大部分行为（关闭、调整大小等）委托给 desktopManager。

本模块使用了 JDesktopPane 类继承的 add()方法，它可以将指定的控件增加到指定的层次上。该方法的代码如下：

```
public Component add(Component comp,int index)。
```

☑　comp：要添加的控件。
☑　index：添加的控件的层次位置。

19.7.3　主窗体模块实现过程

1. 界面设计

主界面的设计不是十分复杂，主要工作是在代码设计中完成的。AppMain 类中控件的名称设置如图 19.13 所示。

2. 代码设计

在登录窗体中分别定义以下几个类的实例变量和公共方法：变量 JmenuBar 和 JToolBar（用来生成主界面中的主菜单和工具栏）、变量 MenuBarEvent（用来响应用户操作）和变量 JdesktopPane（用来生成放置控件的桌面面板）。定义完实例变量后，开始定义创建主菜单的私有方法 BuildMenuBar 和创建工具栏的私有方法 BuildToolBar。其关键代码如下：

图 19.13　AppMain 类中控件的名称设置

```
public class AppMain extends JFrame {
    //省略部分代码
    public static JDesktopPane desktop = new JDesktopPane();
    MenuBarEvent _MenuBarEvent = new MenuBarEvent();          //自定义事件类处理
    JMenuBar jMenuBarMain = new JMenuBar();                   //定义界面中的主菜单控件
    JToolBar jToolBarMain = new JToolBar();                   //定义界面中的工具栏控件
    private void BuildMenuBar() {                             //定义生成主菜单的公共方法
    }
    private void BuildToolBar() {                             //定义生成工具栏的公共方法
    }
    //省略部分代码
}
```

下面分别详细讲述设置菜单栏与工具栏的方法。

（1）生成菜单栏的私有方法 BuildMenuBar 实现过程：首先定义菜单对象数组用来生成整个系统中的业务主菜单，然后定义主菜单中的子菜单项目，用来添加到主菜单中，为子菜单实现响应用户的单击的操作方法。关键代码如下：

```java
private void BuildMenuBar() {
    JMenu[] _jMenu = { new JMenu("【参数设置】"), new JMenu("【基本信息】"), new JMenu("【系统查询】"), new JMenu("【系统管理】") };
    JMenuItem[] _jMenuItem0 = { new JMenuItem("【年级设置】"), new JMenuItem("【班级设置】"),
                                new JMenuItem("【考试科目】"), new JMenuItem("【考试类别】") };
    String[] jMenuItem0Name = { "sys_grade", "sys_class", "sys_subject", "sys_examkinds" };
    JMenuItem[] _jMenuItem1 = { new JMenuItem("【学生信息】"), new JMenuItem("【教师信息】"),
                                new JMenuItem("【考试成绩】") };
    String[] _jMenuItem1Name = { "JF_view_student", "JF_view_teacher", "JF_view_gradesub" };
    JMenuItem[] _jMenuItem2 = { new JMenuItem("【基本信息】"), new JMenuItem("【成绩信息】"),
                                new JMenuItem("【汇总查询】") };
    String[] _jMenuItem2Name = { "JF_view_query_jbqk", "JF_view_query_grade_mx", "JF_view_query_ grade_hz" };
    JMenuItem[] _jMenuItem3 = { new JMenuItem("【用户维护】"), new JMenuItem("【系统退出】") };
    String[] _jMenuItem3Name = { "sys_user_modify", "JB_EXIT" };
    Font _MenuItemFont = new Font("宋体", 0, 12);
    for (int i = 0; i < _jMenu.length; i++) {
        _jMenu[i].setFont(_MenuItemFont);
        jMenuBarMain.add(_jMenu[i]);
    }
    for (int j = 0; j < _jMenuItem0.length; j++) {
        _jMenuItem0[j].setFont(_MenuItemFont);
        final String EventName1 = _jMenuItem0Name[j];
        _jMenuItem0[j].addActionListener(_MenuBarEvent);
        _jMenuItem0[j].addActionListener(new ActionListener() {
            @Override
            public void actionPerformed(ActionEvent e) {
                _MenuBarEvent.setEventName(EventName1);
            }
        });
        _jMenu[0].add(_jMenuItem0[j]);
        if (j == 1) {
            _jMenu[0].addSeparator();
        }
    }
    for (int j = 0; j < _jMenuItem1.length; j++) {
        _jMenuItem1[j].setFont(_MenuItemFont);
        final String EventName1 = _jMenuItem1Name[j];
        _jMenuItem1[j].addActionListener(_MenuBarEvent);
        _jMenuItem1[j].addActionListener(new ActionListener() {
            @Override
            public void actionPerformed(ActionEvent e) {
                _MenuBarEvent.setEventName(EventName1);
            }
        });
        _jMenu[1].add(_jMenuItem1[j]);
        if (j == 1) {
            _jMenu[1].addSeparator();
        }
```

```
        }
        for (int j = 0; j < _jMenuItem2.length; j++) {
            _jMenuItem2[j].setFont(_MenuItemFont);
            final String EventName2 = _jMenuItem2Name[j];
            _jMenuItem2[j].addActionListener(_MenuBarEvent);
            _jMenuItem2[j].addActionListener(new ActionListener() {
                @Override
                public void actionPerformed(ActionEvent e) {
                    _MenuBarEvent.setEventName(EventName2);
                }
            });
            _jMenu[2].add(_jMenuItem2[j]);
            if ((j == 0)) {
                _jMenu[2].addSeparator();
            }
        }
        for (int j = 0; j < _jMenuItem3.length; j++) {
            _jMenuItem3[j].setFont(_MenuItemFont);
            final String EventName3 = _jMenuItem3Name[j];
            _jMenuItem3[j].addActionListener(_MenuBarEvent);
            _jMenuItem3[j].addActionListener(new ActionListener() {
                @Override
                public void actionPerformed(ActionEvent e) {
                    _MenuBarEvent.setEventName(EventName3);
                }
            });
            _jMenu[3].add(_jMenuItem3[j]);
            if (j == 0) {
                _jMenu[3].addSeparator();
            }
        }
    }
}
```

（2）界面的主菜单设计完成后，通过私有方法 BuildToolBar()进行工具栏的创建。定义 3 个 String 类型的局部数组变量，为工具栏上的按钮设置不同的数值，定义 JButton 控件，添加到实例变量 JToolBar Main 中。关键代码如下：

```
private void BuildToolBar() {
    String ImageName[] = { "科目设置.GIF", "班级设置.gif", "添加学生.gif", "录入成绩.GIF", "基本查询.GIF",
                    "成绩明细.GIF", "年级汇总.GIF", "系统退出.GIF" };
    String TipString[] = { "成绩科目设置", "学生班级设置", "添加学生", "录入考试成绩", "基本信息查询",
                    "考试成绩明细查询", "年级成绩汇总", "系统退出" };
    String ComandString[] = { "sys_subject", "sys_class", "JF_view_student", "JF_view_gradesub",
                    "JF_view_query_jbqk", "JF_view_query_grade_mx","JF_view_query_grade_hz", "JB_EXIT" };
    for (int i = 0; i < ComandString.length; i++) {
        JButton jb = new JButton();
        ImageIcon image = new ImageIcon(".\\images\\" + ImageName[i]);
        jb.setIcon(image);
        jb.setToolTipText(TipString[i]);
        jb.setActionCommand(ComandString[i]);
        jb.addActionListener(_MenuBarEvent);
        jToolBarMain.add(jb);
    }
}
```

19.8 班级信息设置模块设计

19.8.1 班级信息设置模块概述

班级信息设置模块用来维护班级的基本情况，包括班级信息的添加、修改和删除等操作。在系统菜单栏中选择"参数设置"/"班级设置"选项，进入班级设置模块，其运行界面如图 19.14 所示。

图 19.14 "班级信息设置"运行界面

19.8.2 班级信息设置模块技术分析

班级信息设置模块用到的主要技术是内部窗体的创建。通过继承 JInternalFrame 类，可以创建一个内部窗体。JInternalFrame 提供很多本机窗体功能的轻量级对象，这些功能包括拖动、关闭、变成图标、调整大小、标题显示和支持菜单栏。通常，可将 JInternalFrame 添加到 JDesktopPane 中。UI 将特定于外观的操作委托给由 JDesktopPane 维护的 DesktopManager 对象。

JInternalFrame 窗格是添加子控件的地方。为了方便地使用 add 方法及其变体，已经重写了 remove 和 setLayout，以便必要时将其转发到 contentPane。这意味着可以编写：

```
internalFrame.add(child);
```

子级被添加到 contentPane。内容窗格实际上由 JrootPane 的实例管理，它还管理 layoutPane、glassPane 和内部窗体的可选菜单栏。

19.8.3 班级信息设置模块实现过程

1. 界面设计

班级信息设置模块的窗体 UI 结构中控件名称设置如图 19.15 所示。

图 19.15　JF_view_sysset_class 类中控件的名称设置

2．代码设计

（1）通过调用公共类 JdbcAdapter.java，完成对班级表 tb_grade 的相应操作。执行该模块程序，首先从数据表中检索班级的基本信息，如果存在数据，用户单击某一条数据后可以对其进行修改、删除等操作。定义一个 boolean 实例变量 insertflag，用来标志操作数据库的类型，然后定义一个私有方法 buildTable，用来检索班级数据。关键代码如下：

```
private void buildTable() {
    DefaultTableModel tablemodel = null;                              //设置表格模型变量
    String[] name = { "班级编号","年级编号","班级名称" };              //设置表头数组
    String sqlStr = "select * from tb_classinfo";                     //定义 SQL 语句
    appstu.util.RetrieveObject bdt = new appstu.util.RetrieveObject();
    tablemodel = bdt.getTableModel(name, sqlStr);                     //调用 getTableModel 方法获取一个表格模型实例
    jTable1.setModel(tablemodel);                                     //将表格模型放置在表格中
    jTable1.setRowHeight(24);                                         //设置表格的行高为 24
}
```

（2）单击"添加"按钮，增加一条新的数据信息。在公共方法 jBadd_actionPerformed 中定义局部字符串变量 sqlgrade，生成年级 SQL 的查询语句，然后调用公共类 RetrieveObject 的 getObjectRow 方法，其参数为 sqlgrade，将返回结果数据解析后添加到 jComboBox1 控件中。关键代码如下：

```
public void jBadd_actionPerformed(ActionEvent e) {
    //获得年级名称
    if (jComboBox1.getItemCount() <= 0)
        return;
    int index = jComboBox1.getSelectedIndex();
    String gradeid = gradeID[index];
    String sqlStr = null, classid = null;
    sqlStr = "SELECT MAX(classID) FROM tb_classinfo where gradeID = '" + gradeid + "'";
    ProduceMaxBh pm = new appstu.util.ProduceMaxBh();
```

```
        System.out.println("我在方法 item 中" + sqlStr + "; index = " + index);
        classid = pm.getMaxBh(sqlStr, gradeid);
        jTextField1.setText(String.valueOf(jComboBox1.getSelectedItem()));
        jTextField2.setText(classid);
        jTextField3.setText("");
        jTextField3.requestFocus();
}
```

（3）用户单击表格上的某条数据后，程序将这条数据填写到 jPanel2 面板的相应控件上，以方便用户进行相应的操作，在公共方法 jTable1_mouseClicked()中定义一个 String 类型的局部变量 sqlStr，用来生成 SQL 查询语句，然后调用公共类 RetrieveObject 的 getObjectRow()方法，进行数据查询，如果找到数据，则将该数据解析显示给用户。关键代码如下：

```
public void jTable1_mouseClicked(MouseEvent e) {
    insertflag = false;
    String id = null;
    String sqlStr = null;
    int selectrow = 0;
    selectrow = jTable1.getSelectedRow();                       //获取表格选定的行数
    if (selectrow < 0)
        return;                                                 //如果该行数小于 0，则返回
    id = jTable1.getValueAt(selectrow, 0).toString();           //返回第 selectrow 行，第 1 列的单元格值
    //根据编辑号内连接查询班级信息表与年级信息表中的基本信息
    sqlStr = "SELECT c.classID, d.gradeName, c.className FROM tb_classinfo c INNER JOIN " + " tb_gradeinfo d ON
c.gradeID = d.gradeID" + " where c.classID = '" + id + "'";
    Vector vdata = null;
    RetrieveObject retrive = new RetrieveObject();
    vdata = retrive.getObjectRow(sqlStr);                       //执行 SQL 语句返回一个集合
    jComboBox1.removeAllItems();
    jTextField1.setText(vdata.get(0).toString());
    jComboBox1.addItem(vdata.get(1));
    jTextField2.setText(vdata.get(2).toString());
}
```

（4）当对年级列表选择框 jComboBox1 进行赋值时，自动触发 itemStateChanged 事件，为了解决对列表框的不同赋值操作（如浏览和删除），用到了实例变量 insertflag 进行判断。编写公共方法 jComboBox1_itemStateChanged 的关键代码如下：

```
public void jComboBox1_itemStateChanged(ItemEvent e) {
    if (insertflag) {
        String gradeID = null;
        gradeID = "0" + String.valueOf(jComboBox1.getSelectedIndex() + 1);
        ProduceMaxBh pm = new appstu.util.ProduceMaxBh();
        String sqlStr = null, classid = null;
        sqlStr = "SELECT MAX(classID) FROM tb_classinfo where gradeID = '" + gradeID + "'";
        classid = pm.getMaxBh(sqlStr, gradeID);
        jTextField1.setText(classid);
    } else {
        jTextField1.setText(String.valueOf(jTable1.getValueAt(jTable1.getSelectedRow(), 0)));
    }
}
```

（5）单击"删除"按钮，删除某一条班级数据信息。在公共方法 jBdel_actionPerformed()中定义字符串类型的局部变量 sqlDel，用来生成班级的删除语句，然后调用公共类的 JdbcAdapter 的 DeleteObject() 方法。相关代码如下：

```java
public void jBdel_actionPerformed(ActionEvent e) {
    int result = JOptionPane.showOptionDialog(null, "是否删除班级信息数据?", "系统提示",
        JOptionPane.YES_NO_OPTION, JOptionPane.QUESTION_MESSAGE, null, new String[] {"是", "否" }, "否");
    if (result == JOptionPane.NO_OPTION)
        return;
    String sqlDel = "delete tb_classinfo where classID = '" + jTextField2.getText().trim() + "'";
    JdbcAdapter jdbcAdapter = new JdbcAdapter();
    if (jdbcAdapter.DeleteObject(sqlDel)) {
        jTextField1.setText("");
        jTextField2.setText("");
        jTextField3.setText("");
        buildTable();
    }
}
```

（6）单击"存盘"按钮，将数据保存在数据表中。在方法 jBsave_actionPerformed 中定义实体类对象 Obj_classinfo，变量名为 objclassinfo，通过 set 方法为 objclassinfo 赋值，然后调用公共类 JdbcAdapter 的 InsertOrUpdateObject 方法，完成存盘操作，其参数为 objclassinfo。关键代码如下：

```java
public void jBsave_actionPerformed(ActionEvent e) {
    int result = JOptionPane.showOptionDialog(null, "是否存盘班级信息数据?", "系统提示",
        JOptionPane.YES_NO_OPTION, JOptionPane.QUESTION_MESSAGE, null, new String[] {"是", "否" }, "否");
    if (result == JOptionPane.NO_OPTION)
        return;
    int index = jComboBox1.getSelectedIndex();
    String gradeid = gradeID[index];
    appstu.model.Obj_classinfo objclassinfo = new appstu.model.Obj_classinfo();
    objclassinfo.setClassID(jTextField2.getText().trim());
    objclassinfo.setGradeID(gradeid);
    objclassinfo.setClassName(jTextField3.getText().trim());
    JdbcAdapter jdbcAdapter = new JdbcAdapter();
    if (jdbcAdapter.InsertOrUpdateObject(objclassinfo))
        buildTable();
}
```

19.9　学生基本信息管理模块设计

19.9.1　学生基本信息管理模块概述

学生基本信息管理模块用来管理学生基本信息，包括学生信息的添加、修改、删除、存盘等功能。选择菜单"基本信息"/"学生信息"选项，进入该模块，其界面如图 19.16 所示。

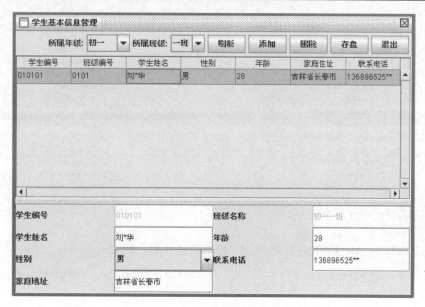

图 19.16　"学生基本信息管理"界面

19.9.2　学生基本信息管理模块技术分析

学生基本信息管理模块中用到的主要技术是 JSplitPane。JSplitPane 用于分隔两个（只能是两个）Component。两个 Component 图形化分隔以外观实现为基础，并且这两个 Component 可以由用户交互式调整大小。使用 JSplitPane.HORIZONTAL_SPLIT 可让分隔窗格中的两个 Component 从左到右排列，或者使用 JSplitPane.VERTICAL_SPLIT 使其从上到下排列。改变 Component 大小的首选方式是调用 setDividerLocation，其中 location 是新的 x 或 y 位置，具体取决于 JSplitPane 的方向。要将 Component 调整到其首选大小，可调用 resetToPreferredSizes。

当用户调整 Component 的大小时，Component 的最小大小用于确定 Component 能够设置的最大/最小位置。如果两个控件的最小大小大于分隔窗格的大小，则分隔条将不允许用户调整其大小。当用户调整分隔窗格大小时，新的空间以 resizeWeight 为基础在两个控件之间分配。在默认情况下，值为 0 表示右边/底部的控件获得所有空间，而值为 1 表示左边/顶部的控件获得所有空间。

19.9.3　学生基本信息管理模块实现过程

1. 界面设计

学生基本信息管理模块的窗体 UI 结构中控件名称设置如图 19.17 和图 19.18 所示。

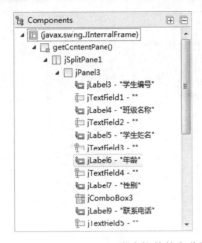

图 19.17　JF_view_student 类中控件的名称设置　　　　图 19.18　JF_view_student 类中控件的名称设置

（上半部分）　　　　　　　　　　　　　　　　　（下半部分）

2. 代码设计

（1）用户进入该模块后，程序首先从数据表中检索学生的基本信息，如果检索到学生的基本信息，那么用户在单击某一条数据之后可以对该数据进行修改、删除等操作，公共类 JdbcAdapter 对学生表 tb_studentinfo 进行相应操作。单击 JF_view_student 类的 Source 代码编辑窗口，首先导入 util 公共包下的相应类文件，定义两个 String 类型的数组变量 gradeID，classID 初始值为 null，用来存储年级编号和班级编号，然后定义一个私有方法 initialize()用来检索班级数据。关键代码如下：

```java
public void initialize() {
    String sqlStr = null;
    sqlStr = "select gradeID,gradeName from tb_gradeinfo";
    RetrieveObject retrieve = new RetrieveObject();
    java.util.Collection collection = null;
    java.util.Iterator iterator = null;
    collection = retrieve.getTableCollection(sqlStr);
    iterator = collection.iterator();
    gradeID = new String[collection.size()];
    int i = 0;
    while (iterator.hasNext()) {
        java.util.Vector vdata = (java.util.Vector) iterator.next();
        gradeID[i] = String.valueOf(vdata.get(0));
        jComboBox1.addItem(vdata.get(1));
        i++;
    }
}
```

（2）用户选择年级列表框（jComboBox1）数据后，系统自动检索年级下的班级数据，并放入班级列表框（jComboBox2）中，在公共方法 jComboBox1_itemStateChanged()中，定义一个 String 类型变量 sqlStr，用来存储 SQL 查询语句，执行公共类 RetrieveObject 的方法 getTableCollection()，其参数为 sqlStr，将返回值放入集合变量 collection 中，然后将集合中的数据存放到班级列表框控件中。关键代码如下：

```java
public void jComboBox1_itemStateChanged(ItemEvent e) {
    jComboBox2.removeAllItems();
    int Index = jComboBox1.getSelectedIndex();
    String sqlStr = null;
    sqlStr = "select classID,className from tb_classinfo where gradeID = '" + gradeID[Index] + "'";
    RetrieveObject retrieve = new RetrieveObject();
    java.util.Collection collection = null;
    java.util.Iterator iterator = null;
    collection = retrieve.getTableCollection(sqlStr);
    iterator = collection.iterator();
    classID = new String[collection.size()];
    int i = 0;
    while (iterator.hasNext()) {
        java.util.Vector vdata = (java.util.Vector) iterator.next();
        classID[i] = String.valueOf(vdata.get(0));
        jComboBox2.addItem(vdata.get(1));
        i++;
    }
}
```

（3）用户选择班级列表框（jComboBox2）数据后，系统自动检索该班级下的所有学生数据，方法 jComboBox2_itemStateChanged 的关键代码如下：

```java
public void jComboBox2_itemStateChanged(ItemEvent e) {
    if (jComboBox2.getSelectedIndex() < 0)
        return;
    String cid = classID[jComboBox2.getSelectedIndex()];
    DefaultTableModel tablemodel = null;
    String[] name = { "学生编号", "班级编号", "学生姓名", "性别", "年龄", "家庭住址", "联系电话" };
    String sqlStr = "select * from tb_studentinfo where classid = '" + cid + "'";
    appstu.util.RetrieveObject bdt = new appstu.util.RetrieveObject();
    tablemodel = bdt.getTableModel(name, sqlStr);
    jTable1.setModel(tablemodel);
    jTable1.setRowHeight(24);
}
```

（4）用户单击表格中的某条数据后，系统将学生的信息读取到面板 jPanel1 的控件上，以供用户进行操作。关键代码如下：

```java
public void jTable1_mouseClicked(MouseEvent e) {
    String id = null;
    String sqlStr = null;
    int selectrow = 0;
    selectrow = jTable1.getSelectedRow();
    if (selectrow < 0)
        return;
    id = jTable1.getValueAt(selectrow, 0).toString();
    sqlStr = "select * from tb_studentinfo where stuid = '" + id + "'";
    Vector vdata = null;
    RetrieveObject retrive = new RetrieveObject();
    vdata = retrive.getObjectRow(sqlStr);
    String gradeid = null, classid = null;
    String gradename = null, classname = null;
    Vector vname = null;
```

```
        classid = vdata.get(1).toString();
        gradeid = classid.substring(0, 2);
        vname = retrive.getObjectRow("select className from tb_classinfo where classID = '" + classid + "'");
        classname = String.valueOf(vname.get(0));
        vname = retrive.getObjectRow("select gradeName from tb_gradeinfo where gradeID = '" + gradeid + "'");
        gradename = String.valueOf(vname.get(0));
        jTextField1.setText(vdata.get(0).toString());
        jTextField2.setText(gradename + classname);
        jTextField3.setText(vdata.get(2).toString());
        jTextField4.setText(vdata.get(4).toString());
        jTextField5.setText(vdata.get(6).toString());
        jTextField6.setText(vdata.get(5).toString());
        jComboBox3.removeAllItems();
        jComboBox3.addItem(vdata.get(3).toString());
}
```

（5）单击"添加"按钮，进行学生信息的录入操作，观察最大流水号的生成，其中公共方法 jBadd_actionPerformed()的关键代码如下：

```
public void jBadd_actionPerformed(ActionEvent e) {
    String classid = null;
    int index = jComboBox2.getSelectedIndex();
    if (index < 0) {
        JOptionPane.showMessageDialog(null, "班级名称为空,请重新选择班级", "系统提示",
                                               JOptionPane.ERROR_MESSAGE);
        return;
    }
    classid = classID[index];
    String sqlMax = "select max(stuid) from tb_studentinfo where classID = '" + classid + "'";
    ProduceMaxBh pm = new appstu.util.ProduceMaxBh();
    String stuid = null;
    stuid = pm.getMaxBh(sqlMax, classid);
    jTextField1.setText(stuid);
    jTextField2.setText(jComboBox2.getSelectedItem().toString());
    jTextField3.setText("");
    jTextField4.setText("");
    jTextField5.setText("");
    jTextField6.setText("");
    jComboBox3.removeAllItems();
    jComboBox3.addItem("男");
    jComboBox3.addItem("女");
    jTextField3.requestFocus();
}
```

（6）单击"删除"按钮，删除学生信息，其中公共方法 jBdel_actionPerformed()的关键代码如下：

```
public void jBdel_actionPerformed(ActionEvent e) {
    if (jTextField1.getText().trim().length() <= 0)
        return;
    int result = JOptionPane.showOptionDialog(null, "是否删除学生的基本信息数据?", "系统提示",
        JOptionPane.YES_NO_OPTION, JOptionPane.QUESTION_MESSAGE, null, new String[] {"是", "否" }, "否");
    if (result == JOptionPane.NO_OPTION)
        return;
    String sqlDel = "delete tb_studentinfo where stuid = '" + jTextField1.getText().trim() + "'";
    JdbcAdapter jdbcAdapter = new JdbcAdapter();
    if (jdbcAdapter.DeleteObject(sqlDel)) {
        jTextField1.setText("");
        jTextField2.setText("");
```

```
        jTextField3.setText("");
        jTextField4.setText("");
        jTextField5.setText("");
        jTextField6.setText("");
        jComboBox1.removeAllItems();
        jComboBox3.removeAllItems();
        ActionEvent event = new ActionEvent(jBrefresh, 0, null);
        jBrefresh_actionPerformed(event);
    }
}
```

（7）单击"存盘"按钮，对学生信息进行存盘操作，公共方法 jBsave_actionPerformed()的关键代码如下：

```
public void jBsave_actionPerformed(ActionEvent e) {
    int result = JOptionPane.showOptionDialog(null, "是否存盘学生基本数据信息?", "系统提示",
        JOptionPane.YES_NO_OPTION, JOptionPane.QUESTION_MESSAGE, null, new String[] { "是", "否" }, "否");
    if (result == JOptionPane.NO_OPTION)
        return;
    appstu.model.Obj_student object = new appstu.model.Obj_student();
    String classid = classID[Integer.parseInt(String.valueOf(jComboBox2.getSelectedIndex()))];
    object.setStuid(jTextField1.getText().trim());
    object.setClassID(classid);
    object.setStuname(jTextField3.getText().trim());
    int age = 0;
    try {
        age = Integer.parseInt(jTextField4.getText().trim());
    } catch (java.lang.NumberFormatException formate) {
        JOptionPane.showMessageDialog(null, "数据录入有误，错误信息:\n" + formate.getMessage(), "系统提示",
JOptionPane.ERROR_MESSAGE);
        jTextField4.requestFocus();
        return;
    }
    object.setAge(age);
    object.setSex(String.valueOf(jComboBox3.getSelectedItem()));
    object.setPhone(jTextField5.getText().trim());
    object.setAddress(jTextField6.getText().trim());
    appstu.util.JdbcAdapter adapter = new appstu.util.JdbcAdapter();
    if (adapter.InsertOrUpdateObject(object)) {
        ActionEvent event = new ActionEvent(jBrefresh, 0, null);
        jBrefresh_actionPerformed(event);
    }
}
```

19.10　考试成绩信息管理模块设计

19.10.1　考试成绩信息管理模块概述

考试成绩信息管理模块是对学生成绩信息进行管理，包括修改、添加、删除、存盘等。选择菜单
"基本信息"/"考试成绩"选项，进入"学生考试成绩信息管理"界面，其界面如图 19.19 所示。

图 19.19　"学生考试成绩信息管理"界面

19.10.2　考试成绩信息管理模块技术分析

考试成绩信息管理模块使用的主要技术是 Vector 类的应用。Vector 类可以实现长度可变的对象数组。与数组一样，它包含可以使用整数索引进行访问的控件。但是，Vector 的大小可以根据需要增大或缩小，以适应创建 Vector 后进行添加或移除项的操作。

每个 Vector 对象都试图通过维护 capacity 和 capacityIncrement 优化存储管理。capacity 始终至少与 Vector 的大小相等；这个值通常比后者大，因为将控件添加到 Vector 中，其存储将按 capacityIncrement 的大小增加存储块。应用程序可以在插入大量控件前增加 Vector 的容量，这样就减少了增加的重分配的量。

19.10.3　考试成绩信息管理模块实现过程

1．界面设计

考试成绩信息管理模块的窗体 UI 结构中控件名称设置如图 19.20 所示。

2．代码设计

（1）执行该模块程序，首先通过调用公共类 JdbcAdapter，从学生成绩表 tb_gradeinfo_sub 中检索班级的基本信息；用户选择班级后，程序检索该班级对应的学生数据。单击 JF_view_gradesub 类的 Source 代码编辑窗口，进行代码编写。导入 util 公共包下的相应类文件，定义一个 boolean 实例变量 insertflag，用来标志操作的数据库的类型，然后定义一个私有方法 buildTabl，用来检索班级数据。相关代码如下：

图 19.20　JF_view_gradesub 类中
控件的名称设置

```
public void initialize() {
```

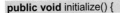

```
RetrieveObject retrieve = new RetrieveObject();
java.util.Vector vdata = new java.util.Vector();
String sqlStr = null;
java.util.Collection collection = null;
java.util.Iterator iterator = null;
sqlStr = "SELECT * FROM tb_examkinds";
collection = retrieve.getTableCollection(sqlStr);
iterator = collection.iterator();
examkindid = new String[collection.size()];
examkindname = new String[collection.size()];
int i = 0;
while (iterator.hasNext()) {
    vdata = (java.util.Vector) iterator.next();
    examkindid[i] = String.valueOf(vdata.get(0));
    examkindname[i] = String.valueOf(vdata.get(1));
    jComboBox1.addItem(vdata.get(1));
    i++;
}
sqlStr = "select * from tb_classinfo";
collection = retrieve.getTableCollection(sqlStr);
iterator = collection.iterator();
classid = new String[collection.size()];
i = 0;
while (iterator.hasNext()) {
    vdata = (java.util.Vector) iterator.next();
    classid[i] = String.valueOf(vdata.get(0));
    jComboBox2.addItem(vdata.get(2));
    i++;
}
sqlStr = "select * from tb_subject";
collection = retrieve.getTableCollection(sqlStr);
iterator = collection.iterator();
subjectcode = new String[collection.size()];
subjectname = new String[collection.size()];
i = 0;
while (iterator.hasNext()) {
    vdata = (java.util.Vector) iterator.next();
    subjectcode[i] = String.valueOf(vdata.get(0));
    subjectname[i] = String.valueOf(vdata.get(1));

    i++;
}
long nCurrentTime = System.currentTimeMillis();
java.util.Calendar calendar = java.util.Calendar.getInstance(new Locale("CN"));
calendar.setTimeInMillis(nCurrentTime);
int year = calendar.get(Calendar.YEAR);
int month = calendar.get(Calendar.MONTH) + 1;
int day = calendar.get(Calendar.DAY_OF_MONTH);
String mm, dd;
if (month < 10) {
    mm = "0" + String.valueOf(month);
} else {
    mm = String.valueOf(month);
}
if (day < 10) {
    dd = "0" + String.valueOf(day);
} else {
    dd = String.valueOf(day);
```

```
        }
        java.sql.Date date = java.sql.Date.valueOf(year + "-" + mm + "-" + dd);
        jTextField1.setText(String.valueOf(date));
}
```

（2）单击学生信息表格中的某个学生信息，如果该学生已经录入了考试成绩，检索成绩数据信息。在公共方法jTable1_mouseClicked()中定义一个String类型的局部变量sqlStr，用来存储SQL的查询语句，然后调用公共类RetrieveObject的公共方法getTableCollection()，其参数为sqlStr，返回值为集合Collection，最后将集合中的数据存放到表格控件中。公共方法jTable1_mouseClicked()的关键代码如下：

```
public void jTable1_mouseClicked(MouseEvent e) {
    int currow = jTable1.getSelectedRow();
    if (currow >= 0) {
        DefaultTableModel tablemodel = null;
        String[] name = { "学生编号", "学生姓名", "考试类别", "考试科目", "考试成绩", "考试时间" };
        tablemodel = new DefaultTableModel(name, 0);
        String sqlStr = null;
        Collection collection = null;
        Object[] object = null;
        sqlStr = "SELECT * FROM tb_gradeinfo_sub where stuid = '" + jTable1.getValueAt(currow, 0)
                            + "' and kindID = '"+ examkindid[jComboBox1.getSelectedIndex()] + "'";
        RetrieveObject retrieve = new RetrieveObject();
        collection = retrieve.getTableCollection(sqlStr);
        object = collection.toArray();
        int findindex = 0;
        for (int i = 0; i < object.length; i++) {
            Vector vrow = new Vector();
            Vector vdata = (Vector) object[i];
            String sujcode = String.valueOf(vdata.get(3));
            for (int aa = 0; aa < this.subjectcode.length; aa++) {
                if (sujcode.equals(subjectcode[aa])) {
                    findindex = aa;
                    System.out.println("findindex = " + findindex);
                }
            }
            if (i == 0) {
                vrow.addElement(vdata.get(0));
                vrow.addElement(vdata.get(1));
                vrow.addElement(examkindname[Integer.parseInt(String.valueOf(vdata.get(2))) - 1]);
                vrow.addElement(subjectname[findindex]);
                vrow.addElement(vdata.get(4));
                String ksrq = String.valueOf(vdata.get(5));
                ksrq = ksrq.substring(0, 10);
                System.out.println(ksrq);
                vrow.addElement(ksrq);
            } else {
                vrow.addElement("");
                vrow.addElement("");
                vrow.addElement("");
                vrow.addElement(subjectname[findindex]);
                vrow.addElement(vdata.get(4));
                String ksrq = String.valueOf(vdata.get(5));
                ksrq = ksrq.substring(0, 10);
```

```
                    System.out.println(ksrq);
                    vrow.addElement(ksrq);
                }
                tablemodel.addRow(vrow);
            }
        this.jTable2.setModel(tablemodel);
        this.jTable2.setRowHeight(22);
        }
}
```

（3）单击学生信息表格中的某个学生信息，如果没有检索到学生的成绩数据，单击"添加"按钮，进行成绩数据的添加。在公共方法 jBadd_actionPerformed()中定义一个表格模型 DefaultTableModel 变量 tablemodel，用来生成数据表格。定义一个 String 类型的局部变量 sqlStr，用来存放查询语句。调用公共类 RetrieveObject 的 getObjectRow()方法，其参数为 sqlStr，用返回类型 vector 生成科目名称，然后为 tablemodel 填充数据。关键代码如下：

```
public void jBadd_actionPerformed(ActionEvent e) {
    int currow;
    currow = jTable1.getSelectedRow();
    if (currow >= 0) {
        DefaultTableModel tablemodel = null;
        String[] name = { "学生编号", "学生姓名", "考试类别", "考试科目", "考试成绩", "考试时间" };
        tablemodel = new DefaultTableModel(name, 0);
        String sqlStr = null;
        Collection collection = null;
        Object[] object = null;
        Iterator iterator = null;
        sqlStr = "SELECT subject FROM tb_subject";              //定义查询参数
        RetrieveObject retrieve = new RetrieveObject();          //定义公共类对象
        Vector vdata = null;
        vdata = retrieve.getObjectRow(sqlStr);
        for (int i = 0; i < vdata.size(); i++) {
            Vector vrow = new Vector();
            if (i == 0) {
                vrow.addElement(jTable1.getValueAt(currow, 0));
                vrow.addElement(jTable1.getValueAt(currow, 2));
                vrow.addElement(jComboBox1.getSelectedItem());
                vrow.addElement(vdata.get(i));
                vrow.addElement("");
                vrow.addElement(jTextField1.getText().trim());
            } else {
                vrow.addElement("");
                vrow.addElement("");
                vrow.addElement("");
                vrow.addElement(vdata.get(i));
                vrow.addElement("");
                vrow.addElement(jTextField1.getText().trim());
            }
            tablemodel.addRow(vrow);
            this.jTable2.setModel(tablemodel);
            this.jTable2.setRowHeight(23);
        }
    }
}
```

```
}
```

（4）输入学生成绩数据后，单击"存盘"按钮，进行数据存盘。在公共方法 jBsave_actionPerformed() 中定义一个类型为对象 Obj_gradeinfo_sub 的数组变量 object，通过循环语句为 object 变量中的对象赋值，然后调用公共类 jdbcAdapter 中的 InsertOrUpdate_Obj_ gradeinfo_sub()方法，其参数为 object，执行存盘操作。关键代码如下：

```java
public void jBsave_actionPerformed(ActionEvent e) {
    int result = JOptionPane.showOptionDialog(null, "是否存盘学生考试成绩数据?", "系统提示",
        JOptionPane.YES_NO_OPTION, JOptionPane.QUESTION_MESSAGE, null, new String[] {"是", "否"}, "否");
    if (result == JOptionPane.NO_OPTION)
        return;
    int rcount;
    rcount = jTable2.getRowCount();
    if (rcount > 0) {
        appstu.util.JdbcAdapter jdbcAdapter = new appstu.util.JdbcAdapter();
        Obj_gradeinfo_sub[] object = new Obj_gradeinfo_sub[rcount];
        for (int i = 0; i < rcount; i++) {
            object[i] = new Obj_gradeinfo_sub();
            object[i].setStuid(String.valueOf(jTable2.getValueAt(0, 0)));
            object[i].setKindID(examkindid[jComboBox1.getSelectedIndex()]);
            object[i].setCode(subjectcode[i]);
            object[i].setSutname(String.valueOf(jTable2.getValueAt(i, 1)));
            float grade;
            grade = Float.parseFloat(String.valueOf(jTable2.getValueAt(i, 4)));
            object[i].setGrade(grade);
            java.sql.Date rq = null;
            try {
                String strrq = String.valueOf(jTable2.getValueAt(i, 5));
                rq = java.sql.Date.valueOf(strrq);
            } catch (Exception dt) {
                JOptionPane.showMessageDialog(null, "第【" + i + "】行输入的数据格式有误,请重新录入!!\n"
                        + dt.getMessage(), "系统提示", JOptionPane.ERROR_MESSAGE);
                return;
            }
            object[i].setExamdate(rq);
        }
        jdbcAdapter.InsertOrUpdate_Obj_gradeinfo_sub(object);    //执行公共类中的数据存盘操作
    }
}
```

19.11 基本信息数据查询模块设计

19.11.1 基本信息数据查询模块概述

基本信息数据查询包括学生信息数据查询和教师信息数据查询两部分。选择菜单"系统查询"/"基本信息"选项，进入该模块，运行界面如图 19.21 所示。

图 19.21　"基本信息数据查询"界面

19.11.2　基本信息数据查询模块技术分析

在标准 SQL 中，定义了模糊查询。模糊查询使用 like 关键字完成，重点在于符号%和_。%表示任意多个字符，_表示任意一个字符。例如，在"姓名"列中查询条件是"王%"，那么可以找到所有王姓同学；如果查询条件是"王_"，那么可以找到名字长度为一个字符的王姓同学。

19.11.3　基本信息数据查询模块实现过程

1. 界面设计

基本信息数据查询模块的窗体 UI 结构中控件名称设置如图 19.22 所示。

图 19.22　JF_view_query_jbqk 类中控件的名称设置

2．代码设计

（1）用户首先选择查询类型，也就是选择查询什么信息，然后根据系统提供的查询参数进行条件选择；输入查询数值后，单击"确定"按钮，对满足条件的数据进行查询。单击 source 页，打开文件源代码，导入程序需要的类包，定义不同的 String 类型变量，定义一个私有方法 initsize()用来初始化列表框中的数据，以供用户选择条件参数。关键代码如下：

```java
public class JF_view_query_jbqk extends JInternalFrame {
    String tabname = null;
    String zdname = null;
    String ysfname = null;
    String[] jTname = null;
    private void initsize() {
        jComboBox1.addItem("学生信息");
        jComboBox1.addItem("教师信息");
        jComboBox3.addItem("like");
        jComboBox3.addItem(">");
        jComboBox3.addItem("=");
        jComboBox3.addItem("<");
        jComboBox3.addItem(">=");
        jComboBox3.addItem("<=");
    }
}
```

（2）用户选择不同的查询类型后，为查询字段列表框进行字段赋值，在公共方法 jComboBox1_itemStateChanged()中实现这个功能。关键代码如下：

```java
public void jComboBox1_itemStateChanged(ItemEvent itemEvent) {
    if (jComboBox1.getSelectedIndex() == 0) {
        this.tabname = "SELECT s.stuid, c.className, s.stuname, s.sex, s.age, s.addr, s.phone FROM
                            tb_studentinfo s ,tb_classinfo c where s.classID = c.classID";
        String[] name = { "学生编号","班级名称","学生姓名","性别","年龄","家庭住址","联系电话" };
        jTname = name;
        jComboBox2.removeAllItems();
        jComboBox2.addItem("学生编号");
        jComboBox2.addItem("班级编号");
    }
    if (jComboBox1.getSelectedIndex() == 1) {
        this.tabname = "SELECT t.teaid, c.className, t.teaname, t.sex, t.knowledge, t.knowlevel FROM
                            tb_teacher t INNER JOIN tb_classinfo c ON c .classID = t.classID";
        String[] name = { "教师编号","班级名称","教师姓名","性别","教师职称","教师等级" };
        jTname = name;
        jComboBox2.removeAllItems();
        jComboBox2.addItem("教师编号");
        jComboBox2.addItem("班级编号");
    }
}
```

（3）用户选择不同的查询字段之后，程序为实例变量 zdname 赋值，其公共方法 jComboBox2_itemStateChanged()的关键代码如下：

```java
public void jComboBox2_itemStateChanged(ItemEvent itemEvent) {
    if (jComboBox1.getSelectedIndex() == 0) {
        if (jComboBox2.getSelectedIndex() == 0)
            this.zdname = "s.stuid";
        if (jComboBox2.getSelectedIndex() == 1)
            this.zdname = "s.classID";
```

```
    }
    if (jComboBox1.getSelectedIndex() == 1) {
        if (jComboBox2.getSelectedIndex() == 0)
            this.zdname = "t.teaid";
        if (jComboBox2.getSelectedIndex() == 1)
            this.zdname = "t.classID";
    }
    System.out.println("zdname = " + zdname);
}
```

（4）同样，当用户选择不同的运算符后，程序为实例变量 ysfname 赋值，其公共方法 jComboBox3_itemStateChanged 的关键代码如下：

```
public void jComboBox3_itemStateChanged(ItemEvent itemEvent) {
    this.ysfname = String.valueOf(jComboBox3.getSelectedItem());
}
```

（5）用户输入检索数值后，单击"确定"按钮，进行条件查询操作。在公共方法 jByes_ actionPerformed()中，定义两个 String 类型局部变量 sqlSelect 与 whereSql，用来生成查询条件语句。通过公共类 RetrieveObject 的 getTableModel()方法，进行查询操作，其参数为 sqlSelect 和 whereSql。详细代码如下：

```
public void jByes_actionPerformed(ActionEvent e) {
    String sqlSelect = null, whereSql = null;
    String valueStr = jTextField1.getText().trim();
    sqlSelect = this.tabname;
    if (ysfname == "like") {
        whereSql = " and " + this.zdname + " " + this.ysfname + " '%" + valueStr + "%'";
    } else {
        whereSql = " and " + this.zdname + " " + this.ysfname + " '" + valueStr + "'";
    }
    appstu.util.RetrieveObject retrieve = new appstu.util.RetrieveObject();
    javax.swing.table.DefaultTableModel defaultmodel = null;
    defaultmodel = retrieve.getTableModel(jTname, sqlSelect + whereSql);
    jTable1.setModel(defaultmodel);
    if (jTable1.getRowCount() <= 0) {
        JOptionPane.showMessageDialog(null, "没有找到满足条件的数据!!!", "系统提示",
                                        JOptionPane.INFORMATION_MESSAGE);
    }
    jTable1.setRowHeight(24);
    jLabel5.setText("共有数据【" + String.valueOf(jTable1.getRowCount()) + "】条");
}
```

19.12　考试成绩班级明细数据查询模块设计

19.12.1　考试成绩班级明细数据查询模块概述

考试成绩班级明细数据查询模块用来查询不同班级学生的考试明细信息，运行界面如图 19.23 所示。

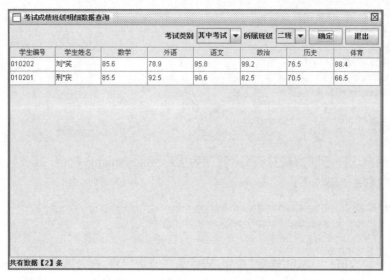

图 19.23 "考试成绩班级明细数据查询"界面

19.12.2 考试成绩班级明细数据查询模块技术分析

在 Java 中开发桌面应用程序，通常使用 Swing。Swing 中的控件大多数有其默认的设置，如 JTable 控件在创建完成后，表格内容的行高就有了一个固定值。如果修改了表格文字的字体字号，则可能影响正常显示。此时可以使用 JTable 控件中提供的 setRowHeight()方法重新设置行高。该方法的语法格式如下：

```
public void setRowHeight(int rowHeight)
```

rowHeight：新的行高。

19.12.3 考试成绩班级明细数据查询模块实现过程

1．界面设计

学生考试成绩明细数据查询模块的窗体 UI 结构中控件名称设置如图 19.24 所示。

图 19.24 JF_view_query_grade_mx 类中控件的名称设置

2．代码设计

（1）定义一个私有方法 initsize()，用来初始化列表框中的数据，供用户选择条件参数。关键代码如下：

```java
public class JF_view_query_grade_mx extends JInternalFrame {
    String classid[] = null;
    String classname[] = null;
    String examkindid[] = null;
    String examkindname[] = null;
    public void initialize() {
        RetrieveObject retrieve = new RetrieveObject();
        java.util.Vector vdata = new java.util.Vector();
        String sqlStr = null;
        java.util.Collection collection = null;
        java.util.Iterator iterator = null;
        sqlStr = "SELECT * FROM tb_examkinds";
        collection = retrieve.getTableCollection(sqlStr);
        iterator = collection.iterator();
        examkindid = new String[collection.size()];
        examkindname = new String[collection.size()];
        int i = 0;
        while (iterator.hasNext()) {
            vdata = (java.util.Vector) iterator.next();
            examkindid[i] = String.valueOf(vdata.get(0));
            examkindname[i] = String.valueOf(vdata.get(1));
            jComboBox1.addItem(vdata.get(1));
            i++;
        }
        sqlStr = "select * from tb_classinfo";
        collection = retrieve.getTableCollection(sqlStr);
        iterator = collection.iterator();
        classid = new String[collection.size()];
        classname = new String[collection.size()];
        i = 0;
        while (iterator.hasNext()) {
            vdata = (java.util.Vector) iterator.next();
            classid[i] = String.valueOf(vdata.get(0));
            classname[i] = String.valueOf(vdata.get(2));
            jComboBox2.addItem(vdata.get(2));
            i++;
        }
    }
    //省略部分代码
}
```

（2）用户选择“考试类别”和“所属班级”后，单击“确定”按钮，进行成绩明细数据查询。在公共方法jByes_actionPerformed()中，定义一个String类型的局部变量sqlSubject，用来存储考试科目的查询语句；定义一个String类型数组变量tbname，用来为表格模型设置列的名字。定义公共类RetrieveObject的变量retrieve，然后执行retrieve的方法getTableCollection()，其参数为sqlSubject。当结果集中存在数据时，定义一个String变量sqlStr，用来生成查询成绩的语句，通过一个循环语句为sqlStr赋值，再定义一个公共类RetrieveObject类型的变量bdt，执行bdt的getTableModel方法，其参数为sqlStr和tbname变量。公共方法jByes_actionPerformed的关键代码如下：

```java
public void jByes_actionPerformed(ActionEvente) {
```

```
    String sqlSubject = null;
    java.util.Collection collection = null;
    Object[] object = null;
    java.util.Iterator iterator = null;
    sqlSubject = "SELECT * FROM tb_subject";
    RetrieveObject retrieve = new RetrieveObject();
    collection = retrieve.getTableCollection(sqlSubject);
    object = collection.toArray();
    String strCode[] = new String[object.length];              //定义数组，存放考试科目代码
    String strSubject[] = new String[object.length];           //定义数组，存放考试科目名称
    String[] tbname = new String[object.length + 2];           //定义数组，存放表格控件的列名
    tbname[0] = "学生编号";
    tbname[1] = "学生姓名";
    String sqlStr = "SELECT stuid, stuname, ";
    for (int i = 0; i < object.length; i++) {
        String code = null, subject = null;
        java.util.Vector vdata = null;
        vdata = (java.util.Vector) object[i];
        code = String.valueOf(vdata.get(0));
        subject = String.valueOf(vdata.get(1));
        tbname[i + 2] = subject;
        if ((i + 1) == object.length) {
            sqlStr = sqlStr + " SUM(CASE code WHEN '" + code + "' THEN grade ELSE 0 END) AS '" + subject + "'";
        } else {
            sqlStr = sqlStr + "SUM(CASE code WHEN '" + code + "' THEN grade ELSE 0 END) AS '" + subject + "',";
        }
    }
    String whereStr = " where kind";
    //为变量 whereStr 赋值，生成查询的 SQL 语句
    whereStr = " where kindID = '" + this.examkindid[jComboBox1.getSelectedIndex()] + "' and subString(stuid,1,4) = '" +
this.classid[jComboBox2.getSelectedIndex()] + "' ";
    //为变量 sqlStr 赋值，生成查询的 SQL 语句
    sqlStr = sqlStr + " FROM tb_gradeinfo_sub " + whereStr + " GROUP BY stuid,stuname ";
    DefaultTableModel tablemodel = null;
    appstu.util.RetrieveObject bdt = new appstu.util.RetrieveObject();
    tablemodel = bdt.getTableModel(tbname, sqlStr);            //通过对象 bdt 的 getTableModel 方法为表格赋值
    jTable1.setModel(tablemodel);
    if (jTable1.getRowCount() <= 0) {
        JOptionPane.showMessageDialog(null, "没有找到满足条件的数据!!!", "系统提示",
                                        JOptionPane.INFORMATION_MESSAGE);
    }
    jTable1.setRowHeight(24);
    jLabel1.setText("共有数据【" + String.valueOf(jTable1.getRowCount()) + "】条");
}
```

19.13　小　　结

　　本章从软件工程的角度，讲述了开发一个学生成绩管理系统的常规步骤，读者应重点掌握使用 Java 的 Swing 技术进行开发的全过程。此外，对于 JDBC 操作 SQL Server 数据库技术也应该重点掌握。